前 言

针对我国目前高等职业教育的特点，本书作为纺织服装高等教育“十三五”部委级规划教材，以针织技术与针织服装专业相关职业能力为依据，以“毛衫工艺设计与样衣制作”为设计主线，将针织毛衫工艺技术的知识点进行了重新设计。整个教学内容依据整体结构从易到难，按内容的衔接依次设计了六个教学项目和24个教学任务，体现“项目化教学和任务引领、实践导向、教学做合一”的教材编写思想。

本教材构建的六个项目，分别为手摇横机的基本操作、毛衫常用花样设计与编织、典型款毛衫编织、套缝与后整理、毛衫款式与工艺设计、毛衫设计与生产和电脑横机技术。前三个项目可作为一个基础教程，学习横机的基本结构与操作，熟悉毛衫常用的组织结构并掌握其编织方法和技巧；了解毛衫编织工艺单的结构与解读方法，学会典型款毛衫的编织、缝制与后整理的基本操作方法。第四个项目为毛衫款式与工艺设计，通过典型款毛衫的设计熟悉毛衫款式结构与编织工艺设计方法和技巧，学会典型款毛衫的编织设计过程与方法。第五个项目为毛衫设计与生产的案例。第六个项目为电脑横机的操作与CAD制版操作方法。

本教材的课程导入、项目一由刘桠楠老师编写，项目二由袁菁红老师编写，项目三由曹爱娟老师编写，项目四中任务1、2由朱琪老师编写，任务3、4、5由卢华山老师编写，任务6由倪一忠老师编写，项目五、项目六由卢华山老师编写。全书由杭州职业技术学院卢华山老师统稿，浙江纺织服装职业技术学院陈国芬教授主审。

本教材可作为高职院校针织技术与针织服装专业和服装设计等专业“教、学、做”一体的教学用书，也可供毛衫或服装企业技术人员作为学习参考或培训教材。

本教材在编写过程中，得到了达利（中国）集团针织中心、杭州伯乐针织有限公司、岛精荣荣有限公司、宁波慈星股份有限公司等企业的大力支持，尤其是达利（中国）集团公司针织中心严胜奇技术总监为本教材提供了大量的资料与技术指导。同时参考了孟家光、丁钟复、杨荣贤老师主编的相关教材及一些经典数据与参数，得到了东华大学出版社和广东、河北、浙江等企业的程涛、曹亚桥、姜文等针织专家的指导与帮助，在此表示衷心的感谢。

由于编者水平有限，书中难免有纰漏，敬请读者批评指正。

编者

2015年10月

纺织服装高等教育“十三五”部委级规划教材

卢华山 主编

MAKING
AND
DESIGN
SWEATER

毛衫设计与生产

SWEATER
DESIGN
AND
MAKING

SWEAT
DES
ANI

東華大學 出版社·上海

内容提要

本书系统地介绍了毛衫的设计与工艺生产技术及样衣制作方法。全书分手摇横机的基本操作、典型款毛衫编织、套缝与后整理、毛衫款式与工艺设计，毛衫设计与生产和电脑横机技术六个项目24个任务。实施项目化教学和任务引领、实践导向的教学设计，形成教、学、做一体的教学内容。

本书可作为高职院校或应用型本科院校针织技术与针织服装专业的教材，以及服装设计、服装工艺类等专业的教学用书，也可作为针织与服装行业技术人员的参考用书和培训教材。

图书在版编目(CIP)数据

毛衫设计与生产/卢华山主编. —上海:东华大学出版社,2016.1
ISBN 978-7-5669-0821-6

Ⅰ.①毛… Ⅱ.①卢… ②陈… Ⅲ.①毛衣—服装设计—高等学校—教材 ②毛衣—生产工艺—高等学校—教材 Ⅳ.①TS941.763

中国版本图书馆CIP数据核字(2015)第153411号

责任编辑：杜燕峰
封面设计：李　静

毛衫设计与生产
MAOSHAN SHEJI YU SHENGCHAN

出版:东华大学出版社(上海市延安西路1882号,200051)
本社网址:http://www.dhupress.net
天猫旗舰店:http://dhdx.tmall.com
营销中心:021-62193056　62373056　62379558
印刷:上海盛通时代印刷有限公司
开本:787mm×1092mm　1/16　印张:18.5　字数:462千字
2016年1月第1版　2018年7月第2次印刷
ISBN 978-7-5669-0821-6
定价:45.00元

目　录

课程导入

毛衫行业概要、毛衫生产特点、课程介绍

一、毛衫行业概要

毛衫作为针织与服装行业的一个重要组成部分，是以毛型纱线为主要原料经过纬编针织工艺编织而成的针织服装。因传统的毛衫产品多以羊毛为主要原料、以保暖为主要目的，因此人们称这类传统的毛衫产品为“羊毛衫”。随着人们生活水平的提高，毛衫由原来以保暖为主的产品逐渐转变为以美观为主的服饰，由春秋冬保暖为主的服装发展为四季穿着以及由内到外穿着的服装，产品多样化、系列化。毛衫所使用的纤维原料也由较单一的毛型纤维扩展为花色多样的纱线。毛衫以组织结构多变、织物外观优美、舒适休闲、高贵典雅的特色越来越受到广大消费者喜爱。

毛衫由于其面料具有良好的弹性、纱线粗细跨度大、风格变化丰富、穿着舒适、休闲且具有传统和现代相结合的设计表现，占据了服装越来越多的份额。典型的毛衫款式概述如下：

1. 毛衫廓型的分类

毛衫服装与梭织服装设计相似，根据廓型可以分为 A 型、T 型、H 型、Y 型、X 型、O 型等。

A型　T型　H型　Y型　X型　O型

2. 毛衫常用结构分类

毛衫按常用的领型可分为圆领、V 领、翻领、立领、高领、一字领、青果领等。

圆领　V领　翻领　立领　高领

毛衫按典型肩型结构分类可分为有肩与无肩结构，有肩结构毛衫分为平肩型、斜肩型、背肩型；无肩结构分为插肩袖型、马鞍肩型毛衫以及披肩等。

3. 毛衫的外观效果特点

毛衫外观效果主要分为花样、缝制和装饰三个方面。毛衫织物花样多变，可以大量地应用

到毛衫的各个部位，如正反针的凹凸、镂空、绞花的运用等是毛衫的主要特点；织片缝合可形成分割线、褶皱、针梭织结合等效果；烫钻、亮片、花边等装饰使毛衫产生更好的视觉效果。

分割线的运用　褶皱的运用　镂空的运用　绞花的运用　针梭织结合

毛衫的主要特点是集针织技术与服装设计为一身，以成型的衣片替代面料、以单针链式线迹、针对针缝合形成成衣。其工艺流程短、款式变化多、原料应用广泛。

二、毛衫生产特点

毛衫生产特点是可不经裁剪或少量的裁剪后通过套口缝合成衣。套口缝合缝缝光洁，衣片若有不可修补的残疵时，可以直接拆成纱线重新编织以节约原料损耗。部分毛衫可由纬编圆机、经编机进行编织成面料，经裁剪成衣片，通过包缝、绷缝、平缝等缝纫设备缝合成衣。

1. 生产设备

针织横机是针织工业生产的主要设备，属于纬编针织类，用于毛衫、手套及服装的罗口、领子、布片等针织产品的生产。

2. 毛衫编织生产原理

毛衫的成型生产是指直接使用纱线通过横机上的织针把纱线弯曲成线圈相互串套编织成织物，通过对织物的横向进行加针或减针与纵向编织速度的配合，编织出有一定外廓形状的衣片。将各成型的衣片按服装结构的要求，采用套口缝合机缝合成衫，再经过后整理及整烫后得到具有稳定尺寸和舒适手感的毛衫成衣。

3. 毛衫设计

毛衫设计包含款式设计与编织工艺设计。

(1)毛衫款式设计：是指运用毛衫的款式、结构、组织变化的特点，按照当前服装流行趋势进行毛衫款式效果图的设计工作，使毛衫款式新颖、织物组织特点突出、色彩图案符合当前的流行趋势。并且将毛衫效果图转换成平面款式图、按照穿着对象设计规格尺寸表。

(2)编织工艺设计：是指按照给定的毛衫平面款式图、规格尺寸表和穿着效果进行编织用横机机型的选型、纱线原料和细度选择、纸样描绘与制作、工艺参数设计与编织工艺单的编写过程。

4. 毛衫生产主要工艺流程

(1)横机类：纱线原料进厂→纱线检验→织前准备（络纱）→横机织造→衣片检验→成衣套缝（手工、机械缝合）→洗水（缩绒、染色）→熨烫定型→成品检验→包装→入库。

(2)圆机类：纱线原料进厂→纱线检验→织前准备（络纱）→圆机织造→坯布检验→裁剪→缝纫机缝制→洗水（缩绒、染色）→熨烫定型→成品检验→包装→入库。

5. 毛衫生产各主要工序的作用和特点

(1)原料:毛衫主要是色织产品,可以编织成素色、间色(横条)、提花等单色或多色产品;少量有成衣染色产品,经成衣染色后成衫,主要为素色或渐变色;也可以与印花结合生产多色产品。因此毛衫产品的纱线原料以色纱为主、原色纱线为辅。

(2)原料检验:纱线原料分为原色纱和染色纱,进入本厂仓库后,首先由检验部门对纱线的线密度、线密度的偏差、条干均匀度、色牢度、色差、色花、纱线强力、原料成分等项目进行检验,合格后方可使用。检验的工作至关重要,对毛衫的质量起到保障性的作用。

(3)织前准备:织前准备也称为络纱或倒筒。购进的各种纱线大多是染色纱线,纱线的卷装形式主要有两种:绞装、筒子卷装。纱线经染色后纱线表面干涩,摩擦系数较大,而横机编织要求纱线退解速度快、表面光滑、长度连续度好(纱线卷装容量大),因此需要对纱线进行编织前处理,即:把绞装纱线改变为卷装容量大的筒装形式,对筒装纱线进行疵点清除,同时对纱线表面进行上蜡、上油、上柔软剂或抗静电剂等处理,使之符合横机编织加工的要求。

(4)衣片编织:将准备好的纱线用手摇横机或电脑横机进行成型编织,或用圆机编织成圆筒织物。横机编织后的衣片具有一定的形状,可以不通过裁剪或经少量裁剪便可以进行套口缝合,缝缝光洁平整;圆机编织的圆筒型织物,首先需要进行染色整理定型,然后经裁剪形成衣片,最后采用缝纫设备进行缝合,有缝缝结构。

(5)套口缝合:将编织好的成型衣片和附件经第一道检验(衣片检验)后按成衣的要求使用套口机进行套口缝合,套口是横机编织特有的缝合方式。

(6)后整理:毛衫的后整理是指对成衣后的毛衫进行缩绒、洗水、染色、柔软、整烫、装饰等处理,再经过二道检验后进行整烫成型。

(7)检验:分为半成品检验、成衣检验和成品抽验。半成品检验一般是指衣片检验和套缝检验。成品检验是指对成衣的各部位纱线原料均匀度及色泽、套缝质量、尺寸等指标进行检验。全部完成后还需进行抽样检验,进一步控制成品质量。抽检是指对入库前已装箱的成品进行5%的抽箱检验,以便检查装箱后毛衫成品的装箱配比和成衣质量。

(8)包装:按不同包装要求进行成衣包装。包装形式有折叠包装和挂装等。折叠包装是折叠后装胶袋,再按配色、配码的装箱要求装箱。挂装是指不需折叠用衣架挂装。

(9)入库:将成箱的毛衫送入仓库按类保存,保存过程中需要注意防潮、防蛀、防霉。

三、课程教学建议

本课程为理论与实践紧密结合的课程,整体教学由六个项目24项任务组成,可分在两个学期进行。第一学期以横机的基本操作与典型款毛衫编织为主,第二学期以毛衫工艺与生产设计、电脑横机制版为主,参考课时约在200~240课时。通过学习本课程,使学生能独立进行毛衫的工艺设计,能使用手摇横机或电脑横机进行毛衫首样的制作。

项目一 手摇横机的基本操作

横机是毛衫生产的主要设备，可分为手摇横机和电脑横机，主要用于毛衫、手套及各类服装的罗口、领子等纬编针织产品的生产。

毛衫的成型生产主要是通过加针或减针使织物的幅宽发生增加或减少，配合纵向的编织速度使之形成有一定外廓形状的衣片，因此横机的编织原理和操作方法是毛衫编织工艺设计的基础。横机编织密度的调节方法、毛坯织片拉密的控制和衫片的长度控制是毛衫生产的三大要素。本项目将讲述手摇横机的认知、纱线的准备和试样的编织操作方法三部分内容。

任务1　手摇横机的认知与调试

学习目标

1. 了解针织横机的分类和特点，通过参观认知能描述横机的类别和主要特点。
2. 掌握手摇横机机头的结构与编织原理，掌握手摇横机各功能键的位置和作用、三角的控制方法和织针运动原理；学会各功能键的操作和控制方法。
3. 了解手摇横机针床的结构原理；学会更换坏针、压纱条和横机调试的操作方法。

任务描述

通过对各类横机的结构认知，了解毛衫编织设备的分类与特点，掌握手摇横机的结构和编织原理，认知各构件的功能和作用，进行更换坏针、压纱条和横机编织的调试。

知识准备

针织毛衫编织机分为圆机和横机两类。在毛衫生产过程中，一类可以采用圆机，编织生产宽幅的圆筒布，速度快效率高，花型变化少，需要经过裁剪成衣片再用相应的缝纫机缝合成衣；衣片上的纱线不可拆纱回收，原料裁耗较大，适宜于高机号薄型毛衫的批量生产。另一类采用横机编织成型衣片的生产，效率偏低，劳动力消耗大，纱线经过编织成有形状的衣片，再经过缝盘套口机缝合成衣。衣片上有疵点时可以织补或进行拆纱回收，原材料节省、耗料少，领口缝线线迹几近无痕，成衣外观效果好，适宜于中高档毛衫的批量、多品种生产，是毛衫类成衣的主要生产方法。

一、横机的分类

1. 按横机型式分类

按横机的自动化程度来分，可分为手摇横机、半自动电动横机、半自动电脑横机、全自动电脑横机（图1-1-1～图1-1-3）。

图1-1-1　手摇横机

图1-1-2　半自动电脑横机

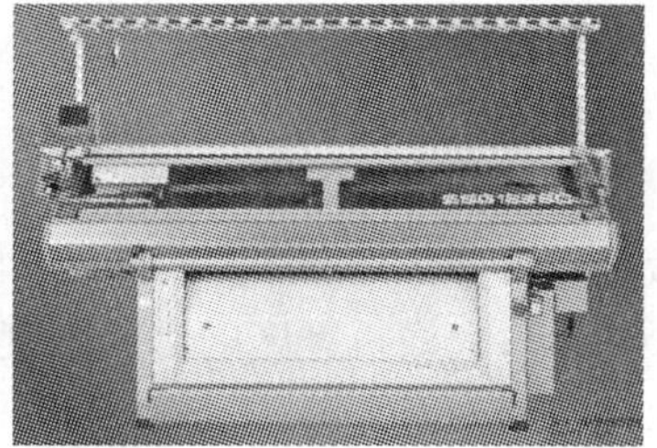

图1-1-3　全自动电脑提花横机

手摇横机按功能可分为普通横机、单面二级花式横机、双面三级花式横机等。普通横机结构简单，手工操作繁复，目前一般编织简单品种；花式横机可配多针锺织针和功能开关，可以控制起针、集圈及停针（休止）编织，比普通横机有较多的花式变化，操作相对复杂、效率较普通横机高。

半自动电动横机是在普通手摇横机的基础上进行改进，增加简易的控制电脑和单相电机。将工艺单上的工艺步骤输入到简易电脑中，可以进行步骤提示与自动加针功能；增加电机使机头作往复编织运动，可以节省操作工的体力，解除分离后也可以手工摇动机头操作。该型横机可自动加针，但不能自动进行减针、翻针和移圈、移床的动作；可以进行自动间色、机械式提花等织物的编织。

电脑横机分为半自动电脑横机和全电脑横机。半自动电脑可以编织小提花的布片，成型的减针编织要手工操作，适合用于横机领、罗口、布片的编织。全电脑横机为电脑控制全自动成型编织，织针具有翻针功能的结构，功能不同分为全电脑提花横机、全电脑嵌花提花横机等。衣片编织需要专用电脑软件的进行制版，编译成编织文件来进行控制编织。编织时只要输入毛衫编织文件、调整好工艺参数便可自动完成衣片的编织，自动化程度高、单机价格高、生产速度快，为当前毛衫行业发展的主导方向。随着招工难问题的出现及严重化趋势，加速了电脑横机替换手摇横机的进程，且前已经基本完成了电脑横机的替换过程。

电脑横机主要品牌有德国的斯托尔（STOLL）、日本岛精（SHIMA SEIKI）、瑞士的斯坦格等。国产电脑横机也得到了迅速的发展，如浙江的慈星、金昊，江苏的龙星等，长三角的多种品牌占据了国产品牌的主流，其控制系统基本为杭州恒强的电脑横机控制系统。

2. 按横机机号分类

机号是指编织机的针床上规定长度（1英寸或25.4mm）内所具有的针数（或针槽数）。横机的规格通常按横机的机号大小分为细针（也称为高机号）和粗针（也称为低机号）横机。机号与针距的关系如下：

$$G = \frac{E}{T}$$

式中：G—机号；E—针床上规定的单位长度，为25.4mm；T—针距（mm/针）。

机号越高，针床上的针槽越密，针也越细；反之，机号越低针槽越宽，针也越粗。低机号（粗

针机)常用机型有:1.5G、3G、5G;中机号机型有:7G、8G、9G、10G、11G;高机号(细针机)机型有: 12G、14G、16G、18G;特殊机号高达26G。

3. 按横机针床数目分类

按针床数目来分,主要有单针床横机、双针床横机、三针床横机和四针床横机等。普通生产多数为双针床,多针床主要应用在全电脑横机上,现在日本岛精公司已生产了四针床的全成型全电脑横机,实现了织可穿,不必缝合加工。

4. 按针床有效长度分类

横机的针床有多种长度,毛衫常用的横机针床长度有40、44、48、52英寸。横机按针床有效长度可分为小横机、大横机和宽幅横机。小横机针床的有效长度为12~26英寸(305~660mm);大横机针床的有效长度为26~40英寸(660~1016mm),以针床有效长度为32~36英寸(813~915mm)的横机为主;宽幅横机针床的有效长度为40英寸(1016mm)以上,90英寸(2286mm)左右的为特宽幅横机,可以生产宽幅的横机布片如下摆罗纹等。

5. 按横机的成圈系统数分类

按横机上的成圈系统数分类可以分为单系统、双系统和多系统横机。系统数越多则编织效率越高。横机上一般系统数为1~6系统,手摇横机为单系统;电脑横机具有单系统、双系统及多系统。工厂生产中一般使用双系统、三系统和双机头六系统的电脑横机较多,经济实用。

二、横机产品生产的特点

1. 可成型编织

应用全成型工艺按照服装衣片的工艺曲线,利用增减针数与编织转数的配合方法来编织与人体曲线相适应的款式新颖别致的羊毛衫。如各式毛衫、毛裤、裙装、帽子、手套、围巾、披肩等。

2. 衣片可拆可重复编织,原料损耗小

在编织过程中,根据织物的脱散性,在织物编织中产生的疵点部分可以直接在机上拆掉或下机后拆片,重新编织而得到完好的衣片,因此原料损耗较少。

3. 组织变化多

使用各种原料纱线编织不同组织结构,使之成为不同外观风格、色彩的花色织物。

4. 适用性强

横机对织物宽度变化的适应性较强,不仅能编织成型衣片,还能编织成型圆筒状织物和其他要求的织物,编织技术容易掌握,保养维修和翻改品种方便。

5. 具有短、平、快特点的产业生产特征

横机投资少(手摇),自动化程度高(电脑横机),占地面积小,生产流程短,回收成本快。

三、普通手摇横机的结构与工作原理

横机的类型很多,但无论是普通横机还是花式横机、电脑横机,其基本结构、工作原理基本相同。主要由给纱机构、编织机构、牵拉卷取机构、针床横移机构、控制机构、驱动机构和机架等系统组成。国产普通横机的一般形态如图1-1-4所示。

1. 机架部分

机架是横机主体的支撑部分,由机架和纱架组成,将横机的主体水平固定。

2. 编织机构

编织机构是横机各机构中的主要部分,编织机构中各机件的状态与配合完好与否,将直接关系到机器能否正常编织和产品质量的好坏。

编织机构主要由针床、织针、三角系统等组成。

(1)针床:

针床又称为针板,是横机的主要部件之一。针床是使用钢板通过铣床的加工形成一定的密度、间距均匀的槽状平面物体。普通横机一般有两个针床,靠近操作者一边的针床称为前针床(前板),另一个称为后针床(后板),两个针床相距一定的距离(称为缝隙)且呈 110°夹角。如图 1-1-5 所示,织针 2 放置在针槽 1 中,织针只能沿针槽方向作上下运动;针床槽口的栅状齿 3 主要作用是支撑线圈沉降弧,起沉降片的部分作用;为了使织针在针槽中做稳定的上下往复运动、防止因自身重量下滑和跳出,在针床上部装有一个嵌进针床的横向塞铁,其下面衬有柔性材料的压针条,它可以横向从针床上抽出来,以便更换织针。下塞铁 6 托住织针的尾端,起固定织针的作用,防止它们向外翘出和向下滑出。在半自动横机中有一个弹性针托 5 的起到夹子的作用防止织针下滑,也可以作为自动加针动作中的推针器,当织针推出工作时,针托起到稳定织针位置的作用。

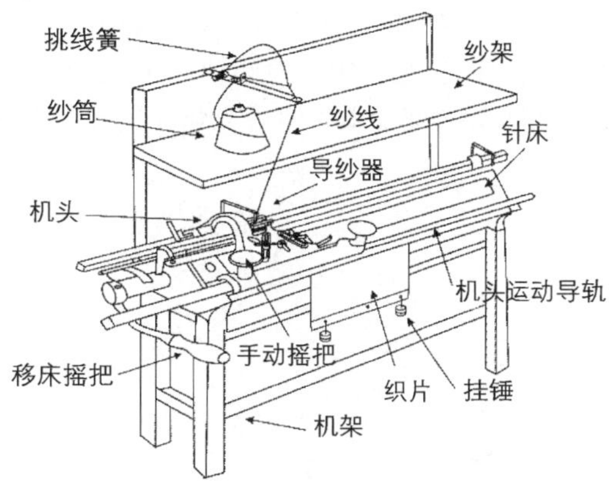

图 1-1-4 普通手摇横机示意图

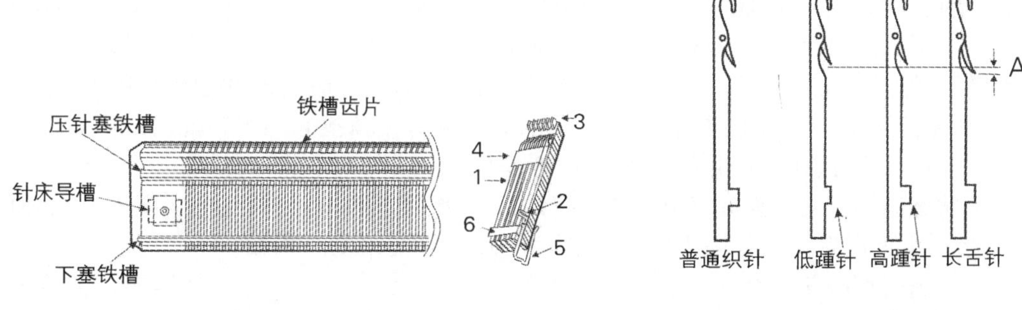

图 1-1-5 针床结构示意图

图 1-1-6 织针结构示意图

(2)织针:

织针是横机的主要成圈机件之一,横机一般使用舌针进行编织。根据机型和三角结构的不同,舌针种类也不同。普通手摇横机只有一种织针,能编织纬平针组织、罗纹、添纱、畦编、绞花和挑孔等普通常用组织。花式手摇横机的织针可分为两种或三种,图 1-1-6 所示。左起依次为普通横机织针、低针踵织针、高针踵织针、高针踵长舌针,长舌针与普通舌针之间有舌长差。编织时三种织针(按花型要求)以一定的间隔规律进行排列(排针方法),分别控制这三种织针的运动来编织复杂的花型。花式横机可以编织除普通组织以外的双罗纹(两种针)和花色组织如小提花组织(三种针)等织物。

(3)机头:

机头又称三角座,是横机的核心装置,机头上装有左右两组双向三角系统,用机头座将左、

右两组三角装置连成一体,在人力或电机动力的牵引下,机头在导轨上作左、右方向的往复运动,安装在机头上的三角装置作用于织针的针踵,控制织针在针槽中作上升和下降运动,从而完成纱线的钩纱、弯纱、串套、成圈等编织动作。推动织针上升和下降的构件形状如同三角形,因此俗称为三角。机头中的三角系统有多种三角,主要分为起针三角、挺针三角、压针三角、弯纱三角等。如图 1-1-7 所示。图中,1、2 为针床,3、4 为织针,5 为压针铁条,6、6'为起针三角,7、7'为弯纱三角,8 为挺针三角(俗称鸡心三角),9 为压针三角(俗称眉毛三角),10 为毛刷,11 为导纱嘴,12 为前后三角座的刚性连接桥体,13 为三角座(机头架),14 为机架。

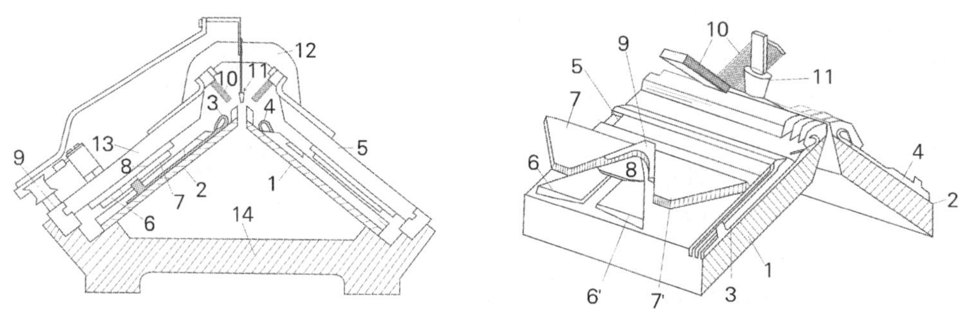

图 1-1-7 横机机头横向剖视图与三角剖视图

(4)三角的作用:

机头上控制织针进行上升、下降运动,形状如三角形的物体称之为三角。根据其所起的作用不同分为:起针、挺针、压针、弯纱三角等。

① 起针三角:普通横机的起针三角可以垂直机头控制面上下运动,有两个位置:打开和关闭,打开是指三角处于工作状态(放下),可以推动织针针踵使织针向上运动参加编织;关闭是指起针三角不工作(打起),没有作用到织针的针踵,从而织针原地不动,不参加编织。(花色横机起针三角可以有三个位置,可以控制高针踵织针、高与低针踵织针和关闭作用。)

② 挺针三角:挺针三角也俗称为鸡心三角,是将起针三角挑起的织针推向最高点而使线圈退圈。挺针三角可以活动,也有两个位置:打起和放下。

打起状态(关闭)是指挺针三角不作用织针,因此织针不再上升,针上的线圈不退圈,但可以织入新线圈,此时针钩内有新、旧两个线圈,此种编织状态称为"集圈"。

放下状态(打开)是指挺针三角作用于织针,使织针上升到退圈位置,此种编织状态称为"成圈"。

③ 压针三角:将运动至最高点的织针压下、转向向下运动的构件,形状如眉毛,也称眉毛三角。

④ 弯纱三角:将压针三角压下的织针继续下压到最低点,形成一定长度的线圈。弯纱三角可以上下调节;向上调节弯纱深度小,成圈的线圈小,形成的织物线圈密度大,织物紧密,反之则松。

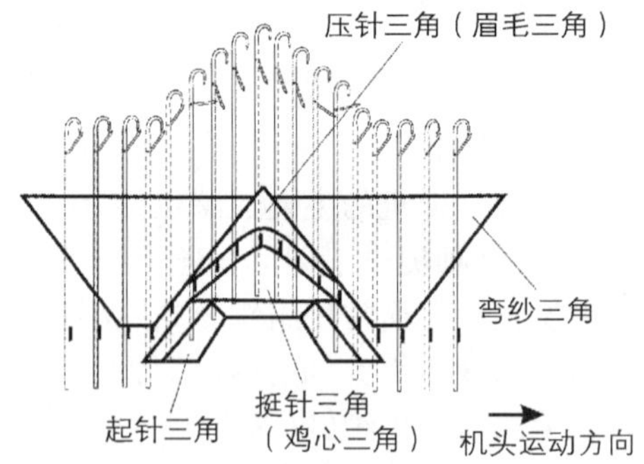

图 1-1-8 横机三角系统工作示意图

四组三角控制织针运动的结果是织针的针头排列形成一个三角形。如图 1-1-8 所示,织针上升过程中,针舌由于旧线圈的下滑作用被打开,此时针钩可以勾住纱线;织针下降过程中,针舌由于旧线圈的上滑而被关闭,针勾住的纱线形成新线圈。

(5)机头三角座的结构:

图 1-1-9 为手摇横机机头正面的俯视图,图中 1、2、3、4 是弯纱(成圈)三角的调节和指示装置,用于调节弯纱三角的弯纱深度,以改变线圈的大小,从而改变织物组织的密度。8 和 9 是前、后针床起针三角的控制开关,有高、低两个位置,分别控制起针三角进入(打开)、退出(关闭)工作位置。

机头的反面可见三角装置,其结构如图 1-1-10 所示。1、2、3、4 为弯纱(成圈)三角;1′~4′为起针三角;5、5′为镶片式弯纱三角的镶片,镶片可以在上下运动,因此弯纱三角可以随着镶片上、下调节;6、6′是压针三角;7、7′是挺针三角;8 是横挡(集圈)三角,11 为毛刷。这些三角组成了一条三角曲线形的走针槽道,织针的针踵是在这条槽道中沿着三角的工作面上、下运动,完成编织的过程。

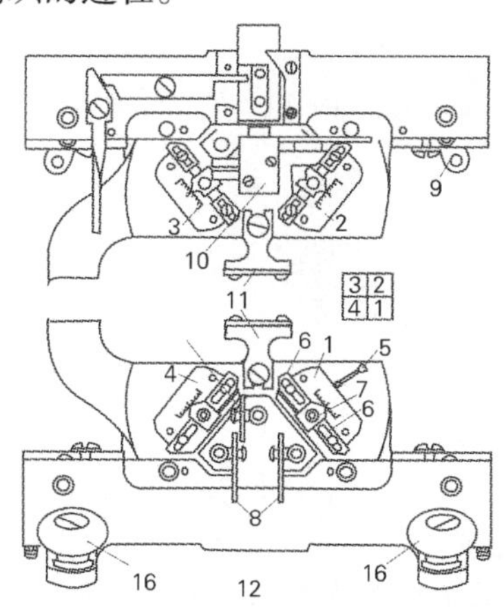

图 1-1-9　手摇横机机头的正面

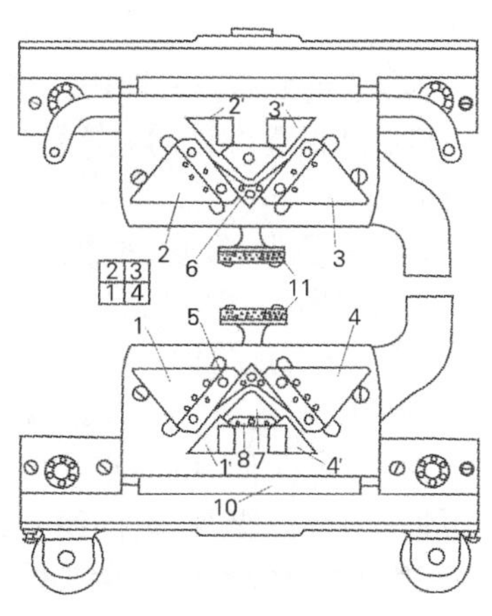

图 1-1-10　手摇横机机头的反面

(6)控制机构:

控制三角运动状态的装置称为控制机构,主要分为两种方式:手动与电子控制。手摇横机中采用手动控制,电脑横机中采用电子控制。产品花色的变换也是通过控制机构功能的变换与配合来实现的。手摇横机中,采用控制手柄来实现起针三角、挺针三角的打开与关闭,采用固定元宝螺母来固定弯纱三角的弯纱深度。

① 起针三角的控制:机头前后每侧有两组双向三角,每组中有起针三角(6、6’)、挺针三角(8)、压针三角(9)和弯纱三角(7、7’)。机头上共有四个三角系统,各起独立的作用。手摇横机为了清楚地区分四个三角系统便于操作控制,将每个三角系统按其在机头上的位置以逆时针方向从右向左分别称为 1、2、3、4 四个位置。如图 1-1-9 中所示,为了操作与表述方便,现将机头上的前、后、左、右 4 个三角系统以位置来描述即编分为号位,依次为前针床右侧、后针床右侧、后针床左侧、前针床左侧的顺序,分别称为弯纱三角系统的 1 号位、2 号位、3 号位和 4 号位。表 1-1-1 表示机头运动方向与三角作用的关系。

表 1-1-1　起针三角、弯纱三角工作状态

工作时机头运动方向	工作的起针三角	工作的弯纱三角	工作时机头运动方向	工作的起针三角	工作的弯纱三角
右→左	3 号	2 号	左→右	1 号	4 号
	4 号	1 号		2 号	3 号

② 弯纱三角的控制：如图 1-1-9 所示，1、2、3、4 分别为 4 个弯纱三角的调节和指示装置，通过松开元宝螺母 7，拨动调节手柄 5 使指针 6 向上或下调节到相应的位置来改变弯纱的深度，达到调节线圈的长度（大小）目的，从而改变织物的密度。

3. 给纱机构

给纱机构主要有线架、张力器、导纱器、导纱器变换装置等机件组成。

（1）线架：

线架用于将纱线从纱筒子上引入导纱器。引线架上的张力盘用于调整喂入纱线张力的大小，并起到稳定张力的作用，挑线簧在机头换向时挑起多余的纱线，以使纱线始终处于张紧状态，保持足够的纱线张力，使机头在编织中两侧回头时保证两侧纱线拉紧，使编织过程中不掉边针、布边不起线套。

（2）导纱器：

喂入的纱线通过导纱器进入针钩。导纱器的结构如图 1-1-11（左）所示，由梭箱 1、梭箱导轨 2、梭弓 3 和喂纱梭嘴（纱嘴）4 等组成。

（3）喂纱梭嘴：

喂纱梭嘴又称梭子头、纱嘴，横机上常用的喂纱梭嘴如图 1-1-11（右）所示，图（1）为普通梭嘴，只有一孔。图（2）为添纱梭嘴，为双孔结构；图中小孔 a 为基孔，外面的椭圆孔 b 为辅孔，在基孔中穿入面纱，在辅孔中穿入添纱。基孔的位置较辅孔低，使得基孔中纱线的垫纱纵角小于辅孔中纱线的垫纱纵角，进而使基孔中纱线形成的线圈呈现在织物的正面，辅孔中纱线形成的线圈呈现在织物的背面，这种线圈结构称为添纱组织。这种线圈结构可以使织物内、外两面形成不同的颜色：如黑色面纱穿于基孔，红色地纱穿于辅孔，织成后正面为黑色，背面为红色等效果。在编织弹性下摆罗纹时，弹性纱也可穿在辅孔中，弹力纱就会藏在里面表面看不到。

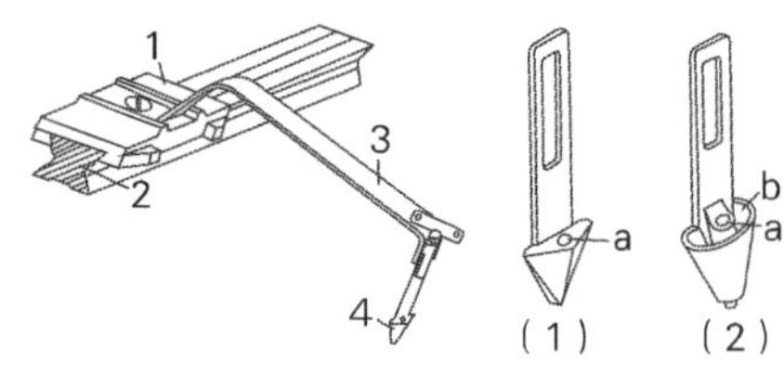

图 1-1-11 导纱器和喂纱梭嘴

（4）毛刷：

在横机上是喂纱机构的辅助零件，一般采用猪鬃或尼龙丝制成。其作用为打开针舌、防止针舌关闭。

① 打开针舌：横机在起始横列和加针编织中，由于新参加工作的舌针上无旧线圈无法打开针舌，因此通过毛刷作用将针舌打开，但又不损坏针舌。

② 防止针舌关闭：由于织针在高速运动中，旧线圈由针舌脱落到针杠的瞬间，针舌对旧线圈有一个反作用力，使针舌产生反弹现象，甚至封闭了针口，致使新纱线的垫纱发生困难，从而产生漏针、漏纱，同时针舌退圈后，沿压针三角换向运动时的惯性力，也会使针舌回弹封闭针口，影响喂纱，此时毛刷则正好压住针舌不使其回弹。

4. 针床横移机构

针织横机具有针床横移装置，可以使针床横向移位进行编织，用于翻针、罗纹和扳花等花型的编织。在针床左下方有一个扳把，通过向上或向下板动使后针床向左或向右移动。前、后针床相对移动的目的：

（1）适应不同组织起口编织的需要，如 2×1、3×2 等罗纹起口时的需要。

（2）适应不同组织编织的需要，可织出具有倾斜的线圈圈柱，使织物表面具有一种波纹感的花式组织——波纹组织（又称为扳花组织）。

5. 牵拉卷取机构

牵拉机构的作用:在纵向施加拉力使成圈后的线圈离开织口,便于后续纱线成圈;其次将成圈后的织物从针床之间的隙口引出。手摇横机一般采用重锤式牵拉机构,电动横机采用主动式起底板、卷布辊进行牵拉卷取。

四、横机编织工作原理

舌针安装在针床的针槽里,当机头带着纱嘴在导轨上作水平往复运动时,针踵在三角系统的作用下在针槽内做有规律的上、下运动,进而完成编织的成圈过程。如图 1-1-12 所示。

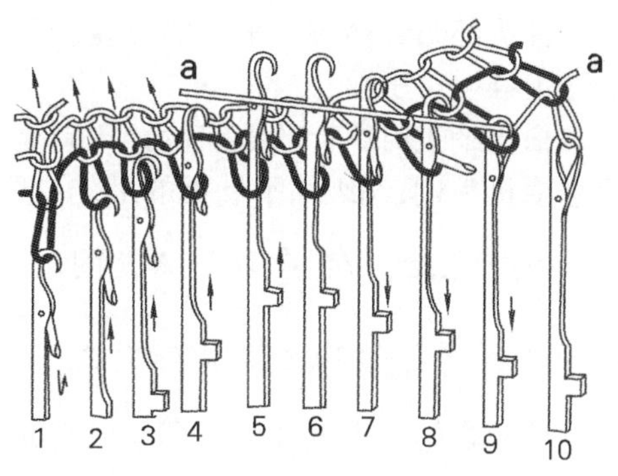

图 1-1-12 舌针横机的成圈过程

织针在起针三角的作用下被挑起向上运动,经挺针三角使织针运动到最高点,再在压针三角的作用下织针转而向下运动,弯纱三角将织针压至最低点。如图 1-1-12 所示为织针的成圈过程:织针 2 ~ 5 为退圈,6 为垫纱,7 ~ 9 为弯纱和带纱,8 ~ 9 为闭口和套圈,9 ~ 10 为连圈、脱圈、成圈、牵拉,共十个动作。在此过程中:织针上升将原有的线圈从针钩内脱出针舌退到针杆上的过程称为退圈;将纱线引入针钩处直到钩住纱线的过程称为垫纱;向下牵拉使纱线产生弯曲并向下拉、带的过程称为弯纱和带纱;旧线圈向针钩滑动时拉动针舌关闭针钩的过程称为闭口;旧线圈脱离针钩时套住旧线圈称为套圈;新旧线圈相连时称为连圈;脱离针钩时称为脱圈;形成新线圈时称为成圈。

五、横机的调试

横机编织时最重要的要素是控制编织密度,编织密度是由弯纱三角进行控制的。如图 1-1-9 所示,弯纱三角(也称密度三角)由手柄可以上下调节,用元宝螺丝固定,有指针指示刻度。

指针向上调是密度增加即线圈小、织物紧密;向下调节是密度减少即线圈大,织物稀松。如图 1-1-13 所示,针槽间距(针距)为 a,织针针钩与针槽齿片顶端的距离 d 是形成线圈长度的决定因素,针床上的针槽齿片是固定不动的,托住线圈的沉降弧,织针可以上下运动,针钩向下拉纱线形成线圈的针编弧。因此织针位置越低(d 值越大),则形成的线圈长度越长,密度小,反之密度则大。因此弯纱三角的调节是能否顺利编织的关键点。

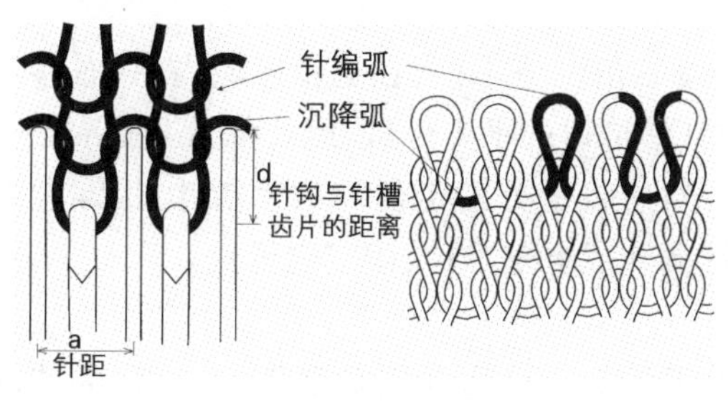

图 1-1-13 线圈形成示意图

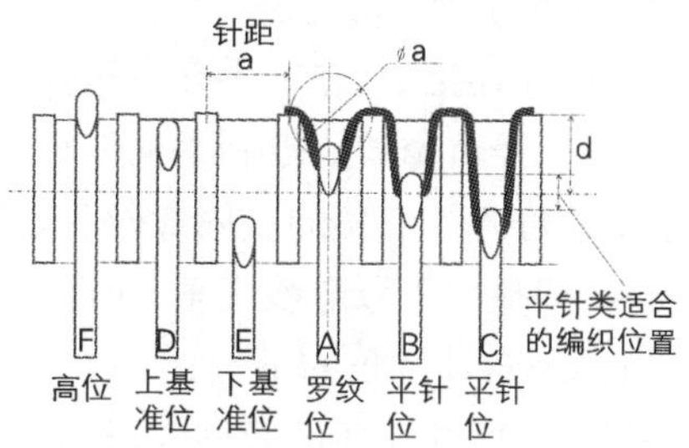

图 1-1-14 弯纱三角调节基准位示意图

1. 手摇横机编织密度调节原理

在手摇横机编织时，毛衫下摆一般为罗纹组织、大身大多为平针组织。因此弯纱三角的位置一般使用罗纹与大身两个位置，编织罗纹时弯纱三角位置靠上，简称罗纹位或上位；编织平针时位置靠下，简称为平针位或下位。由于安装时各台横机的精度不同，造成指针与刻度对位不准确，因此在调节上、下针位时，一般以针槽的槽口或齿片作为上、下位参照点。上基准位是指织针头部与针槽槽口平齐的位置。下基准位是指织针的针钩与针槽齿片下部平齐的位置。如图 1-1-14 所示。

横机编织时织针的编织位置 d 应等于针距 a，此位置编织时织针受力小、编织顺畅。以 7G 手摇横机为例，编织纬平针类的最佳位置是织针位于 B 位置，即 $d \approx a$（位置可上下微调）；编织满针罗纹的最好位置在 D 与 A 之间，即 $d = 0 \sim \frac{a}{2}$；编织 1×1 罗纹的最佳编织位置为 A 位置（$d = \frac{a}{2}$）；编织小线圈时使用高位 F。上、下基准位限位用上、下定位片固定，通过在指针与上、下定位片之间插入纸片来微调编织密度，如图 1-1-16 所示。

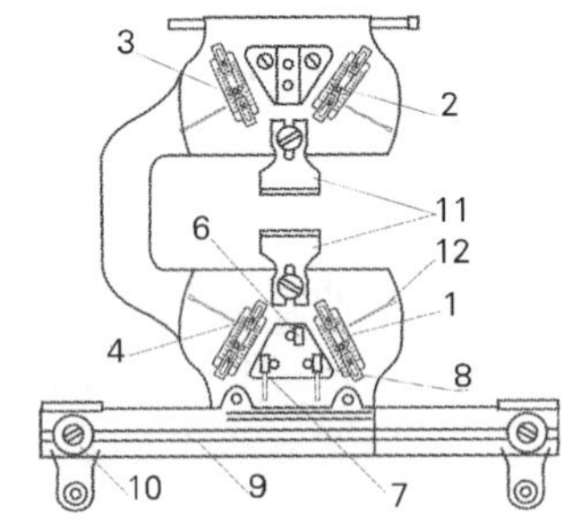

图 1-1-15 机头正面示意图

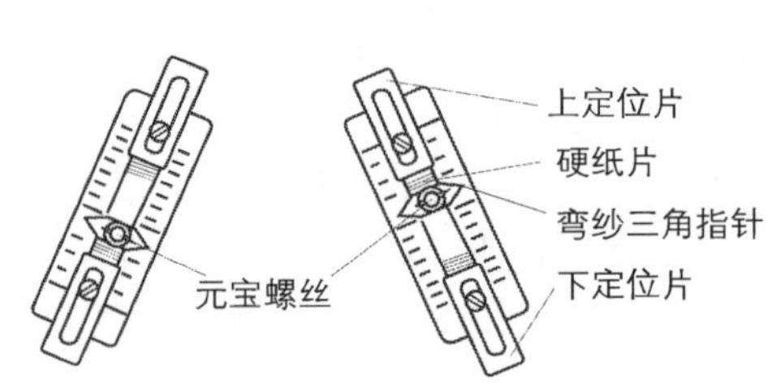

图 1-1-16 弯纱三角指针位置图

图 1-1-15 中 1、2、3、4 为四个弯纱三角位置，6 为集圈三角，7、8 为起针三角开关，12 为弯纱三角调节手柄。

2. 基准位调节操作（7G 普通手摇横机为例）

（1）基准位调节准备

① 松开弯纱三角、定位片：将前后针床四个弯纱三角的元宝螺丝松开，上、下的定位片用螺丝刀松开。

② 选针：在前、后针床中部选 100 枚左右的织针，供调节用。

（2）调节弯纱三角上位

双手放在摇把上，左右手食指压住 1、4 号弯纱三角调节手柄，在选针区域内左、右移动机头，观察织针停留位置。控制手柄使织针停留在针槽槽口的平齐位置，此处称为上基准位。分别旋紧 1、4 号弯纱三角的紧固螺丝（元宝螺丝），然后将上方的定位片顶紧指针，用螺丝刀固定。同理，调整 2、3 号弯纱三角，使后针床的织针调节成上基准位，固定定位片。

（3）调节弯纱三角的下位

松开 1、4 弯纱三角的紧固螺丝，左右手拇指压住 1、4 号弯纱三角手柄，在选针区域内向左、右移动机头，观察织针停留位置。控制手柄使织针停留在针槽齿片下方平齐的位置，此处称为下基准位。拧紧元宝螺丝，将下方的定位片卡紧指针用螺丝刀固定。调整后针床的 2、3

号弯纱三角：控制手柄，调节高低位置使织针处于下基准位位置，固定定位片。

上述(2)(3)步骤是将弯纱三角调成上、下两个位置且左右平齐。将三角分别打在上、下基准位，拉动机头左右运动，再次检查左右两侧三角所控制织针是否左右平齐。将四个弯纱三角的下位固定片与指针之间垫入纸片，使织针针钩处于图 1-1-14 中的 B 位置，此处为编织纬平针的最佳位置。

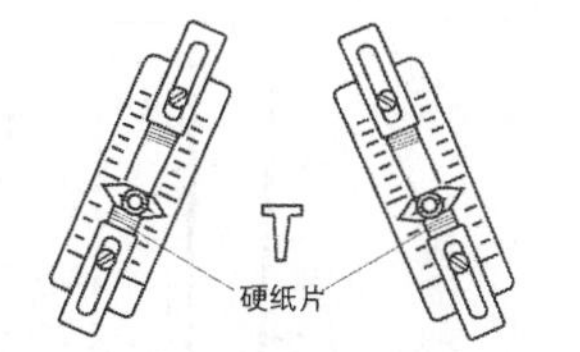

图1-1-17 弯纱三角调节图

3. 插纸片调节

取硬卡纸(可用硬塑料片、高压卡纸、扑克牌纸替代，厚度可以取 0.2mm、0.5mm、1mm 等三种)，剪成如图 1-1-17 所示的形状，在四个弯纱三角指针上方插进 n 片，使上位时织针位于罗纹适合编织的位置。调节下位时在指针下方插进数张纸片，使织针针头位于平针最适合编织的位置(7 针以上的细针机可参照槽齿片，针头位于槽齿片的中部偏上，如图 1-1-18 所示。粗针机 3、5 针机在槽齿片的中偏下位置较适宜。

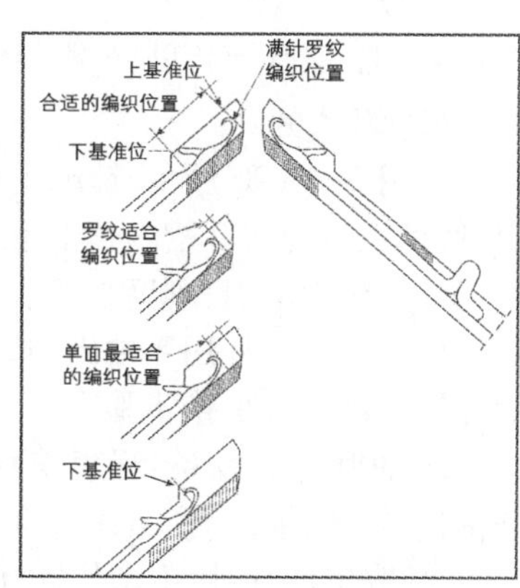

图1-1-18 织针位置定位图

任务实施

一、教学设备与材料

普通手摇横机、41.7tex ×2(24*N*m/2)腈纶毛型纱线。

二、实施步骤

任务说明：使用 7G 手摇横机，进行检查坏针和更换坏针、更换压纱条操作；进行摇床操作；进行起针三角、集圈三角、弯纱三角的控制练习操作并观察织针的运动情况；进行弯纱三角调节操作。

1. 检查、更换织针，更换压针条练习

依据横机结构原理，进行织针、压针条的更换练习。将坏针取出、新织针放入，以及压纱条的制作与更换。

(1)织针的检查：

将全部织针在针床上推到最高点，查看针踵、织针的针钩、针舌、针杆的情况。属于下列情况则需要更换织针，如图 1-1-19 所示。

① 针钩变形：织针位于在最高点查看整齐的针钩位置，目视有不均匀的位置要仔细检查针钩，发现针钩变大或歪斜，则需要更换。

② 针舌变形：仔细检查每一个针舌是否有歪斜、闭合不良的现象。

③ 针杆变形：当织针在最高位置时，针杆排列是均匀的，观察针钩处如若有发现排列不均匀则有针杆或针钩部分有变形，则需要更换。

④ 针踵变形：在操作中由于轻微的撞针会造成针踵打掉或歪斜，仔细检查针踵位置，如有上述情况则需要更换织针。

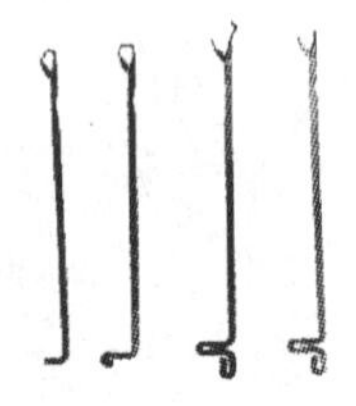

图 1-1-19　坏针示意图

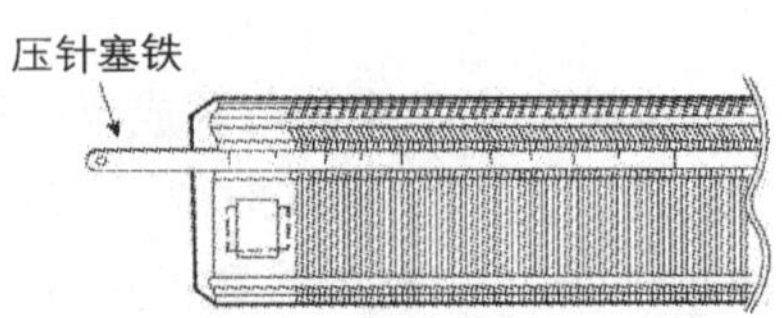

图 1-1-20　拉出压针铁条示意图

(2)织针更换:

如图 1-1-20 所示,针床中部有一根压针铁条,用来将织针固定在针槽内,防止编织时跳出,使针织只能在针槽内作上下运动。压针铁条的正面标有刻度,中间为 0 刻度,左右对称依次向外编刻度数值,刻度数值表达的是该型机器在该位置的针数,便于操作者数针数。压针铁条可以从两端向外用手抽出(边缘锋利,注意安全),抽出后观察压针条内侧为凹槽,用来存放弹性压针纱条。更换步骤:

① 抽出压针铁条:观察需要更换的坏针位于针床上左右两根铁条的哪一条,然后将该铁条抽出,抽出前先将所有织针向上推 3 ~ 4cm 左右,以防针舌卡住铁条而损坏针舌。

② 取出坏针:用手拿住针踵,将坏针从弹性压针纱条下向下方抽出。

③ 换上新针:用手拿住新针针踵,将新针由下向上从压针纱条下方放进针槽内。

④ 塞进压针铁条:将压针纱条向外拉紧固定在外侧的螺丝上或用重锤挂住使纱条处于张紧状态,一只手用选针板将所有织针推上 3 ~ 4cm 左右,使针舌离开塞铁槽的位置,另一只手向内轻轻推进压针铁条,必须使压针纱条始终位于铁条内侧的凹槽内,塞紧。

(3)更换弹性压针条:

在操作过程中,由于压针纱条的变形,织针会产生下滑的现象,如果压针纱条磨损严重则需要更换弹性压针条,更换前应制作新的压针纱条。

① 弹性压针条的制作:用纱线在两个相距大于针床总宽度 30cm 的钉子上绕成大约 10 ~ 15 圈(圈数根据纱线的粗细来定),形成一条长度大于针床总宽度 30cm 绞纱,绞纱的紧密直径与压针铁条的凹槽相当。

② 更换压针纱条:先将压针铁条抽出,把原来的纱条去掉并将槽内清理干净,将新的纱条一段挂在一侧的螺丝上,将机头移动到一侧,纱条从机头架子下方穿过,拉紧并固定到对侧的螺丝上并且拉紧使之处于铁槽正中间。如果有现成的弹性压针条,则按机器的长度量取,弹性压针条总长度比机长长 5 ~ 10cm。

③ 塞进压针铁条:将压针纱条向外拉紧固定在外侧的螺丝上或用重锤挂住两端纱环,使纱条处于张紧状态。一只手将织针推上 3cm 左右使针舌离开铁条位置,另一只手向内推进压针铁条,使纱条始终位于铁条内侧的凹槽内,防止铁条卡住。如果铁条塞进困难,则将压针纱条减少变细,使之能顺利塞进压铁槽内。

④ 检查织针松紧:更换后检查织针的松紧,太紧会使编织时的作用力增大、织针回复困难而成圈不稳、增加体力消耗。太松织针容易滑下。

⑤ 可以利用压纱条成品直接更换。

2. 手摇横机摇床的认知操作

手摇横机的前后针床可以作相对运动,以实现线圈圈柱产生倾斜的效果。摇床操作手柄位于横机的左侧下方,可以上下摇动,摇动时可以感觉有“咯、咯”的声音,手上并有定位格的感觉。将手柄进行上、下摇动使后针床产生左右横移，相对前针床可得针槽相对、相错的位置。

(1)横机后床摇半个针距的操作方法：

将织针全部拨到下位，不使针钩露出针床。将摇床手柄向上或向下摇动，目视后针床随着摇动会向左或向右移动，手感一个定位格为移动1/4个针距。将摇床手柄向上或向下摇动，使后针床向左或向右移动半个针距。其作用是用来调节针床的槽齿相对还是相错的位置。

(2)横机后床摇一个针距方法：

将织针全部拨到下位，不使针钩露出针床。摇床手柄向上或向下摇动，使后针床向左或向右移动一个针距。

(3)针床针槽相对的位置调节方法：

将织针全部拨到下位，不使针钩露出针床。将摇床手柄向上或向下摇动，使后针床向左或向右移动半个针距，使两个针床的针槽处于相对位置。

(4)针床针槽相错的位置调节方法：

将织针全部拨到下位，不使针钩露出针床。将摇床手柄向上或向下摇动，使后针床向左或向右移动半个针距，两个针床的针槽处于相错位置。

3. 起针三角的使用练习

依据起针三角的编织控制原理，进行四个起针三角的开、关控制练习，按照起针三角位置分别打开、关闭，观察、分析、总结织针的运动情况。操作步骤为：

(1)横机准备：

用螺丝刀卸下机头的前、后毛刷，便于观察；摘下导纱器。将前、后床的织针各拨上100枚，针床摇床相错，使织针的针钩顶部与针床槽口平齐。

(2)关闭1、3起针三角练习：

慢速拉动机头一个往复，观察前、后针床织针的运动状态，将织针运动形态、形状记录下来。重复拉动，仔细观察每次拉动织针的运动情况。

运动情况：当机头向左运动时前针床织针做上升、下降的运动，机头向右运动时后针床的织针做上升、下降的运动。其作用的三角为2、4号起针三角。

(3)练习：

将1、3起针三角打开，2、4起针三角关闭，拉动机头重复运动，记录织针运动状态。将所有起针三角都打开或关闭时，记录织针运动状态。

4. 手摇横机的编织、集圈、不编织控制练习

依据集圈三角(鸡心三角)的编织控制原理，进行集圈三角的开、关控制练习，观察、分析集圈三角开、关时织针的运动情况。

(1)横机准备：

横机机头停在右侧，摘掉导纱器，将所有织针拨到最低点，所有三角打开状态，针床横移摇把处于上下的中间位置并使针床的针槽处于相错位置。

(2)织针的编织状态操作及观察：

① 用螺丝刀卸下前面的毛刷，便于观察。

② 将前床的织针拨上100枚使织针的针钩顶部与针床槽口平齐，前床起针三角打开、集圈(鸡心)三角关闭(放下位置)。后床织针拨下。

③ 慢速向左拉动机头，到织针区域时观察织针的运动状态，将织针针头所形成的形状记录下来。可以重复动作，仔细观察。

④ 将以上形态与编织原理进行比较,分析三角的形状。

结论:观察到前床织针自下向上运动,再掉头向下运动,织针针头形成一个山形的状态,表明织针完成一个线圈编织的全过程。

(3)织针的集圈状态操作及观察:

普通手摇横机的前针床有集圈开关,观察前针床的集圈编织。

① 准备:将1、4号位的起针三角打开,2、3号起针三角(即后针床的起针三角)关闭。打开前针床的集圈开关(提起),拉动机头,自右向左运动。

② 观察:前床织针自下向上运动,再掉头向下运动,但最高高度比编织状态低,山形的状态变为平顶状态,织针针舌位置低于针床槽口,表明织针上的旧线圈不脱圈,形成集圈编织。

(4)织针的不编织状态调节与观察:

将前、后针床的织针拨上100枚使织针的针钩顶部与针床槽口平齐,将四个起针三角均打至关闭状态,拉动机头左右运动,发现织针针踵虽然处于编织位置上,但并没有上升,表明织针停止运动,没有进行编织。

分析:起针三角控制处于编织位置织针的运动。

5. 弯纱三角的调整练习

依据弯纱三角的编织控制原理,进行四个弯纱三角的调整练习,分别控制织针针头在针槽口的上、中、下三个位置,观察、分析织针的运动及停留位置的情况。

(1)横机准备:

在前床选100枚织针,拨到针头与针槽平起的位置。

(2)弯纱三角手柄的控制操作:

松开1号弯纱三角的元宝螺丝,右手按住小手柄,上下拨动,可以看见指针可以上、下指示不同的刻度线。

(3)观察针织停留的位置:

将1号弯纱三角的元宝螺丝、手柄松开(指针指在下方的刻度),左手慢慢拉动机头,观察织针针头停留在槽中的位置;同时右手下压手柄,使织针到最高点,观察织针针头停留在槽中的位置。

(4)调整:

取上述的中间位置,将1号弯纱三角的元宝螺丝拧紧固定,看机头从右向左运动时的织针针头停留在槽中的位置。将4号弯纱三角松开,右手拉到机头,左手按住手柄上下微调,使织针针头停留在槽中的位置与左行时(1号弯纱三角控制时)相同。

(5)调整后针床:

按照上述方法,将后针床的弯纱三角调整为与前针床一致,即四个弯纱三角所控制的织针针头停留在槽中的位置相同。

6. 弯纱三角位置的调节

依据上述5中的调节方法,剪若干片硬纸片,在弯纱三角指针的上下方插入,调节成罗纹位、平针位(根据机型不同)。将1、2、3、4位置的弯纱三角调节成一致。

任务2　纱线准备

学习目标

1. 了解毛衫织物对纱线原料的要求，学会认知各类纱线原料的基本特征。
2. 熟悉络纱机的工作原理，能进行纱线张力的调整、络纱故障的分析与处理。
3. 能熟练进行绞纱与筒纱的络纱操作，能鉴别络纱成型的质量。

任务描述

引入纱线原料、络纱的概念，了解针织毛衫行业横机编织用纱线的要求及主要纱线原料的性能、特点。学会区分各种典型的纱线原料。熟悉络纱机的基本结构与基本工作原理，会按要求进行络纱的操作，能识别和处理常见的络纱疵点。

知识准备

针织毛衫编织用进厂的短纤维纱线卷装形式一般为绞纱和筒纱两种，长丝、弹力丝一般为菠萝筒装。纱线经过染色加工后表面润滑度变差，纱线的卷装不符合机器织造的要求，纱线可能会存在粗节、长接头、断纱等外观和品质上的疵点，这些都将影响编织机器的运转和毛衫的质量，因此需要对进厂的纱线进行编织前的处理。

据毛衫编织过程和穿着性能等方面的要求，毛衫所用纱线应具有较好的弹性、柔软性和保暖性，纱线应坚牢耐用、粗细适合、结构松软。纱线结构和物理性能方面的任何缺陷不仅影响毛衫的编织生产过程，还会影响产品的内在和外观质量。

毛衫生产使用的纱线种类很多，按传统毛衫使用的纱线为毛型纱线。毛型纱线是指用较长较粗的纤维（羊毛纤维）使用毛纺纱工艺纺制而成的纱线，其主要特征是纱线偏粗、结构蓬松、保暖性好。而今随着消费的需要，纱线的类型也越来越多，如棉型纱线与长丝纤维也大量应用到毛衫的编织中。

一、毛衫用纱线的概念

毛衫可以采用手工编织、编结而成，更多的是采用机器编织而成，因此毛衫用纱线可以分为编结线、普通纱线和花式线。纱线是由各种纤维纯纺或混纺通过采用相应的纺纱工艺纺制而成的细长物体。其粗细程度采用线密度来表示，线密度是指纱线长度和重量之间的关系。

纱线的线密度采用公制号数来表示，单位为特克斯（tex）。其含义为：长1000m的纱线在公定回潮率时的重量克数（g）来表示。传统的毛衫行业采用的是公制支数（Nm）。其含义为重1g的纱线在公定回潮率时所具有的米（m）数。毛衫编织时一般采用单根或多根股线编织。

二、毛衫常用纱线原料的分类

纤维原料分为天然纤维和化学纤维。天然纤维分为棉、毛、丝、麻四大类纤维。化学纤维

分为合成纤维和再生纤维,常用的合成纤维有:腈纶、锦纶、氨纶、涤纶等;再生纤维主要有:黏胶以及莫代尔(Model)、天丝(Tencel)、大豆蛋白纤维、珍珠蛋白纤维、竹纤维、牛奶纤维等。以上纤维可以纯纺或混纺成纱线应用到毛衫织物中。常用的纱线主要分为毛型纱线、棉型纱线和长丝三大类,毛衫以毛型纱线为主要的纱线材料。

三、纱线的准备

纱线准备是指编织前需要对纱线进行一些准备工作,以便于编织工作的正常进行。针织毛衫编织用纱进厂的卷装一般为绞纱和筒纱两种形式,纱线经过染色加工后表面润滑度变差,纱线的卷装不符合机器织造的要求,纱线可能会存在粗节、接头、断纱、强力等外观和品质上的疵点,这些都将影响编织机器的运转和毛衫的质量,因此需要对进厂的纱线进行编织前的处理。

1. 毛纱原料及其表示方法

产品生产时需要说明使用纱线的原料种类和线密度。企业一般用编码或直接用原料名称说明纱线原料的细度和种类,如:16*N*m 羊毛纱、26*N*m/2 70/30 毛腈混纺纱等。

(1)编结绒线和针织绒线:

根据国家颁布的标准规定,毛纱分为编结绒线和针织绒线两类,以绒线的股数、线密度及用途作为区分依据。国家标准中的毛纱称为绒线。股数为 3 股及以上或 2 股、合股后线密度大于 167tex(6*N*m)的为编结绒线;股数为两股、合股后线密度小于 167tex(6*N*m)的为编结绒线。

(2)毛纱的编号:

按照国家标准,对毛纱有专门的识别方法,对来自毛纺厂的纱线,根据采用的原料、纺纱方法及线密度等用品号来表示,品号由四位数字组成。

① 第一位数字表示纺纱方法与类别,共分四类,用 0、1、2、3 表示。

0:表示精纺编结绒线。1:表示粗纺编结绒线。2:表示精纺针织绒线。3:表示粗纺针织绒线。

② 第二位数表示绒线的原料种类,当第一位数字为 0、1、2 时共分为 10 类原料;当第一位数字为 3 时,表示另外的 10 类。详细含义如表 1-2-1 所示。

表 1-2-1 绒线品号第二位数字说明

第二位数字代号	第一位数字为 0、1、2 时的表示内容	当第一位数字为 3 时的表示内容
0	山羊绒或山羊绒与其他纤维混纺	山羊绒及与其他纤维混纺
1	异质毛(国产毛,毛纤维的粗细与长短差异较大)	白山羊绒
2	同质毛(外毛、部分国产毛,毛纤维的粗细与长短差异较小)	青山羊绒
3	同质毛与黏胶纤维混纺	紫山羊绒
4	同质毛与异质毛混纺	山羊绒与锦纶混纺

（续表）

第二位数字代号	第一位数字为0、1、2时的表示内容	当第一位数字为3时的表示内容
5	异质毛与黏胶纤维混纺	短毛(羊仔毛)
6	同质毛与合成纤维混纺	兔毛
7	异质毛与合成纤维混纺	驼绒
8	纯化纤及其相互混纺	牦牛毛
9	其他	其他

2. 毛纱的卷装形式

毛衫行业纱线的卷装形式主要有绞装、锥形筒装、圆柱形筒卷装等，如图1-2-1所示。

(1)绞装：

绞装是指纱线卷绕在较大直径的框架上，到一定的长度后将纱线缝绞后取下，使纱线处于松弛状态。这种卷装方式主要应用于纱线染色，染色时由于纱线松弛染液能充分渗透，使纱线染色均匀。此卷装形式纱线易紊乱，难退解、卷装容量小。

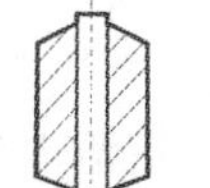

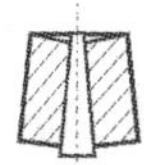

图1-2-1　至纱的卷装形式

(2)锥形筒装：

锥形筒子卷装形式是短纤维纱线较为常见的一种形式，毛型、棉型纱线都采用。卷装容量大、易退解，毛衫编织中主要应用此种卷装形式。

(3)圆柱筒子采用圆柱形筒管进行卷绕，采用锭子传动，纱线表层卷绕时不产生摩擦，不会损伤纱线，筒管较长，卷装容量大，一般用于长丝原料的卷装，如锦纶、涤纶长丝。

3. 络纱

(1)络纱机：

纱线准备工序主要由络纱机完成，络纱机的种类很多，在针织毛衫企业里主要使用槽筒式络纱机，如图1-2-2所示。络纱机的结构主要分为卷绕机构、导纱机构、退解机构及张力装置、清纱装置、上蜡装置等。

① 卷绕机构：由电动机为动力经过减速传动后使槽筒或锭子作回转，再带动筒子作回转运动，筒子的回转拉动纱线卷绕在筒子上。图示为槽筒式络纱机，槽筒的表面与筒子表面接触做摩擦传动，优点是卷绕速度稳定使卷绕张力均衡但摩擦运动易损伤纱线使纱线表面发毛。此种传动方式适合于短纤维纱线卷绕。锭子络丝机适合长丝如尼龙丝、涤纶丝的卷绕。

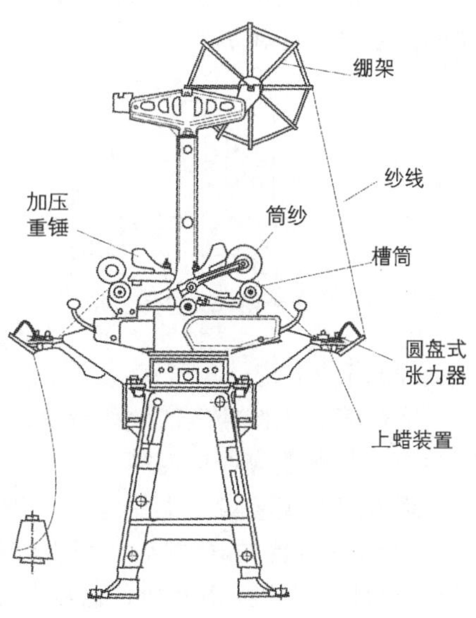

图1-2-2　槽筒式络纱机工艺简图

② 导纱机构：槽筒络纱机的导纱运动是由制作在槽筒表面的螺旋状沟槽完成的。纱线在卷绕时嵌进沟槽内，槽筒旋转纱线便由沟槽带动向外侧运动，到头后由自身的拉力和反向沟槽带回，向对侧运动，完成往复的导纱运动，使纱线一层层卷绕筒子上。

③ 张力装置:采用压盘式或弹簧加压式使纱线进行摩擦加压,使纱线具有一定的张力。

④ 清纱装置:采用缝隙式清纱装置,如图 1-2-3 所示。图中所示的调节板可以调节纱线通过的缝隙大小以适应不同粗细的纱线通过。缝的大小一般控制在纱线直径的 1.5~2 倍,清除纱线上的结头、粗节、杂质等疵点。也可以安装电子清纱器进行清纱,但成本较高一些。

⑤ 张力器:纱线需要一定的卷绕张力以保证成型良好,如图 1-2-4 所示采用圆盘式张力器。

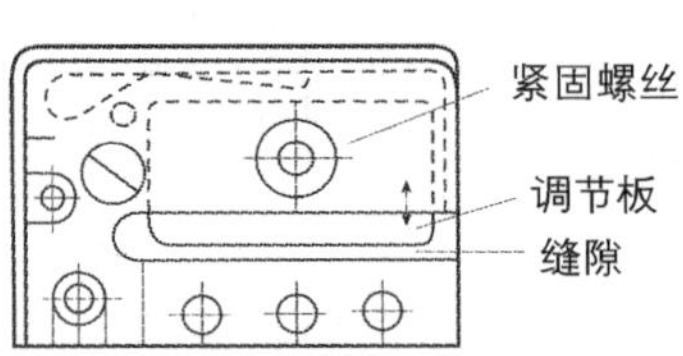

图 1-2-3 缝隙式清纱器

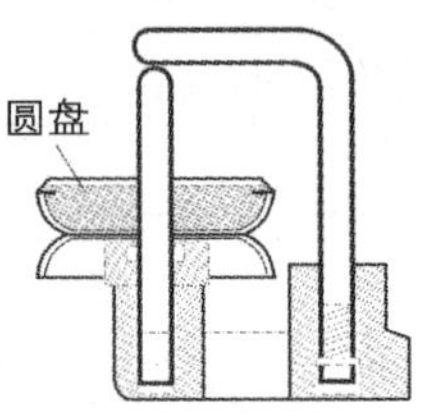

图 1-2-4 圆盘式张力器

⑥ 上蜡、给油、抗静电处理:为了降低在编织过程中纱线对机械的摩擦力,保护纱线减少损伤,使编织过程顺利进行,因此对纱线表面进行上蜡、上油处理是必要的。

常用的上蜡由固体蜡上蜡装置,上油装置由给油装置组成。经过上油或上蜡后纱线的摩擦系数可以降低 30%~40%,大大降低了纱线编织过程中的摩擦阻力,减少了断头率,提高了产品质量。毛衫上蜡率控制在 0.5% 为宜。

如图 1-2-5 所示为固体上蜡装置,3 为圆柱形蜡块,纱线 1 在蜡块下通过,在蜡块的重力作用,纱线表面产生摩擦力,带动蜡块在圆盘座 2 上做快速旋转,因此蜡块在纱线表面通过摩擦力的作用均匀上蜡。对于像棉类纱线由于染色后表面极为不光滑,摩擦阻力较大,为了增加上蜡的效果,可以采用液体上蜡的方式,如图 1-2-6 所示。同时也可以在上蜡(油)和抗静电在装置中加入油乳化剂、抗静电剂,由从动棍给纱线表面润上液体,从而也可以使化纤混纺纱线增加抗静电的效果。

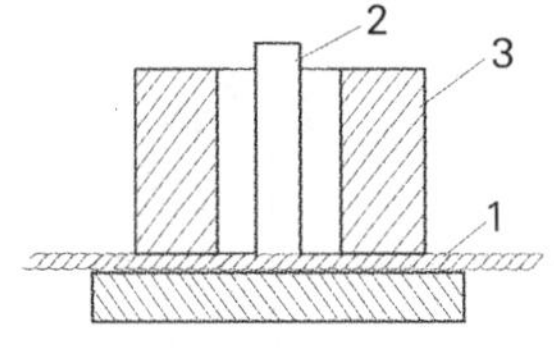

图 1-2-5 固体上蜡

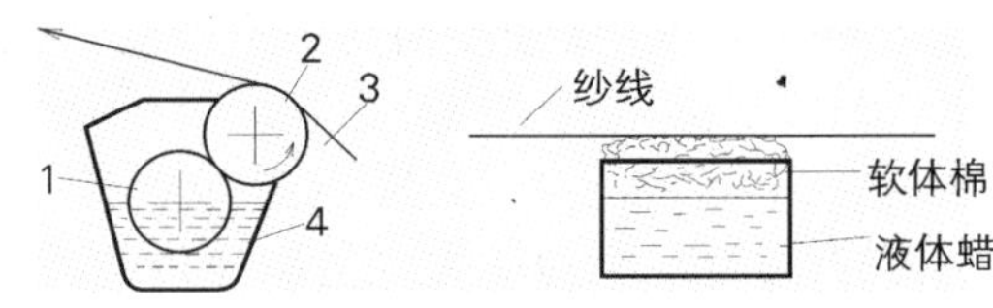

图 1-2-6 液体上蜡(油)

(2)络纱工艺:

毛衫编织机械的生产效率及其产品的质量,在很大程度上取决于毛衫的筒子质量,所以对络纱的工艺参数应严格控制。

络纱时的工艺参数主要包括:清纱器的缝隙隔距、络纱速度、络纱张力、上蜡的方式等。

① 清纱装置的缝隙隔距:根据纱线的种类、粗细等要求来调节,主要考虑纱线上的杂质、粗节,同时又不能损伤毛纱。毛纱直径的计算公式为:

$$d = 4.1 \times 10^{-2} \quad \sqrt{\mathrm{Tt}} = 1.3 \div \sqrt{N_m}$$

式中:d—毛纱直径;Tt—毛纱的线密度;N_m—毛纱的公制支数。

因此一般缝隙调整为:精纺毛纱直径的 1.5~2 倍,粗纺毛衫直径的 2~2.5 倍。

② 络纱速度:络纱速度决定着机器和工人的看台数,络纱速度应按照纱线的种类、细度等考虑确定。一般情况络毛纱的速度应小于络棉纱的速度。毛纱为200m/min左右,棉纱类一般为500~600m/min。

③ 络纱张力:为了使筒子卷绕密度软硬适中且成型良好,络纱时必须使纱线保持一定的张力。张力过小时则成型不良、筒子松软,易产生塌边等疵点。张力过大时,将会使筒子成型过硬,形成菜花心结构或使纱线过度拉伸降低纱线的物理机械性能。张力的调节可以是该纱线断裂强度的15%~20%,可以通过压盘上的压片或弹簧加压式旋钮调节。

④ 接头:络纱中遇到断头或管纱用完时必须打结以接续纱线,结头的形式有筒子结、织布结和自紧结等,如图1-2-7~图1-2-8所示。织布结结头小而牢,可减少织造时的断头和织疵。筒子结接头结实,接头速度快,接头大。根据纱线原料、纱号和结构可选用不同的结头形式。

打结工具有手动打结刀、打结器和自动打结器。前两种用于一般络纱机,后者用于自动络纱机,采用先进的无结头自动空气捻接器新技术。

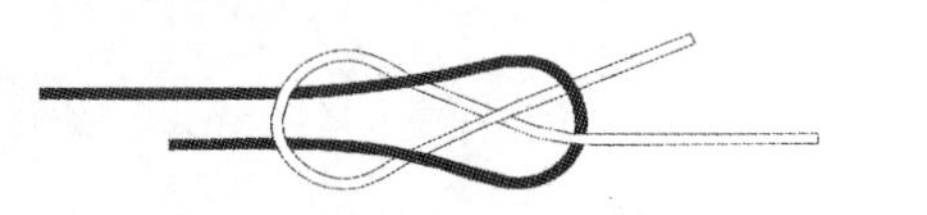

图1-2-7 织布结

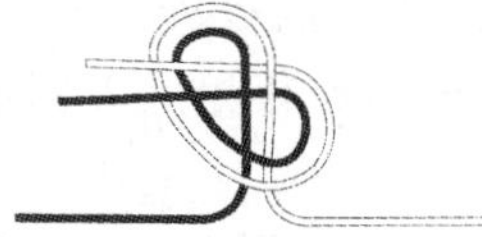

图1-2-8 筒子结

任务实施

一、教学设备与材料

1. 教学设备:天平、烘箱、成绞机、络纱机等。
2. 教学材料:35.7tex×2(28Nm/2)羊毛纱以及各种原料纱线。

二、实施步骤

任务说明:选用35.7tex×2绞装羊毛纱,对该纱线进行原料、回潮率、纱支细度的检验,并将其络成筒装纱线且进行上蜡处理。对指定的样片进行拆纱练习。

1. 毛纱检验

依据给定的各种类型纱线,观察、分析、识别不同纱线原料。

(1)纤维原料的检验:

将纱线取下少许,仔细观察纤维形状,用打火机燃烧后闻其气味。

(2)回潮率的测定:

采用成绞测长机卷绕100m纱线,放入天平中称重,记录数值。再将纱线放入恒温烘箱中烘干,称取重量(干重),计算该毛纱的回潮率。

回潮率=(纱线重量-纱线干重)÷纱线干重(%)

(3)样品纱线线密度检验:

① 量取一定长度的纱线样品:用成绞测长机量取100m纱线。

② 称取纱样的干重:将纱线放入恒温烘箱中烘干,称取重量(干重,g)。

③ 计算标准状态回潮率下样品纱线的重量:羊毛公定回潮率=15%

标准状态下样品毛纱重量 = 纱线干重 × 羊毛公定回潮率

④ 纱线线密度计算：纱线线密度 = 样品标准状态下毛纱重量 ×1000 ÷100（tex）

2. 绞纱络纱操作练习

依据给定的绞装纱线，将其按步骤进行络筒及上固体蜡。

绞纱络纱的操作分为：领料、拆包、分绞、整理、上绷架、找头、穿纱、卷绕等步骤。

（1）核对包装标签：绞纱络纱时，从仓库中领取纱线原料。领料时应该认真核对纱线批号、订单号、细度、色别等具体内容。防止混淆，不能错误。

（2）拆包：一般绞装纱线用布包进行包装，防止纱线挂、拉，造成纱线损坏。在拆包时要小心，不能损坏、弄乱绞纱。

（3）分绞：一般一大布包纱线内有多捆绞纱，小心分捆。将大捆拆开，分成小绞。操作过程中小心谨慎，不能乱绞。

（4）绞纱整理：绞纱上绷框前，应套在横杆上反复捋顺、绷直，便于顺利退解纱线。毛纱应打蜡后上框。

（5）上绷架：将捋顺的绞纱，套到绷架上。绷架的大小要适用，不能太紧或很松。太紧或太松都会影响纱线的顺利退解。

（6）找头：纱线套上绷架后，小心解开缝绞线，绞纱的头和尾绑在缝绞线上。将最外层的线头拉出，里层的线头在最里层掖好，如图 1-2-9 所示。

图 1-2-9 绞纱络纱操作示意图

（7）穿线：将纱线依次穿过导纱钩、压盘式张力器、蜡盘、导纱钩。

（8）卷绕：将纱线按卷绕方向卷绕到筒管上，解除手柄，将筒管轻放到槽筒上使筒管顺利卷绕。注意观察纱线是否进行正常的往复导纱运动，以防止成型不良。

（9）络纱注意事项：

① 络纱的卷绕张力均匀，成型良好。纱线的张力过大会使筒子卷绕过硬，造成退解时摩擦力大，退解张力大，影响横机编织密度的控制。如果张力偏小，筒子卷绕后发软；筒子成型过软，纱线的里外纱圈会产生相嵌，会使纱线退解时退解张力波动，或退解困难造成断头。

② 络纱时的打结接头要尽量小而结实，一般采用织布结接头，接头结子留 2～5mm。锦纶丝接头采用尼龙结，接头后结子应放在筒子的头端。

3. 筒装纱线的倒纱操作

在毛衫行业大多纱线原料均为染色纱线，由于染色纱线表面干涩，可能有粗结、断纱等疵点，因此对外购的纱线进行翻倒处理。

（1）核对包装标签：络纱时从仓库中领取纱线原料。领料时应该认真核对纱线批号、订单号、细度、色别等具体内容。防止混淆，不能错误。

图 1-2-10 双根纱线的拆纱操作

（2）拆包：一般筒装纱线用编织袋或布包进行包装，防止纱线挂、拉，造成纱线损坏。在拆包时要小心，不能损坏、弄乱。

(3) 穿线:将筒纱放置在纱架上,使筒子的轴心对正导纱孔。纱线依次穿过:导纱钩、压盘式张力器、蜡盘、导纱钩。

(4) 卷绕:将纱线按卷绕方向卷绕到筒管上,解除手柄,将筒管轻放到槽筒上使筒管顺利卷绕。注意观察纱线是否进行正常的往复导纱运动,以防止成型不良。

4. 双纱织片拆片操作练习

依据给定的双纱织片,将其分两侧卷绕到同一个纡子上。

当横机编织时衣片发生掉片或有难以修复疵点时,可利用络纱机将纱线拆下卷绕。将衣片上纱线一端卷在筒子上,衣片夹住在下方,开动拆纱机器,纱线自然脱散卷绕到筒子上。

(1)单纱拆片:

① 夹片,将需要拆纱的织片在架子上用夹子固定。

② 引头,将线头引出,穿过导纱孔,卷绕到筒管上。

③ 卷绕,纱线按规则卷绕到筒管上开动机器;或者如图所示采用手工方式进行卷绕。操作时要时刻注意断头及其他情况,便于及时接头。

(2)双纱拆片:采用自制拆纱机,卷绕筒子采用竹子制的多边形筒子。拆纱时左手三指将两根纱线分开,右手摇动,使纱线分别卷绕到两个位置。如图 1-2-10 所示。

任务 3　手摇横机试样的编织操作

学习目标

1. 熟悉手摇横机编织的常用工具,学会工具的使用方法。
2. 掌握手摇横机毛衫编织的起口方法,学会纱起口和直接起口的操作方法。
3. 了解横机编织的翻针、加减针原理和方法,学会翻针、加针、减针、平收针的操作方法。
4. 掌握毛衫试样的编织过程和操作方法,学会试样的编织与工艺参数的测定。

任务描述

通过对横机编织原理和纱线准备的学习,引入毛衫手感试样编织的概念,了解和掌握横机编织常用工具的名称和使用方法、手摇横机编织操作的六个基本动作、毛衫试样编织的要求、密度控制与调整,学会试样编织操作和工艺参数测定的方法。

知识准备

毛衫试样的编织是横机操作的一项最基本技能,包括普通手摇横机常用工具的使用、衣片编织操作的五个基本动作、毛衫手感试样的编织要求、密度的控制与调整和编织工艺参数的测定方法等内容。

一、手摇横机常用的工具

手摇横机为了方便操作配有一些常用的工具，如起针板、选针板、翻针板、移圈具（收针扳）、套针扳、刷针器、翻针器等。下面介绍各种常用工具的作用。

1. 起针板

用来钩（挂）住起口第一横列的纱线，使织针下一个横列编织时可以顺利退圈编织，是配合完成织物起口（起底）的工具。

起针板有挂钩式和梳齿式。挂钩式多用于罗纹式起口，梳齿式多用于单边起口。各种起针板有长、中、短三种，长板适用于满幅的织物如领条、门襟等，中板适合中幅织物的起口编织如前后衣片，短板适用于小样或袖口等窄幅织物的编织；也可以将中、短两板插接一体使用。起针板形状如图1-3-1所示。

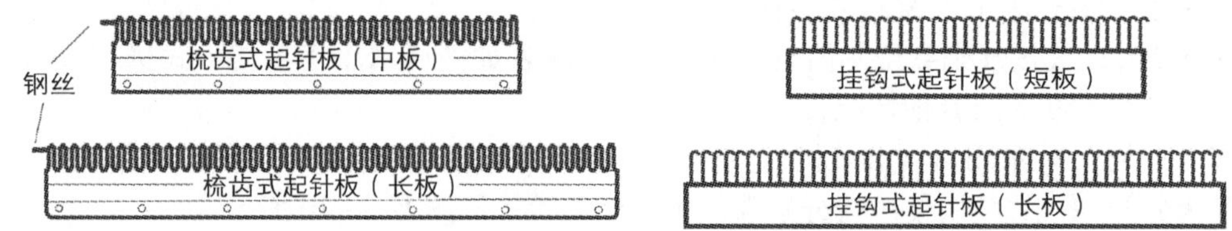

图1-3-1 梳齿式、挂钩式起针板示意图

2. 选针板

选针板也称为花板，如图1-3-2所示，是为方便选针、拨针而配置的。选针板与机型配套同规格使用，一般随机的附件中配有1×1、2×1、2×2等三种常用选针板。操作时根据花型的要求，用选针板的平直边将针踵拨上约3cm的位置，再用齿边向下拨针踵，留下的织针即可参加编织。

3. 移圈具（收针板）

移圈具是用来收针或移圈的工具，用于衣片各部位的收针、镂空（挑孔）和绞花等组织的编织。移圈具上排列的针数有很多种类，有单针、双针及3、4、5、6、7、8针等多种规格，根据不同的要求选择相应的移圈具。习惯称为收针板，如单针板、2针板、6针板等。如图1-3-3所示。

操作时，将收针板上的针眼套入织针的针钩，收针板上提使线圈退出织针针舌，再下推使线圈滑移出织针而转移到收针板上，收针板退出针钩，可将线圈转移到相邻的织针上。

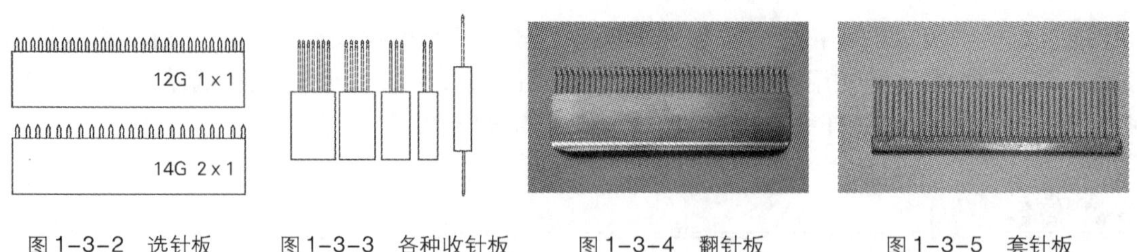

图1-3-2 选针板　图1-3-3 各种收针板　图1-3-4 翻针板　图1-3-5 套针板

4. 翻针板

如图1-3-4所示，翻针板是将线圈从一个针床转移到另一个针床上时使用的工具，与机型配套使用。

5. 套针板

套针板是毛衫开领或斜片等特殊编织时所用的辅助工具。如图 1-3-6 所示，将需要暂时停止编织的织针上的线圈转移到套针板上，然后将织针拨下退出编织。适用于手摇横机编织 V 领、圆领的开领操作，及斜片、圆摆等特殊场合的编织。套针板的使用要与机型配套。

6. 刷针器

毛刷是编织时的常用工具。在进行翻针、过针等操作时，要使所有的针舌都呈打开状态，如果用毛刷刷，效率不高；用刷针器更为方便。刷针器的使用方法为，把织针整理成水平的一列，然后把刷针器放在针床上进行水平拉动，一刷就可打开全部针舌。如图 1-3-6 所示。

图 1-3-6 套针板使用示意图

图 1-3-7 刷针器

二、编织密度的调节

在编织过程中，由于编织的组织、纱支、织物的要求不同，每更换一个品种就要进行密度参数的调整。因此一般在生产的过程中为了方便快捷，预先设定一个参照值，再在此参照值的基础上进行相应的调整。在编织中一般品种衣片分为罗纹和平针两种密度，因此在横机上先设定弯纱三角的罗纹和平针两个位置。这两个位置称为适宜编织的弯纱三角位置。

1. 密度控制方法

理论上整个织物每个线圈的长度是均匀的，即每个线圈的长度是相等的，所以测定密度比较方便且准确的方法是拉密法。拉密是指在织物的横向施以拉力，使线圈的纵向长度全部转移到横向所测得的线圈长度。一般在针织毛衫编织中，平针织物用 10 个线圈纵行拉开的长度表示横密，称为 10 支拉密，如图 1-3-8 所示。罗纹用 5 条纵条来表示横密，称为 5 坑拉密。由于每人拉力不同，其数值有差异；为了统一拉力车间生产中一般由专人负责测量，或使用拉片机测量。

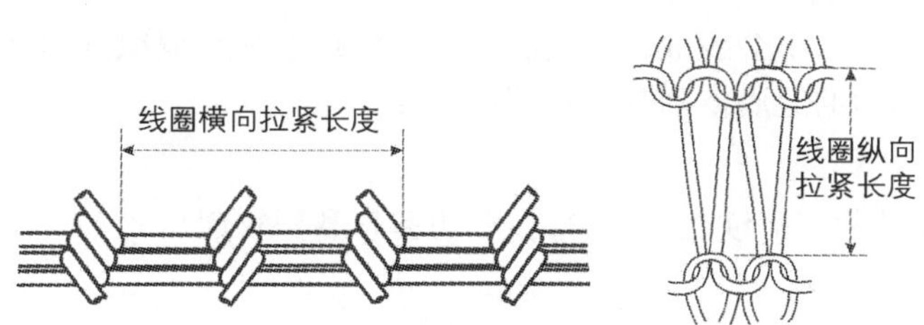

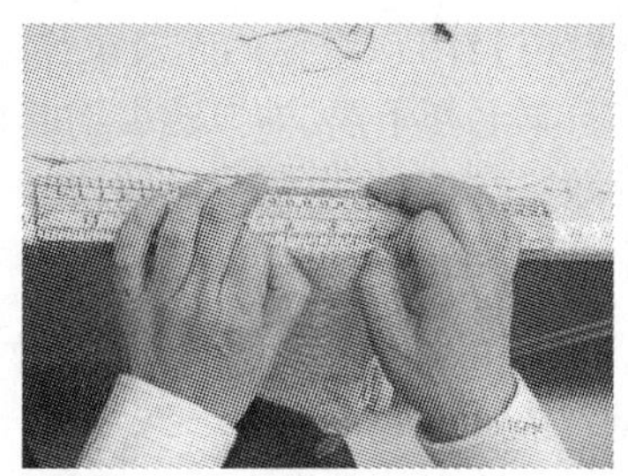

图 1-3-8 线圈横、纵向拉紧与横向拉密的测量手法

为了使车间内生产同产品的机台编织密度一致，即调整 10 支拉密值相同即可。每台横机

的四个弯纱三角弯纱深度一致(背面略紧),使编织后织物的正反两面每个横列的线圈大小一致布面才能均匀。双面织物分为面拉密(正面)、底拉密(反面)。

简单的方法是在上、下基准位基础上,定位片与指针之间统一垫入相同厚度的纸片,使横机的四个三角保持一致,但由于各机台的张力装置、导纱阻力、三角的磨损等情况不同,微调插入的纸片厚薄、片数,可使全部同产品的机器拉密值保持一致。

2. 编织密度调节步骤

(1)纸片的准备:

一般准备薄、中、厚三种纸片。剪成长三角形或T字形,适合插进弯纱三角的的调节槽内,能方便拔、插而且不易掉落。纸片应采用密实的、在厚度上抗压和不易变形的材料,如扑克牌纸、塑料片等。厚纸片一般采用卡纸、塑料片等,中、薄纸片工厂自定。

(2)罗纹密度的调节:

罗纹编织是前后针床织针同时进行,线圈长度一般比较小、密度大,指针位于中偏上的位置,因此调节罗纹密度时在上位定位片与指针之间插入适量厚纸片,经编织后测量拉密加减中、薄纸片数进行微调。罗纹正板的线圈略松,织物正面饱满。

(3)平针的密度调节:

纬平针为单针床满针编织,密度一般较罗纹小,指针的位置一般在中或偏下的位置,因此调节罗纹密度时在下定位片与指针之间插入纸片调节。如果插入纸片太多时,可以使左右两侧的下位固定片同时升高相同的高度,减少插入的纸片数。经过增减纸片数最后达到拉密符合要求为止。企业根据多年经验,一般会确定一张纸片厚度折算为拉密的长度,当一次试织后会算出应该增减的纸片数,快速达到所编织的拉密值。如图1-3-9所示。

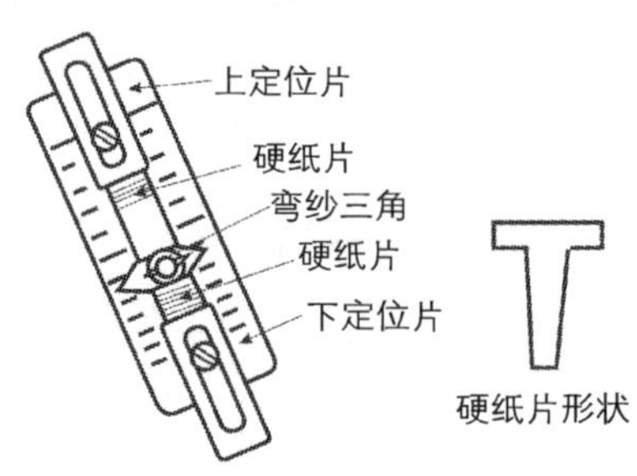

图1-3-9 纸片调节示意图

(4)限位调整:

如果上、下限位不能满足密度的要求,则可以松开定位片再继续调整。

三、手摇横机的起口操作

横机是一种可以编织成形衣片织物的机械,手摇横机作为针织横机的基础,通过手工的加、减针处理就能进行成型编织。下面介绍其基本操作使用方法。

手摇横机的基本操作有六个基本动作:起口、翻针、加针、减针、括针(又称拷针、平收针)、套针(过针)。织物的起口操作是编织织片的第一个动作。

羊毛衫下摆、袖口的织物起口是光边的,不会脱散,这是利用1+1罗纹组织顺编织方向不脱散、逆编织方向可脱散的原理,因此毛衫的起底横列是1+1罗纹组织。

1. 起口方法

起口方法主要有两种:直接起口和纱起口。纱起口又分为:单边起口和罗纹起口。

2. 直接起口操作方法

直接起口是指在编织开始时直接采用正式纱线,摇一个起底横列后从针床下方穿上起底梳栉,在梳栉的钢针孔上穿进钢丝压在起底横列的线圈上,挂上重锤,进行编织的方法。此方法直接简单,但布边变形大,适合粗针机的起口编织。操作步骤为:

（1）准备：

将机头停在右侧，调节针床横移手柄使之处于中间位置且针床的针槽相对，在针床正中拨上71枚织针（以7针机为例），采用1隔1排针的1+1罗纹起口（称为1×1罗纹）则用1×1选针板，拨下织针，前后针床的织针相错，如图1-3-10所示。

（2）起底：

挂上正式纱线导纱器，打开全部起针三角，将弯纱三角调到罗纹位（上位），将机头从右推向左侧，前后针床的织针编织第一个横列，称为起底横列。在实际生产中，起底横列线圈较小，采用将2号弯纱三角放到高位的位置（高位是指将上定位片松开，调节到织针针钩出针床槽口2~3mm的位置）。起底后调回正常位置。

（3）挂起针板：

由机下从两针床中间隙口推上起针扳，将梳栉穿过纱线穿出1cm左右，穿上钢丝后放下压在纱线上，处于两针床中间；在起针扳下方挂上重锤（小板挂1个在正中间，中板两边各挂1个，宽幅板可挂左中右共3个），使布幅受力均匀。

直接起口完成。如果要编织罗纹，则拉动机头继续编织即形成1×1罗纹织物。

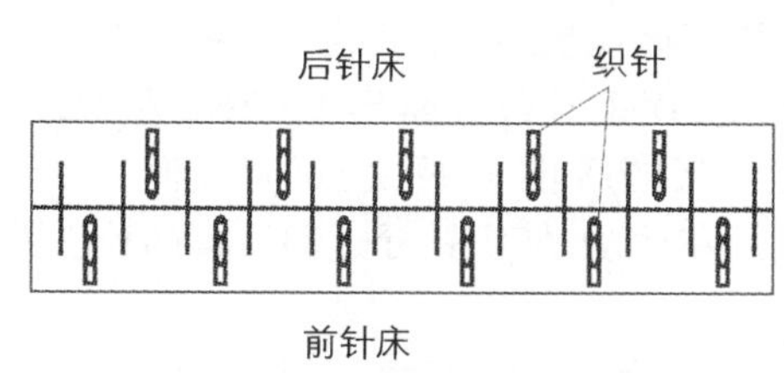

图1-3-10　1×1罗纹针床的排针图

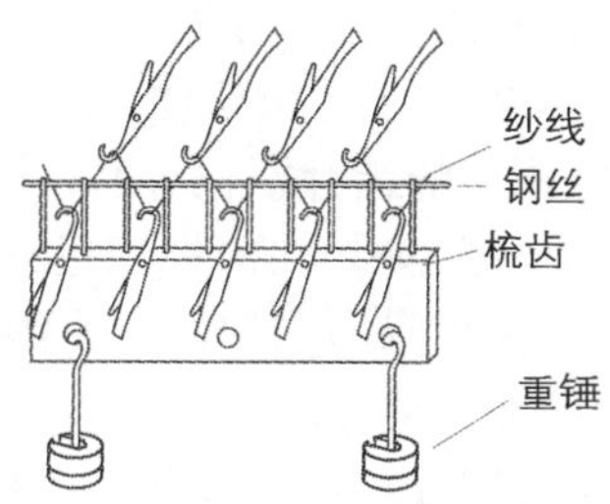

图1-3-11　挂重锤示意图

3. 纱起口操作方法

纱起口又分为罗纹起口和单边起口。正式纱编织前先采用废纱进行一小段起口织物的编织，使得正式纱（大身）织物第一横列纱线所承受的拉力均匀、用以保护大身纱线，也使起口横列线圈较小，边口饱满，适合细针横机织物编织的起口。

（1）废纱罗纹起口操作法：

在编织时为了使毛衫净边光滑齐整，一般起口用两段式编织：第一段用废纱起口，编织一小段罗纹，便于拉力均匀、使起口横列线圈较小，废纱编织段与正式纱之间通过卸单边（卸掉一个针床上的线圈成为单面组织）处理，卸单边后可以利用纬平针的脱散性将废纱拆掉。罗纹起口使用的废纱要用短纤维纱线，否则容易脱散。

废纱罗纹起口法操作步骤：（采用1×1罗纹纱起口）

① 选针与针床定位：调节针床横移手柄使之处于中间位置且针床的针槽相对，前后针床的织针均一空一排针且前后针床织针错开，三角在上位。

② 编织起口横列：四个起针三角都处在工作状态，导纱器挂上废纱，机头由右拉向左侧（称为摇半转，机头在针床上一个来回为1转），机头停在左侧，距左边针约3~5cm。

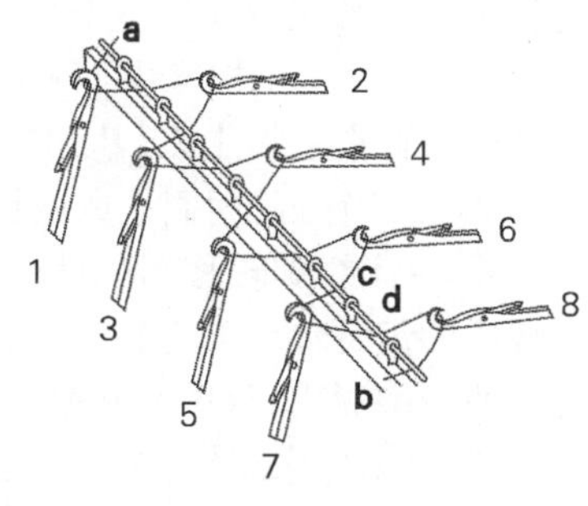

图1-3-12　罗纹起口的挂板示意图

③ 挂起针板:同直接起口。

④ 摇三转半,停在右侧。

⑤ 卸单边:将导纱器摘下,关闭 1、4 起针三角摇 1 转,将后针床线圈卸掉。其作用是:卸掉后针床的线圈,使废纱织物与即将编织的正式纱织物连接为单面组织线圈,此横列可以拆散,使废纱与正式纱的织物分离,也称为分离横列。机头停在右侧。

罗纹纱起口结束。

(2)单边(面)起口操作法:单面起口在企业中应用广泛,其特点是起口操作简单、快速、省纱。单边起口可以在前后针床的任何一个针床上进行,多数企业在前针床上进行操作。操作步骤如下。

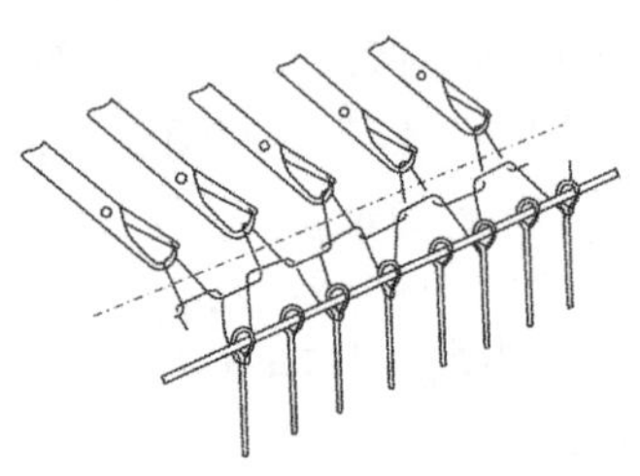

图 1-3-13 单面起口示意图

① 选针:单边起口时,织针一般采用隔针排列,在前或后针床的编织区域进行一隔一选针。例如在前针床选 71 枚织针,用 1 ×1 选针板选针。

② 密度调节:将所使用针床(例如前针床)的弯纱三角放下到下位、起针三角打开,导纱器穿上废纱,机头停在编织区域右侧,尽量靠近右侧织针。

③ 起口:左手小手指钩住废纱纱线(使纱嘴便于增加垫纱角,使第一枚织针能钩住纱线),拿住已穿好钢丝的起针板,从两针床中间将其推上,使钢丝位置露出 1 ~ 2cm 左右,使纱嘴位于起针板的反侧(如果在前针床起针则纱嘴在起针板的后侧,或反之)。起针板中心位于编织区域中间,使纱线受力均匀。右手慢速推动机头向左运动,使织针穿过起针板的梳齿并钩住纱线,将机头停在左侧。

④ 单边编织:将起针板放下,在两侧孔中挂上重锤放平,继续编织 3 ~ 5 转。机头停在右侧。

单边起口完成。

四、手摇横机的翻针操作

在编织毛衫产品时,经常采用双面的罗纹组织编织下摆,,使毛衫的边口光洁美观、有弹性。因此当编织完下摆罗纹后,通常要将一个针床上的线圈转移到另一个针床的针上,这个过程称为翻针。为使翻针操作方便,将翻针前的半转将密度调松。1 ×1 罗纹下摆的翻针操作步骤如下(后翻前)。

① 松密度:罗纹编织后将机头停在右边,调松 1、2 弯纱三角(放到下位),拉机头到左侧。再将 4 号弯纱三角松开至下位。由于后床不编织,3 号弯纱三角可以不动。

② 摇针床:把摇床手柄上提,后针床向左摇半个针距使针床相错,把前针床上编织区域内的其他织针全部拨上来(也可以根据自己的操作习惯选择后针床)。

③ 打开针舌:用刷子或刷针器把前、后针床上的针舌全部打开。

④ 后床线圈转移到翻针板:选择与机型对应的翻针板,左手拿翻针板挂上前针床要翻过去线圈的织针针钩向上拉,使线圈脱出织针的针舌,然后右手用选针板光边向下压针踵,使织针上的线圈脱出,线圈套在翻针板上。

⑤ 退出后床织针:左手将翻针板上提 2mm,再向下压 2mm,轻轻翻动,使翻针板针眼脱开织针针钩,右手顺势下压,将织针拨到最下方的位置,退出编织。

⑥ 前床向上推针:将前针床上的织针向上推,使织针超过针槽齿片 1cm,但不能脱圈。

⑦ 翻针:把翻针板翻到前针床顺势向右卡到针槽里,即空针的针槽里。

⑧ 下压前针床织针:右手的选针板用力压下前针床织针的针踵,使针钩扣住线圈,翻针板向后偏转顺势抽出翻针板,即将后针床的线圈翻到前床的空针上。

翻针结束。2×1 罗纹翻针时,不用第 2 步摇针床,其他步骤相同。

五、手摇横机加针、减针、括针(平收针)、套针、过针、铲针的操作

成形是横机编织的一个重要特点,横机通过增减参加编织的针数使所编织产品的宽窄发生变化,从而编织出所要求的形状。毛衫的成型编织需要通过对衣片边缘的线圈进行增加或减少且与编织的横列数相互配合进行完成,以实现衣片的曲线构型。

1. 加针

加针又称放针或添针,是通过各种方式增加参加工作的针数,以达到使编织物加宽的目的。手工放针有明放针和暗放针之分。

(1)明放针:

将需要加放的织针推入编织区域,然后将衣片边缘织针的一组线圈整列横移,使被放的织针挂上旧线圈的放针方法叫明放针(或称夹支放针)。放针操作如图 1-3-14 所示。放针后,会在空针处产生小小的孔眼,放针位置明显可见。如果想消除孔眼则可将空针 3 所对应的前一横列线圈的圈弧,套在空针上来减少孔眼。

(2)暗放针:

将需加放的织针直接推入编织区,不进行移圈而使其参加编织的放针方法叫暗放针(或称直放)。放一枚针时,可直接将织针推入编织区,移动机头垫纱来完成放针。

放针操作方法:在放针时,将机头同侧的织针先推上,然后推动机头编织到另一侧进行同样的操作,称为机头同侧加针。图 1-3-15 所示,不能两边同时推上织针进行加针,如果对侧加针,则会导致该织针上的线圈脱落,造成掉针。

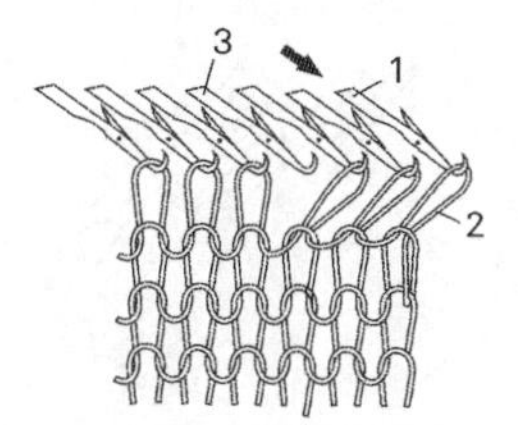

图 1-3-14 明放针

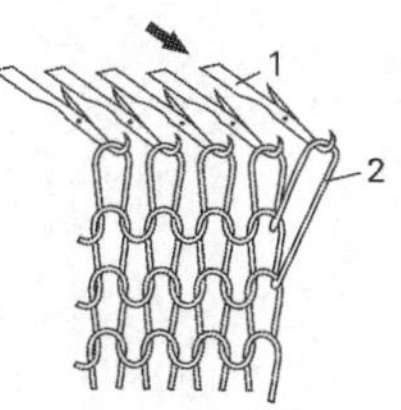

图 1-3-15 暗放针

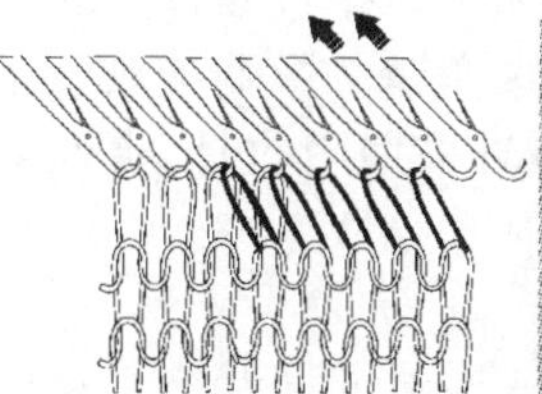

图 1-3-16 明收针示意图与效果

2. 减针

减针也称为收针,是通过各种方式减少参与编织的织针针数,从而达到缩减编织物宽度的目的。减针的方法有收针(移圈式收针),括针(脱圈式收针)等。根据工艺要求,一次可以收 1 针,也可以一次收多针。收针方式又分为明收针和暗收针两种。

(1)明收针:

明收针是将需要收针织针上的线圈连同边部其他织针上的线圈一起平移,使收针后衣片边缘不呈现重叠线圈,而在边缘内侧若干针上呈现重叠线圈效应的收针方式,也称收辫子针或收针花、夹支收。明收针在织物的边缘不形成重叠线圈,而是形成与平移针数相等的若干纵行单线圈,使织物边缘便于缝合,内侧的辫子花也使织物缝缝外观更加美观。如图 1-3-16 所

示,此时要减去的针只有2针,而被移线圈有5个,最边上的3个线圈在向里移后并没有产生线圈的重叠(称为夹3支收),收针后的织物边缘光滑,线圈不会脱散。明收针具体操作步骤如下:

① 选用收针板(移圈具):根据夹花的针数要求来选用收针板。收针板的针数为夹花支数加上收针针数。例如收针针数为2针,夹3支收,则使用的收针板的针数=2+3=5针。即选用5针收针板。

② 移圈:将最边缘的5针上的线圈用收针板从针上退出,向内侧平移两针距离,重叠在第6、7针上,两枚边针退出工作。移圈后呈现为:最外面3针为单线圈,第4、5针上为双线圈。

(2)暗收针:

暗收针是将需要收的织针上的线圈直接转移到相邻的织针上,使其成为重叠线圈的收针过程。其原理如图1-3-17(1)所示,将1、2线圈平移到3、4位置。此种收针方法也称为直接收针、无边收针。单针暗收针的操作步骤与过程如下:

① 用单针移圈具将织针A的线圈挑起放入织针B的针舌内,见图1-3-17(2);

② 将织针A退回,见图1-3-17(3);

③ 推动机头,继续编织,效果图如图1-3-17(4)。

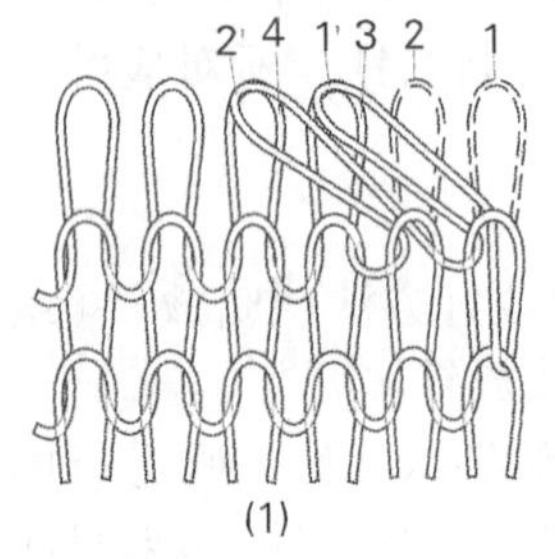

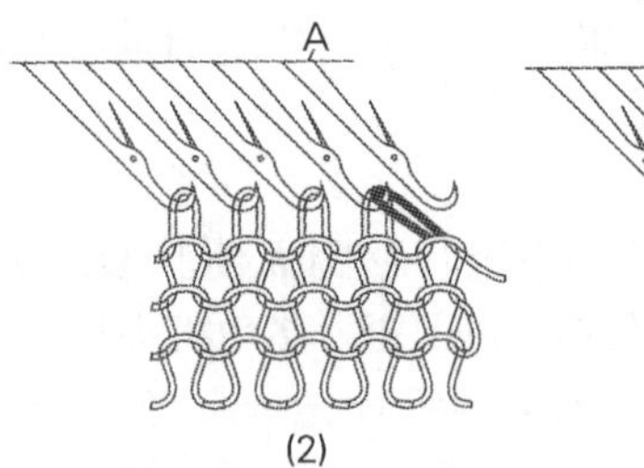

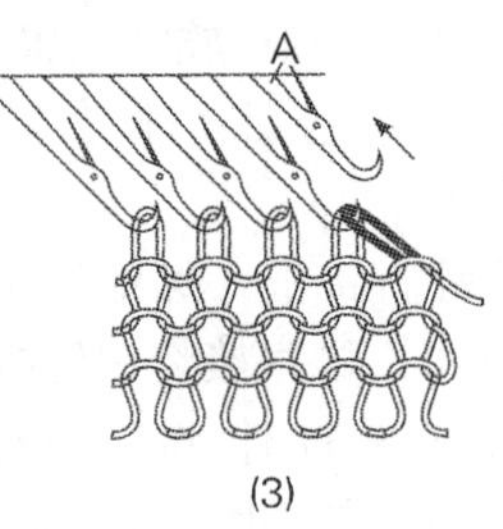

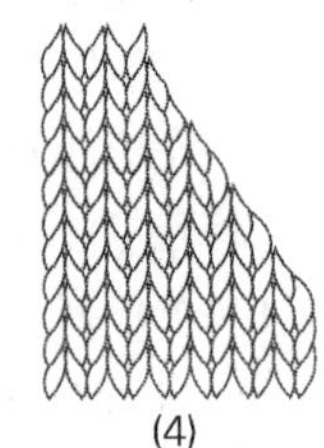

图1-3-17 暗收针示意图

暗收针在边缘产生重叠的线圈,缝合后织物表面无痕迹,收针后使织物边缘变厚。影响美观。多数毛衫在收领、收袖窿、收袖山时采用明收针,夹花效果明显、美观。

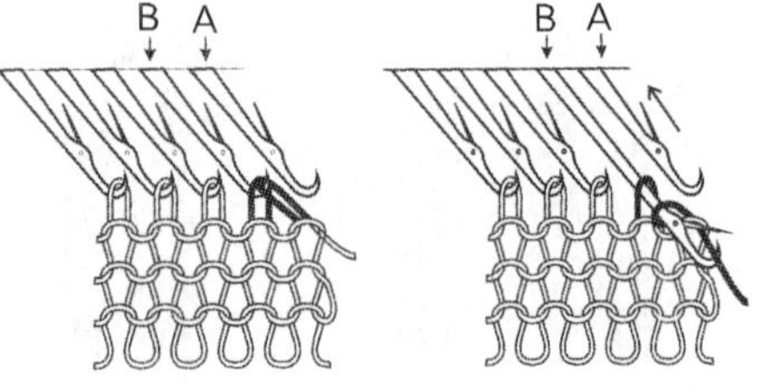

图1-3-18 括针示意图

(3)括针:

括针又称拷针、平收针。根据工艺要求使需减针的织针上的旧线圈脱落,不进行线圈的转移,并将这些织针退出工作,使衣片由宽迅速变窄的操作方法称为括针。一般用于袖窿、前后领的正中部位的平位收针。括针的操作步骤如下(图1-3-18):

① 用移圈具将织针A的线圈挑起,放入织针B的针位。

② 将A、B两线圈退到针舌后面,用手或移圈具辅助,把编织线挂在针舌内,然后脱出A、B两线圈。

③ 重复①、②的动作,直至收完需要的针数。

④ 检查所有空织针是否退出编织,即停在针槽的最下方。

3. 套针、过针、铲针

套针主要是指暂时使某些织针上的线圈停止编织而采用的套针板操作方法。采用套针板套住线圈，将织针暂时退出工作。无套针板练习时可以采用过针的方法进行，过针是将线圈先转移到对面针床的针上（关闭对侧起针三角，织针不参加编织），移动机头进行编织。过针可应用于收肩、编织圆下摆或斜片等部位需要1转加、收多针时使用。

进行多针减针的操作企业称之为铲针。铲针是指将织针推到最高点，机头移动时织针不参加工作，需要加多针或减多针时，将织针拨下参加工作，但需要专门机型。此法适用于收肩、开领、圆摆、斜片等处的编织操作。

六、手摇横机操作注意事项

在编织过程中，会出现各种问题，为了使编织顺利进行，请关注以下事项：

① 起头时，第一横列中没有勾住纱的针舌，必须补上，否则起头不整齐，影响织物外观质量。

② 穿上起针板后，要注意使织物位于起针板中心位置，不要偏斜，以防挂重锤牵拉后产生倾斜，造成织物两边长短不一。起针板的梳齿应处于各线段的空隙中，不要穿插在股纱之间，以免使纱线受损。

③ 挂锤一般不宜太重，门幅窄的挂中间，门幅宽的挂在两边，并需注意两边重锤轻重一致，否则会造成织物密度不匀，产生歪斜现象。

④ 手拉动机头时，用力要均匀，速度要平稳均衡，用力方向应与导轨平行，以免造成漏针、撞针等机械故障。

⑤ 在机头的编织过程中，不可进行机床横移，否则将损坏织针。

⑥ 机头转向时，纱嘴应距离布边的织针2cm以上（离开布边约5cm后掉头回转），距离不宜过大或过少，否则容易豁边。距离过大时，超过挑线弹簧回弹余纱的极限，也会造成织物两边松弛或豁边。在进行减针或放针时往往要把机头推到离开织针较远的位置上，以便于操作。在操作完毕后，要注意使纱线的张力处在合适的位置。否则会造成织物两边豁边。

⑦ 机头往返运动中，除衣片中间需要开领使用套针板外，不能进行中间反向动作，否则会损坏织物。

⑧ 翻针操作时，要避免漏针和吃单纱。

⑨ 放针时必须使织针完全进入工作位置，减针时必须使织针完全退出工作位置，否则会造成撞针。

⑩ 编织一定数量的横列后，由于织物会产生收缩现象，造成边针受力过大产生退圈困难，因此要在织物两边挂上小边锤。应该在织物边缘的3、4针以里，不宜挂在1、2针处。边锤不宜太重，以防止衣片边缘出现漏针状小孔。

七、毛衫编织生产中常见的疵点以及解决方法

在编织生产过程中，由于各种设备和操作因素的影响，织片会出现各种类型的疵点，如漏针、豁边、花针、三角针、破洞、撞针、稀路针及紧路针、斜角松紧、浮边、反纱、油针、吃单纱。以下介绍较为常见的疵点类型以及处理方法。

① 撞针：在编织过程中，由于织针滑落、不参加编织的织针未拨下到位造成起针或弯纱三角与织针的针踵发生碰撞，以致使针踵撞歪、针踵撞断或针槽撞坏。撞针后应及时检查织针和针槽，进行更换和修理。

② 漏针：在编织过程中由于织针未勾到新垫进的纱线或在成圈过程中脱出针钩造成单针

或多针脱圈的现象。其主要原因为导纱器跳动导致导纱不稳定,织针的针钩或针舌有变形、织针运动不稳定、纱线挂毛等因素。处理方法是更换织针、维修导纱器和纱嘴(图 1-3-19)。

③ 豁边:是指织物布边产生线圈脱散造成的豁口形状称豁边(破边)。主要原因为挑线簧失效使纱线未能拉紧、导纱嘴堵塞、导纱器变形或跳动导致导纱不稳定,导纱嘴发毛导致纱线布边起圈,穿纱错误未挂挑线簧等有关。处理方法是调整挑线簧的弹力、维修导纱器和纱嘴(图 1-3-21)。

④ 花针:是指在一个纵行(一枚织针)线圈中出现线圈大小不匀的现象。如果有大面积的花针即称为布面发花。其主要原因为针舌歪斜所造成,解决的方法是更换织针(图 1-3-22)。

⑤ 三角针:是指毛衫织物中出现单针单列的集圈现象。在编织过程中,旧线圈不能很好的脱圈而造成与新线圈重叠,形成一个或多个集圈线圈。其解决的方法是更换织针。

⑥破洞:在编织过程中由于纱线的杂质或接头、或粗细不匀、或张力不足、或织针运动不灵活等因素造成纱线断裂、多针脱圈形成较大的洞眼(图 1-3-20)。

⑦ 稀路针及紧路针:编织后布片纵行方向的线圈比相邻纵行的线圈大或小,出现纵向稀密程度不匀的现象。纵行线圈大的称为稀路;纵行线圈小的称为紧路。主要原因有织针不灵活、针床变形、针织号型混用等因素。

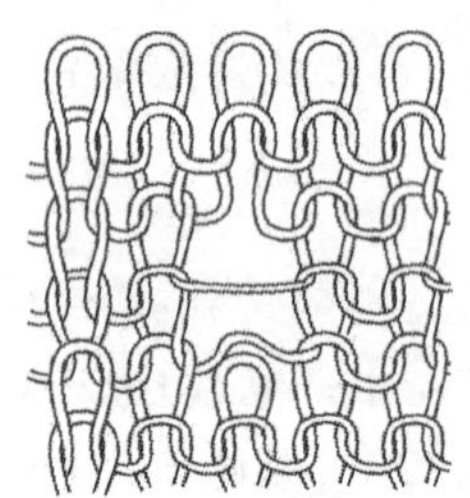

图 1-3-19　漏针示意

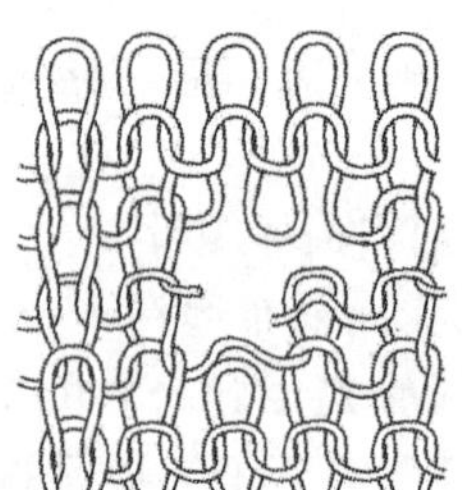

图 1-3-20　破洞示意

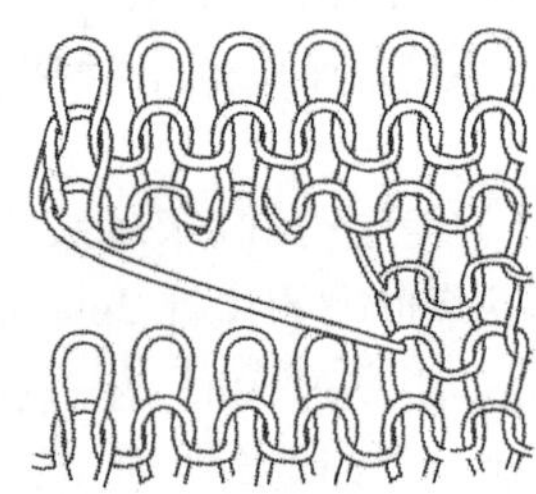

图 1-3-21　豁边示意

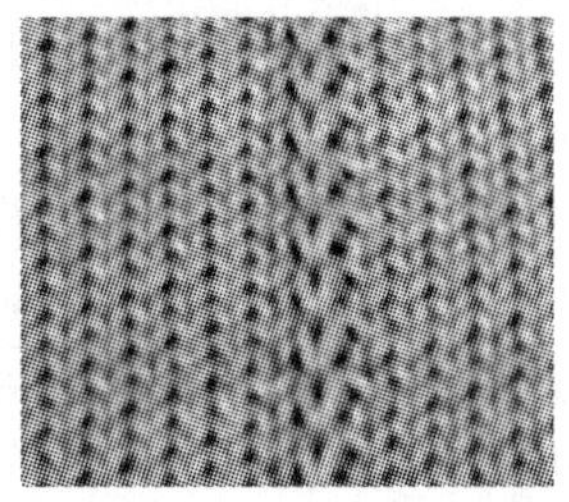

图 1-3-22　花针示意图

⑧ 斜角松紧:编织后布片两边长短不一致,一边长一边短,称为斜角松。修正挂锤。

⑨ 吃单纱:在采用双纱或多根纱线的编织过程中,织针只勾住其中的一股,有些未勾住,使织物出现架空的浮线段或发毛,称为吃单纱。主要原因是导纱角度不合适造成。其处理方法为调低导纱嘴的位置或垫纱角度,使织针能勾住全部的纱线。

⑩ 反纱:在编织添纱组织织物时,面纱时有被里(底)纱所覆盖,底纱露出正面。这种现象称为反纱。

⑪油针:在编织后的织物纵行方向出现一个或多个线圈纵行有油迹的现象称为油针;在横列方向的一列或多列或一段出现油迹则称为油纱。处理方法为:更换织针、擦净针槽,加强纱线外观油迹的检查。

生产中还会出现其他各类问题,需要加强过程控制,以预防为主、修补为辅。

任务实施

一、教学设备与材料

7G 手摇横机、41.7tex ×2(24*N*m/2)毛型纱线。

二、实施步骤

1. 试样设计

试样是产品生产的试验样品，通过试样的编织来确定该产品外观风格效果、手感效果、编织工艺参数、后整理工艺等。试样大小要根据生产的品种来定，试样越大测定的参数越准确，但过大也浪费纱线。

(1)试样的组织：

一般与毛衫大身组织相同，由于不同的组织下机回缩率不同，差异较大，当有多种组织时应按衣片花型的要求进行编织以测定密度。

(2)试样尺寸：

试样需要反映出毛衫衣片的各种参数，需要一定尺寸来表示。尺寸太小，编织时的拉力、纱线张力大小会产生较大的影响，测量成品的纵、横密度时误差较大；试样太大则产生不必要的浪费。试样一般尺寸为：横向×纵向=20cm×25cm，也可以根据机号的不同适当调整。或者按开针数来编织，一般12针横机试样开针120针，编织100~120转；7针横机开针80~90针进行试织，编织80~100转。

2. 试样编织

试样编织分为初样和复样，也可能经过多次试织才能成功。本例毛衫试样设为：采用7针横机，开针91针，第一段编织1×1罗纹20转，第二段编织纬平针组织80转，第三段废纱5转封口。

(1)初样编织：

初样编织时一般按企业自身的成熟工艺参数进行编织以确保产品质量的稳定性。如初样编织时将弯纱三角(密度)调节在该机型最为适宜的编织位置。因此将横机前后四个弯纱三角的位置分别调到合适的上、下位置进行编织，然后测量密度，或进行外观风格效果的评定。如果拉密数值偏小，则需要加、减纸片将指针向下调节增加弯纱深度；如果拉密数值偏大，则需要加、减将指针向上调节减少弯纱深度。

① 编织前准备

(a)选针：在前、后针床中部拨上91针，用1×1选针板选针后前床留下46针、后床45针，将针床摇成相对，使前后针床针相错，前床比后床多一针(面包里)。

(b)调整纸片：将前后四个三角在上位定位片与指针之间插入厚纸片n片，使空车时织针的针钩顶部停留在针槽槽口线下约2mm位置。在指针下与定位片之间插入m张扑克牌纸片，使空车时织针的针钩顶部停留在针槽齿片的中部。四个弯纱三角调成一致。

② 单边纱起口：机头停在右侧挂上废纱纱嘴，将机头左移靠近织针，关闭2、3号起针三角，打开1、4号三角，左手推上起针梳板(先插上钢丝)，右手慢拉机头向左，防止针头顶撞梳齿，编织第一横列，机头停在左侧。放下起针板，挂上重锤(不能偏斜)，编织3转。

③ 编织起底横列：机头停在右侧，换上正式纱。将后针床的2号三角松开，将n张纸片拔出，弯纱三角推到最上方位置(出针床约2mm)，拧紧固定(目的是使第一个线圈较小，织物起口边缘密实美观)。拉动机头向左编织，停在左侧。

④ 元空：将2号弯纱三角纸片插回，弯纱三角复位(上位)，固定；将2、4号对角起针三角关闭，摇动机头编织1转半(称为元空1转半)，停在右侧。

⑤ 编织罗纹组织：打开2、4三角正常编织20转，机头停在右侧。

⑥ 翻针:将后针床上的线圈转移到前针床的空针上。

(a)松密度:将1、2号弯纱三角松开,以自身的弹性靠紧下方纸片(下位)。将机头织向左侧(此为松线圈密度,准备翻针),同时松开4号弯纱三角的螺丝,使指针靠紧下位。

(b)翻针:将后针床向左摇半个针距,拨上前针床编织区域的空针,用刷子打开前、后针床编织区的所有织针针舌,选择与机型对应的翻针板,按照翻针方法依次将后针床的线圈全部翻到前针床空针上。将后床的织针全部拨下,并关闭2、3号起针三角。

⑦ 编织平针组织:拉动机头在前针床进行编织,共编织80转。

⑧ 卸布:是指将机上的织物卸下的过程。

机头停在右侧换上废纱,编织5转封口,机头停在右侧。在右侧卸掉导纱器,摘下重锤,左手接住起针板摇1转将试样卸下,挂好纱线。(织片下机后用套口机锁口)

⑨ 测量工艺参数:下机后,废纱部位用套口机封口,按纱线原料的种类设计后整理工艺并按全工艺过程进行缩绒或洗水等处理,再进行柔软整理、烘干、整烫得到成品试样。也可以进行蒸、揉、掼缩等简易法回缩。待充分回缩后放到光滑的桌面上测量:纬平针、罗纹的横向宽度及高度,最后测平针、罗纹的拉密。

⑩ 计算织物的工艺参数:平针横密 =91针 ÷ 宽度(针/cm),平针纵密 =80转 ÷ 平针高度(转/cm),罗纹纵密 =20转 ÷ 罗纹高度(转/cm)。计算后将数值填写下列空格:

平针横密 =______针/cm,平针纵密 =______转/cm,平针10支拉密 =______ cm,罗纹5坑拉密 =______ cm。与标准样品进行比较拉密值。

(2)复样的编织:

① 根据初样的密度偏差调整纸片,如果罗纹拉密测量的数值偏大,则拔掉扑克牌纸片,一张大约相当2~3mm左右。如果罗纹拉密测量的数值偏小,则增加扑克牌纸片。纸片的厚度可以适当选择薄、中、厚纸片进行调整。

② 调整纸片后,重新按试样编织。

③ 重新测量拉密,不合要求继续调整,直到符合为止。同时核对手感及外观效果。

3. 加减针试样的编织

(1)试样说明:

采用7G机开71针;单边起口方法起口,废纱编织3转;起底,元空1转半,1×1罗纹6转;翻针后纬平针平摇10转;加针:3+1×5(3转加1针共5次);平摇5转;平收针5针;1-2×4(1转收2针共4次);2-2×3;2-1×2;平摇5转;废纱封口5转。

(2)编织步骤

① 准备:横机正中选71针推上;1×1选针;针床相对,针相错。

② 单边起口:挂废纱纱嘴;前床弯纱三角下位,后床起针三角关闭;起口编织3转。

③ 起底、元空、罗纹编织:换正式纱纱嘴;四个起针三角打开,四个弯纱三角打在上位,起底半转;关闭2、4号起针三角,元空1转半;打开全部起针三角,编织1×1罗纹6转。

④ 翻针:将1、2弯纱三角打在下位,摇半转(送密度)到左侧,松4号弯纱三角到下位;后针床向左摇半个针距;后向前翻针。

⑤ 纬平针平摇10转:摇动机头编织9.5转,停在右侧。

⑥ 加针3+1×5:左边拨上1针,摇到右边后右边加1针,再摇2.5转,停在右侧,此为加针一个循环,如此共加5次。机头停在左侧时左边第5次加针,加针结束。

⑦ 平摇5转:从左侧开始,摇动机头编织4.5转,停在右侧。

⑧ 平收针:机头停在右侧,先收右侧采用括针法收针 5 针;再摇到左侧,在左侧收 5 针。

⑨ 收针 1 -2 ×4:将机头摇到右侧,用二针收针板将右边缘第 1、2 针上的线圈挑到第 3、4 针上,摇到左侧再收左边针的线圈,如此重复 4 次。机头停在左侧。

收针 2 -2 ×3:意为摇 2 转收 2 针。在上述基础上,再摇 1 转,即摇 2 转后再收针。

收针 2 -1 ×2:操作方法同上,即摇 2 转收 1 针,采用单针收针板收针,共收 2 次。收完左边后机头停在左侧。

⑩ 平摇 5 转:从左侧开始,摇动机头编织 4.5 转,停在右侧。

换上废纱纱嘴,平摇 5 转结束。摘除纱嘴,拿掉重锤,左手接住织物,右手摇 1 转下机。

(3)分析试样

将编织成的试样经蒸汽回缩后分析织物密度、编织规律与织片形状的关系。

思考题

1. 为什么毛衫一般采用横机进行编织?横机分为哪些种类?
2. 普通手摇横机主要由那些机构组成?请说明各机构的作用。
3. 普通手摇横机有几个三角系统?每个三角系统包含哪些三角,分别起什么作用?请说明。
4. 请表述舌针横机上线圈的成圈过程。
5. 成圈编织与集圈编织在哪个三角进行变换,织针运动的情形各是什么样的?
6. 简述手摇横机编织密度的调节步骤和过程,说明上、下位的含义。
7. 毛衫衣片编织前纱线的准备目的和作用是什么?
8. 毛衫的纱线如何表达其粗细?毛纱采用什么卷装形式?
9. 毛衫编织中,起口方式有哪几种?通过学习你认为哪一种最为合理?说明理由。
10. 毛衫的编织操作有哪几个基本动作?请说明加、减针与衣片成型的关系。
11. 毛衫衣片一般由哪几种密度构成?如何调节织物的松紧?
12. 通过试样编织的学习,分析试样的密度大小应该怎样调整?密度大小对编织操作有何影响?
13. 结合个人的操作实践简述手摇横机操作中的注意事项有哪些?

项目二 毛衫常用花样设计与编织

针织物是由线圈按一定的规律相互串套构成的，这种规律称为织物的组织结构。组织结构不同，形成的织物花型和特性也不同。针织横机机构简单，编织灵活性强，可以手工操作也可以采用电脑控制编织，因此横机可以编织绝大部分的纬编组织。毛衫设计包含款式设计、花型设计和编织工艺设计。毛衫设计的合理性必须熟悉针织横机的机械结构、成圈原理、三角的配置、织针的工作要求以及机号与纱线线密度的配合等知识。采用不同原料、规格、色彩的纱线，运用横机编织的特性，使两者有机的结合可以编织出各种花色效应的纬编针织的毛衫织物。

毛衫织物是由不同结构的线圈单元按一定的规律排列组合而成的。纬编线圈单元的基本结构由针编弧、圈柱、沉降弧三部分组成。织物中的线圈单元有线圈、集圈和浮线三种基本形态；翻针和摇床等功能，使线圈具有单向移圈、交叉移圈和正、反针线圈等形态结构；单、双针床的使用使线圈具有单、双面同层次的结构，将这些不同结构的线圈单元按不同方式进行配置，可形成品种繁多、组织结构多变的毛衫组织。线圈结构如图 2－1 所示。

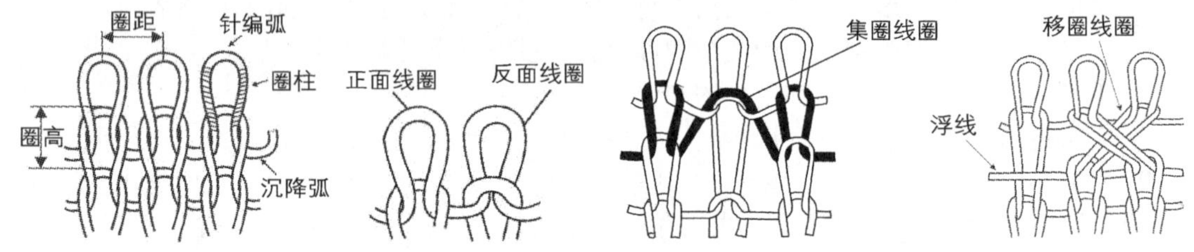

图 2－1　线圈单元形状示意图

为了表达不同的织物结构，根据使用场合和目的不同，通常用线圈结构图、意匠图、编织图来表示。线圈结构图是将线圈形态用投影的图形表示出编织的状态，画法复杂但清晰明了，较为直观，一般作为简单组织或特殊场合表达；作为编织工艺时一般采用意匠图或编织图表达。

一、意匠图

意匠图是把织物内线圈组合的规律或者线圈颜色用规定的符号在小方格纸上表示出来的一种方法，分为编织意匠图和花型意匠图。图 2－2(a)表示编织意匠图，图 2－2(b)表示提花花型意匠图。意匠图中一个方格表示一个线圈单元，方格纸的纵行表示织物线圈的纵行，横行表示织物线圈的横列。

1. 编织意匠图

编织意匠图是把针织织物的线圈组织规律用规定的符号在小方格纸上表示的方法。能够比较清楚地表达单面纬编组织结构。图中一个方格表示编织的一个线圈，方格中的符号分别表示该线圈的编织状态，如图 2－2(a)所示，线圈的编织状态一般有三种：编织 ×、集圈○、不编织□(浮线)。有移圈时可以用↖(向左移圈)、↗(向右移圈)等符号来表示。毛衫编织中多数情况是用文字说明来配合表述。

2. 花型意匠图

花型意匠图主要是表达提花组织的配色效果，不同符号表示的是花型的配色，如图2-2(b)所示，符号×、□表示两种不同的颜色，此图称为花型意匠图。

在描绘意匠图时，需要在图边注明符号的含义，符号可自行设计。由于编织动作复杂，符号众多，在此不再赘述，将在电脑横机制版中一一说明。

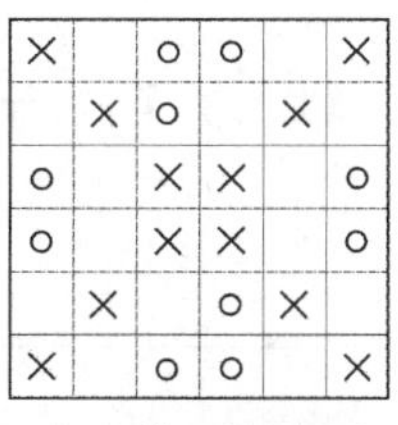

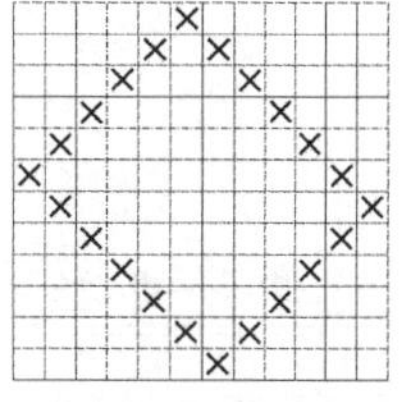

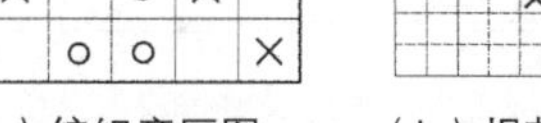

（a）编织意匠图　（b）提花花型意匠图

图2-2　编织意匠图与花型意匠图

二、编织图

编织图是将纬编织物组织的横断面形态，按成圈顺序和织针编织情况，用图形表示纱线编织情况的一种方法，图2-3(a)、(b)所示。从图中所示看出针床上的织针配置情况及每根纱线在每枚织针上的编织情况，适用于双面组织，绘制简单。

画编织图时长短不同的竖道表示高低不同针踵的织针，横道表示纱线，针头与纱线的接触符号表示为：编织，集圈，浮线（不编织）。竖道在横线上方表示后针床上的织针，竖道在横线下方表示前针床的织针。

（a）圆筒空气层编织图　（b）双罗纹编织图

图2-3　罗纹空气层与双罗纹编织图

图2-3(a)为罗纹空气层编织图，1表示第一横列，所有的织针参加编织，为满针罗纹横列；2表示前针床织针参加编织，后针床织针不编织；3表示第三横列，表示后针床织针参加编织，前针床织针不编织；如此一次循环编织，其中2、3组成圆筒空气层。

图2-3(b)为双罗纹编织图，1表示第一横列，所有低针踵的织针参加编织，形成一个罗纹组织；2表示第二横列，所有高针踵的织针参加编织，形成另一个罗纹组织，两个罗纹组织叠加在一起形成了双罗纹组织。

双面针织物如果用编织意匠图表达，则难以表示背面的结构。所以在编织工艺制定的使用过程中，一般单面组织采用编织意匠图表达；双面组织则主要采用编织图来进行表达；提花组织采用花型意匠图表达织物的颜色花型图。

针织工艺学课程中介绍纬编针织的基本组织有纬平针、罗纹、双反面组织；罗纹变化组织有双罗纹、空气层、半空气层、抽针罗纹等组织；花色组织有提花、集圈、添纱、衬垫、移圈、纱罗、毛圈组织等。本项目的内容以毛衫编织的方式分为平针类、罗纹类、集圈类、移圈类、立体编织类等任务进行编写，便于学习与练习。

任务1 平针类花样设计与编织

一、学习目标

1. 了解纬平针组织的结构与特性，学会纬平针（单面）织物的编织操作方法。
2. 了解密度控制的技巧与方法，学会纬平针稀密织物的编织操作方法。
3. 了解纱嘴的作用与更换方法，学会横条间色织物的编织操作方法。
4. 了解正、反针织物的结构与特性，学会正、反针织物的编织操作方法。
5. 了解添纱组织织物的结构与特性，学会添纱织物的编织操作方法。

任务描述

通过学习手摇横机的基本操作，引入纬平针编织的概念，进行单面类松紧密度、间色横条、正反针、圆筒类、添纱织物的编织，分析所得织物的结构特性与外观风格。依据上述基础花样设计一款平针类花样并编织，分析试样的外观风格与织物的特性。

知识准备

纬编基本组织分为纬平针、罗纹、双反面三种组织。纬平针组织是毛衫织物中应用较多的基本组织，一般作为毛衫大身组织使用；罗纹组织具有较好的弹性特性，可以保持各边口部位的尺寸稳定性，一般作为领、袖、下摆等部位的编织使用；双反面织物比较厚实，一般作为毛衫大身织物，编织双反面组织需要特殊的双反面横机，因此在毛衫生产中数量较少。平针类织物主要是指正反面纬平针、平针稀密组织、横向配色彩条、双层平针袋状织物等织物的组织结构。

一、纬平针组织的结构、编织方法与织物的特性

1. 纬平针组织的结构

由单针床满针进行编织得到的织物称为纬平针织物（简称单面、单边或平针织物）。它是由连续的单个线圈相互穿套而成，其正面线圈结构图见图2-1-1(1)。在针织工艺中一般将线圈的圈柱压着圈弧的一面称为工艺正面，圈弧压着圈柱的一面称为工艺反面，在毛衫编织中则称工艺正面为正针，称工艺反面为反针。

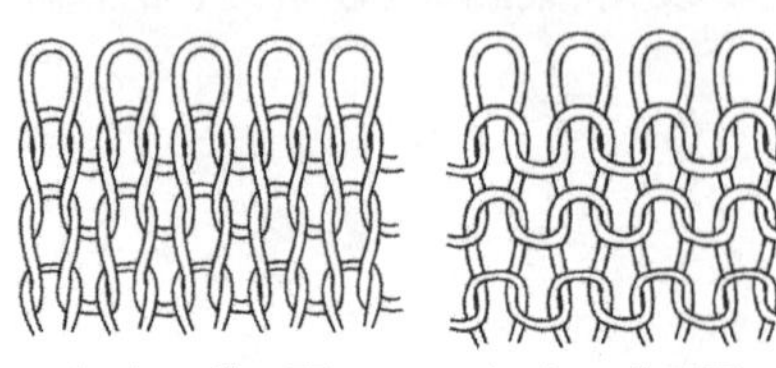
（1）工艺正面　（2）工艺反面

图2-1-1 纬平针组织

纬平线前床编织图　纬平线后床编织图

图2-1-2 纬平针织物前、后针床编织示意图

2. 纬平针组织的编织方法

单面纬平针织物可以在横机的任意一个单针床上编织。编织时使用单边起口方法，起口后推上剩余的空针，换上正式纱，弯纱三角打在下位编织即可。在前针床编织得到正针，在后针床编织得到反针。

3. 纬平针织物的特性

① 纬平针织物的两面具有不同的外观，正面由线圈的圈柱形成纵向辫状外观，反面由线圈圈弧形成圈弧状的外观。正面比较光洁、平整，反面则暗淡和糙面感。

② 纬平针织物结构简单，织物轻、薄、柔软，纵横向的延伸性都好，横向延伸性比纵向大。

③ 纬平针织物易产生线圈歪斜现象，主要与纱线有关。纱线的捻度会使线圈的圈柱发生反向扭转而使线圈产生歪斜的现象，下机后的衣片会呈现平行四边形，影响衣片的效果，所以针织纱线的捻度一般比较低。

④ 纬平针织物的四边具有明显的卷边现象，它是由于弯曲纱线弹性变形的消失而引起的。纵向断面向反面卷边，横向断面向正面卷边。

⑤ 脱散性：线圈断裂时会逆编织方向脱散。织物可以顺、逆编织方向拆散。

由于单面纬平针织物结构简单、用纱量少、编织速度快，是横机毛衫产品使用最多的一种组织。在双针床横机上，纬平针组织可以使用其中任何的一个针床进行编织形成片状织物；也可以在两个针床上轮流编织，形成双反面或筒状结构织物。

二、稀密组织的结构、编织方法与织物特性

1. 稀密组织的结构

稀密组织又称松紧密度组织，是在纬平针组织的基础上，通过改变各个横列不同的编织密度而织成的平针织物。其组织结构为纬平针，具有纬平针的结构特性。每个横列的线圈可以通过控制而得到不同的大小。

2. 稀密组织的编织方法

在编织单面组织时，机头上的左、右两只弯纱三角的弯纱深度可调节为高、低不同的位置，从而使得相邻的两个或多个横列的线圈密度不一致而得。也可以通过手动控制改变两个三角的弯纱深度组合，使每个横列的某段密度有规律或无规律的变化。编织方法为：平针编织→调节密度：将机头上的左、右两只弯纱三角调节为一个上位、一个下位时能编织一松一紧横列交替的织物如图 2-1-3 左图所示；或者织 N 转紧密度，再织 N 转松密度，得到不同区段的松紧效果。如图 2-1-3 右图所示。

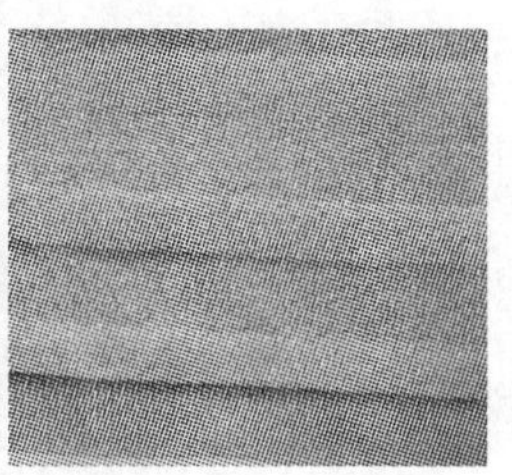

图 2-1-3 稀密组织织物的效果

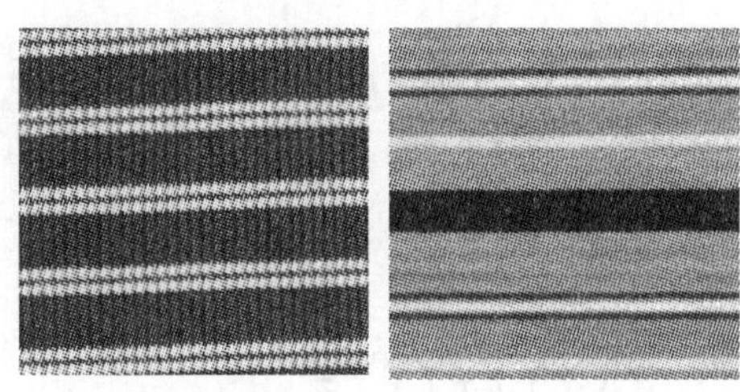

图 2-1-4 彩色横条编织效果

3. 稀密组织织物的特性

稀密组织织物特性同纬平针织物。正、反面均可作为服用正面，织物反面具有明显的稀密横条效应，或时松时紧的密度变化。常用于女装、裙装和T恤类产品中，给人以时髦、华丽、高雅的感觉。

三、横条组织的结构、编织方法与织物特性

1. 单面横条组织的结构

在单面平针织物的编织过程中，如果每隔一定的横列进行变换纱线的种类或颜色，便可以编织出单面横条平针织物。采用色彩变化得到的配色横条的方法，毛衫行业称为间色。除了平针，其他组织结构也可以实现(图2-1-4)。

2. 编织方法

在手摇横机上右侧有一个导纱器变换装置，编织时，将不同色的纱线穿进导纱器纱嘴，需要换色时，将机头拉向右侧，撞击变换棘轮，纱嘴自动交换，纱线的颜色即改变。这套装置需要在右侧变换，因此横条横列数一般为2的倍数。

3. 横条织物的服用特性

横条织物的服用特性与纬平针织物相同。织物的外观显示纱线的外观、色彩为均匀或一定规律排列的两色(种)或多色(种)的横向条纹效应，应用于各类毛衫中。

四、双层平针织物的结构与编织方法

1. 双层平针织物的结构

在针织横机上可以编织双层纬平针的袋状织物。当机头在往复运动进行编织时，每一行程只在一个针床上进行编织。往复运动一次(称为1转)，在前、后针床各编织一次，从而在前后针床上分别编织出互不相连的两片纬平针织物。将这两片平针织物根据需要在边缘或底部连接起来，就可以编织出不同的双层平纹织物。根据连接的部位不同，双层平针织物可以分为圆筒形织物、袋状织物。

2. 双层平针(袋编、圆筒)织物编织方法(图2-1-5)

① 准备：选一定数量的织针，前、后针床的织针都呈满针排列，针床相错。

② 起底横列编织：将弯纱三角调到上位，打开四个起针三角，自左向右编织一个满针横列。挂上起针板、重锤。

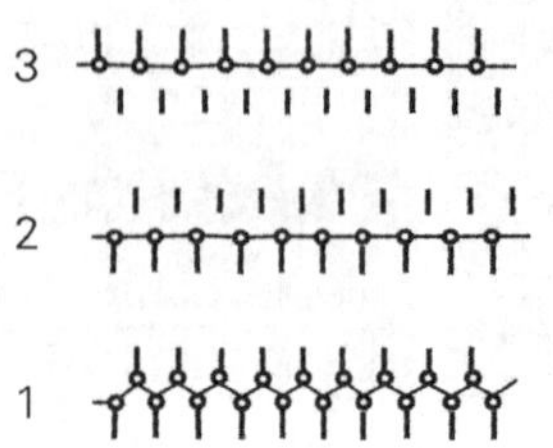

图2-1-5 双层平针织物编织图

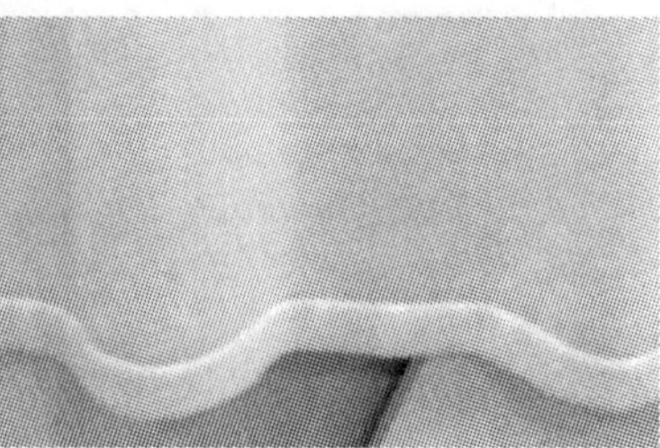

图2-1-6 袋编下摆效果图

③ 圆筒编织：关闭2、4起针三角；将2、4号位的弯纱三角置于下位，编织即成圆筒状织物。机头在每一行程中，前、后针床只在一个针床的织针上进行编织，而另一针床的织针不工作，在机头往复编织过程中，前、后针床的织针交替进行编织。

3. 双层平针织物的特性

双层平针织物的第一横列为前后针床同时编织，因而形成了底口封闭，继续编织为圆筒状织物，织物中间呈现如空筒状，也称为袋编织物。可以用于口袋、袋里等附件编织。采用小宽度圆筒编织时，形成一个管状织物，如腰带等附件。

织物正反两面均显示为纬平针的正面效果，两层之间无连接（分离），织物不卷边，厚度等于平针的2倍。当有线圈断裂时为单面脱散，横向延伸性大于纵向。横向幅宽与平针相等。该组织可用于毛衫的下摆、袖口等（图2-1-6）。

五、正反针组织的结构、编织方法与织物特性

1. 正反针组织的结构

正反针组织是指一个或多个的线圈纵行进行N正N反的线圈编织所形成的织物。所有的线圈纵行都进行N正N反的线圈编织（由一个正面线圈横列与一个反面线圈横列配置而成）所形成的织物称为双反面组织，是纬编针织的基本组织之一。

正反针有很多变化：比如相邻两个纵行错列出现的正反针结构称为单桂花针；二隔二出现纵、横向正反针交错的效果称为双桂花针；也可以采用方块、三角、条状等配合使织物表面出现正面、反面线圈交替的结构，其外观出现凹、凸效应的花色变化。

2. 编织方法

同一纵行上的线圈在前、后针床轮流编织，即前针床编织→翻针至后床→后床编织→翻针至前床，重复循环。

3. 织物特性

① 双反面组织织物的正、反面均呈现线圈圈弧，结构厚实，纵、横向延伸性极好；脱散性同纬平针。织物纵向伸缩大，不卷边（图2-1-7）。

② 桂花针组织织物表面出现颗粒状的凹凸效果，比平针厚实，不卷边，易拆散、脱散，脱散性同纬平针组织（图2-1-8）。

正反针花样有很多的变化，形成多样的外观效果，在男、女毛衫中广为应用。

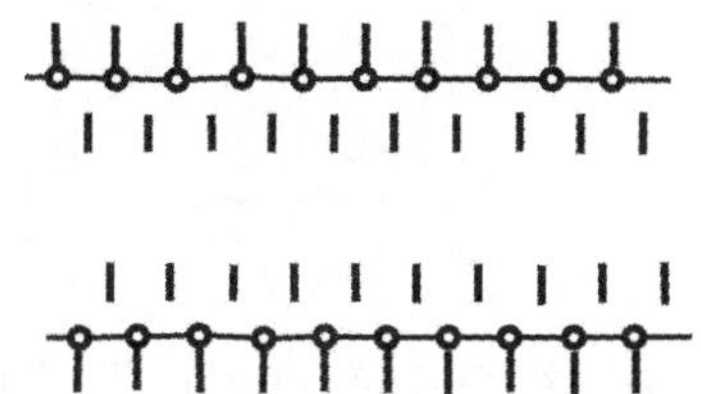

图2-1-7 双反面组织编织图

图2-1-8 单、双桂花针效果图

六、添纱组织的结构、特性与编织

1. 添纱组织结构

针织物的全部线圈或一部分线圈是由一根基本纱线和一根或几根附加纱线一起形成的组织称为添纱组织,又称为拉架、双梭、盖面。添纱组织可由单面或双面纬编组织为基础形成(图2-1-9)。添纱组织为一种独立的组织结构,为了便于理解,将该组织归于平针类来进行讲解。

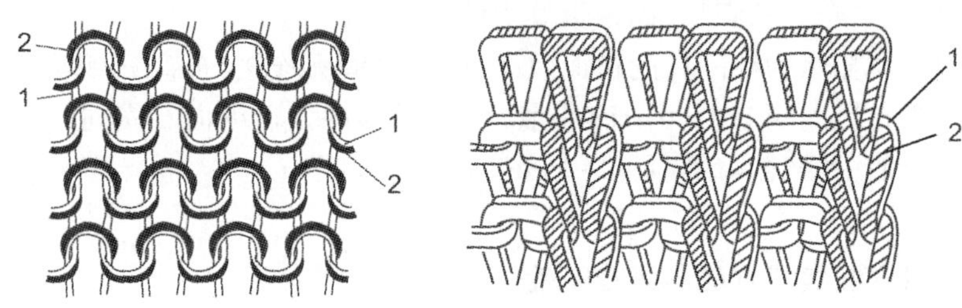

图2-1-9 平针与罗纹添纱组织编织示意图

2. 添纱组织织物的主要特性

(1)添纱被面纱所覆盖,即在正面看不到添纱,在反面可看到大部分的添纱。

(2)利用此特性可织造里外两种不同的原料或颜色的针织物。如涤盖棉、涤盖丙、正反双色的单面织物等,添加弹性丝(纱)的单、双面等织物。

(3)当使用两种不同捻向的纱线时可有效消除线圈的歪斜性。

3. 横机添纱组织的编织

采用双孔导纱嘴,面纱穿于中心孔,添纱穿于边孔,垫纱时面纱的张力大,编织后使面纱处于织物表面,添纱处于织物的反面。

编织中常见的疵点:反纱,即添纱出到织物的正面,形成零星的纱点或色点。解决的方法是调整面纱、添纱的张力或导纱嘴的高低位置。

任务实施

一、教学设备与材料

7G 手摇横机或 12G 手摇横机、毛型纱线。

二、实施步骤

1. 任务说明

编织平针类组织试样:开针 81 针,1 ×1 罗纹纱起口;正式纱圆筒组织 8 转;纬平针组织正针 5 转;双反面组织 6 转;反针 5 转;正针 3 转;稀密组织共 20 转:其中 1 松 1 紧 8 个循环、4 松 2 紧 4 个循环;正针 3 转;A、B 间色 2 转相隔循环 3 次;单桂花针 8 转;双桂花针共 8 转;6 针 ×3 转的正反针变化花样,做三角形变化循环 2 次,做条形变化循环 1 次,如图 2-1-10 所示;正针 3 转;2 色添纱组织 10 转;废纱 5 转封口。编织后分析各段组织的外观效果和特性。

2. 编织操作

(1)针床定位与选针:调节针床横移手柄使前后针床针槽相对,在横机前床中部选择拨上81枚织针,用1×1选针板拨下,使织针1隔1排列。再将后针床的对应织针1隔1排针且前后针床织针错开,三角在上位。

(2)编织起口横列:四个起针三角都处在工作状态,导纱器挂上废纱,机头由右拉向左侧,机头停在左侧,距左边针约3~5cm。

(3) 挂起针板:由针床下从两针床中间推上起针扳,将梳栉穿过纱线穿出1cm左右,插上钢丝后放下,在起针扳下方挂上重锤使受力均匀。

(4) 摇二转半,停在右侧。

(5) 卸单边:将导纱器摘下,关闭1、4起针三角摇1转,将后针床线圈卸掉。

(6)圆筒编织:起口完成后,换成正式纱,前后针床拨上满针,针床相错,四个起针三角都打开,四个弯纱三角调到上位,拉动机头编织半转到左侧,关闭2、4起针三角,将2、4弯纱三角调到下位,编织8转。

(7)翻针:按照翻针方法,将后床线圈翻针至前床。关闭2、3起针三角。

(8)编织平针正针5转:四个弯纱三角打在下位,平摇5转。

(9)编织双反面组织6转:将前针床所有线圈翻至后针床,编织第一个横列;然后将后针床上的线圈从后针床翻至前针床,编织第二个横列;按此循环编织6次。

(10)编织平针反针5转:将线圈由前针床翻针到后针床,平摇5转。

(11)编织平针正针3转:翻针至前,平摇3转。

(12)稀密组织共20转:其中1松1紧8个循环、4松2紧4个循环.

① 编织1松1紧8个循环:将机头上的左、右两只弯纱三角的弯纱深度调节为一个上位,另一个调成下位,编织8转。

② 编织4松2紧4个循环:将机头上的1、4两只弯纱三角调在下位,编织2转;再将两只弯纱三角调在上位,编织1转,如此循环4次。

(13)正针3转:四个弯纱三角在下位,前床平摇编织3转。

(14)A、B间色2转相隔循环3次:将2个导纱器分别穿上指定颜色的纱线,A色纱线进行编织2转,然后换成B色纱线编织2转,循环3次。

(15)编织单桂花针8转:将奇数针(1、3、5、7、9…)从前针床翻至后针床,编织第一个横列;然后将偶数针上的线圈从前针床翻至后针床,将奇数针上的线圈从后针床翻至前针床,编织第二横列;如此循环8次。可改装翻针板,将翻针板上的针1隔1去掉,方便1隔1翻针用。

编织前先描绘意匠图,图中的符号根据纱线在不同针床编织的情形来描绘,如前床编织后的线圈形状为"Ʊ",后针床编织线圈形状为"Ω"。为了便于描绘,用"|"表示在前针床编织,用"—"表示在后针床编织,如图2-1-10所示。

(16)编织双桂花针8转:将1、2,5、6,…针上线圈从前针床翻至后针床,编织第1转;交换翻针(前针床线圈翻到后针床,后针床线圈翻到前针床),编织第二转,循环8次。也可将翻针板上的针二隔二去掉,方便翻针用。

(17)6针×3转的正反针变化花样,做三角形变化循环2次,做条形变化循环2次。

① 三角形变化循环2次:按图2-1-10(4)所示的正反针规律进行编织,纵向循环2次。

② 条形也称令士,按图2-1-10(3)所示的正反针规律进行编织,纵向循环1次。

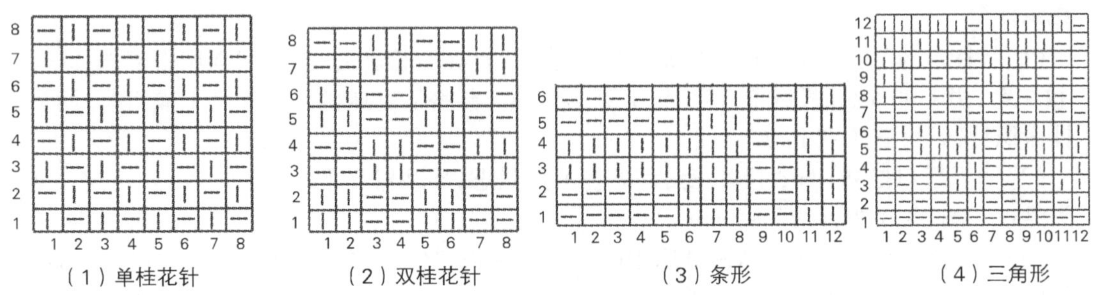

（1）单桂花针　（2）双桂花针　（3）条形　（4）三角形

图 2-1-10　正反针编织意匠图

其他正反针编织效果如图 2-1-11 所示。

(18)纬平针正针 3 转:将后床织针上的线圈翻针至前床,编织 3 转。

(19)编织双色添纱组织 10 转:机头停于右侧,换上添纱导纱纱嘴(双纱孔纱嘴),在两个纱孔中分别穿入不同颜色的毛纱,编织 10 转。

(20)废纱 5 转封口:机头停在右侧,换成废纱,编织 5 转,下机。

(21)分析织物的外观风格:

图 2-1-11　各种正反针编织效果图

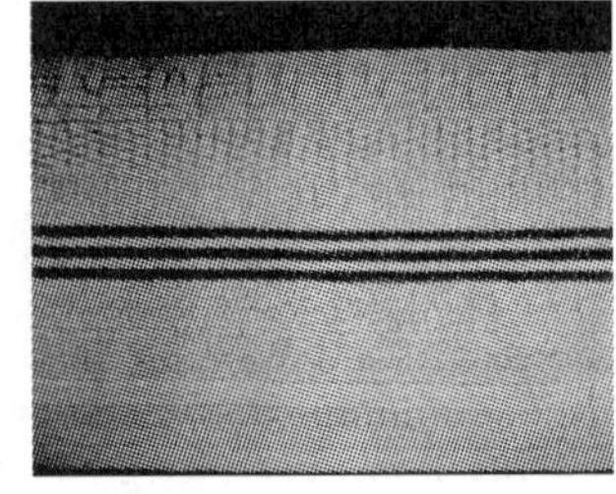

图 2-1-12　平针类试样编织效果图

如图 2-1-12 所示,第一段为圆筒结构,织物正反两面外观相同,中空、分层。第二段为平针正针,显示线圈圈柱,外观平整。第三段为双反面组织,正反两面的外观均显示为圈弧,纵向延伸性好。第四段为平针反针,外观显示圈弧,织物向上凸起。第五段为稀密组织结构,可见较长线圈与较短线圈横列交替。第六段为平针配色横条,可见不同颜色的纱线形成横向的色条,也称间色。第七段为单桂花针,外观较细腻的颗粒状,由正反单线圈的凹凸形成。第八段为双桂花针,外观有较大的颗粒凹凸形状,由双针双列正反针形成。第九段为正反针变化,图中显示有三角形形状与条状的正反针变化,形成一定规律的凹凸外观。正反针的变化很多,可以按一定的图形形成凹凸纹理的变化。第十段为添纱组织,由主纱与添纱构成,图中正面显示主纱的颜色,背面显示添纱的颜色,外观同纬平针。

3. 平针类花样设计

运用上述平针类组织的特点,试设计一块平针类花样,使织物具有良好协调的外观风格,编写编织过程并编织成 A4 纸大小的试样,用卡纸装订。

任务2　罗纹类花样设计与编织

学习目标

1. 能描述1+1罗纹组织的结构与特性,学会1+1罗纹组织的编织操作。
2. 能描述2+2罗纹组织的结构与特性,学会2+2罗纹组织的编织操作。
3. 能描述罗纹变化组织的结构与特性,学会三平、四平、空气层等罗纹变化组织的编织操作。

任务描述

引入罗纹组织的概念,了解罗纹类组织织物的特性、外观特征和在毛衫中的应用。掌握罗纹类组织织物的编织方法,进行罗纹变化组织的设计与编织,分析变化罗纹的主要特征和性能。依据罗纹基础组织设计一款罗纹类花样并编织试样,分析花样的外观风格和特性。

知识准备

罗纹组织是针织纬编双面织物中的基本组织,它是由正面线圈纵行和反面线圈的纵行以一定的规律相间配置而成。由于罗纹织物的外观有明显的凹凸条,在毛衫行业中又称其为坑条。不同的罗纹都是在满针罗纹的基础上抽去相应的织针得到的,所以也通称为抽针罗纹。其种类很多,为了表述方便用$n_1+n_2+n_3$…形式来表示,其中n_1、n_2…表示正反面相隔的纵行(针)数,简单的用n_1+n_2的形式来表示,如1+1罗纹、2+2罗纹、3+3罗纹组织等;复杂的如3+5+5+2、10+3+13+5等,表示一个最小循环里的正反面线圈的纵行数。

在编织中为了表达横机的排针形式,用$n_1\times n_2$的形式来表示,如1+1表示满针罗纹,而1×1表示1隔1排针的1+1罗纹;2×1表示2隔1排针的2+2罗纹,2×2表示2隔2排针的2+2罗纹,以此类推。如图2-2-1所示罗纹在服装袖口、大身中的应用。

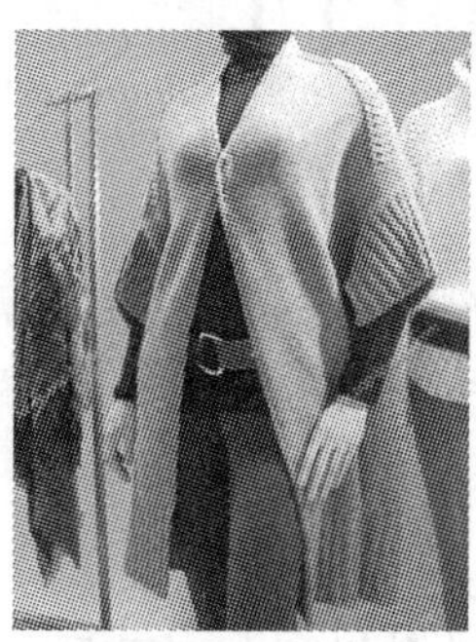
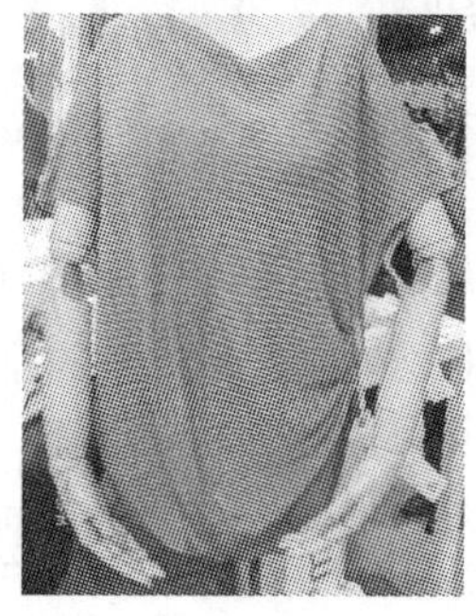

图2-2-1　罗纹组织在服装中的应用

一、罗纹组织的特性与编织方法

1. 罗纹组织的特性

(1)弹性好、延伸性强:在横向拉伸时,罗纹组织的弹性和延伸性比纬平针织物好,这是由于沉降弧较大的弯曲和扭转力造成回缩力大。

(2)不产生卷边:在正、反面线圈纵行数相同的罗纹组织中,由于造成卷边的力彼此平衡,因此不出现卷边现象。在正、反面纵行数不同的罗纹组织中,虽有卷边现象,但不严重。

(3)适应性强:由于罗纹组织较好的弹性、延伸性、不卷边且厚实、挺括、平整等性能,常用作衣片的下摆、袖口、领口和门襟等。

(4)1 +1 罗纹单向脱散性:1 +1 罗纹具有只逆编织方向可脱散性。毛衫的边口编织时均采用 1 +1 罗纹起底方式。除 1 +1 罗纹外,其他罗纹具有双向脱散性。

2. 罗纹组织的编织方法

罗纹采用双针床编织,前、后针床不同的排针方式可以编织出品种多样的罗纹组织。如前后针床满针排列编织的是满针罗纹;1 针隔 1 针排列编织的是 1 隔 1 的 1 +1 罗纹;2 +2 罗纹有两种排针方式:2 隔 1 和 2 隔 2。不同的排针形式可编织出不同外观和特性的罗纹组织。

二、1 ×1 罗纹组织结构特性

在毛衫行业中将双针床上 1 隔 1 排针所编织的罗纹织物称为 1 ×1 罗纹,罗纹编织时,每个针床的织针是 1 隔 1 排针参加编织,前、后两个针床的针槽相对、织针则呈相错状态。图 2-2-2 为 1 ×1 罗纹织物的线圈图与编织图。这种排针的编织方法由于织针之间距离大,编织后织物回缩大,横向弹性好,纹路清晰;编织后幅宽回缩大、弹性好,织物具有顺编织方向不能脱散,只能逆编织方向脱散的特征,主要用于毛衫的边口如袖口、下摆。如遇到边口破损时,不会向上脱散。

1. 1 ×1 罗纹的纱线结构图、编织图与排针图(图 2-2-2)

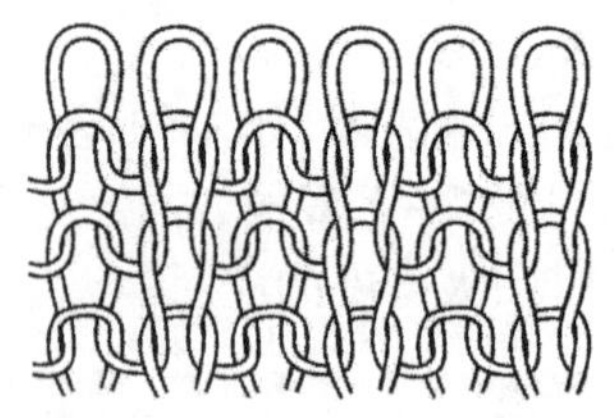

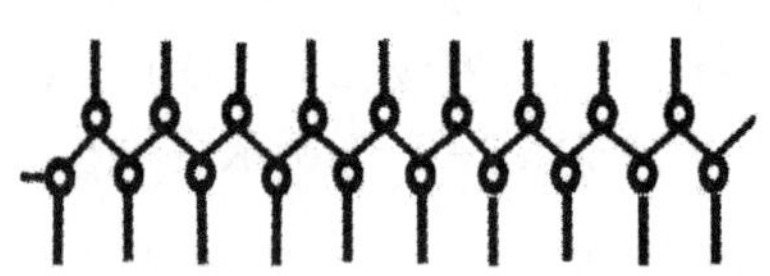

图 2-2-2 1 ×1 罗纹线圈图与编织图

2. 1 ×1 罗纹的排针方法

1 ×1 罗纹分为面包底和底包面两种排针法。一般把前针床作为正板,后针床作为反板。面包底的排针如 2 -2 -3 图所示,正板多一针;底包面的排针反板多一针,如 2 -2 -4 图所示。

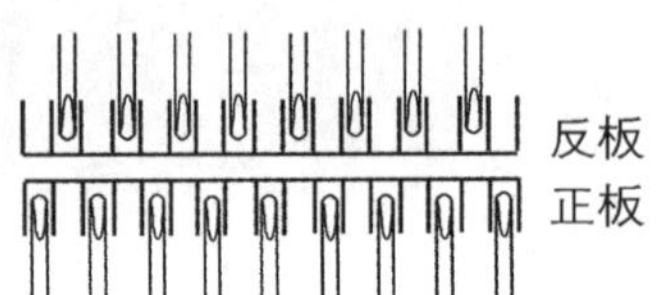

图 2-2-3 面包底排针图

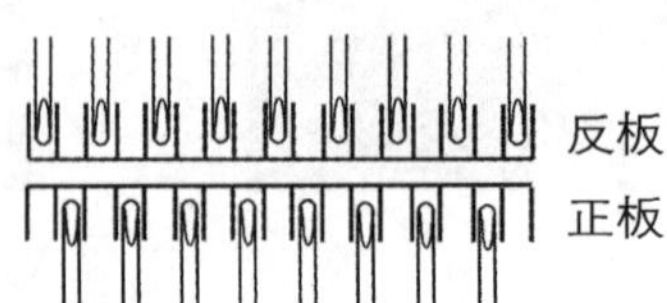

图 2-2-4 底包面排针图

3. 1×1 罗纹组织织物编织效果图(图 2-2-5)

图 2-2-5　1+1 罗纹编织效果图

三、满针罗纹(四平)组织织物的结构特与特点

满针罗纹在毛衫行业中称为四平组织,也称勿针。在横机上编织时,前、后针床的针槽相错;织针呈满针排列;四个起针三角都打开;四个弯纱三角的弯纱深度要一致并处于上位合适位置。如图 2-2-6 所示,为满针罗纹组织织物的编织图,图 2-2-7 为满针罗纹组织线圈结构图。

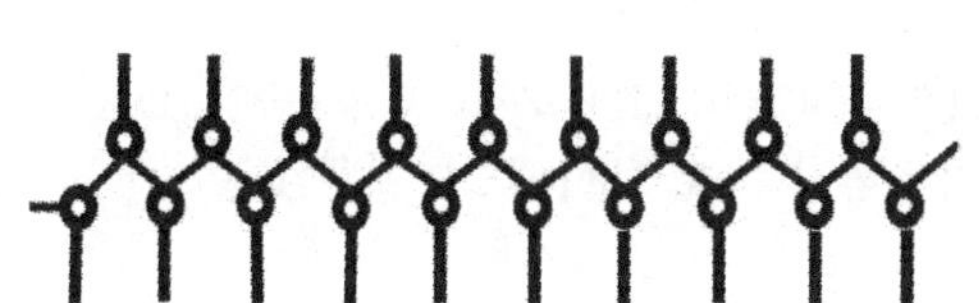

图 2-2-6　满针罗纹织物编织图

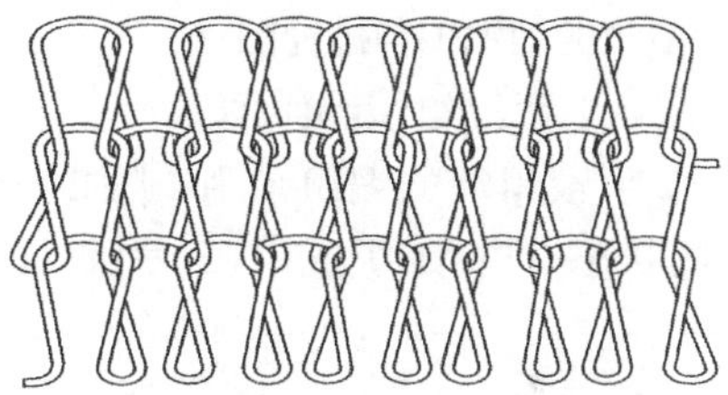

图 2-2-7　满针罗纹组织线圈结构图

虽然 1×1 罗纹和满针罗纹编织时的编织图、三角状态和工作情况都相同,但由于前、后针床针槽的对位和织针的排列情况不同,使得这两种织物横向、纵向的密度、织物的弹性、厚度等都有所不同。由于满针罗纹的织针是满针排列,而 1×1 罗纹的织针是 1 隔 1 排列,所以满针罗纹的工作针数是 1×1 罗纹的一倍,在其他条件都相同的情况下,满针罗纹比 1×1 罗纹致密、厚度较厚、织物幅宽大、手感松软,横向弹性小,尺寸稳定性及保形性好。一般用作领口、门襟等部位。而 1×1 罗纹横向收缩性好,弹性好,纹理清晰,主要用作袖口、下摆。编织效果如图 2-2-8 所示。

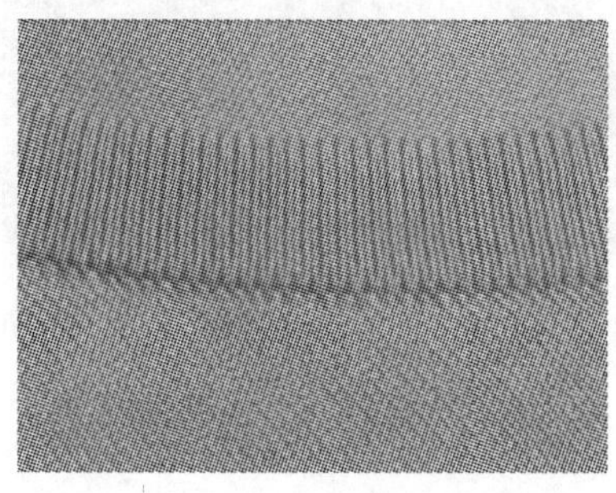
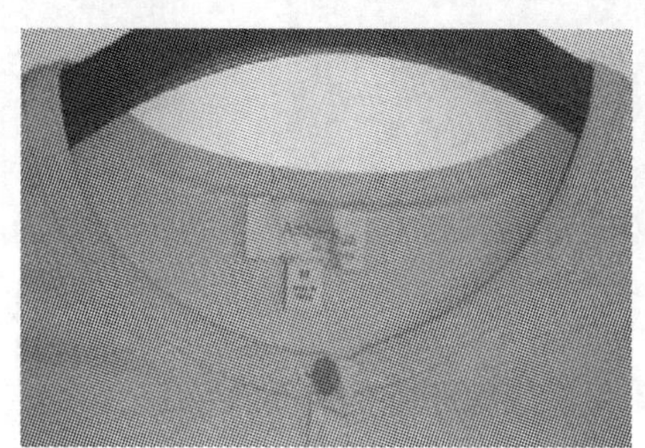

图 2-2-8　满针罗纹成品效果图

四、2+2 罗纹组织织物结构特性与特点

2+2 罗纹是两个正面线圈纵行与两个反面线圈纵行相配置而成的罗纹织物。2+2 罗纹

有两种不同的排针编织方法,一种是在编织时两个针床的针槽相错,每个针床的织针 2 隔 1 排针编织,称为 2×1 罗纹,所编织的织物结构紧密、弹性好,编织后回缩较小幅宽相对较大,也称为瑞士罗纹。另一种编织方法是前、后针床的针槽相对,每个针床的织针 2 隔 2 排针编织,称为 2×2 罗纹,所编织的织物延伸性好,弹性相对较差,整理后纹路清晰,风格粗犷,编织后回缩较大幅宽较窄,又称为英式罗纹。两者罗纹应用于各型毛衫的边口,尤其是粗针毛衫中广泛应用。

1. 2×1 罗纹的编织图与排针图

2×1 罗纹编织图与起口排针示意图如下所示,采用双针床编织,采用 2 隔 1 排针,针床相错。起口横列编织是先把针床摇成 1 隔 1 排针状态,如图 2-2-9 所示,编织起底横列。然后摇回 2+2 状态(左图所示),继续编织成 2 隔 1 排针的 2+2 罗纹。

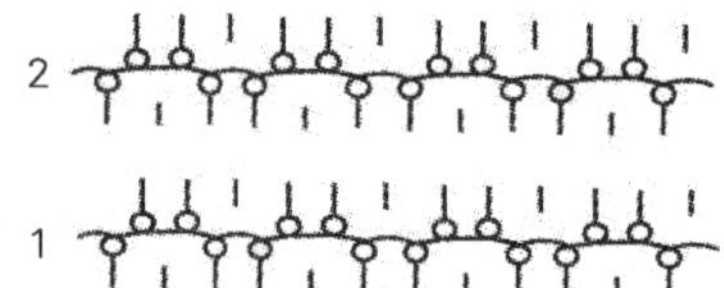

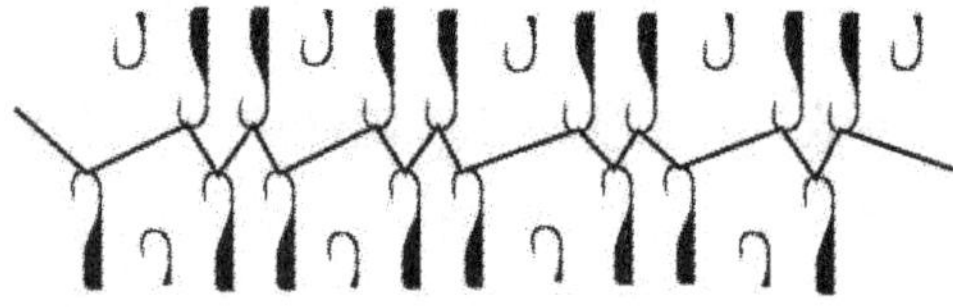

图 2-2-9 2×1 罗纹组织编织图与起口横列织针对位图

2. 2×2 罗纹的编织图与排针图

(1)2×2 罗纹组织编织图

2×2 罗纹组织的编织采用 2 隔 2 排针;起口横列的编织如同 2×1 罗纹一样,必须先摇成 1 隔 1 的状态,进行编织成 1+1 罗纹,而后再摇回 2 隔 2 状态编织成 2+2 罗纹。

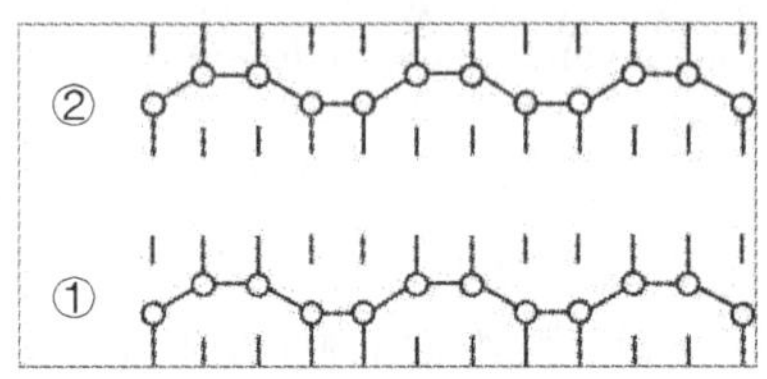

图 2-2-10 2×2 罗纹组织编织图

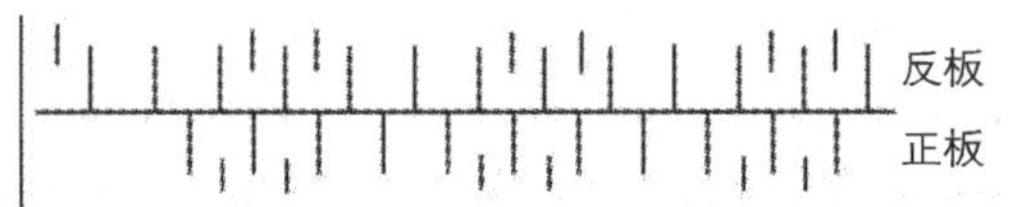

图 2-2-11 2×2 罗纹起底排针图

(2)2×2 罗纹的编织效果如图 2-2-12 所示,中间图为下摆、右图为袖口的效果图。

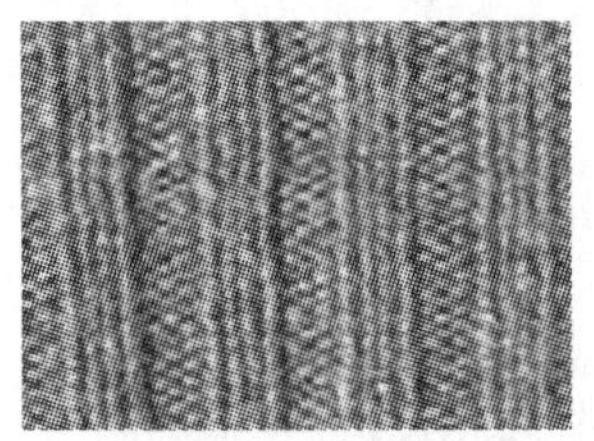

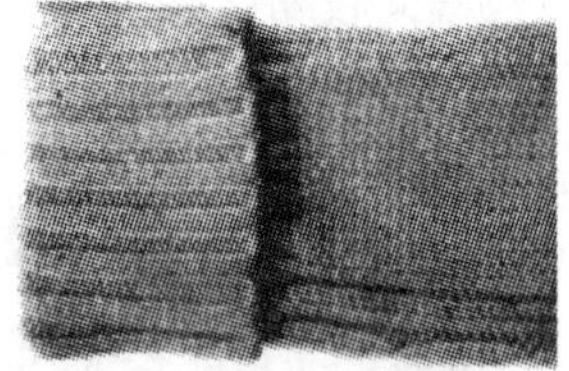

图 2-2-12 2×2 罗纹组织编织效果图

五、3+3 罗纹组织织物的特点与编织

1. 3+3 罗纹组织织物的特点

3+3 罗纹也有两种不同的编织方法,一种是编织时两个针床的针槽相错,每个针床的织针 3 隔 2 排针编织,如图 2-2-13(1)所示。另一种方法是在编织时,前、后针床的针槽相对,每个针床的织针 3 隔 3 排针编织。3+3 罗纹织物由于正反面的纵行数较多,外观具有较强的

凹凸条效果，纹理粗犷、弹性收缩性差，主要应用于大身。

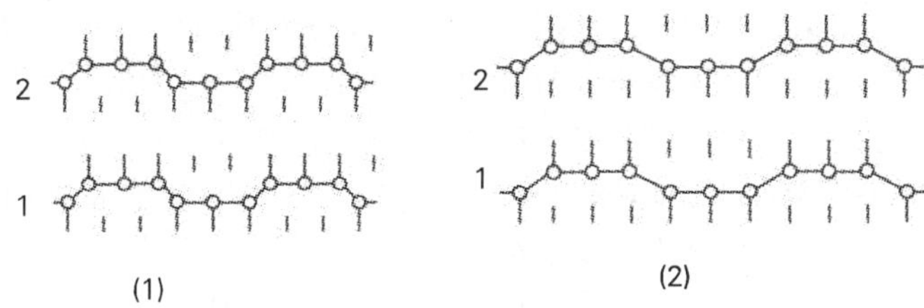

图 2-2-13　3 +3 罗纹两种排针方法的编织图

2. 3×2 罗纹（三隔二）组织编织操作方法

（1）3×2 罗纹组织编织排针：按 3 隔 2 排针，反板比正板多一针使得边缘结构比较稳固，排针如图 2-2-14 所示。

（2）单边纱起口：按照单边起口方法编织，废纱起口编织 5 转，机头停在右侧。

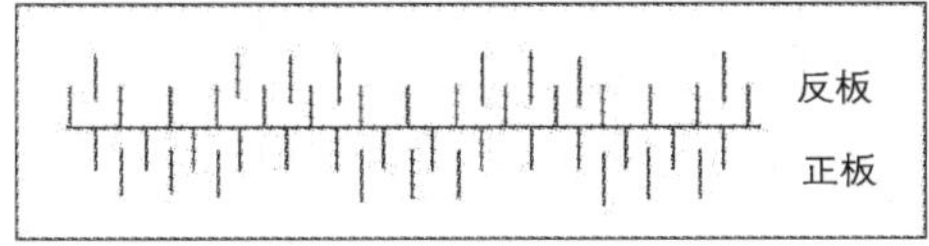

图 2-2-14　3×3 罗纹 3 隔 2 排针图

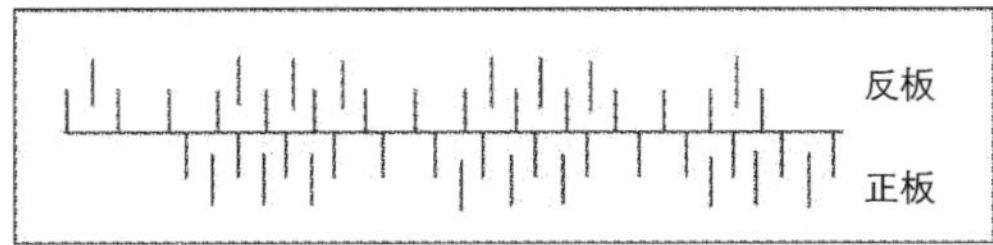

图 2-2-15　3×3 罗纹 3 隔 2 排针的起底示意图

（3）起底：先将后针床向左摇 2 个针距，如图 2-2-15 所示，使前后织针形成 1 隔 1 相错状态。机头在右侧，弯纱三角调在上位，起针三角全开，换上正式毛纱，机头自右向左编织起底横列。

（4）元空：共元空 2.5 转。每元空 1 转，针床扳过 1 针，共向左移 2 个针距。针床扳回原状，回到图 2-2-14 的位置。

（5）编织：平摇编织 20 转。废纱封口 5 转，下机。

3×2 与 3×3 罗纹的编织排针不同，编织方法相同。

六、4 +4 等多针抽针罗纹织物的特点

4 +4 罗纹的排针方式一般为 4×3 和 4×4，正反纵行数相隔更多，外观纹理更加明显、粗犷，弹性也变差，横向的边缘也有卷边的现象，一般用于下摆等靠近边口的部位作组织纹理变化配合使用，也可以用作大身的组织。和 1 +1、2 +2、3 +3 等罗纹组织的起头方法不同，要在 1 +1 罗纹组织的基础上进行翻针得到。随着相隔的纵行数增多，弯纱三角也需要向下位位置靠近，便于编织。如图 2-2-16 所示为 4×3 罗纹编织图。如图 2-2-17 所示为 6×6 罗纹成品效果图。

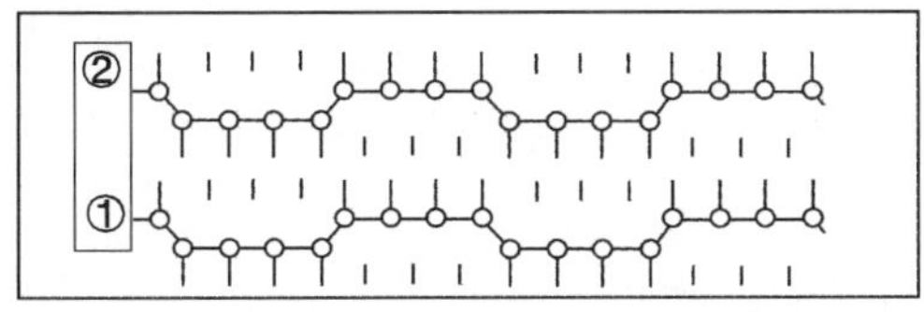

图 2-2-16　4×3 罗纹组织的编织图

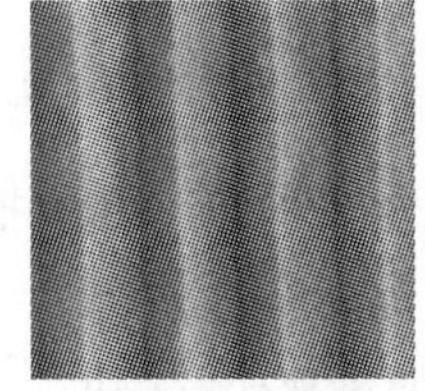

图 2-2-17　6×6 罗纹编织效果图

七、罗纹半空气层(三平)组织织物的结构特点

罗纹半空气层组织俗称三平组织,是由一个满针罗纹横列和一个平针组织横列复合而成,也称为复合组织。罗纹半空气层织物两面有明显的不同,一面是由罗纹组织和纬平针组织各一个横列相隔交替组成,另一面全部由罗纹线圈横列组成,两面的横列数差异形成突出横条状的外观效果。织物的正反两面可以根据需要互换选择。该织物的横向延伸性较纬平针差,手感柔软,织物较厚实。多用于毛衫的大身组织。

如图 2-2-18 所示为罗纹半空气层织物的编织图。在手摇横机上编织该组织时,织针满针排列,以满针罗纹为基础,编织中关闭四个起针三角中的任意一个三角,即可编织出罗纹半空气层织物。

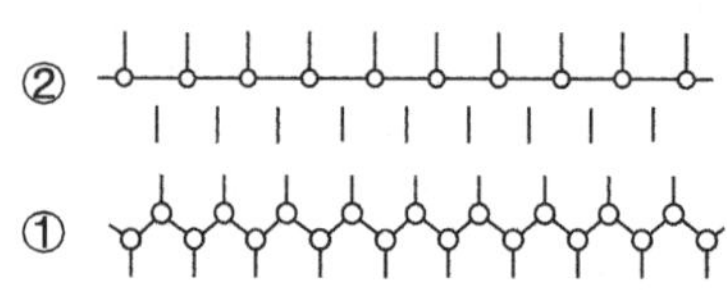

图 2-2-18 罗纹半空气层织物的编织图

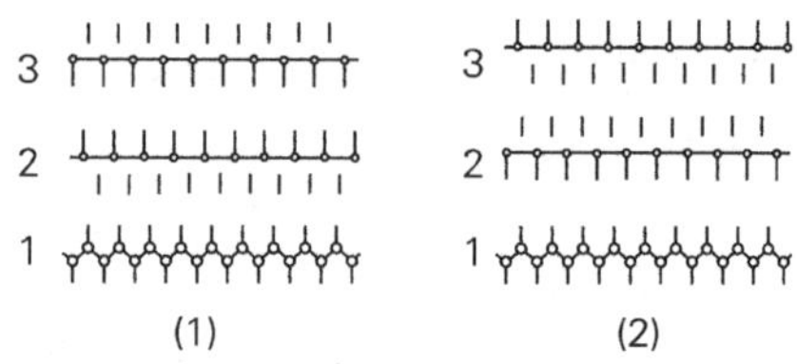

图 2-2-19 罗纹空气层织物的编织图

八、罗纹空气层组织织物的结构和特性

罗纹空气层组织又称为四平空转,是在满针罗纹基础上由一个横列的满针罗纹和正、反两面的纬平针组织各一个横列(元空 1 转)交替组成。罗纹空气层织物结构紧密,横向延伸性小,尺寸稳定,织物厚实、保暖性较好,挺括。可以用作各类毛衫的大身组织。也可以进行变化以及配色,编织间色横条织物、凸条织物等。

在手摇横机上编织该组织时,织针满针排列,编织时第一横列四个起针三角都打开工作,编织一个横列的满针罗纹组织,然后关闭 1、3 或 2、4 三角编织第二、三个横列,得到一个循环为三个横列的空气层织物,即满针罗纹 - 前针床纬平针 - 后针床纬平针的组织。依次循环编织。图 2 - 2 - 19 为罗纹空气层一个循环的两种编织方法。

九、双罗纹组织织物的结构与特性

双罗纹组织又称为棉毛组织,是由二个 1 × 1 罗纹组织叠加而成,即在一个罗纹组织的线圈纵行之间配置着另外一个罗纹组织的线圈纵行。其组织特性如下:

1. 弹性和延伸性

弹性小,纵、横向延伸性都比罗纹差。

2. 脱散性

当个别线圈断纱、脱圈时因受到另一组线圈纱线的钳制、摩擦的影响,不易滑脱,脱散性小。

3. 卷边性

两面的线圈受力相等,相互抵消,不卷边。

4. 外观效果

在织物两面都显示线圈的正面,因此也称为双正面织物。

双罗纹组织织物结构紧密,横、纵向延伸性小,尺寸稳定,织物厚实保暖性好,平整挺括。

当采用不同色别的纱线、不同方法上机时,可以编织出小纵条、横条花纹,纵横条相配合形成的小方格、跳棋花纹等多种花型。可以设计成各种男女的初冬、初春等内、外毛衫。

在横机上编织双罗纹组织织物时,需要配置两种针,即:高针踵织针和低针踵织针,两种织针一隔一排列,前后两个针床的不同针踵的织针相对排列,由花式横机完成编织。如图2-2-20所示。

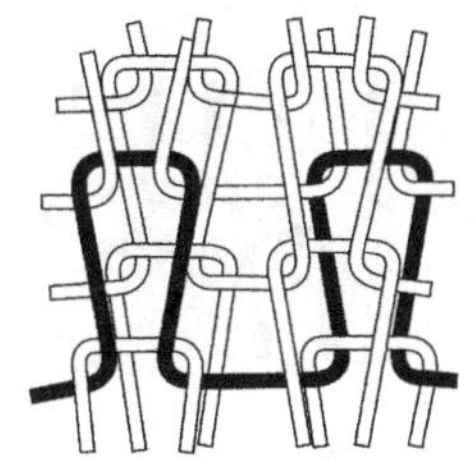

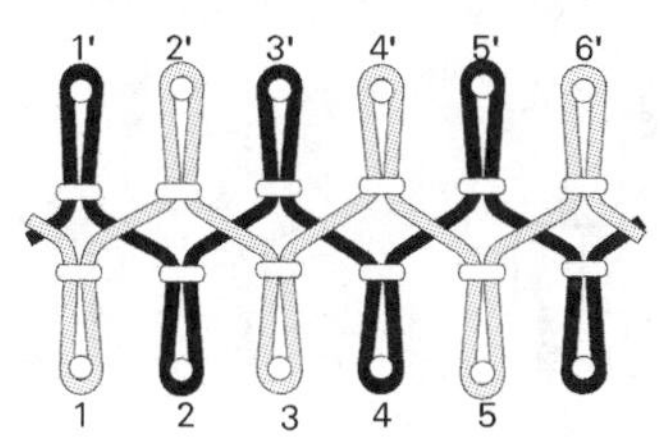

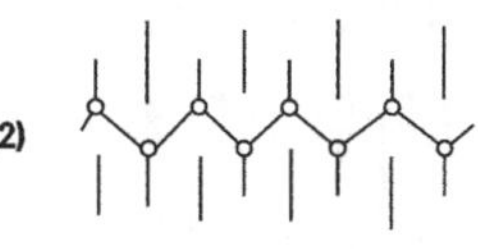

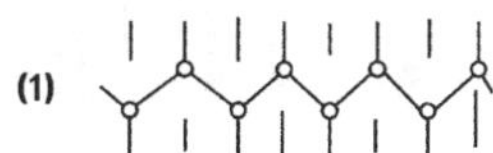

图2-2-20 双罗纹织物的线圈图和编织示意图

任务实施

一、教学设备与材料

7G手摇横机、41.7tex×2(24*N*m/2)毛型纱线。

二、实施步骤

1. 任务说明

编织一块罗纹类组织综合试样,编织顺序为:开针81针;单边废纱起口;2×1罗纹10转;满针罗纹(四平)10转;1×1罗纹10转;2×2罗纹10转;满针罗纹5转;罗纹半空气层(三平)组织20转(正三平10转,反三平10转);罗纹空气层15转;罗纹空气层凸条20转;废纱5转满针罗纹封口。

2. 编织操作(图2-2-21)

(1)开针96针:在横机中部推上81针。

(2)废纱单边起口:

① 选针与排针:用2×1选针板进行选针,前针床织针两边比后针床多排一枚针。排针如图2-2-21所示。

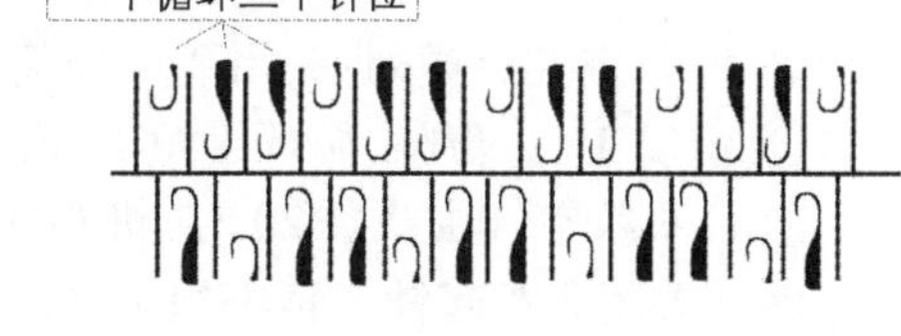

图2-2-21 2×1罗纹2隔1排针图

② 调整三角:后针床起针三角关闭;前床的起针三角打开,弯纱三角打到下位。

③ 单边起口:机头挂上废纱停在织针右侧,纱嘴距离织针约5cm。起针板穿上钢丝,从前后针床的缝隙中间塞上露出约2cm;纱嘴在起针板的后侧,拉动机头从右向左移动,使织针在起针板的后侧挂上纱线编织,机头停在左侧。放下起针扳,挂上重锤。继续编织2.5转,机头停在右侧。

(3)编织2×1罗纹10转:

① 编织起底横列:机头换上正式纱,打开全部起针三角,将1、3、4弯纱三角打到上位并插

纸片 4 片(位置比 1 ×1 罗纹低),2 号弯纱三角打到高位,将后针床向左摇一个针距,如图 2-2-22 所示,拉动机头从右向左编织半转,机头停在左侧。

② 摇床:后针床向右摇回一个针距,使前后针床织针位置如图 2-2-22 所示。

③ 元空编织:关闭 2、4 起针三角,2 号弯纱三角回复为上位并插入 4 片纸片,拉动机头编织 1 转半(三个横列),停在右侧。

④ 编织 2 ×1 罗纹 10 转:平摇 10 转即成 2 ×1 罗纹。编织图如图 2-2-23 所示。

图 2-2-22　2 ×1 罗纹起底横列织针图

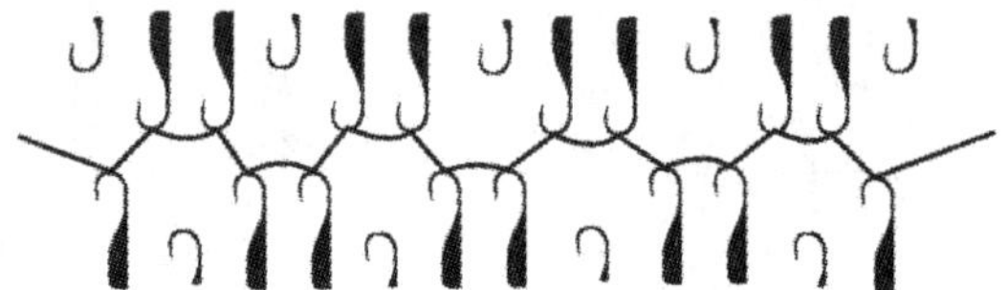

图 2-2-23　2 ×1 罗纹组织编织图

(4)编织满针罗纹 10 转:将前、后针床的空针拨上补满,检查前后针床均为 96 针,将四个弯纱三角上方 4 张纸片拔去、固定,拉动机头编织 10 转。

(5)编织 1 ×1 罗纹 10 转:在弯纱三角上方插回 2 片纸片,用 1 隔 1 翻针板将前后针床翻成 1 隔 1 排针状态。将针床摇成针槽相对,针相错状态。平摇编织 10 转。

(6)编织 2 ×2 罗纹 10 转:用单针扳将 1 ×1 罗纹的线圈状态翻针成为 2 隔 2 排列状态(即 1 针翻前,1 针翻后),在弯纱三角上方插 2 张纸片成为 4 片,编织 10 转。

(7)编织满针罗纹 5 转:将前、后针床的空针拨上补满,检查前后针床均为 96 针,将四个弯纱三角上方 4 片纸片拔去、固定,拉动机头编织 5 转。机头停在右侧。

(8)编织罗纹半空气层 20 转(三平)组织(正三平 10 转,反三平 10 转)

① 编织四平横列:四个起针三角都在打开位置,机头在右侧,编织半转到左侧。

② 编织正面平针横列:关闭 2 号起针三角,编织半转到右侧。

③ 重复①、②步骤,循环编织 10 次,即为正面三平 10 转。

④ 以上述②动作中,关闭 1 号起针三角,进行循环编织 10 次,即为反面三平 10 转。

(9)罗纹空气层 15 转:

① 编织四平横列:四个起针三角在打开位置,弯纱三角在上位,编织半转。

② 编织空气层横列:关闭 2、4 号起针三角,编织 1 转。

③ 重复①、②步骤,循环编织 10 次,即为空气层组织单色织物 15 转。

(10)罗纹空气层凸条 20 转:机头在右侧,四个起针三角在打开位置,弯纱三角在上位,编织半转。关闭 2、4 起针三角编织 1 转;关闭 2、3,打开 1、4 起针三角编织 2. 5 转。如此重复 5 次,织成 20 转。

(11)废纱 5 转封口。

(12)对试样的各段织物进行性能特征、外观风格效果分析和对比。

3. 罗纹类花样设计

运用上述罗纹类组织的特点,试设计一块罗纹类花样,使织物具有良好的、协调的织物外观风格,编写编织过程并编织成 A4 纸大小的试样,用卡纸装订,并分析织物风格特征。

任务3　集圈类花样设计与编织

学习目标

1. 掌握集圈组织织物的特性与编织方法，学会单面集圈组织的编织操作。
2. 了解双面胖花集圈组织的特性与编织方法，学会胖花集圈组织的编织操作。
3. 了解畦编组织织物的特性与编织方法，学会畦编集圈组织的编织操作。

任务描述

引入集圈组织的概念，了解集圈类组织织物的特性、外观特征和在毛衫中的应用。在平针、罗纹组织的基础上进行集圈及其变化组织的设计与编织，并分析集圈变化组织织物的主要特征和性能。

知识准备

一、集圈组织的概念及分类

1. 集圈组织的概念

在针织物的某些线圈上，除了套有一个封闭的旧线圈外，还有一个或多个未封闭的线圈悬弧，这种构型的组织称为集圈组织。如图2-3-1自左向右所示，分别为单针单次集圈、单针多次集圈、两针单次集圈和隔针两次集圈。

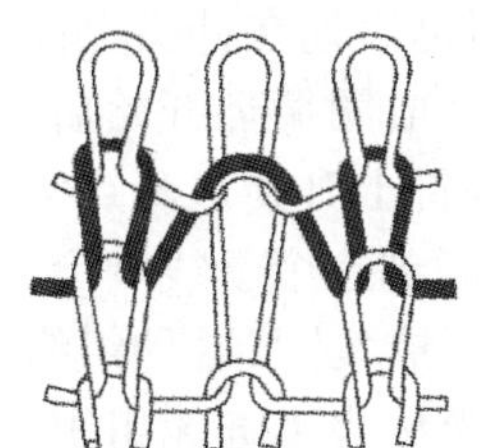
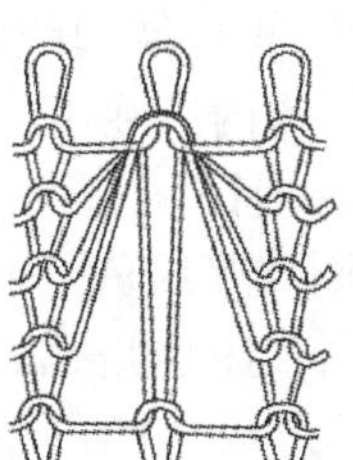
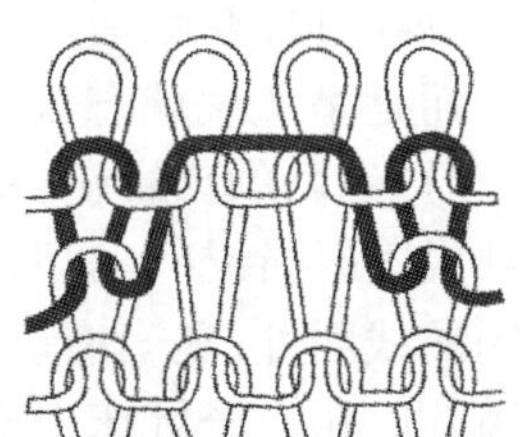
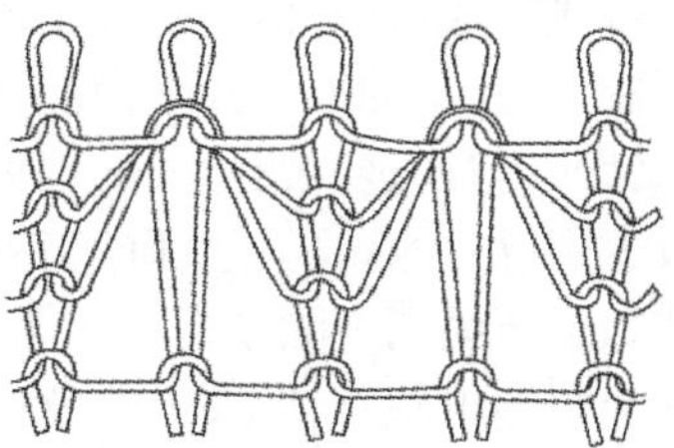

图2-3-1　各种集圈组织线圈示意图

2. 集圈组织的分类

集圈组织有单面集圈和双面集圈组织之分。在横机上形成集圈的方法有两种：不退圈集圈法和不脱圈集圈法。

(1)按编织的针床数分类：

① 单面集圈组织织物：在单针床上进行编织，可以得到单面集圈组织，如单针单次集圈、多针单次集圈、单针或多针多次集圈，典型的织物有：隔针错行的单针单次集圈俗称单珠地网眼、两次集圈俗称为双珠地网眼，罗纹组织的单面集圈称为单元宝((图2-3-2))。

胖花织物是采用不退圈法形成的集圈组织织物。胖花织物有单面织物和双面织物的类

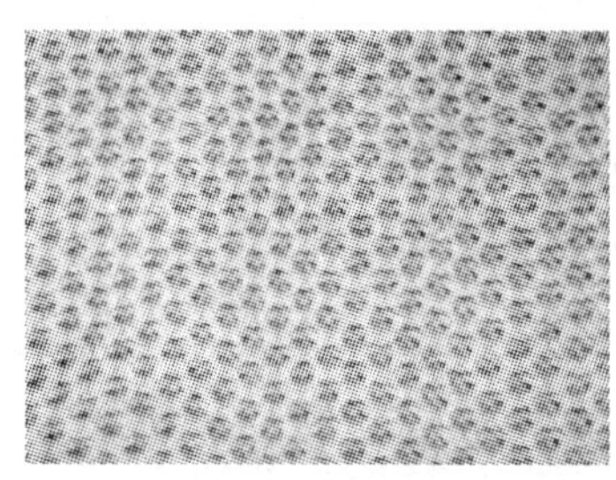
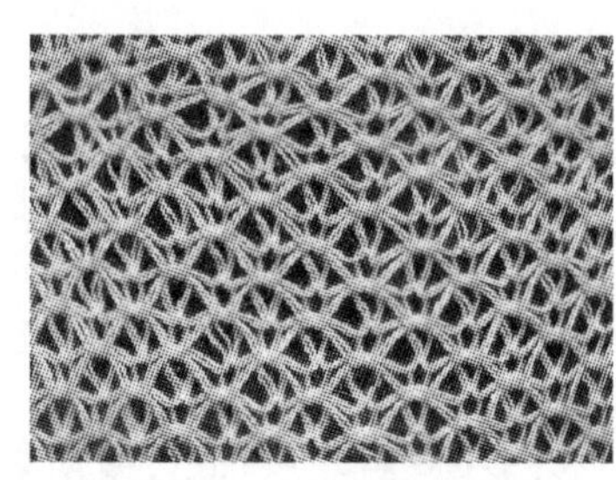

图 2-3-2 单面集圈组织织物效果图

型，该织物脱散性小、织物丰厚且蓬松但易抽丝、弹性较差、横向易变形。编织时利用集圈的排列与纱线的颜色进行配合设计可以使织物的表面出现图案、孔眼、凹凸等花色效应。

② 双面集圈组织织物：双面集圈组织织物是指在双针床上同时编织，利用 1 ×1 罗纹或满针罗纹为基础组织，进行前后针床满针错行、隔针隔行的单次集圈进行编织得到。在此基础上也可以配以移动针床进行编织可以得到畦编、半畦编及其为基础的波纹组织织物。

(2) 按退圈的编织方式分类：

① 不退圈集圈编织方法：在编织过程中，挺针三角退出工作，起针三角和弯纱三角处于正常工作位置。织针在起针三角的作用下上升，此时旧线圈不完全退圈，同时织针可以勾到新纱线，织针在下降的过程中，新垫的纱线和旧线圈一起回到针钩内，一起进行弯纱成圈，这样新纱线就呈悬弧状处在织物的正面，形成集圈。采用这种方法编织的集圈，由于悬弧同正常纱线一样正常弯纱，因此悬弧较长，织物较蓬松，称为胖花类集圈组织。

按花纹要求在双面纬编的地组织上，进行单面集圈，使正线圈凸起，形成具有凹凸花纹效应的针织物组织。

② 不脱圈集圈编织方法：在编织过程中，挺针三角处于正常工作位置，一个弯纱三角调于不能脱圈的较高位置。在编织过程中，织针沿起针三角上升，进行退圈，然后开始下降，并勾取新纱线完成垫纱，但当织针下降到完成闭口、套圈后就不再下降，使旧线圈仍然处在针头上而不脱下，新垫的纱线几乎没有弯纱，而是呈弧线状态处在针钩内。在下一个成圈循环开始后，织针又上升，这时针钩外的旧线圈和针钩内的弧线就一起退到针杆上，当织针上升到最高点完成退圈、垫纱后，再次下降进行弯纱成圈时，针杆上的旧线圈和弧线就一起脱到这个新线圈上，使这个新线圈上除了套有一个封闭的线圈外，还套有一个未封闭的悬弧，形成集圈，这种组织称为畦编组织。在 1 ×1 罗纹的基础上，在一个针床上隔行形成集圈的组织称为半畦编组织，在两个针床上交替集圈编织形成的组织称为全畦编组织。

二、胖花类集圈织物的编织

1. 胖花类集圈组织织物特点

胖花类集圈织物是在横机上采用不退圈的方法编织而成，在单针床上编织的单面胖花类集圈织物俗称平针胖花，其花型变化较多，是应用较为广泛的花色组织之一。在满针罗纹、1 × 1 罗纹的基础上进行单面集圈的称为双面胖花组织。此类组织线圈凸起，形成具有凹凸花纹效应的针织物组织，织物结构厚实，保暖性良好。

2. 胖花类集圈织物编织方法

(1) 单面胖花类集圈织物编织方法

① 在横机的前针床上进行集圈编织，根据花型要求，针床上高、低踵针组合排列，排针方式为3、5、7 等奇数针排高踵针，偶数针排成低踵针，两边为高踵针。

② 前针床起针三角进入工作，后针床起针三角退出工作，将后针床的织针全部拨下至停针区。

③ 织物非集圈部位的编织方法同纬平针织物，编织集圈部位时，挺针三角开在半工作位置，使高踵针编织线圈，而低踵针则编织集圈。

④ 根据意匠图要求编织集圈的情况，变换高、低踵针的排列方式，配合变化挺针三角的工作状态，就可以编织出其他花型的胖花类集圈组织。在编织这种织物时，为了防止编织集圈时出现边针掉针的现象，通常将边针排成高踵针（织物边缘的数针编织平针组织）。

（2）双面胖花类集圈织物编织方法：

① 在横机的前针床上进行集圈编织，根据花型要求，前针床上高、低踵针组合排列，编织该织物时，排针方式为1、3、5 等奇数针排高踵针，2、4、6 等偶数针排低踵针。

② 前、后针床起针三角进入工作。后床高低针踵织针全部参加脱圈编织。

③ 织物非集圈部位的编织方法同罗纹织物的编织，编织集圈部位时，前针床的挺针三角开在半工作位置，使高踵针编织线圈，而低踵针则编织集圈。后床高低针踵织针全部参加脱圈编织。

④ 根据意匠图要求编织集圈的情况，改变挺针三角的位置就可以编织出该织物。变换高、低踵针的排列方式，再配合变化顶针三角的工作状态，就可以编织出其他花型的胖花类集圈组织。在编织这种织物时，为了防止编织集圈时出现边针掉针的现象，通常将边针排成高踵针。

三、畦编类集圈织物的编织

1. 畦编类集圈织物的特点

畦编类集圈织物也叫鱼鳞织物。在横机上，畦编类集圈织物是在 1×1 罗纹组织或满针罗纹组织（四平）的基础上，采用不脱圈法编织的。根据集圈的情况不同，可分为全畦编织物和半畦编织物两种。

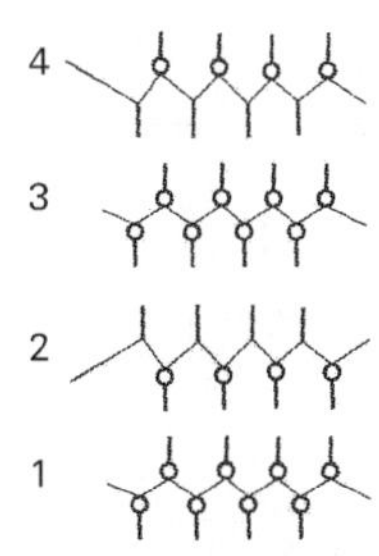

图 2-3-3 畦编组织织物编织图与效果图

畦编织物蓬松柔软，厚实保暖，织物的两面具有相同的外观，在毛衫衣片、领子等部位常用，也是围巾等产品常用的组织（图 2-3-3）。

2. 全畦编织物的编织方法

全畦编织物一般简称为畦编织物，在 1×1 罗纹组织基础上进行集圈编织。编织方法为：

针床上按1×1罗纹的排针方式进行排针，前后针床织针交替集圈、成圈编织（图2-3-4）。

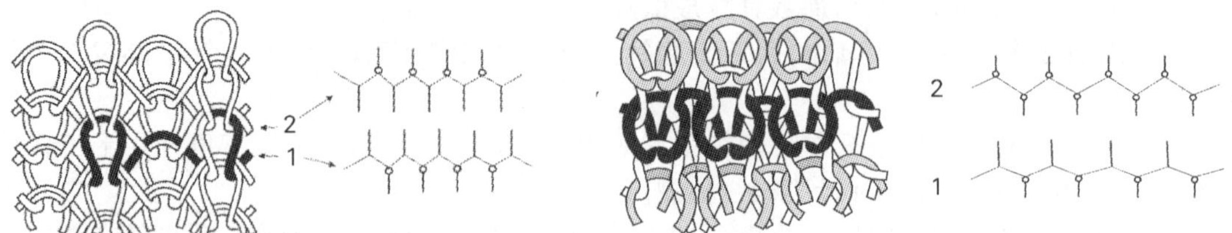

图2-3-4　全畦编织物线圈图与编织图

图2-3-5　半畦编组织的线圈图和编织图

3. 半畦编织物的编织方法

半畦编织物也叫单鱼鳞织物。其编织方法是在一个针床上隔行进行集圈、成圈交替编织，另一个针床上每行始终成圈编织所形成的织物（图2-3-5）。操作方法如下：

（1）排针：前后针床一种针，隔针排列，针槽相对。为了防止脱针，要求编织集圈针床的最后一针的排针应比对面针床少排一针。

（2）编织：打开全部起针三角，将任意一个针床上的一个弯纱三角调到不脱圈的位置，即集圈位置。编织时一个针床成圈编织，另一个针床隔行集圈编织。如此循环编织40次。

6. 编织效果图

半畦遍组织织物的编织效果图如图2-3-6所示，织物外观丰满，类似鱼鳞状的效果。

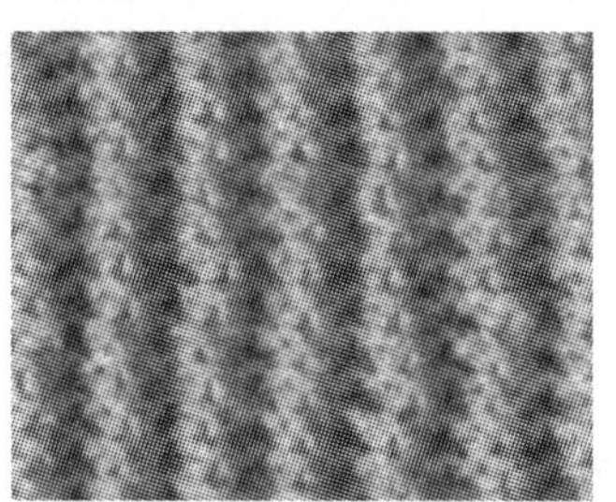

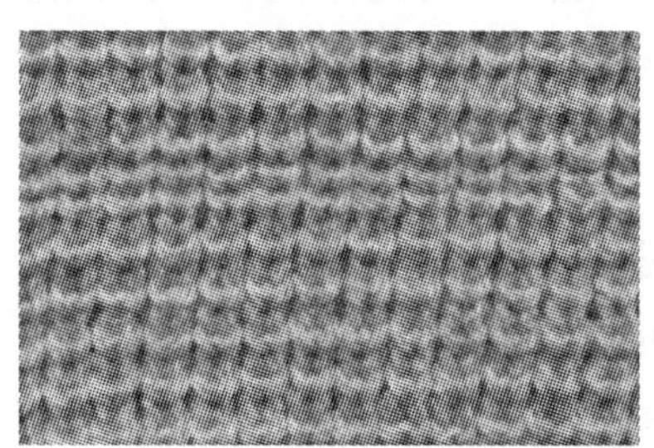

图2-3-6　半畦编组织编织效果图

任务实施

一、教学设备与材料

7G手摇二级花式横机、41.7tex×2（24Nm/2）毛型纱线。

二、实施步骤

1. 单面胖花组织（单针单列1次集圈、单针单列2次集圈）的编织

（1）排针：前针床高低针踵织针满针一隔一排列。为了防止掉针，两边各排三枚高锺织针。后床织针拨下，关闭2、3起针三角，打开1、4起针三角。

（2）单边纱起口：挂上废纱纱嘴，前床弯纱三角调在下位，提起前床起针三角一档（控制高踵针编织）。起针板穿上钢丝，穿上槽口2cm左右，纱嘴在起针板后方，拉动机头编织第一横列。放下起针板，挂上重锤。编织5转。

(3)起口:换上正式纱,放下起针三角,满针编织2转。

(4)编织:将鸡心三角拉上一档(控制高针踵成圈、低针踵集圈)编织半转,放下鸡心三角(控制高、低三角均成圈)编织半转,如此循环编织40次。控制高踵针集圈2次(鸡心三角拉上一档编织1转),放下鸡心三角编织半转,循环40次。

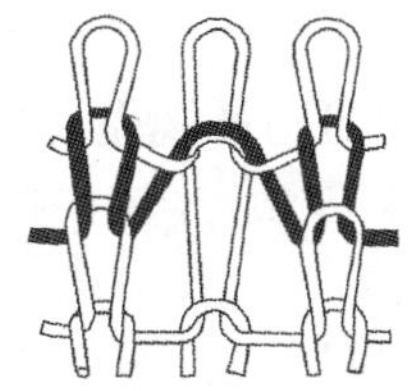
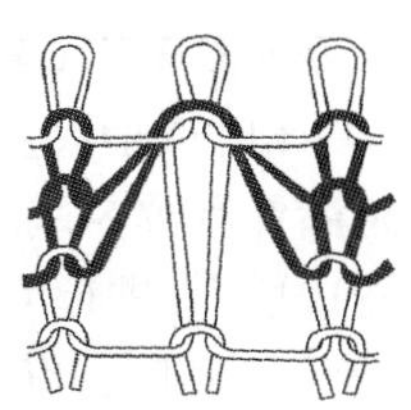

图2-3-7 单次、二次集圈线圈图

(5)下机:放下鸡心三角,换上废纱编织5转,卸下纱嘴,摇1转布片下机。

2. 双面胖花组织(双面单针单列集圈)织物的编织(图2-3-8)

(1)排针:前、后针床高、低针踵织针一隔一排列,两边各排一枚高锺织针。打开四个起针三角。

(2)单边纱起口:挂上废纱,起针板穿上钢丝,穿上槽口2cm左右,纱嘴在起针板后方,关闭2、3起针三角,前床弯纱三角调在下位、高针踵织针工作。拉动机头编织第一横列。放下起针板,挂上重锤。编织5转。

(3)起底:换上正式纱,打开四个起针三角,四个弯纱三角调到罗纹位。编织半转。

(4)元空:关闭2、4起针三角,编织1转半。

(5)编织:打开所有起针三角,编织半转。将前床的鸡心三角拉上一档(控制高踵针成圈、低踵针集圈)编织半转,放下鸡心三角(控制高、低踵织针均成圈)编织半转,如此循环编织40次。后床高低针踵织针全部参加脱圈编织。

(6)下机:放下鸡心三角,换上废纱编织5转,卸下纱嘴,摇1转布片下机。

拓展:上述两种织物按1×1罗纹的排针方式进行排针编织,试分析、比较两种编织方法所得织物的异同。

图2-3-8 胖花织物效果图

3. 畦编组织织物的编织

(1)排针:前后针床一种针,隔针排列,针槽相对。为了防止脱针,要求编织集圈针床的最后一针的排针应比对面针床少排一针。

(2)纱起口:采用单边起口,挂上废纱,起针板穿上钢丝,穿上槽口2cm左右,纱嘴在起针板后方,关闭2、3起针三角,前床弯纱三角调在下位。拉动机头编织第一横列。放下起针板,挂上重锤。编织5转。

(3)起底:换上正式纱,将四个弯纱三角调到罗纹位,打开起针三角,编织半转。

(4)元空:关闭2、4起针三角,元空1转半。

(5)编织:将对角的两个弯纱三角1、3或2、4上调至不脱圈的位置(调到最高点),其他三角都在正常工作位置,这样机头每一行程都会有一个针床的织针编织成圈,而另一个针床的织针集圈(图2-3-4编织图)。如此循环编织40次。

(6)下机:放下弯纱三角,换上废纱编织5转,卸下纱嘴,摇1转布片下机。

4. 对各试样的织物进行性能特征、外观风格效果分析

使用1×1罗纹为基础,设计并编织一条围巾,分析排针规律与编织的关系,分析出现的问题与解决的方法。

5. 企业俗称对照编织

(1)珠地:也称单吊目。外观表现为明显的纵凸条,每条上有一粒粒的珠状效果。编织采用满针罗纹为基础,半转集圈、半转平摇,密度调整:反面左边密,正面左边、反面右边松,正面右边适中,进行编织而成。

(2)柳条:也称双吊目。在1×1罗纹基础上,反面左边、正面右边密度密,反面右边、正面左边密度松进行编织而成。外观效果纵向凸条明显、没有珠状效果。

(3)打鸡:四平针为基础,1转元空半转平,字码(密度)适中。

(4)谷波:又称鼓包。四平针为基础,关闭反面起针三角数转,再平织即成。

任务4 移圈类花样设计与编织

学习目标

1. 了解单面移圈组织的特性与编织方法,学会单面织物单针及多针移圈编织的方法。
2. 了解绞花类移圈组织物的特性与编织方法,学会1绞1、2绞2、3绞3效果的绞花花样的编织操作。
3. 了解针床横移整体移圈的编织方法,学会双面波纹、变化波纹组织织物的编织操作。

任务描述

引入移圈组织的概念,了解移圈类组织织物的特性、外观特征和在毛衫中的应用,掌握移圈类组织织物的编织方法。在单面、双面组织的基础上进行移圈设计与编织,并进行移圈类组织织物的主要特征和性能分析。

知识准备

移圈组织是在纬编针织基本组织的基础上,按照花纹的要求,将某些线圈进行向左或向右移动一个或数个针距而形成孔眼、交叉、倾斜线圈的外观效果。采用不同的基本组织和不同的移圈方法,可以形成不同的移圈组织结构。图2-4-1是不同移圈类组织的花型效果图。

毛衫中常用的移圈组织(也称搬针)主要有单向移圈(俗称为挑花、挑孔、镂空等)、交叉移圈(称为绞花、麻花、扭绳等)和整体移圈(波纹)三大类。移圈操作的方法是使用移圈具或移动针床按设计方案的需要移动一个或多个线圈。移圈的方式可分为单针、多针、交叉移圈和整体移圈(图2-4-2)。

  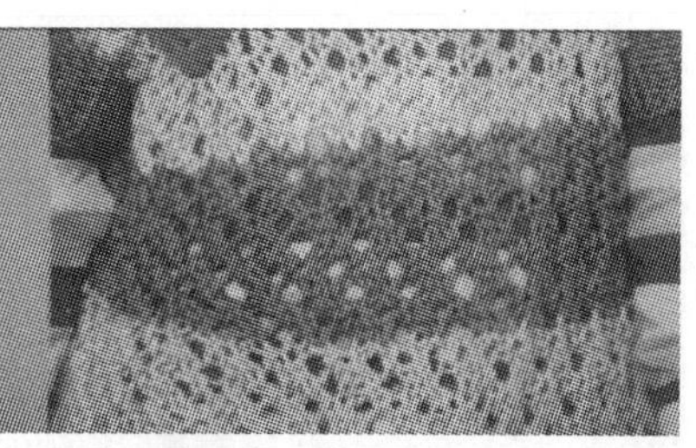

图 2-4-1　移圈类组织编织效果图

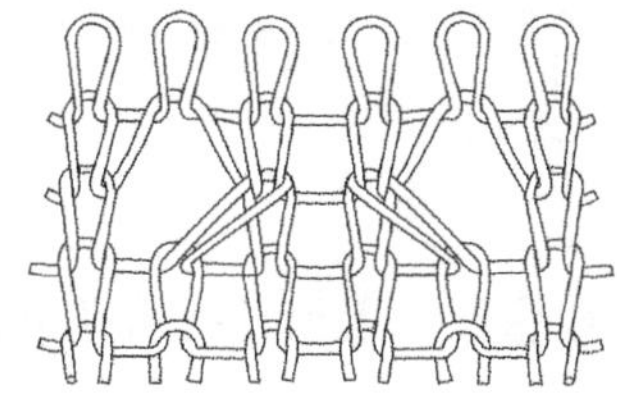 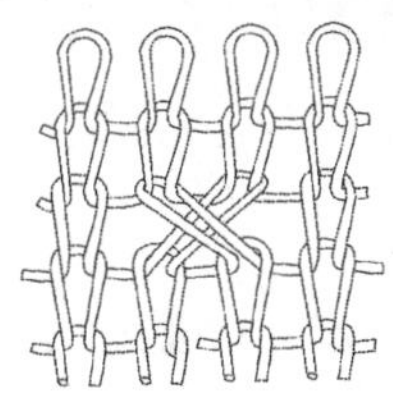 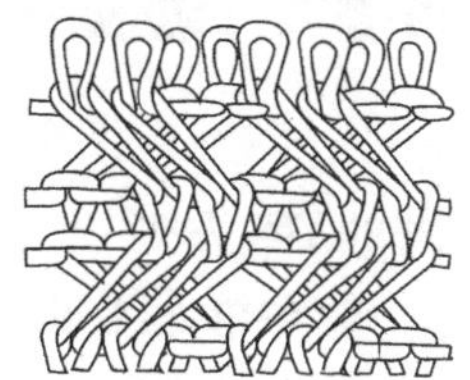

图 2-4-2　单向、交叉和整体移圈的线圈示意图

一、单向移圈花样的特点和编织方法

1. 单向移圈花样的特点

单向移圈也称挑孔，又称挑花、镂空花样。它是在纬编针织基本组织的基础上，根据花纹的要求，在不同的针位、向不同方向进行单个或多个线圈移位。当一个线圈被转移到其相邻线圈上之后，则在原来的位置上出现一个孔眼，适当设计孔眼的排列位置，就可以在织物表面形成由孔眼、移圈后的纹理变化构成的各种花样，如图 2-4-3 所示。

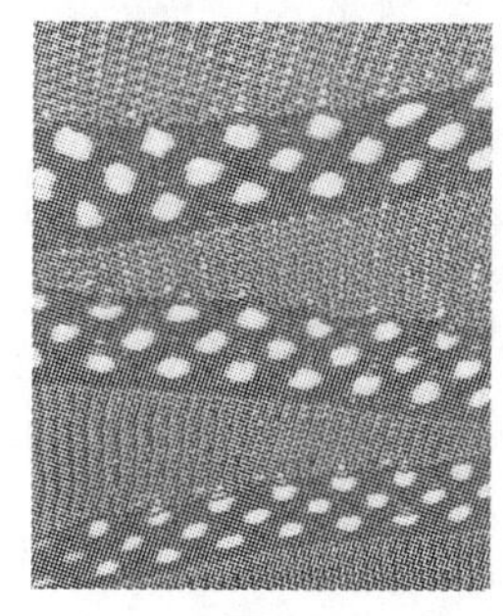 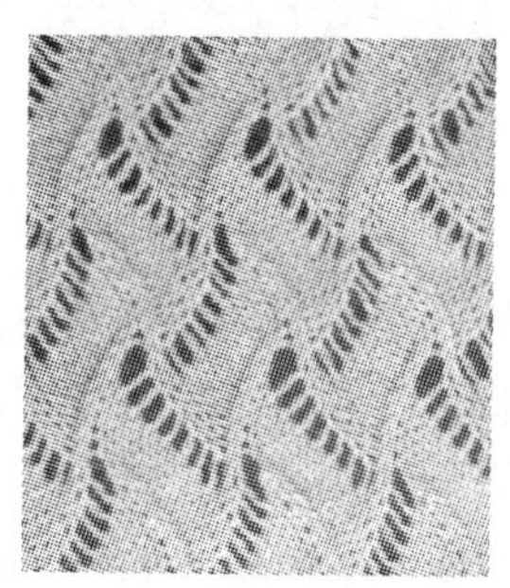 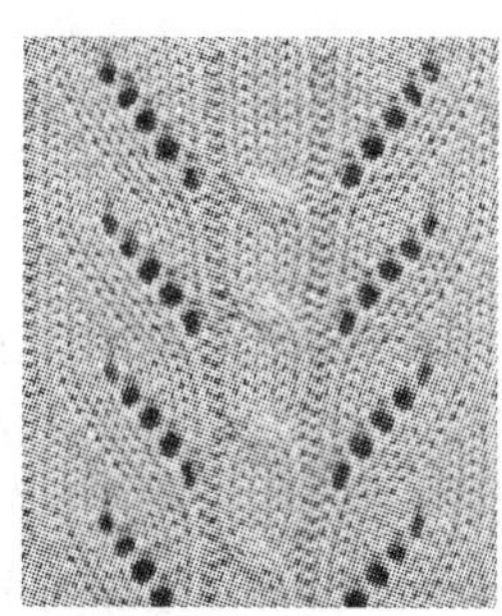 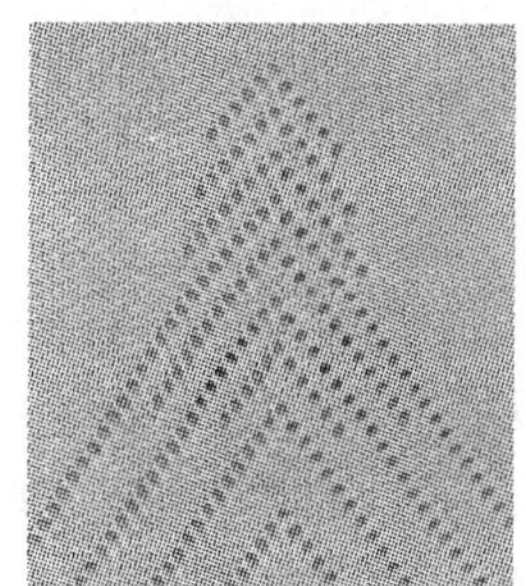

图 2-4-3　挑花类组织编织效果图

根据基本组织不同分为单面和双面挑孔。单面挑孔花样织物一般是在纬平针的基础上形成。在编织该织物时与编织纬平针组织相同，在编织过程中，只要按意匠图的设计要求，用手工的方法进行移圈便可以完成编织。双面挑孔花样一般在 1×1 罗纹或四平组织基础上进行，手工编织时根据需要可以在前后针床进行挑花。图 2-4-4 为单针挑孔的各种花型效果图。

  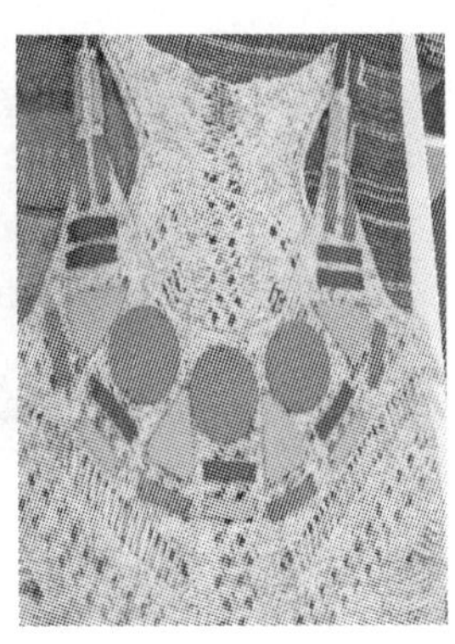 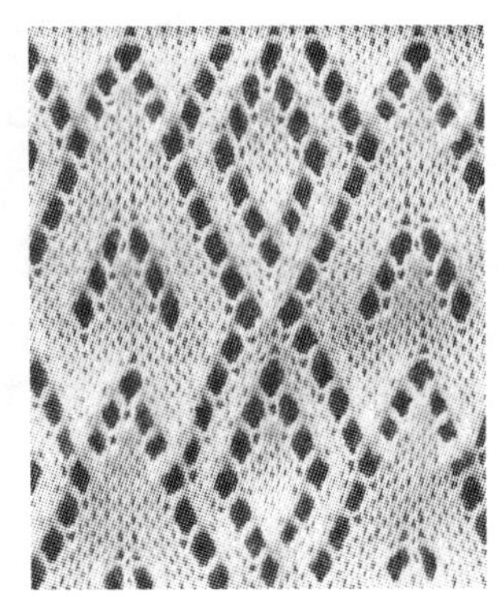

图 2-4-4　挑花类移圈组织在毛衫中的应用

2. 单向移圈花样的编织方法

挑孔花样一般在单面纬平针组织基础上进行，编织前在意匠图上设计挑孔移圈的花样，编织时根据意匠图的设计进行逐个移圈。

(1)单针移圈的编织方法：

如下图所示的为单针移圈挑花花样，单针挑花可以用单针移圈板进行操作，方法简单，操作方便，由挑出的孔洞可以形成变化多样的花型，其编织方法如下(图 2-4-5)：

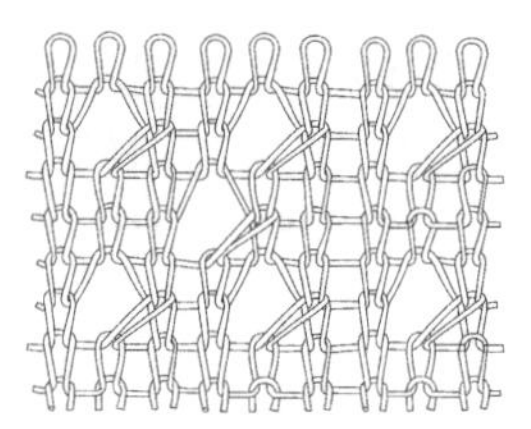 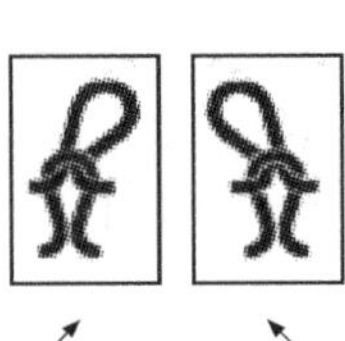 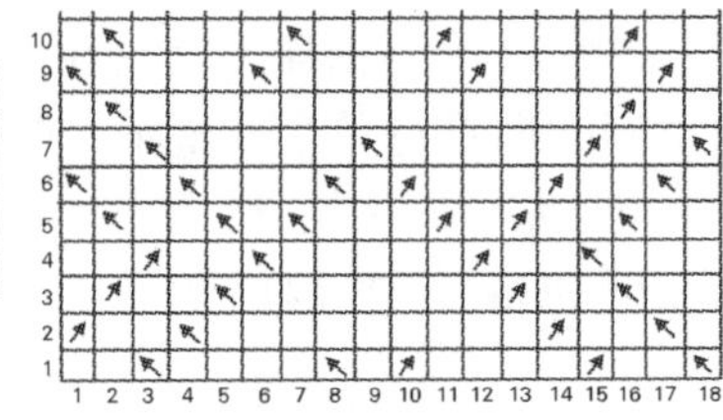

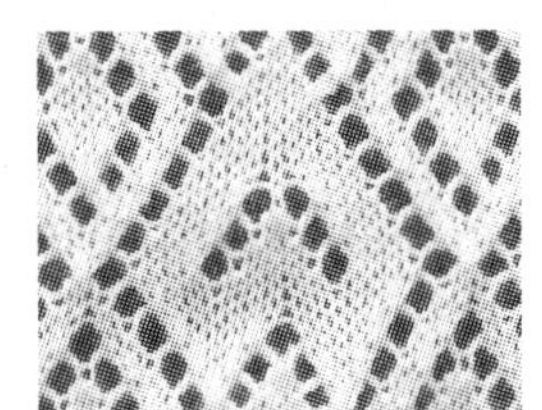

图 2-4-5　单针挑孔的线圈图、意匠图、成品图

① 准备意匠纸。

② 在意匠纸上设计、绘制花样最小循环的图形，意匠图中空白格表示编织正针，↗或↖表示移圈的位置和方向。在左下角为原点，水平方向、纵向每格按序分别向右和向上进行编号，表示为对应的针数和横列数，便于与横机上的针数一一对应。

③ 编织：在单面纬平针组织基础上，使用单针移圈板对应进行挑孔操作。

编织如线圈图所示组织的织物，图中表示挑孔的位置：分别位于第一横列的第 2、4、6、8 针，第三横列的第 5 针，第四横列的第 4 针、第 6 针，第五横列的第 3 针、第 7 针。

使用单针移圈具，将需要移动的线圈退出织针转依次移到右(左)侧的织针上。如：第一横列的第 2、4、6、8 针，依次向右移圈，第三横列的第 5 针向右移圈，第四横列的第 4 针向左移圈、第 6 针向右移圈，第五横列的第 3 针向左移圈、第 7 针向左移圈。练习时可以按花型编织循环织 N 次。

(2)渐变多针移圈花样的编织方法如图所示的挑孔花样，为单、多针渐变移圈组织花样，编织方法如下：

① 准备意匠纸。

② 在意匠纸上设计、绘制花样最小循环的图形，如图 2-4-6 左图所示，意匠图中空白格

表示编织正针，↗或↖表示移圈的位置和方向，在左下角为原点。图中表示多针变化的移圈花样，从下面第二横列开始，为6针同时移圈；隔一个横列后进行5针、4针、3针、2针、1针的移圈，分别使用6针、5针、4针、3针、2针和单针移圈板进行移圈。

③ 编织：在单面纬平针组织基础上，使用单针及多针移圈板进行操作。第一横列编织；第二横列在↗或↖符号表示的位置和方向将6针上的线圈进行向右和向左移圈；第三横列编织；第四横列在↗或↖符号表示的位置和方向将5针上的线圈进行向右和向左移圈；第五横列编织；第六横列在↗或↖符号表示的位置和方向将4针上的线圈进行向右和向左移圈；直至第十二横列；至此为一个循环的编织，正中相隔隔针。编织效果如右图所示。据此可以进行多种变化，比如固定针数的多针移圈，变化方向、正反针结合等方式。练习时可以按花型编织循环织N次。

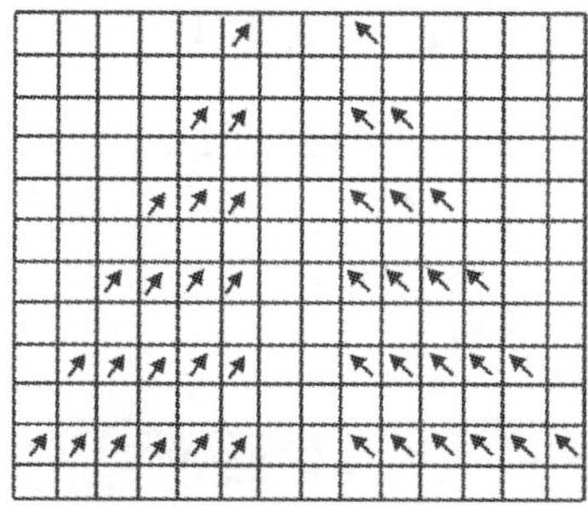

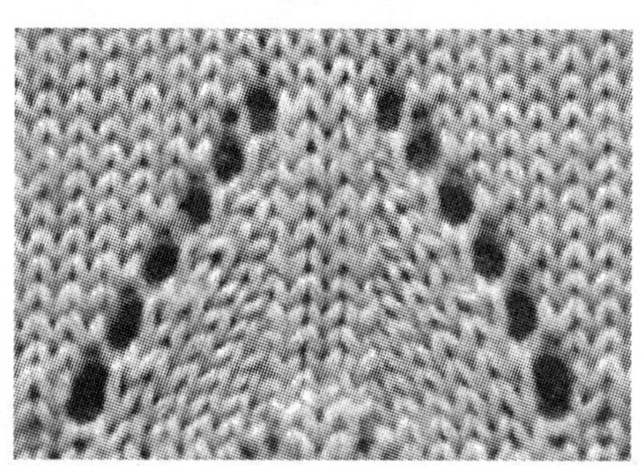

图2-4-6 多针挑花花样

二、交叉移圈类花样

1. 交叉移圈类花样结构特征

绞花类移圈组织的织物也称扭花、扭绳、麻花织物等，是移圈织物的一种。它是根据花型设计的要求，将两枚或多枚相邻织针上的线圈相互交换，使这些线圈的圈柱彼此交叉起来，形成具有扭曲图案花型的一种织物。绞花分为：1绞1、2绞2、3绞3……，6绞6（或称6支扭6支）等。也可以1绞2、2绞3等相绞的针数变化。

绞花织物种类很多，既可以为单向绞花，也可以纵向相邻的两个相绞方向相反的绞花，如图2-4-7左图所示；可以是单个单向绞花在纵向以一定间隔形成一股绳的效果称为纽绳，也可以在横向多个绞花以相同或不同的方向进行相绞形成不同效果的花样。只要改变同时移圈的针数、相绞移圈的方向，经过不同的组合就可以形成各种不同花纹图案的绞花织物。

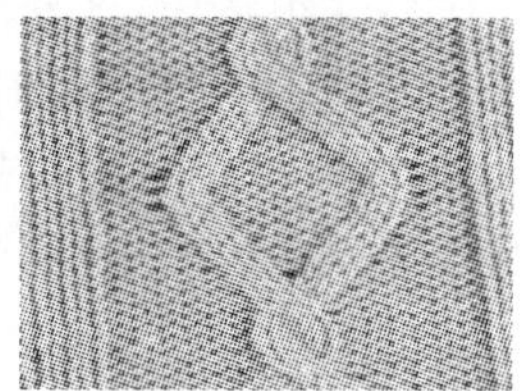

图2-4-7 不同花纹图案的绞花组织

绞花是在单面组织的基础上进行的，绞花的两侧可以搭配其他类型的花样或组织如：单面、1×1罗纹、2×2罗纹等。绞花两侧一般要放1～2针反针（底针），可以衬托出绞花的主体感，也方便手摇横机的操作。在普通横机上用手工移圈，在具有自动移圈功能的电脑横机上则机器自动完成。

2. 2×2 绞花的操作

绞花在横机的单针床上进行,操作方法如下:

(1)准备:按照编织意匠图的设计要求,可以在前后针床上任意一个针床上进行编织。如在前床编织即将前针床的织针满针排列,起口、罗纹编织、翻针至前床,编织纬平针。

(2)绞花编织:如图 2-4-8(1)所示编织 2×2 绞花。绞花时使用 2 针移圈板,左右手各拿一只,分别将需要相绞的 2 针线圈如同收针方法先转移到移圈板上,再将右手上的线圈套入左边 2 针空针上;然后将左手上的线圈套入右边两针上,完成相绞。

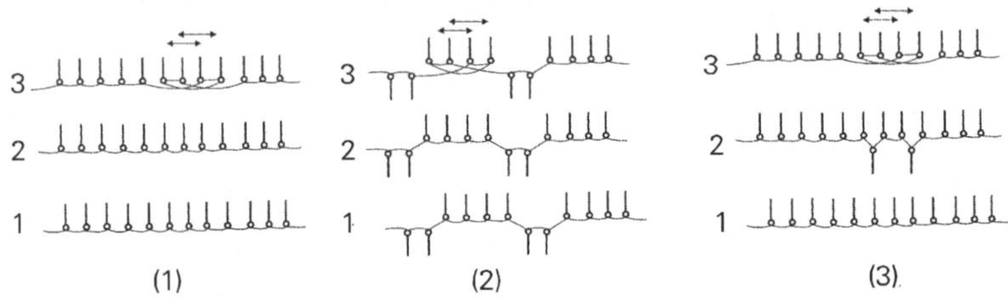

图 2-4-8 单面绞花不同编织方式示意图

图 2-4-9 绞花组织在服装中的应用

在多针绞花时(如 3×3 以上),发觉相绞的线圈拉伸困难,可在扭花位相应的后针床放几枚针以拉长线圈。在需要绞花的前一个横列,将前针床需要绞花的织针所对应的后针床的织针推入编织区(一般为单针、2 针隔针等方式),编织绞花横列时使其参加编织勾住纱线,然后将其放开再进行相绞,容易实现绞花,图 2-4-8(3)所示。

(3)编织技巧:将绞花位左右两边放 2 针反针(底针),即前针床织针空出,放在后床编织,绞花位置相应明了,也可防止绞错位置,图 2-4-8(2)所示。

绞花组织在服装中应用见图 2-4-9。

3. 绞花花样的编织技巧

如图 2-4-10 所示,是一种相邻反绞的绞花花样。绞花为 2×2 相绞,形成左右相反的纹路。其他还有阿兰花等正反线圈绞花的花样。

如图 2-4-11 所示进行 4×4 绞花时,线圈相绞会很困难,解决的方法是采用在后床隔针编织一个横列,以加长相绞线圈的长度,即在后床上采用钩纱的方法。编织操作如下:

(1)扭位上为 8 枚织针,左边 4 枚为正绞,右边 4 枚为反绞。

(2)操作时如图所示,先绞左边,再绞右边。

（3）绞花时由于是多针相绞，绞转比较困难，因此在相绞的前一个横列应在后床作钩纱处理。相绞时将后床针卸掉，挑纱时将纱线抖松再相绞。

（4）相绞后的编织行操作，移动机头要慢，防止断纱。也可以将前一个弯纱三角提高，减少阻力，机头回转时再放下。

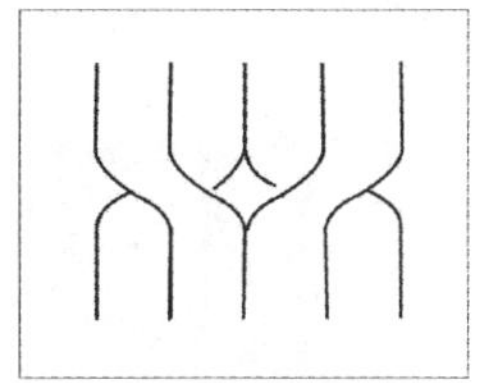

图 2-4-10　双向绞花织物编织图

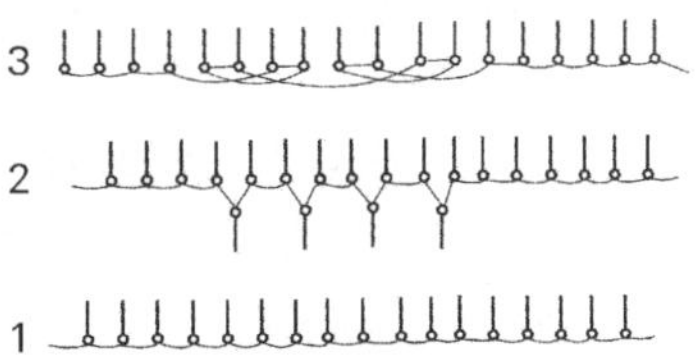

图 2-4-11　绞花编织技巧示意图

三、波纹织物的特点与编织

波纹组织也称扳花组织，是由倾斜线圈组成的纵向波纹状花纹的双面纬编组织，倾斜线圈是在横机上按照波纹花型的要求进行移动针床编织形成的。移动针床也叫扳针，半转移动一个针距，叫半转一扳，半转移动两个针距，叫半转两扳，1 转移动一个针距叫 1 转一扳等。根据所采用的基础组织的不同，波纹组织有很多种类型。

1. 满针（四平）波纹织物的特点与编织

（1）织物特点：以满针罗纹（四平）组织为基础，配合针床移动，可以织出满针罗纹波纹组织（也称为四平波纹织物，又称四平扳花织物）。

（2）满针（四平）波纹组织织物的编织

① 排针：前、后针床织针满针排列，针床相错，三角调整到上位。

② 编织：编织过程中，每编织一个横列（即半转）将后针床向左移一个针距（即半转一扳），连续移动三次后，再向相反方向移动三次，完成该织物一个循环的编织，重复上述过程。

③ 编织效果如图 2-4-12 所示。

织物正面外观显现纵向的波纹状效果。抽针罗纹比满针罗纹纹理较为清晰。

图 2-4-12　满针罗纹波纹效果图

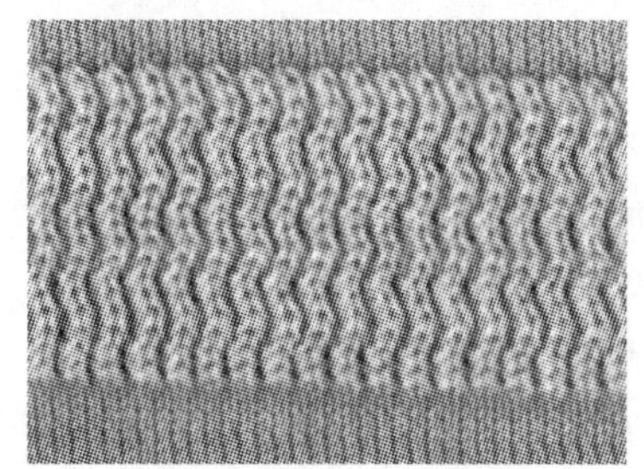

图 2-4-13　1 隔 1 抽针波纹效果图

2. 抽针波纹织物的特点与编织

编织罗纹抽条波纹时，反面线圈所对应的针床上织针满针排列，正面线圈所对应的针床按工艺要求抽针，再按工艺要求进行针床的移动，就可以编织出具有多种凹凸波纹效应的织物。如图 2-4-13 所示为 1 隔 1 抽针的编织效果。

以后针床平针组织为基础,前针床局部抽针编织,配合针床移动,可以织出反针为大身组织的正针波纹组织,也称平扳花织物。

织物正面呈现单针或多针波纹,其他为反针线圈,织物单薄,局部纹理变化。

(1)变化抽针波纹组织织物的编织:

① 排针:7 针横机,开针 70 针。后针床织针满针排列,在前针床针适当的位置排 1 针、2 针、3 针,针床相错。

② 编织:每编织一个横列(即半转)将后针床向左移一个针距(即半转一扳),连续移动三次后,再向相反方向移动三次,完成该织物一个循环的编织。以后重复上述过程即可。

③ 编织效果如图 2-4-14 所示。

图 2-4-14 抽针波纹织物效果图

(2)其他抽针波纹组织的编织方法:

为了形成一定的花色效应,可编织性强,一般很少在完全罗纹组织的基础上编织波纹组织,而是采用抽针的不完全罗纹组织为基础。常用的是以 1×1 罗纹、2×2 罗纹及其他抽条波纹组织为基础的波纹。

如 1 隔 1 抽针波纹组织的操作方法为:

① 后针床织针满针排列,前针床织针织针采用 1 隔 1 抽针的方式排列,即每隔 1 针拨上 1 枚针。机头三角全开,密度上位。

② 编织过程中,每编织一个横列(即半转)将后针床向左移一个针距(即半转一扳),连续移动 3 次后,再向相反方向移动 3 次,完成该织物一个循环的编织。重复编织上述过程。

如果改变前针床织针的排列方式(如 2 隔 2 抽针)、针床移位的针数和次数等,还可以编织出许多不同花色效应的波纹组织。如图 2-4-15 所示,为 1×1 与 2×2 罗纹线圈效果图。

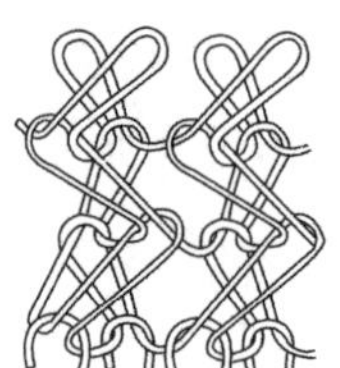

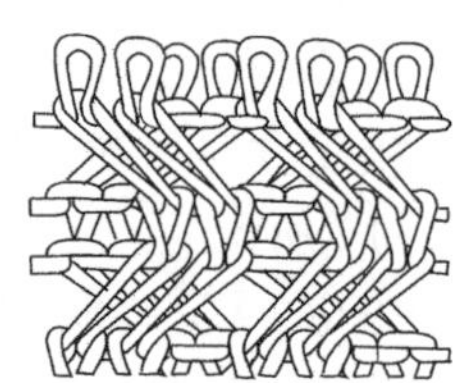

图 2-4-15 1×1 与 2×2 罗纹波纹线圈效果图

3. 畦编波纹组织及编织

畦编波纹组织可分为半畦编波纹组织和畦编波纹组织。

(1)半畦编波纹组织:

① 半畦编波纹组织的编织原理:

半畦编波纹组织是在半畦编组织的基础上移动针床编织而成的波纹织物。编织时,三角的工作情况与编织半畦编组织时相同,改变针床移动的时间、移动的针距数和移动的方向等,就可以编织出很多种不同的半畦编波纹组织。

编织半畦编波纹组织时,针床移位方式有多种,其中以 1 转一扳的方式移动最为普遍。移动针床可以是编织成圈一侧的针床,也可以是编织集圈一侧的针床。

移动成圈一侧的针床是指固定的针床安排编织集圈,编织完集圈横列后,移动成圈一侧的针床,编织完罗纹横列后,针床则不再横移。用这种方法 1 转一扳所编织的半畦编波纹织物,波纹效应出现在呈现畦编效应的一面，在织物的正面，直立线圈和倾斜线圈相间配置，波纹效果明显。织物蓬松、厚实，而且移动针床轻快有力。

移动集圈侧针床是把可移动针床(一般为后针床)安排为集圈，编织完两个针床都成圈的罗纹横列后，移动下一横列即将集圈的针床。采用这种方法编织的半畦编波纹织物，波纹效应出现在拉长线圈的一侧，波纹倾斜折回为尖点，下机后织物回缩，倾斜线圈变小，波纹效应不明显。一般采用前一种方法编织半畦编波纹织物的较多。

(2)半畦编波纹组织的编织：

① 排针：前后针床一种针，满针排列，针槽相错。为了防止脱针，编织集圈针床的最后一针的排针应比对面针床少排一针。

② 纱起口：采用单边起口方法进行单边起口。

③ 起底、元空：换上正式纱，编织半转、元空 1 转半。

④ 编织：前、后四个起针三角全部调到正常的工作位置，将四个弯纱三角中的 4 号三角调到不脱圈的位置，即集圈位置，这样机头在向右编织时前床集圈。编织时，机头运动 1 转，板移后床一个针距，称为 1 转一扳，所编织的织物称为半畦编波纹织物。波纹效应出现在前针床一面，即在织物的正面，直立线圈和倾斜线圈相间配置，波纹效果明显。针床左右方向各扳三次，即每转扳一个针距，如此循环编织 8 次。

4. 畦编波纹组织

(1)畦编波纹组织编织原理：

畦编波纹组织是以畦编织物为基础而成的波纹组织，也称双鱼鳞扳花织物。编织时，织针的排列方式和三角的工作状态与编织畦编组织时相同。如果在某针床成圈后移动该针床，则该针床编织的线圈呈倾斜状态；如果某针床集圈后移动该针床，则另一个不移动的针床编织的线圈呈倾斜状态。

四平抽条波纹组织、半畦编波纹组织、畦编波纹组织等织物常用于毛衫时装外衣。

(2)畦编波纹组织编织方法：

编织方法与半畦编波纹组织的编织相似，机头对角的两个弯纱三角 1、3 或 2、4 上调至不脱圈的位置，其他三角都在正常工作位置，这样机头每一行程都会有一个针床的织针编织成圈，而另一个针床的织针集圈。编织时，板移后床，半转一扳，所编织的畦编波纹织物。针床左右方向各扳三次，即每转扳一个针距，如此循环编织即可。

任务实施

一、教学设备

7G 手摇横机、41.7tex ×2(24*N*m/2)毛型纱线、面料样品等。

二、实施步骤

1. 任务说明

按以下步骤编织一块移圈类组织织物，编织顺序为：

编织顺序	编织内容	编 织 说 明
1	开针	开针 100 针
2	废纱起口	单边废纱起口

（续表）

编织顺序	编织内容	编 织 说 明
3	边口	圆筒下摆 10 转
4	纬平针组织	纬平针组织 5 转
5	编织多针挑孔花样	编织 6 针移圈，向左 1 转挑 1 针共 5 次，再反向挑回原针位，花型两侧为两针反正，左边开始第 9 针做第一个花型，横向平均分布共 4 个，纵向循环 2 次
6	纬平针组织	5 转
7	绞花花样	在横向适当的位置做 1×1、2×2、3×3 绞花花样，3×3 绞花两侧布置反针 2 针，隔 5 转绞一次，共循环 4 次
8	纬平针组织	5 转
9	反针编织	翻针至后床纬平针组织 5 转
10	板花花样	在前床左起第 21、41、61 针位开始分别拨上 1 针、2 针、3 针，先平摇 3 转，再做 3 针位的半转一扳花样循环 5 次，平摇 3 转
11	波纹花样	前床拨上满针，平摇 5 转，半转一扳循环 5 次，1 转一扳循环 5 次，平摇 5 转。
12	废纱封口	废纱封口 5 转

2. 编织操作

（1）开针 100 针：在横机中部前针床拨上 100 针。

（2）废纱单边起口：用 1×1 选针板，向下拨针，留下 1 隔 1 排针。单边起口 5 转。

（3）编织圆筒边口：将前床补满针，后床推上 100 针，织针相错。编织圆筒 10 转。

（4）编织纬平针：将后床织针线圈翻针至前，平摇 5 转。

（5）编织多针挑孔花样：

① 设计意匠图：按任务要求设计意匠图，如图 2-4-16 所示。

图中“∧”：表示后床编织（反针），空格：表示前床编织（正针），“↗”向右移圈 1 个针距，“↖”：表示向左移圈 1 个针距。

② 编织：按图 2-4-16 所示意匠图的编织要求，将针床摇成相对，把左起第 9、10、22、23、32、33、44、45、55、56、68、69、78、79、91、92 针上的线圈挑到后床，使用 6 针移圈板，将 16～21、38～43、62～67、85～90 针上的线圈向左平移一针，平摇 1 转，5～20、37～42、61～66、84～89 针上线圈向左平移一针，平摇 1 转……如此重复共 5 次，再反向从第 11、34、57、80 针位开始向右平移 6 个线圈，重复 5 次，回到原位。至此编织了一个循环，按此循环 4 次。

（6）编织纬平针：将后床织针上的线圈翻针至前，平摇 5 转。

（7）编织绞花花样：在横向适当的位置做 1×1、2×2、3×3 绞花花样，3×3 绞花两侧布置反针 2 针，隔 5 转绞一次，共循环 4 次。3×3 绞花可以采用放松线圈法进行编织。

（8）编织纬平针：将后床织针翻针至前，平摇 5 转。

（9）编织反针：将前床织针线圈翻针至后，平摇 5 转。

（10）编织扳花花样：在前床左起第 21、41、61 针位开始分别拨上 1 针、2 针、3 针，先平摇 3 转，再做 3 针位的半转一扳花样循环 5 次，平摇 3 转。

（11）编织波纹花样：前床拨上满针，平摇 5 转，半转一扳（织一个横列，针床向一个方向移一个针距,针床向一个方向移到头后返回向反向移动,如此循环)循环5次,1转一扳(织一个横列,针床向一个方向移一个针距)循环5次,平摇5转。

(12)废纱封口:换上废纱纱嘴,平摇5转。下机。

将以上各项编织所得的织物,分段进行性能特征和外观风格效果分析。

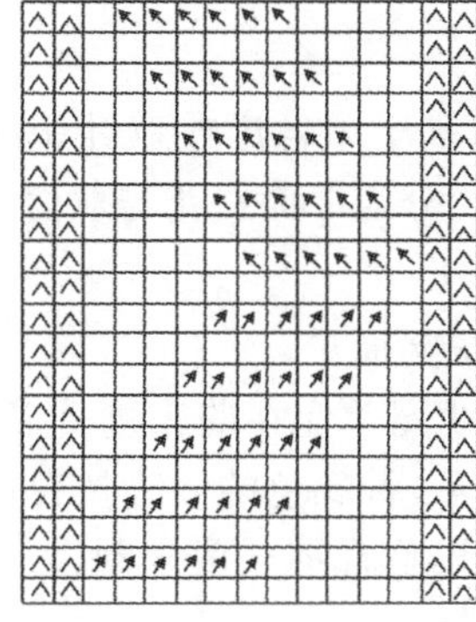

图2-4-16 多针移圈意匠图

图2-4-17 移圈花样试样

某移圈试样如图2-4-17所示:下摆为1×1罗纹;第一段为变针相向移圈形成山形挑孔花样;第二段为V形单针挑孔花样,第三段为满挑挑孔花样,第四段为树叶花样,第五段为3绞3花样。

3. 移圈类花样设计

运用上述移圈类组织的特点,试设计一块下摆板花、大身采用挑花与绞花相结合的花样,使织物具有良好的、协调的外观风格,编写编织过程并编织成A4纸大小的试样,用卡纸装订。

任务5 提花、嵌花及复合组织的编织

学习目标

1. 了解提花组织的结构与织物的特性,能进行提花花样的设计与编织。
2. 了解嵌花组织的结构与织物的特性,能进行嵌花花样的设计与编织。
3. 了解复合组织织物的特性与编织方法,能进行直条、局部、波浪形翻针鼓包花样织物的编织操作。
4. 了解局部编织的编织方法,能进行横条和局部鼓包花样织物的编织操作。

任务描述

了解提花类组织、复合组织织物的特性、外观特征和在毛衫中的应用。掌握提花类组织织物的编织方法。在平针组织的基础上进行立体效果织物设计与编织,并能分析所编织织物的主要特征和性能。

知识准备

纬编组织中，提花和嵌花组织织物最能体现织物的花色和编织技术，复合组织最能体现双针床的编织的充分性。

一、提花组织织物

提花组织是指采用两种或两种以上颜色的纱线，基于单针床或双针床的基础上编织出具有正面平整且显示双色或多色花型图案结构的组织。分为单面提花与双面提花织物。

1. 单面提花

单面提花的组织结构分为单面浮线提花和背面拉网提花。

(1)单面浮线提花：是指需要在正面显示颜色的线圈单元在前床进行成圈编织，不显示颜色的线圈单元则进行浮线编织；两(多)色提花则两(多)种颜色的纱嘴按色序轮流编织。其优点是编织简单，缺点是背面浮线长易勾挂。编织设计时有浮线长度限制(小于2cm)，因此花型图案有所限制(图2-5-1)。

(2)背床单面浮线提花：是指需要在正面显示颜色的线圈单元在前床进行成圈编织，不显示颜色的线圈单元则在后针床进行1×1编织；两(多)色提花则两(多)种颜色的纱嘴按色序轮流编织。改组织结构的优点是正面花型的大小不受限，缺点是编织相对复杂，局部织物厚度较厚。

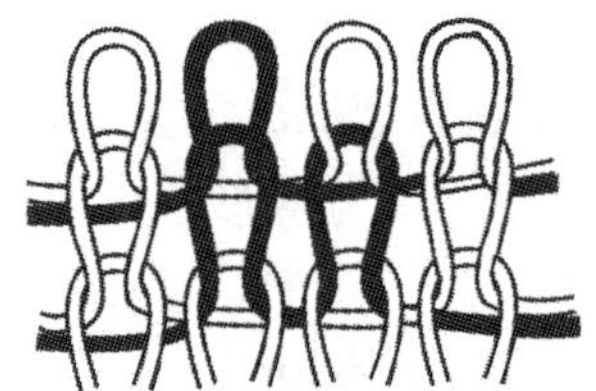

图2-5-1 单面浮线提花线圈图

2. 双面提花

双面提花主要分为双面圆筒提花、背床芝麻点提花、背床全出针提花等。

(1)双面圆筒提花：是指需要在正面显示颜色则在前床进行成圈编织，不显示颜色的线圈单元则在后针床编织；两(多)色提花则两(多)种颜色的纱嘴按色序轮流编织。织物编织后形成圆筒结构。其优点是编织简单、方便，节省纱线；缺点是当花型面积较大时出现圆筒两面不匀的现象，造成织物正面不够平整。如图2-5-2所示为双面两色圆筒提花编织图，图中纱线为A、B两色进行交替编织，两色线圈之间无连接，形成圆筒结构。

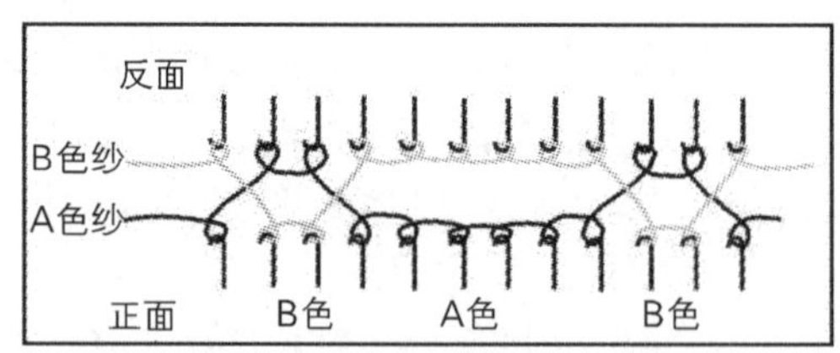

图2-5-2 双面圆筒提花编织图

(2)背床芝麻点提花：是指需要在正面显示颜色的线圈单元在前床进行成圈编织，不显示颜色的线圈单元则在后针床形成色点交错编织，形成色点相错均匀的外观现象；两(多)色提花则两(多)种颜色的纱嘴按色序轮流编织。

(3)背床全出针提花：是指需要在正面显示颜色的线圈单元在前床进行成圈编织，不显示颜色的线圈单元则在后针床编织，形成按色序排列的横条的效果；两(多)色提花则两(多)种颜色的纱嘴按色序轮流编织。

二、嵌花

嵌花编织又称为挂毛，是克服单面提花全部缺点的单面提花编织方式。嵌花是指需要在正面显示颜色的线圈单元在前床进行成圈编织，不显示颜色的线圈单元则不编织，图案以色块为主。编织的图案色块类似瓷砖镶嵌的效果，因此嵌花英文为"Intarsia"，译音为"引塔夏"。

编织时采用手工的方式进行分色区域挂纱编织，各色块独立采用一把导纱器进行编织，如图2-5-3中1、2、3表示三个导纱器分别编织三个独立的区域形成三个色块，两个色块的交界处相邻的两针采用集圈方式相连。

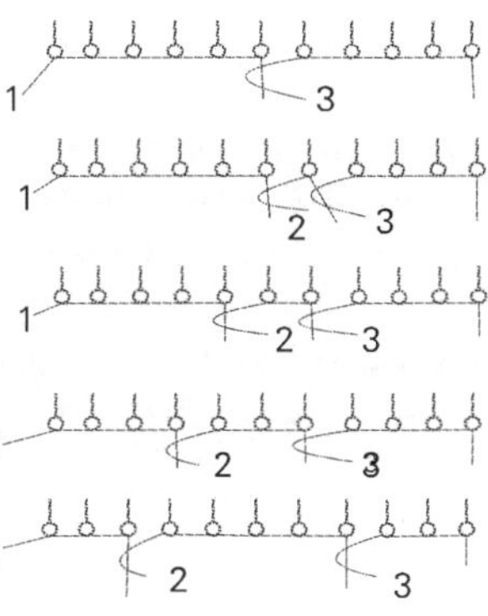

图2-5-3　嵌花编织示意图

三、复合组织

复合组织是指采用两种或两种以上的花色组织组合构成的织物。此类织物多为双面组织结构。此类织物或具有独特的外观风格，或织物厚实、具有较好的保暖性，或出现具有凹凸效果的立体图案。立体效果织物由于外观造型优美作为毛衫及其他服装面料的应用已经越来越多，编织的方法也多样，典型的立体织物效果如图2-5-4所示。

立体效果织物的编织主要基于双面、单面、局部编织等方式的基础上变化而成。

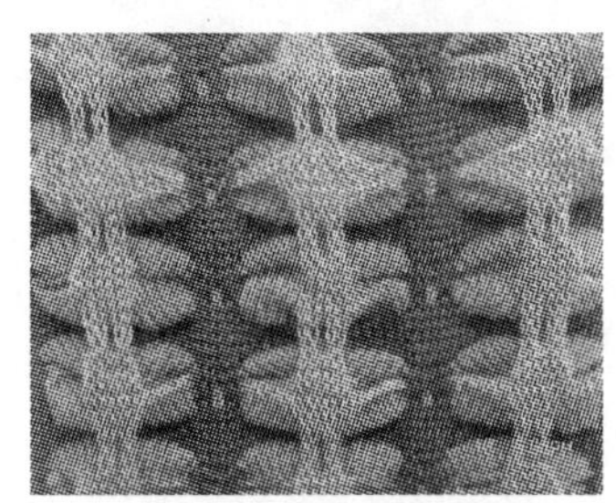
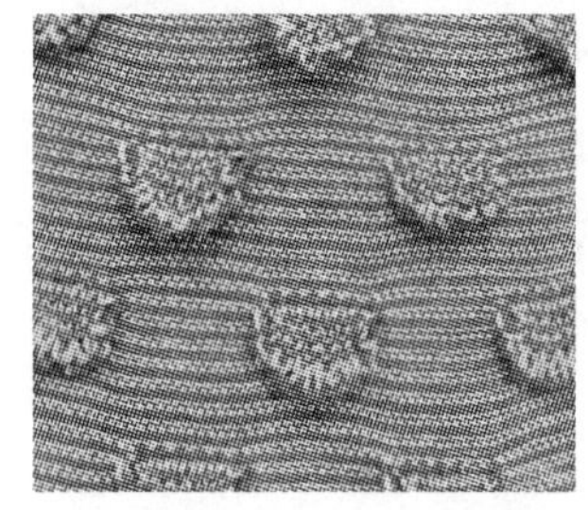
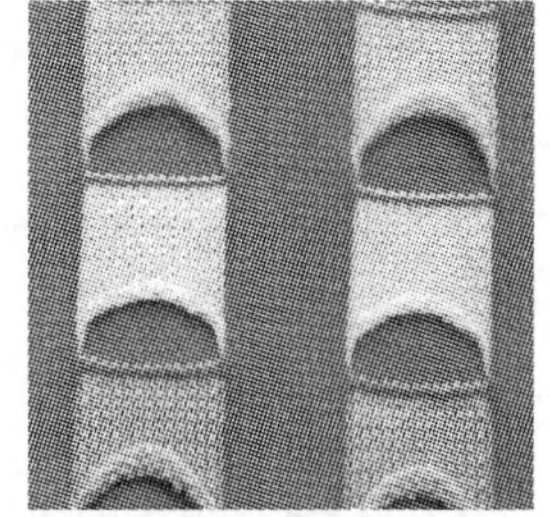

图2-5-4　立体编织针织物效果图

1. 空气层组织凸条织物

以双面组织为基础，在编织中进行加入空气层的变化组织，编织后使织物的正面向外突出形成立体状的效果。突出部分也可以配以不同的颜色纱线形成多重效果。比如：满针半转→前床二转（可以变化）→后床半转，按此规律编织形成凸条效应。双面凸条织物是在双面组织的基础上进行变化编织而成。可以形成单面或两面形成较大的立体状横向凸条外观。

2. 单面凸条织物

以单面组织为基础，编织凸条时，将反面织针参加编织一个横列，然后关闭反面针床，在正面编织数个横列，再将反面线圈翻针至正面针床，翻针后继续编织平针，设计不同的正面横列，可以编织出凸起效果不同高度的织物。

单面凸条织物是在单面纬平针组织的基础上进行编织而成的。在企业中单面凸条织物也称为谷波。

单面凸条组织的编织是采用前、后床同时编织凸起部分。前床编织多列线圈、后床编织一

个横列，而后将后床的线圈翻针到前床，从而使前床线圈凸起，出现突出效果。

如图 2-5-5(1)所示为横向直凸条，(2)为 6 针 3 转的波浪形凸条。

（1）横向直条

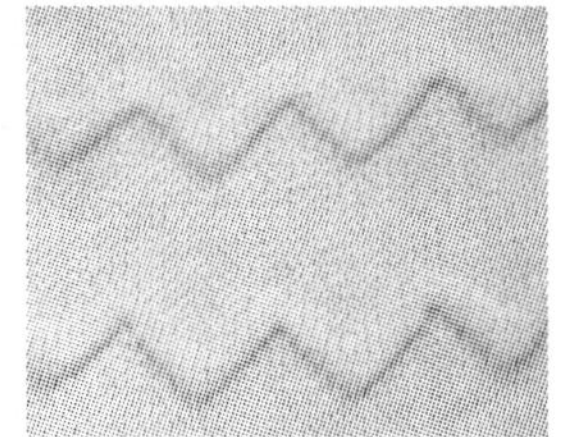
（2）波浪形凸条

（3）局部凸起

图 2-5-5　凸条组织效果图

3. 局部编织

局部编织是指局部织针比其他织针所编织的横列数多而形成的局部凸起所形成的鼓包织物。如图 2-5-5(3)所示，其编织原理图如图 2-5-6 所示。

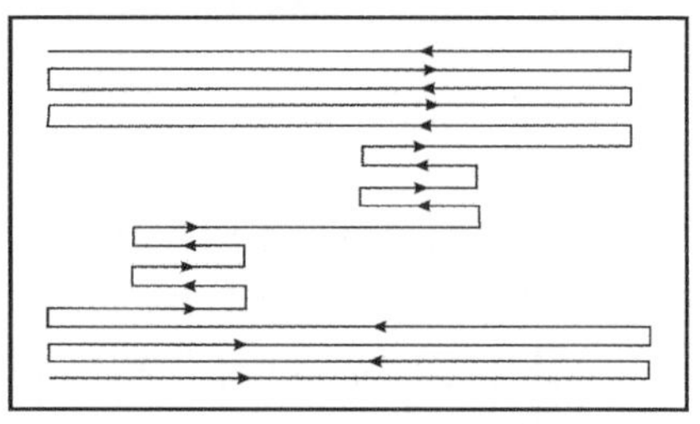
图 2-5-6　局部编织原理图

编织过程中，普通手摇横机需要将局部编织区域两边的织针用套针板套住，防止编织时被误织，如果编织中出现线圈浮起的现象，则可以挂一个小重锤解决。

任务实施

一、教学设备与材料

7G 手摇提花横机、挂毛机、各种毛纱。

二、实施步骤

1. 单面浮线提花组织的编织

(1)图案设计：如图 2-5-7 花型意匠图所示，采用 2 色单面浮线提花。图中"×"为 A 色线圈，空白为 B 色线圈。如图 2-5-8 所示为花型意匠图转换为编织意匠图。编织意匠图中"×"为成圈编织，空白为浮线编织。

(2)编织操作：

① 采用单边起口，编织一段平针。起针三角退出工作。

② 用 1×1 选针板将 1、3、5、7…偶数针位的织针推起到最高点，使之退圈，挂上 1 号导纱器，将回针开关打开，编织第 1 横列。

③ 按意匠图，用 1×1 选针板将 2、4、6、8…偶数针位的织针推起到最高点，使之退圈，挂上 2 号导纱器，将回针开关打开，编织第 2 横列。

④ 用 2×1 选针板将 1、4、7、10…针位的织针推起到最高点，使之退圈，挂上 1 号导纱器，将回针开关打开，编织第 3 横列。

⑤ 用 2×1 选针板将 2、3、5、6…针位的织针推起到最高点，使之退圈，挂上 2 号导纱器，将回针开关打开，编织第 4 横列。

⑥ 重复②、③步骤。

⑦ 用2×2选针板将1、2、5、6、9、10…针位的织针推起到最高点，使之退圈，挂上1号导纱器，将回针开关打开，编织第5横列。

⑧ 用2×2选针板将3、4、7、8…针位的织针推起到最高点，使之退圈，挂上1号导纱器，将回针开关打开，编织第6横列。

以②～⑧作为一个循环，可以编织一个千鸟格的图案。

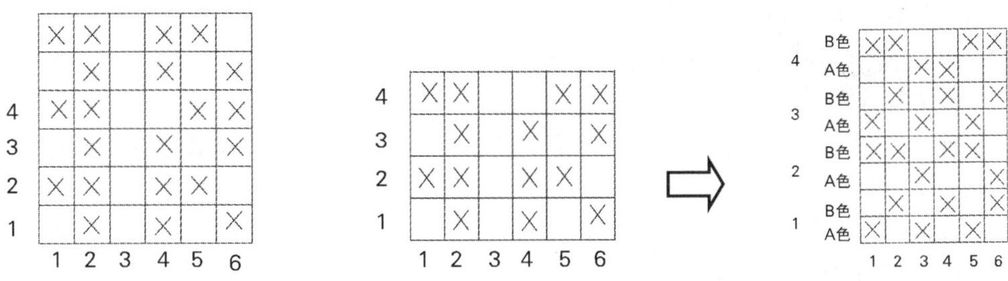

图2-5-7　单面2色提花意匠图　　　　图2-5-8　2色提花编织图

2. 双面圆筒提花组织的编织

(1)图案设计：设计一个花型意匠图，采用2色双面圆筒提花。

(2)编织操作：采用双针床提花横机。(或采用可铲针的普通提花横机)。

① 起口：单边起口，编织满针罗纹10转(或圆筒10转)。针床摇成相对。

② 按花型意匠图编织1号色的第1横列：按图示将1号色针位前床的织针推到最高，然后将后床的织针推上(前床有针则后床无针，防止相撞)，挂1号纱嘴编织一个横列，退下1号纱嘴，移回机头挂上2号纱嘴。

③ 将前床2号色针位的的织针推到最高，然后将后床的织针推上(前床有针则后床无针，防止相撞)，挂2号纱嘴编织一个横列，退下2号纱嘴，移回机头挂上1号纱嘴。

④ 按意匠图所示的针位，重复②、③步骤进行编织。

3. 嵌花组织织物编织

(1)图案设计：设计一个色块花型意匠图，采用2色嵌花。

(2)编织操作：采用嵌花横机。

① 采用单边起口，用1号纱嘴编织一段平针。关闭所有起针三角。

② 按照意匠图设计编织第一个横列：给不同颜色花型对应的织针上用手工进行垫纱。

③ 各色块相邻的织针进行纱线绞接，或手动集圈。

④ 拉动机头进行第二横列编织，同样进行各色块的手工垫纱。

⑤ 重复以上的步骤按意匠图的顺序进行编织，可得嵌花样片。

4. 空气层组织凸条织物的编织

空气层组织的凸条织物是在满针罗纹或1+1罗纹基础上编织而成。编织操作如下：

(1)准备：单边起口后四个弯纱三角均处于上位，编织满针罗纹。

(2)编织：

① 机头停在右侧，关闭2、3号起针三角，略放松1、4号弯纱三角。

② 编织3转，机头停在右侧。

③ 打开2、3号起针三角，1、4号弯纱三角复位到上位。

④ 编织满针罗纹数转。

⑤ 循环编织,即可得到多条凸条。

形成的凸条也称胖凸横条,该织物是一种常用的素色横条织物,也可以通过配色来实现配色凸条。在上述编织的第②步骤中,交替变化纱线的颜色,则可以编织成配色凸条织物。胖凸横条织物除了可以在四平空转组织的基础上形成之外,还可以在 1 ×1 罗纹等组织的基础上编织而成。

5. 横向直条鼓包织物的编织(7 针机为例)

(1)开针:前后针床满针 100 针,针床相错。

(2)前床废纱单边起口 3 转。

(3)前床正式纱编织纬平针 10 转,打开 2、3 起针三角,弯纱三角均调至上位,编织满针罗纹一个横列,机头停在左边。

(4)关闭 2、3 三角,前床弯纱三角调到下位,编织 3 转。

(5)翻针:将后床的线圈翻针至前床。编织纬平针 5 转。

(6)重复第(3)、(4)、(5)步骤 5 次。

(7)废纱封口。下机,即得到五条横向凸起的凸条。

6. 横向局部鼓包织物编织(7 针机为例)

(1)开针:前、后针床满针 100 针,针床相错。

(2)废纱单边起口 3 转。

(3)正式纱罗纹起底,元空 1 转半,四平针 5 转,后翻前成单面。

(4)前床弯纱三角下位,单面编织 5 转;

(5)后床隔 15 针拨上 5 针参加编织,后床弯纱上位,编织半转。

(6)关闭 2、3 起针三角,编织 2 转半。

(7)打开 2、3 起针三角,编织半转;将后床线圈翻针至前床。编织 5 转。

(8)重复第(5)、(6)、(7)步骤 5 次。

(9)废纱封口,下机即得到间隔状横向局部凸起的凸条。

7. 局部编织法鼓包编织操作

(1)开针:前、后针床满针 100 针,针床相错。

(2)废纱单边起口 3 转。

(3)正式纱罗纹起底,元空 1 转半,1 +1 罗纹 5 转后翻前成单面。

(4)前床弯纱三角下位,单面编织 5 转。机头停在右侧。

(5)将 20 针隔 5 针编织局部鼓包,横向两处。

(6)将右起第 26 针向左用套针板套住 10 针(采用 10 针套针板)。机头向左编织,编织 10 针后关掉 4 号起针三角,继续向左编织停在套针处,打开 4 号起针三角。

(7)将鼓包 5 针的右边 10 针用套针板套住 10 针(采用 10 针套针板),拉动机头编织 5 针区域 3 转机头停在右边。

(8)还原右起第 26 针到 35 针线圈,套回织针上,再将右起第 51 针开始 10 针用套针板套住 10 针(采用 10 针套针板),机头向左编织停在套针处。

(9)将鼓包 5 针的右边 10 针用套针板套住 10 针(采用 10 针套针板),拉动机头编织 5 针区域 3 转机头停在右边。

(10)还原右起第 51 针到 60 针线圈,套回织针上拉动机头向左编织左侧,还原鼓包右侧套针,然后编织5转。

(11)重复(5)~(10)的步骤,可以编织多个循环,编织结束用废纱封口,下机即可以得到局部编织方法的局部鼓包效果织物。

8. 利用原料不同的凸条编织方法

采用不同性质的毛纱进行间隔编织,也可以获得独特风格的素色横条织物。如将兔毛纱和蚕丝进行交替编织,织物下机后进行轻度的缩绒处理,这时兔毛纱编织的一段织物变厚,与蚕丝编织的一段轻薄织物形成鲜明对比,形成风格独特的横条织物。

9. 立体效果类花样设计

运用上述突起效果组织的特点,试设计一块立体感较强的花样,或凹凸相结合,使织物具有良好的、协调的、配色的外观风格,编写编织过程并编织成A4纸大小的试样,用卡纸装订。

思考题

1. 毛衫面料有哪些常用的组织结构?为什么毛衫大身多采用纬平针组织?
2. 毛衫起底编织的横列为什么必须采用1+1罗纹?请分析说明。
3. 请分析满针(四平)、1×1、2×1罗纹的特性。
4. 试进行4×4绞花的编织,请分析说明采用哪些方法可以降低编织难度。
5. 在普通手摇横机上可以采用哪些方法编织集圈组织?请举例说明。
6. 设计一种立体效果的毛衫花样,画出意匠图,并进行成编织样品。
7. 设计一种用普通手摇横机在衣片上编织口袋的方法,试用编织原理图说明。
8. 采用所学的毛衫基本花样,进行花样组合设计围巾、披肩各一款,围巾的尺寸为160cm×30cm,披肩的尺寸为120cm×60cm。对围巾两端加流苏(长10cm)装饰。对披肩周边做组织设计(防止卷边)和多功能穿戴设计(大于3种穿戴法)。

项目三 典型款毛衫的编织、套缝与后整理

典型款毛衫主要分为套衫、开衫、毛裤、裙装等基本款式，不同的毛衫上衣根据不同的领形分为圆领、V 领、翻领、一字领等，根据不同的肩型又有平肩、斜肩、插肩等类型之分。为了表述方便，本项目以圆领、V 领的领型和斜肩肩型为例进行讲述。

任务1 毛衫编织工艺单的解读

学习目标

1. 了解工艺单的整体结构，学会规格尺寸、工艺参数的解读。
2. 了解毛衫产品的测量方法，学会毛衫各部位尺寸的测量操作。
3. 熟悉各种纱线原料的特性，学会纱线细度的识别和纱线的使用方法。
4. 掌握毛衫衣片的编织工艺过程，学会将工艺步骤转换成编织操作步骤。

任务描述

引入毛衫工艺单的概念，了解毛衫工艺单的整体结构、规格尺寸的内容、工艺参数内容和要求、衣片结构、编织步骤和编织过程，掌握毛衫工艺单的结构和解读方法。解读指定款毛衫的编织工艺单，描述工艺单中规格尺寸度量方法、工艺参数的含义、衣片的编织步骤和方法。

知识准备

一、编织工艺单的结构

编织工艺单是毛衫编织的重要文件，由横机工艺师根据毛衫的外观风格效果、款式、规格尺寸并通过试样取得的工艺参数进行编织工艺设计得出的。工艺单格式由各企业自定，格式不尽相同，但其主要内容是基本一致的。如图 3-1-1 所示，工艺单主要内容包括：产品的货号编号、款式图、规格尺寸，产品编织用的纱线原料、线密度、编织根数、使用要求，编织工艺参数如成品密度、拉密、平方值及各衣片、附件的编织工艺过程、工艺要求等。由于款式图较为复杂，一般以附页方式附于后一页，或附以样衣不另行画图。

典型的工艺单由左部的表格、右部的编织工艺表达两大部分组成。

1. 左侧表格中内容

(1)产品的货号或编号、各部位的规格尺寸。

(2)产品编织用的纱线原料、线密度、编织根数、使用要求。

(3)编织工艺参数：成品密度、拉密、平方值，机号、组织结构等。

2. 中间的部分内容

工艺单中间主要有后片、前片、袖片和附件的工艺式子组成的四大内容，即用工艺式子表达的编织工艺过程，自左向右一般为后片、前片、袖子、附件的编织工艺，编织顺序自下向上进行。

(1)后片编织工艺：

后片的编织工艺表中采用工艺式子表达其编织过程和要求，编织过程自下而上，最下边表示该衣片的开针数、排针方式，下摆罗纹组织的起口方式、元空方式、平摇转数，翻针后的针数，大身挂肩以下的编织过程，挂肩收针过程，肩部收针过程，开领点及开领过程等。毛衫衣片一般左右对称，所以工艺式子的内容为表达衣片或领子左右之一侧的编织要求。

(2)前片编织工艺：

衣片侧边的工艺步骤同后片，另有开领的工艺过程。如果衣片左右外廓形状不同时则从不同的部位开始分开编写。

(3)袖片编织工艺：

与前后片基本相同，自下而上为：袖口、袖子中部、袖山部分的编织步骤和要求。

(4)附件编织过程表：

附件部分分为：领子(领贴)、门襟、口袋、口袋嵌条、腰带等。表达的方法同其他各衣片。

(5)裤装、裙装等：

裤装、裙装等衣片的编织工艺也采用分片方式进行表达，结构与上述相似。

二、基本款毛衫上衣编织工艺单的解读

如图3-1-1所示为某企业的毛衫编织工艺单，下面就此工艺单进行解读。

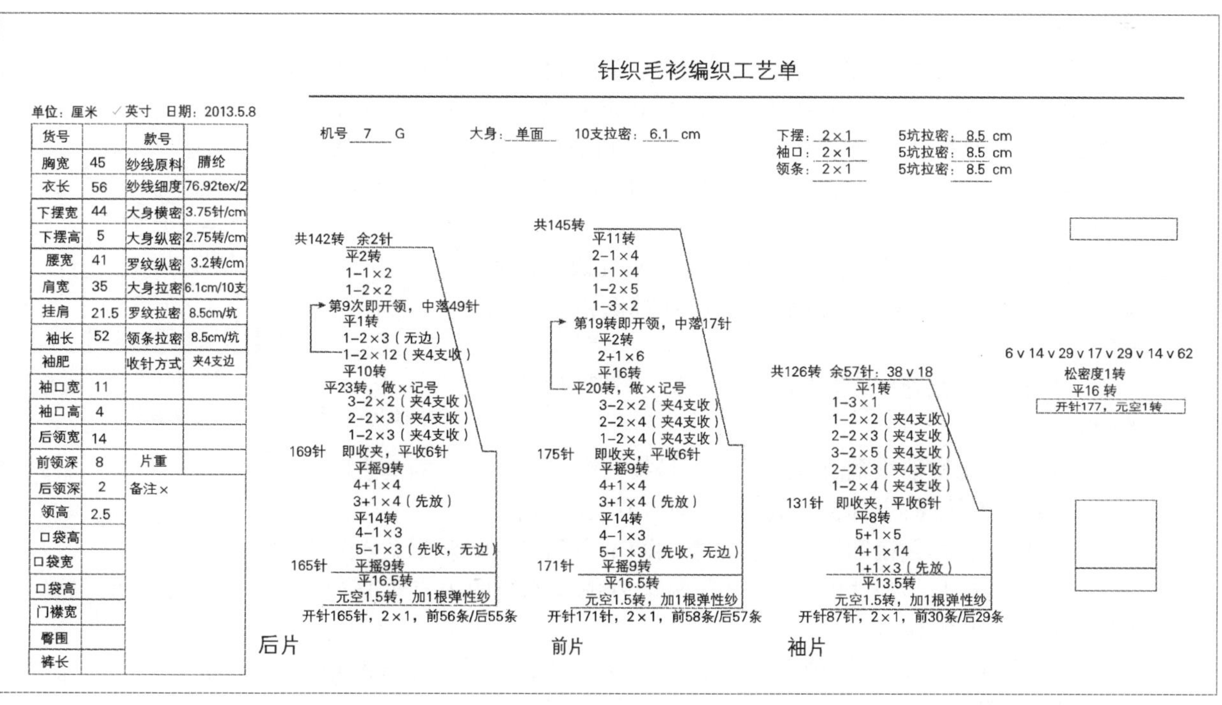

针织毛衫编织工艺单

单位：厘米 ✓英寸 日期：2013.5.8

货号		款号	
胸宽	45	纱线原料	腈纶
衣长	56	纱线细度	76.92tex/2
下摆宽	44	大身横密	3.75针/cm
下摆高	5	大身纵密	2.75转/cm
腰宽	41	罗纹纵密	3.2转/cm
肩宽	35	大身拉密	6.1cm/10支
挂肩	21.5	罗纹拉密	8.5cm/坑
袖长	52	领条拉密	8.5cm/坑
袖肥		收针方式	夹4支边
袖口宽	11		
袖口高	4		
后领宽	14		
前领深	8	片重	
后领深	2	备注×	
领高	2.5		
口袋高			
口袋宽			
口袋高			
门襟宽			
臀围			
裤长			

机号：7 G　大身：单面　10支拉密：6.1 cm

下摆：2×1　5坑拉密：8.5 cm
袖口：2×1　5坑拉密：8.5 cm
领条：2×1　5坑拉密：8.5 cm

后片：
共142转 余2针
平2转
1-1×2
1-2×2
第9次即开领，中落49针
平1转
1-2×3（无边）
1-2×12（夹4支收）
平10转
平23转，做×记号
3-2×2（夹4支收）
2-2×3（夹4支收）
1-2×3（夹4支收）
169针 即收夹，平收6针
平摇9转
4+1×4
3+1×4（先放）
平14转
4-1×3
5-1×3（先收，无边）
165针 平摇9转
平16.5转
元空1.5转，加1根弹性纱
开针165针，2×1，前56条/后55条

前片：
共145转
平11转
2-1×4
1-1×4
1-2×5
1-3×2
第19转即开领，中落17针
平2转
2+1×6
平16转
平20转，做×记号
3-2×2（夹4支收）
2-2×4（夹4支收）
1-2×4（夹4支收）
175针 即收夹，平收6针
平摇9转
4+1×4
3+1×4（先放）
平14转
4-1×3
5-1×3（先收，无边）
171针 平摇9转
平16.5转
元空1.5转，加1根弹性纱
开针171针，2×1，前58条/后57条

袖片：
共126转 余57针：38 v 18
平1转
1-3×1
1-2×2（夹4支收）
2-2×3（夹4支收）
3-2×5（夹4支收）
2-2×3（夹4支收）
1-2×4（夹4支收）
131针 即收夹，平收6针
平8转
5+1×5
4+1×14
1+1×3（先放）
平13.5转
元空1.5转，加1根弹性纱
开针87针，2×1，前30条/后29条

6 v 14 v 29 v 17 v 29 v 14 v 62
松密度1转
平16转
开针177，元空1转

图3-1-1　圆领女套衫编织工艺单示意图

1. 货号

货号或合同编号一般是指企业生产时控制生产和工艺所进行的编号，编织的方法企业自定。

2. 规格尺寸表

工艺单中一般在左侧列一个表格称为规格尺寸表。表格上列出毛衫各部位名称与相应尺寸的具体数值。工艺单中一般未画出款式图，执行编织时根据部位的尺寸数值加以控制。以下解释毛衫部位以及相应的测量方法。

3. 测量方法

如图3-1-2所示为典型款套衫、开衫的主要部位尺寸表示与编号的示意图。

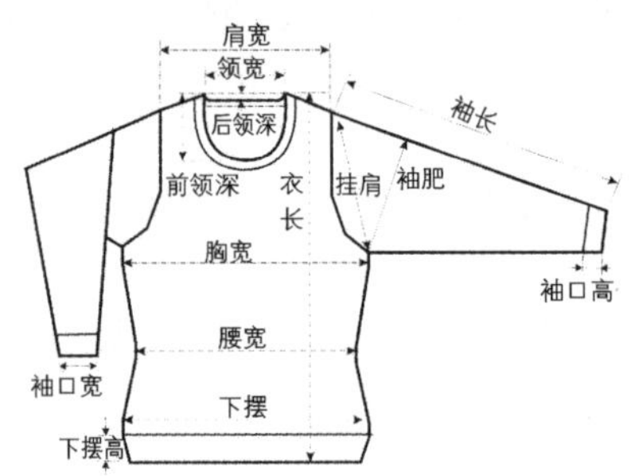

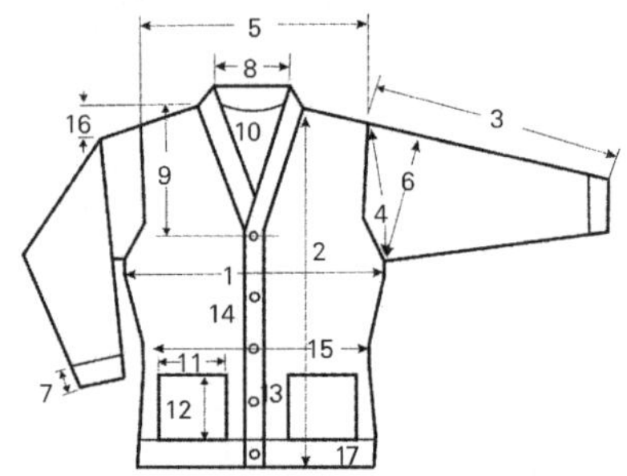

图3-1-2 毛衫平面款式图及尺寸标注

测量的尺寸单位为cm，出口欧美及相关的国家订单的尺寸单位为英寸。

(1)胸宽：是指1/2胸围，又称为胸阔，上衣平整摊放在光面的桌子上，在袖夹下2cm处水平测量宽度。

(2)衣长：又称衫长，指从侧颈点(内肩点)垂直量到下摆罗纹底边的长度。

(3)袖长：是从外肩点量到袖口罗纹底边的长度。插肩袖型的袖长是指从后领正中点(后颈点)量到袖口罗纹底边的长度，如图3-1-3所示；也可从领边度量，但需要说明。

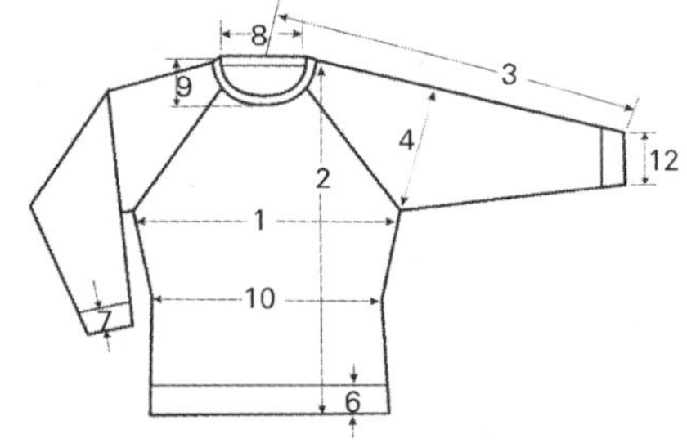

图3-1-3 圆领插肩袖女套衫

(4)挂肩：也称夹圈、袖窿，是指外肩点与袖窿点的直量距离。挂肩高(袖窿高)指从外肩点到袖窿点的垂直高度。

(5)肩宽：也称膊阔，是指外肩点(缝线至缝线)之间的距离。

(6)袖肥：也称袖横阔、袖壮、袖大。是指袖窿点与袖中线的垂直距离。

(7)袖口罗纹高：也称袖嘴高，是指袖口罗纹的高度。

(8)领宽：也称领横阔、领横宽，是指的两个肩颈点(内肩点)之间的长度。

(9)前领深：是指前片的开领深度，两个肩颈点连线的中点垂直向下量到开领的最低点。不同的领型深度各有不同。

(10)后领深：指两个肩颈点连线的中点垂直向下量到后颈点的距离，一般取2～2.5cm。未标注后领深时取值为零。

(11)口袋宽：表示口袋的开口的宽度，一般以手掌的横宽为参考依据。

（12）口袋位高度：指口袋距离下摆罗纹的高度。口袋左右位置一般居中，如有要求则需要标明。

（13）口袋兜芽（嵌条）高：口袋兜芽（嵌条）的高度。

（14）门襟宽：门襟的宽度。

（15）腰宽：又称为腰阔，是指腰节部位的宽度，度量时是在腰节位置（即背长，从后颈点向下到腰节的距离）横量的宽度。如160型女模腰节的位置取38cm。

（16）肩斜：也称膊斜，通常肩斜为单肩宽的0.375倍。也可以根据情况设定。其他未说明部位尺寸在标注时可自行说明。

（17）下摆罗纹高：或称脚高，指下摆罗纹的高度。

（18）下摆宽：下摆宽度或称为衫脚阔，指下摆罗纹上边缘（罗纹与大身的交界处）的宽度。

（19）袖口宽：也称袖嘴阔，是指毛衫的袖口宽度。袖口尺寸的设计不宜过大，以四指并拢处掌围的两倍为好。

（20）领高：领口罗纹条的高度。

三、纱线原料、线密度、编织根数及使用要求的解读

1. 纱线原料及其表示方法

产品生产时需要说明使用纱线的原料种类和线密度。表示纱线细度的国家标准是特克斯（tex），毛衫企业一般使用内部编码或直接用原料名称说明纱线原料的细度和种类，如：16*N*m羊毛纱、26*N*m/2 70/30毛腈混纺纱等。根据国家颁布的标准规定，毛纱分为编结绒线和针织绒线两类，以绒线的股数、线密度及用途作为区分依据。国家标准中的毛纱称为绒线。股数为2股、3股及以上，合股后线密度大于167tex（6*N*m）的为编结绒线；股数为两股、合股后线密度小于167tex（6*N*m）的为针织绒线。

2. 编织根数

在毛衫的编织中根据要求在各部位的用纱可能是不同的。比如下摆、袖口需要经受穿着的多次拉伸而不应该发生变形，因此可以在与大身用纱相同的情况下，并入一根氨纶包芯纱以加强下摆或袖口的保型性。

本例工艺单中：纱线原料采用腈纶纱，纱支细度为26 *N*m/2×1，表示选用26公支双股纱线1根作为大身用纱。

四、解读编织工艺参数

工艺单中工艺参数主要有：各部位的下机密度（图3-1-4）、拉密、组织结构，收针方式，织片的重量等。

（1）横密：指织物横向1cm（或英寸）宽度内的纵行数（织针针数）。

（2）纵密（又称直密）：指织物纵向1cm（或英寸）长度内的编织转数。测量时纵向一个线圈为一个横列，两个横列为1转。纵、横密度的一般测量方法是以一定的针数、转数进行编织，使其充分回缩后测量其长度和宽度，再换算成每cm（或英寸）的针数和转数。

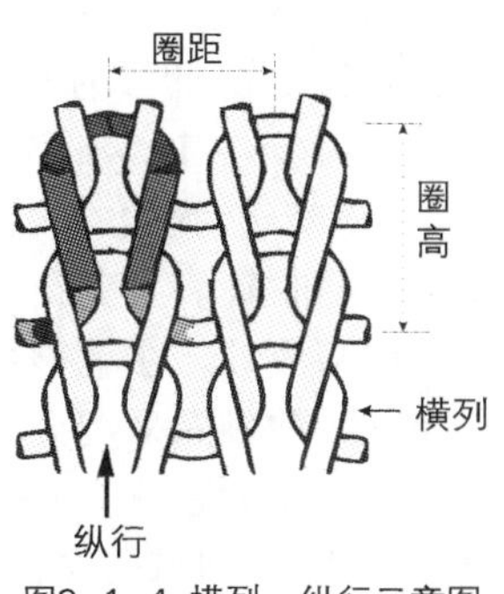

图3-1-4 横列、纵行示意图

（3）片重：是指一个织片的重量。成品重量：指一件成品重量。

(4)下机尺寸:织片下机后的尺寸。用来校对编织时密度的调试是否符合要求,可以采用拉片方式测量和校准产品。

(5)拉密:指单面组织取10个线圈纵行(10支针)尽量用力横向两边拉紧,测量其长度。长度大小如果符合工艺单要求,则横密调试正确;长度长则说明密度小,长度短说明密度大。

(6)5坑拉密:测试下摆或袖口罗纹组织的横向密度参数。取罗纹5条,用手尽量向两边拉紧,测量其长度,来确定罗纹密度。一般1×1罗纹采用5坑(条)进行拉密测定,2×1、2×2罗纹可以采用3坑拉密测定。

(7)支边:指收针时线圈移动的纵行数,也称为辫子针数。指在袖窿或肩部、领部等部位收针时采用的明收针方式,即收针时平移的线圈数(辫子数)。

(8)夹花、膊花、领花:是指在袖窿(或称为挂肩、袖窿)、膊(肩部)、前领处进行收针时采用夹花(明收针)方式进行收针,使收针处出现褶花的效果。

(9)毛衫织物组织:毛衫主要分为大身、袖身、领口、袖口、下摆、门襟、口袋等主要部位,根据设计要求各部位的组织结构是不同的。一般普通毛衫中,大身多采用纬平针组织,编织速度快、轻薄、穿着舒适、用纱量少,其他边口部位组织结构一般采用罗纹组织。

在上述工艺单示例中大身和袖子指定为单面(纬平针)组织,下摆和袖口指定为2×1罗纹组织,在编织下摆、袖口或领口的罗纹组织时通常加入一根中弹纱(氨纶与锦纶的包芯纱),使其具有良好的弹性和保型性。

五、各衣片和附件的编织工艺过程解读

在工艺单中部为各衣片的编织工艺内容,下方注明了衣片及附件的名称,其编织内容由下至上为编织顺序和步骤。各衣片的编织工艺解读如下,一般按照从左向右顺序为后片、前片、袖片和附件。

(1)下摆、袖口编织工艺解读:衣片编织工艺单最下部分表明了前后针床的罗纹排针条数和排针方式、元空方式、罗纹平摇转数以及翻针后的总针数。有注明弹力纱时,一般表示加一根弹力纱。

(2)平摇转数:平摇是指这一部段不加针也不减针的编织方式。

(3)加、减针工艺式子解读:在编织工艺设计中,一般采用 $n_1 \pm n_2 \times n_3$ 或 $n_1 \pm n_2 \pm n_3$ 的式子来表示收针或者放针的规律,收针为:$n_1 - n_2 \times n_3$(m)或 $n_1 - n_2 - n_3$(m)。放针规律为:$n_1 + n_2 \times n_3$(m) 或 $n_1 + n_2 + n_3$(m)。

以上式 n_1 中表示转数,n_2 表示为织片两边收或放的针数,n_3 表示为收或放针的次数,“+”表示为放针,“-”表示为收针,(m)表示该规律完成后编织的总转数。通过式子可以计算出总收(放)针数为 $n_2 \times n_3$ 针;收(放)针总转数为 $n_1 \times n_3$ 转,如果先收(放)针,则收(放)针总转数为 $(n_3 - 1) \times n_1$ 转。

(4)支边、无边:是指收、放针使用明或暗收针的方式。无边一般是指采用暗收针,支边是指采用明收针。不夹花收针即为暗收针;有夹花收针会注明夹 n 支收,指为明收针。而放针一般采用暗放针。在毛衫编织中,一般装袖型袖窿、袖山和背肩型的肩部、插肩袖的身袖缝合处以及某些前领圈采用夹支边收针(暗收),其他部位一般采用无边收针。

(5)即收夹、平收:一般指收袖窿位置的术语。即收夹意为立即收袖窿,平收是采用平收针的方法进行收针,在机头同侧收针。

(6)即开领、中落n针:表示到此位置立即开领编织,在衣片的正中收掉n针。收针针数较

多时采用废纱编织落针法,收针针数较少时采用平收针法。

(7)收肩:肩部收针,当收针针数大于4针时,一般采用铲针法或过针法收针。而后再采用齐织1转结束收肩。

任务实施

一、教学设备与材料

7G手摇横机、41.7tex ×2(24Nm/2)毛腈混纺纱线。

二、实施步骤

1. 纱线解读

给定纱线样品,就纱线名称或品号进行解读,填写表(3-1-1)。

表3-1-1 毛衫纱线原料分析表

工艺单标注	纱线原料解读	细度解读
绵羊绒 23Nm/2		
品号: 0828		
绢丝/黏胶/羊绒:50/45/5 48Nm/2		
品号:2826		

2. 毛衫规格尺寸测量

依据160型原型人台,结合圆领背肩平袖型女套衫款式图,进行各部位的尺寸进行测量。

3. 毛衫编织工艺参数解读密度测量

按发放的样片测量其工艺参数,填写表3-1-2。

表3-1-2 毛衫编织工艺参数分析表

	横密(针/cm)	纵密(转/cm)	大身10支拉密	罗纹5坑拉密
样片1大身				
样片1罗纹				
样片2大身				
样片2罗纹				

4. 毛衫工艺单的编织步骤解读

按图3-1-1圆领背肩平袖型女套衫编织工艺单,进行毛衫后片、前片、袖片及附件的编织步骤进行解读。

(1)大身后片编织过程解读:

① 后片编织顺序:编织衣片是从下摆罗口开始向上编织,在阅读工艺单时是从下往上按步骤阅读。

② 下摆编织:从工艺单可以看出,大身下摆为2×1罗纹组织(二隔一排针的2+2罗纹组织),正面为56条,反面为55条,这里的条是指罗纹外观的凹凸条形数,在2×1罗纹组织中2个纵行(2针)为一个凸条。其排针方式为:

前针床2隔1排针即表示为｜○｜｜○｜｜…○｜｜○｜，后针床排针表示为 ｜｜○｜｜○…｜｜○｜｜ 。如图3-1-6为起底编织第一横列针位图，元空1转半后，扳回后针床如图3-1-5所示位置，打开四个三角，编织16转，机头停在右侧，至此下摆罗口编织完成。

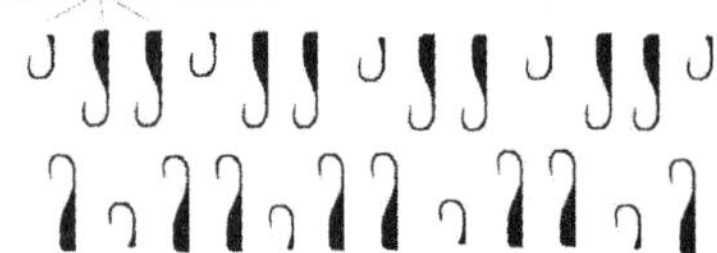

图3-1-5 毛衫下摆2×1排针图

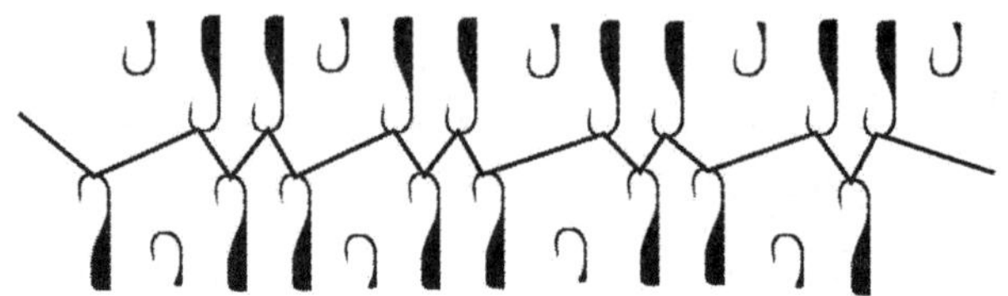

图3-1-6 2×1罗纹第一横列编织示意图

③ 衣身下部平摇编织：平9转。

(a)下摆织完后将后针床的织针上的线圈翻于前针床的对应的针上（或前翻后），翻针后的针数为165针(55×3=165针)。

(b)平9转：平织9转，翻针行为纬平针行，机头在右侧时开始计数。

④ 腰下收针：5-1×3、4-1×3，意为平织后开始收针操作，先收；5转收1针共3次，用10转；再4转收1针共3次，用12转。每侧共收6针，用了22转。

⑤ 腰节编织：收完针后的总针数为153针，平摇14转。

⑥ 腰上放针：将腰宽的尺寸放大到胸宽的尺寸，采用放针的规律：3+1×4，4+1×4，即：先放1针，摇3转，共放针4次，共摇9转；再摇4转，放1针，共放针4次，摇了16转。放针总转数为25转，每侧放7针，放针后的总针数为167针。

⑦ 挂肩下平摇：平摇9转。

⑧ 挂肩（袖窿）编织：挂肩部分编织分为几步：挂肩平收针，收夹，平摇，放针。挂肩放针根据要求，一般情况不放针。

(a)挂肩平收：为了使袖夹处穿着舒适，袖窿点处有一段水平线，用平收针处理。平收针也称为括针、拷针。此处衣片每侧平收6针。

(b)袖窿收针：工艺单上指定，袖窿为夹4支边收针，其表示为明收针方法。在收针时，衣片边缘未重叠的线圈数为4个纵行即4针，袖窿的收针数为2针，因此需用6眼收针板来进行移圈。挂肩收针分三段，第一段：1-2×3，即先摇1转收2针，循环3次，共用3转，第二段：2-2×3，即摇2转收2针，循环3次，共用6转。第三段：3-2×2，即摇3转收2针，循环2次，共6转。

(c)挂肩平摇，做对位记号：袖窿收针完针后，平摇23转，两边做“×”记号。做“×”记号就是把最边上的两个线圈相互之间交换，形成“×”记号，用来上袖时对位。然后再平摇10转到后片的外肩点（图3-1-7）。

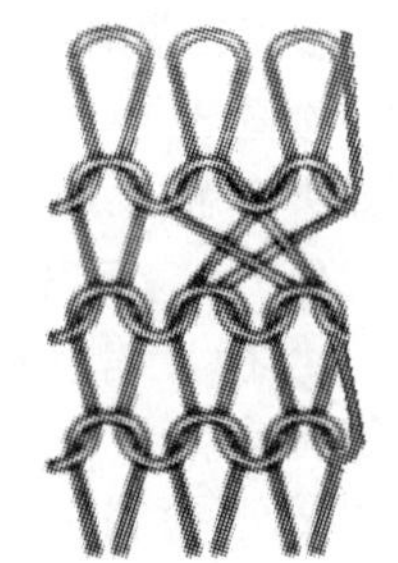

图3-1-7 挑“×”记号

⑨ 收肩编织：1-2×15，平1转。肩斜收针采用夹4支明收针方法操作。机头对侧收针，或两侧轮流收针均可，先收后摇，即收2针摇1转，共15次，平摇1转，后片编织完毕。最后松密度摇1转，废纱封口。

⑩后开领：第9次即开领，中落49针，1-2×2，1-1×2，平2转。

(a)第9次即开领，中落49针。意为在后片肩部收针第9次时正中立即开领，先在正中间收掉49针。由于收针数比较多，企业不用平收针方法收针,而是直接用废纱封口。方法是:机头停在右侧,用套针板将49针两侧的织针套住(不编织),用三个小边锤挂在49针之下,同时去掉重锤。换上废纱纱嘴,拉动机头在49针区域编织5~6转,卸掉纱嘴,机头在编织一次,使正中49针上的线圈脱掉。注意将废纱剪断,防止脱散。

(b)收针:1-2×2,1-1×2,平2转。向将两侧的套针板退出,用小边锤挂在右肩部两侧,机头在右侧,先编织右侧的部分。挂上正式纱纱嘴,从右向左到中间立即返回到右侧,注意不要碰左侧的织针;右边缘夹4支收2针,同时领子收2针。按收针规律进行收针,注意两边配合,直到结束。收肩的最后两次不用4支收,最后余2支针,进行拷针并锁紧线圈。小心拿下小边锤挂在衣片左侧,与上述相同方法,对称编织左侧。

(2)大身前片编织过程解读:

大身前片的读图顺序和后片相似,所不同的是在前开领部分。按编织工艺单所示,袖窿以下前后片的编织工艺相同,前片从收夹开始解读:

① 收夹:1-2×4,2-2×4,3-2×2,夹4支边收针。

② 平摇:平摇20转后做"×"记号。

③ 开领:平摇第20转,即开领,中落17支针。表示在平摇段到20转时在前片正中开领。在前领底平收17针,收完针后将这17针退出工作。开领时需要左右分片织:按照1-3×2,1-2×5,1-1×4,2-1×4,的收针规律,最后平摇11转。即:平收领底后先摇1转收3针,收2次;再摇1转收2针共4次;再摇1转收1针共4次;再摇2转收1针收共4次。开领收针总转数为19转,最后平摇11转。同时注意外侧记号点之后平摇17转后开始加针操作。编织结束后用废纱进行5转封口后卸片拿下。

3. 袖片编织过程解读

袖片与大身的读法相同,可按大身读图方法进行解读。袖山头废纱封口。

4. 领条编织过程解读

领条的形状为长方形,长度方向为开针数,组织采用2×1罗纹,纹理清晰。

(1)起口:同下摆和袖口,元空1转使边口光洁。

(2)平摇:元空后平摇19转,最后使用松密度织1转,废纱封口。或平摇19转后松密度1行,翻针,编织1行,废纱封口。

(3)挑孔记号:按工艺要求,领条编织结束翻针成单面,废纱封口1转后进行按针数要求挑孔记号,再平摇8转,以防脱散。

任务2　典型款毛衫衣片的编织

学习目标

1. 掌握手摇横机衣片常用的操作方法，学会收、放针和平收针的操作方法。
2. 了解手摇横机衣片常用的操作方法，学会衣片挂肩平收针、袖窿的收针方法。
3. 熟悉肩部收针原理，学会肩部斜收针的过针、铲针、套针的操作方法。
4. 熟悉衣片开领的编织原理，学会手摇横机V领、圆领、后领开领的操作方法。
5. 熟悉回形编织原理，学会毛衫斜片等特殊衣片的编织操作方法。

任务描述

了解和掌握手摇横机编织衣片中所用到的各种罗纹、收放针、平收针、过针、套针、开领、斜片编织等编织方法和特点。依据编织工艺单进行典型款毛衫身片、袖片、领条的编织。

知识准备

在横机编织过程中，有很多不同的编织技巧可用于衣片成型的不同部位中。横机毛衫为纬编组织织物，其编织特点是纱线横向连续，纵向串套形成织物。毛衫成型是利用织物的两边采用加针和减针的方法配合纵向的转数形成阶梯形编织，使布边扩、缩而形成一定的形状。衣片内的成型如领子部位则采用分片编织的方法使之成形。

一、肩部斜收针过针、铲针操作方法

斜肩型毛衫服装肩部一般有一个斜度，斜度大小根据不同的衣片形状来决定，在编织肩部斜度时，横机操作是用每次收较多针数来实现，收针时为对侧收针方式。

例如编织一个肩型，其收针规律为：每转收5针6次(1 -5 ×6)。由于每次收针数较多，不能用平常的明收针或暗收针来解决，因为5针叠在一起会造成一个较大的褶，且使线圈很紧而造成断纱，收针结束后尺寸不对。因此在编织过程中往往采用过针、套针或铲针(休止)的方法来使织针暂时停止编织方法，使得肩部线圈松紧一致，整体效果美观。

1. 过针法

过针法是指采用将暂时不编织的线圈从一个针床的织针上转移至另一个针床上的织针寄存，需要编织时再翻过来继续参加编织的方法。

如图3-2-1所示，阶梯状表示左肩的收针部位，收针规律为：1 -5 ×6(每转收5针，共六次)。具体操作为：

(1)将机头停在编织区域右边(收针的对侧)。

(2)将5针线圈翻针到后针床(前床编织)。关闭后床起针三角。

(3)编织1转，依次翻5针，共5次(前片)，编织1转，留最后5针。

(4)编织1转,将翻后的25针全部翻回前针床。编织1转(齐织1转),结束。

此法适用于初学者和普通简单的横机操作,速度较慢。

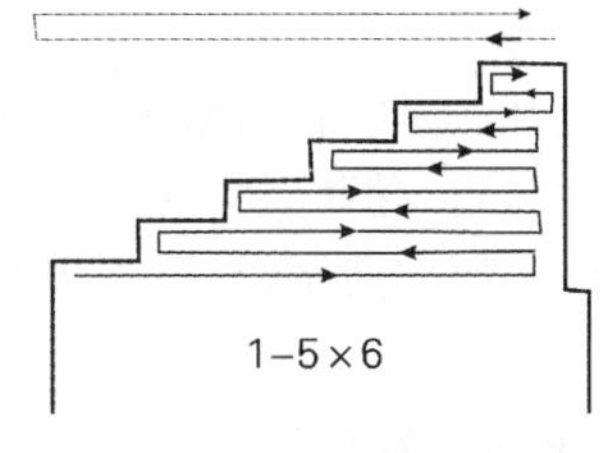

图3-2-1 肩部收针编织示意图

2. 铲针法(休止针)

铲针法适合于具有休止针功能的多功能手摇横机。可以将织针拨至最高位置,脱出三角的控制而暂时停止编织,线圈依然挂在针杆上。通过开关很方便的恢复工作。

(1)右肩收肩编织:1 - 5 ×6,将机头停在编织区域左边(收针对侧)。

(2)将最左的5个线圈的织针推到最高点,线圈脱圈到针杆,针踵不妨碍编织。

(3)编织1转,再将5枚织针推到最高点,编织1转,剩最后5针。

(4)编织1转,搬下回复开关,自动垫纱恢复编织。

(5)齐织1转,结束。

此法适用多功能横机生产的操作,速度快。

二、开领分片操作方法

前、后领形成一个凹势,从局部来看是将衣片分成左右两部分。而纬编的原理是横向纱线相连,所以在编织领子部位时,由于左右纱线不相连,因此对于手摇横机来说需要分成左右两部分分别编织,才能使领部边缘光洁。分片编织原理如图3-2-2所示。

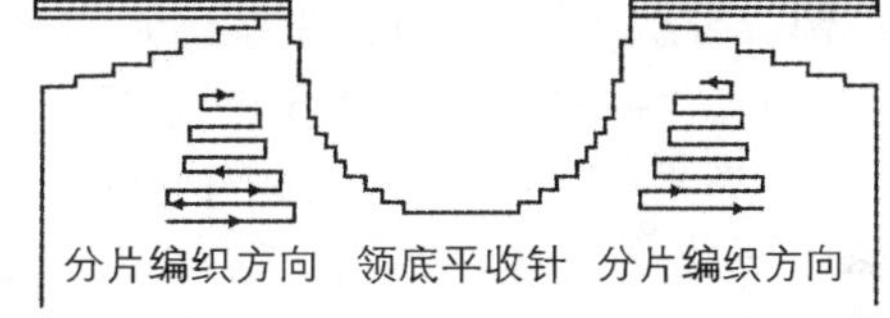

图3-2-2 分片编织示意图

开领的基本方法有:套针法、铲针法、过针法。例如某圆领领子的开领过程如图所示。在领底正中为一段水平线,左右两侧进行收针,编织方向如图中箭头所示,左右两侧需要进行分别编织,编织的顺 序是编织领口其中的一侧,完成后再编织另一侧。

1. 套针法

分片编织时,用套针板将后编织一侧的十数针上线圈套住,形成一个织针缺口,编织时机头可以在缺口处掉头编织。一侧编织结束后将线圈套回织针,编织余下的一侧。此法常用于手摇横机毛衫开领的生产中。

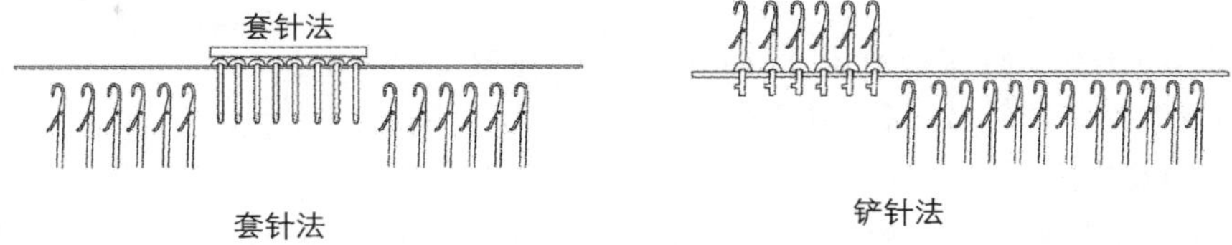

图3-2-3 开领编织方法示意图

2. 铲针法

铲针法是将后编织一侧的织针拨到最高点(注意不能与毛刷相碰),此时织针针踵位于弯纱三角之上,机头往复运动时三角不会与针踵相互作用或碰撞,可以顺利方便的编织,此法适用于多功能或花式横机的编织操作。

3. 过针法

过针法是指将后编织的一侧相邻的十数枚织针上的线圈先翻针至后床，同时关闭后床上的起针三角，翻针后将前床的织针拨下，形成一个织针缺口，编织时机头可以在缺口处掉头编织。此法较少使用，只适用于普通手摇横机的初学者练习。

三、圆领编织操作法

圆领在开领编织中较为简单，领底平收针处的编织可以采用废纱编织法或采用平收针的操作法。如果操作者习惯在后针床编织，则与前床操作相反。

有开领规律为：平收 37 针，1 - 2 ×3，2 - 2 ×4，4 - 2 ×2，平 4 转。收肩：1 - 5 ×7，平 2 转。其收针原理与编织方向示意如下：

1. 圆领开领领底收针操作

圆领开领时，先将领底进行收针，分为废纱编织法和平收针法。

(1)废纱编织法：按规律在领底平收 37 针。设在前床编织，机头停在右侧，先将正中 37 枚织针两侧线圈用 10 针套针板套住线圈，将机头四个起针三角关闭，带废纱纱嘴进入到套针板位置；打开 4 号起针三角，向左编织，到左侧套针板处关闭 4 号起针三角；纱嘴出编织区左侧约 5cm，打开 1 号起针三角，返回编织到右侧套针板处关闭 1 号起针三角，机头出编织区左侧约 5cm，打开 4 号起针三角。重复编织 5 转，观察织口位置，如果发现布片浮起，则需要在两侧挂小锤。编织 5 转后，将机头移出到右侧，剪断纱线并注意防止脱散。将废纱处的织针退圈，拨下，领底收针完成，企业生产时使用。

(2)平收针法：初学者由于担心脱散，可以采用平收针方式进行领底收针。平收针操作法操作费时，企业生产不用，适合于初学者的编织操作。操作时另用一段纱线，采用平收针的方法进行收针，收完后两端用线头钩套固定住以防脱散。

2. 开领操作

领底收针完成后进行分左右片编织。先织机头停留的一侧，收领与侧边编织同时进行。

(1)领正中平收针：第一次练习采用平收针的方法进行收针，领正中收 37 针。

(2)编织右半片：摘掉重锤，用小挂锤挂住右半片编织区域的左中右靠下 2 ~ 3cm 位置，根据编织情况，经常及时调整小锤的位置，防止布片浮起影响编织。

① 1 - 2 ×3：拉动机头从右向左再回到右边编织 1 转，左边(领边)收 2 针，重复 3 次，完成 1 - 2 ×3。

② 2 - 2 ×4：编织 2 转左边收 2 针，共重复 4 次，完成 2 - 2 ×4。

③ 4 - 2 ×2：编织 4 转收 2 针，共 2 次。

3. 有收肩时的开领操作

在收领 4 - 2 ×2 的第 2 次的同时右侧进行收肩：1 - 5 ×7，平 2 转。编织此段时要注意收肩的规律，操作时左边收领，右边收肩，同时进行。

编织顺序对应表：例如编织领右侧时，编织收领 4 - 1 ×2 段与收肩的配合过程(表 3-2-1)。

表 3-2-1　衣片收领收肩操作表

编织顺序	收领动作	收肩动作
1	4-1×2 的收第一次收针 2 针	收 5 针(铲针或过针到后床)
2	平 1 转	平 1 转
3		收 5 针(铲针或过针到后床)
4	平 1 转	平 1 转
5		收 5 针(铲针或过针到后床)
6	平 1 转	平 1 转
7		收 5 针(铲针或过针到后床)
8	平 1 转	平 1 转
9	收 2 针	收 5 针(铲针或过针到后床)
10	平 1 转	平 1 转
11		收 5 针(铲针或过针到后床)
12	平 1 转	平 1 转
13		回复编织或过针到前床
14	平 2 转	平 2 转
15		废纱封口 5 转

四、斜片、回形编织方法

在时装款式中,往往会出现各种不同形状的衣片形式,比如下摆需要编织成斜片状,如图所示。采用逐步多针放针法可以实现斜片的编织。

1. 斜片编织(图 3-2-4)

(1)起口:单边起口。

(2)编织下摆:下摆一般为圆筒组织结构。

① 编织起底横列。

② 元空:元空 5~6 转。

③ 翻针:将后床线圈翻针至前床。

(3)斜片编织:设规律为 1+5×20

① 休止右边织针:用套针板(两块 5 针板)将左边开始第 6 针到第 15 针套住。

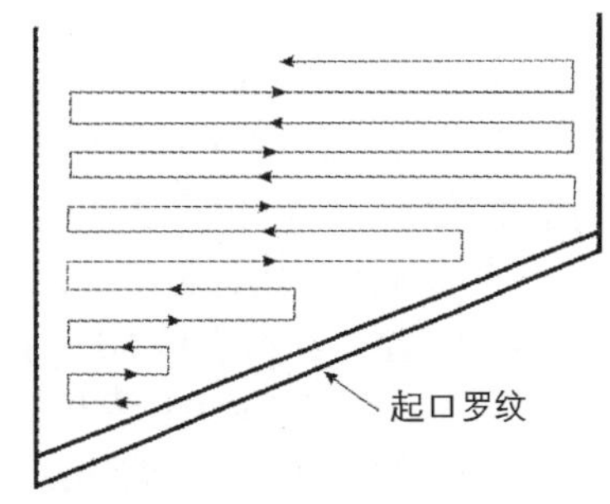

图 3-2-4　斜片编织示意图

方法:将机头停在左边,将左边开始第 6 针到第 16 针套住用套针板针眼套到针钩上,再将织针向下拉,直到线圈转移到套针板上,将织针摘除,拨下到起针高度以下(最底部),造成针踵缺口。或采用铲针法,将所有织针推倒最高点。

② 编织 1 转:拉动机头,自左向右再向左编织 1 转,停在左侧。

③ 转移套针板:将左边的套针板上的线圈转移到织针上,套住第 16~20 针,织针拨离起针高度以下(最底部)。

④ 编织 1 转:拉动机头,自左向右再向左编织 1 转,停在左侧。

⑤ 重复:重复第(3)、(4)步骤 18 次,直到全部织针均参与编织。主要左边需要不断增加和调整小挂锤的位置和重量,以适应正常编织。

此种织法称为回形编织法,也可以应用到波浪形织法。采用花式横机休止针的方法最为简单:先将不编织的织针拨上最高点,每次将需要编织的织针拨下参加编织即可。

2. 圆摆编织(图 3-2-5)

采用 7G 手摇横机进行试样编织。设规律为:开针 200 针;圆筒 6 转;翻针成单面;平 1 转;正中 100 针编织 1 转;两侧 1 +5 ×10,平 10 转,废纱 5 转封口结束。

(1)起口方式:单边起口。

(2)编织下摆:按圆筒下摆的编织方法进行编织圆筒 6 转后翻成单面。

(3)圆摆编织: 平 1 转后开始加针。

① 休止右边织针:用套针板(两块 5 针板)将左边开始第 6 针到第 15 针套住。

操作方法:将机头停在左边,将左边开始第 6 针到第 16 针套住。用套针板针眼套到针钩上,上拉套针板,使织针退圈;再将织针向下压,直到线圈转移到套针板上,将织针退出编织,造成针踵缺口。

② 编织 1 转:拉动机头,自左向右再向左编织 1 转,停在左侧。

③ 转移套针板:将左边的套针板上的线圈转移到织针上,套住第 16 ~ 20 针,织针拨离起针高度以下(最底部)。

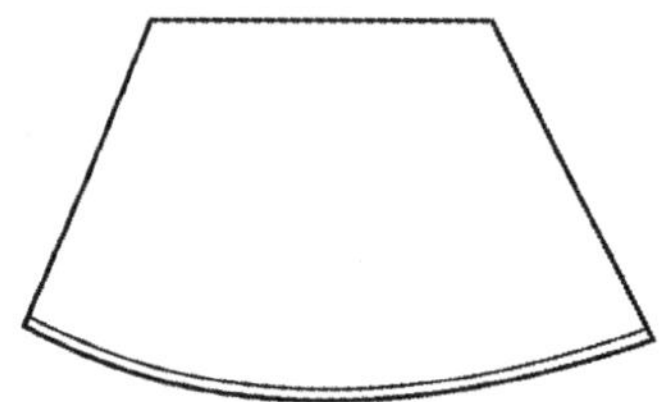

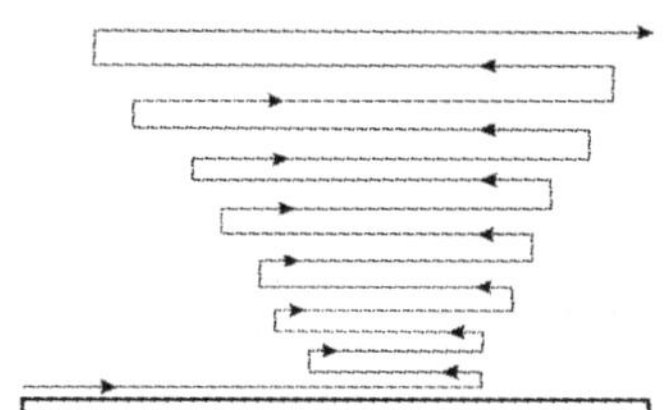

图 3-2-5 圆摆编织方法示意图

④ 编织 1 转:拉动机头,自左向右再向左编织 1 转,停在左侧。

⑤ 重复:重复第(3)、(4)步骤 8 次,直到全部织针均参与编织。主要左边需要不断增加和调整小挂锤的位置和重量,以适应正常编织。

(4)铲针编织法:圆筒编织后翻针到前针床→平 1 转,机头在右侧→将左侧 50 针拨到最高点,编织到左边→将右侧 50 针拨到最高点,编织到右边→左边放下 5 针,编织到左边→右边放下 5 针,编织到右边→循环 10 次,放针结束→平摇 10 转,废纱封口。

(5)过针编织法:圆筒编织后翻针到前针床、关闭后床起针三角→平 1 转,机头在右侧→将左侧 50 针翻针到后床,编织到左边→将右侧 50 针翻针到后床,编织到右边→将左边 5 针翻针至前床,编织到左边→将右边 5 针翻针至前床,编织到右边→循环 10 次,放针结束→平摇 10 转,废纱封口。

五、波浪边编织方法

回形编织法也可以应用到波浪形织法。采用花式横机休止针的方法最为简单:先将不编织的织针拨上最高点,每次将需要编织的织针拨下参加编织即可。

当需要编织如下图所示的波浪型下摆时,可以通过斜片编织的回形织法,扩展成波浪形下摆的编织。

1. 下摆编织:波浪形的下摆一般采用满针罗纹或袋编,下摆高度较小,一般0.3~2cm。

2. 回形织法:如图3-2-6第一个波浪的编织,机头停在左侧。

(1)编织左边第一个斜部:按斜片的编织方法,执行编织规律,比如:1+5×5。

(2)编织编织第二个斜部:此部位与第一个正好方向相反,编织(1)步骤后将机头停在右边,用两个5针套针板套住右起第6~15针,编织2转,重复5次,与第一段接上为止。

(3)同时编织平摇部分。

(4)采用花式横机休止针的方法最为简单。

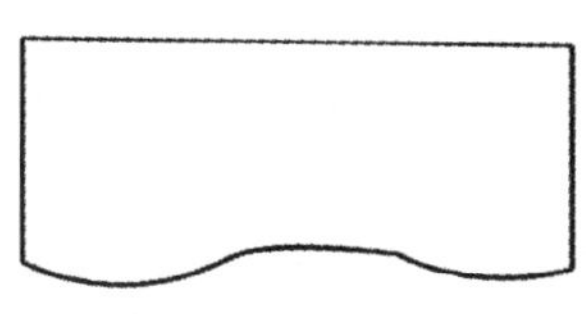

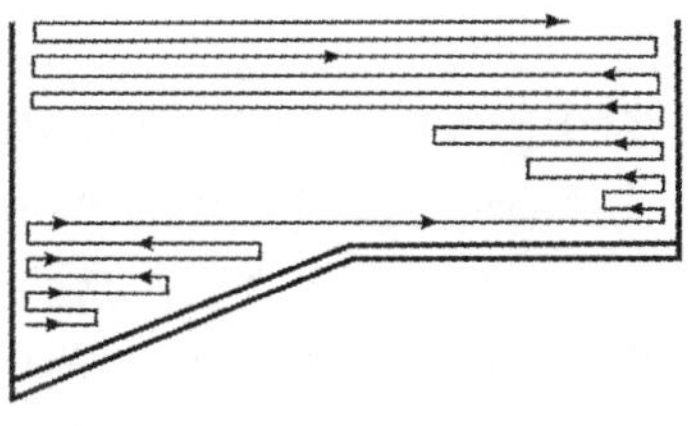

图3-2-6 波浪片回形编织示意图

六、装饰带的编织方法

在成衣的附件中,有各种装饰的织带,一般采用罗纹或罗纹变化组织,双面组织线圈均匀不会卷边,保持平直。

1. 排针:两边排数针边针,针床相错(满针罗纹);针床相对(1+1罗纹)。中间空一定长度的织针,编织后形成浮线。

2. 起口同罗纹方法编织。

3. 注意要调整纱嘴的高度和位置,防止对侧垫不上纱线。

4. 平摇:平摇编织需要的一定长度。

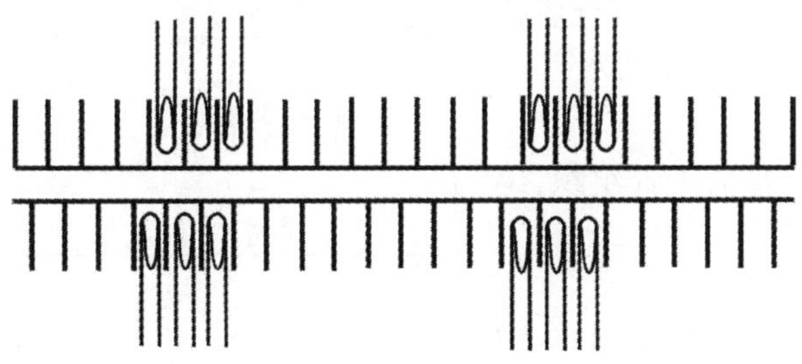

图3-2-7 装饰带排针图

图3-2-8 编织效果图

七、双面织物收针法

单面组织的编织时,两侧收针比较容易实现。当大身为双面组织织物时,收针一般采用1针1针的收针;可以同侧收,也可以斜翻。如满针罗纹的收针方法:边缘需要收针的线圈向内平移1针,收2针时则平移2针,可以暗收也可以明收。

任务实施

一、教学设备与材料

7G 手摇横机,38.5tex×2(26Nm/2)腈纶纱线等。

二、实施步骤

任务说明:按如图 3-1-1 所示的典型款圆领女套衫工艺单中所指定的毛衫规格尺寸、编织工艺参数、衣片的编织步骤,使用 7G 手摇横机进行编织。

1. 编织前准备

编织前准备的主要工作是仔细阅读、理解工艺单,检查手摇横机织针状态、纱线的准备、穿纱、密度调整、试样编织。这里主要讲述密度的调整。

生产中需要控制车间内生产同产品的手摇横机编织密度保持一致,才能保证各台横机所编织的衣片尺寸是一致的。按工艺单所要求:大身为纬平针组织,10 支拉密为 6.1cm;下摆、袖口为 2×1 罗纹,5 坑拉密为 8.5cm;领罗纹的 5 坑拉密为 8.5cm。

(1)试样编织:

① 密度调整:在横机上根据经验或根据前面所述的弯纱三角调节方法,将三角位置调成上位和下位两个位置,四个弯纱三角的上、下位全部调成一致。固定定位片,在定位片与指针之间插入数张纸牌片,便于调节。

② 编织试样:进行大身和领罗纹的编织。大身织片开针 100 针,起针后编织 2×1 罗纹 20 转、平针 80 转,废纱封口下机。领罗纹单独编织。

③ 拉密测量:将大身的平针数十个纵行,用大拇指和食指的指甲夹住,在同一个横列上两手用力拉开使线圈完全拉紧,放在直尺上度量,观察数值。同样方法将罗纹的 5 个凹凸条拉开,测量长度值。如果平针的数值偏大,则在指针与定位片之间再插进一张厚纸片,插进一张大约会缩短 2~3mm;相反如果数值偏大则拔出一张,则会加长 2~3mm。用同样方法调节罗纹的拉密。

(2)复样的编织:根据上述测量的结果,进行拔或者插入纸牌片来调整拉密,使之符合工艺单上的拉密要求。

2. 后片编织

该典型款毛衫下摆为 2×1 罗纹,大身为平针组织,编织时自下而上(图 3-2-9)。

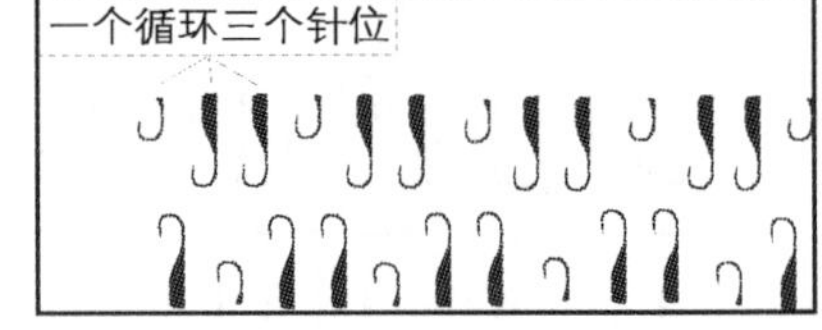

图 3-2-9 2×1 罗纹排针图

(1)起口:

① 选针:将前后针床 2 隔 1 排针,各排 55 个循环,即前后各 55 条罗纹。大身在前针床编织,则前床两侧变为 1 针,正好比后床两边各多 1 枚,共 165 称为 面包里。针床相错。

② 单边起口:机头停在右侧,挂上废纱纱嘴,将前床弯纱三角放在下位,后床起针三角关闭,前床起针三角 1、4 打开,从针床中间的下方向上塞进起针板,露出 2cm 左右,注意将纱嘴放在起针板的后方。拉动机头从右向左移动,编织第一个横列,停在左侧。将重锤挂上,注意平衡,不能挂歪。拉动机头编织 2.5 转,停在右侧。

(2)罗纹编织:

① 起底:将四个弯纱三角打在上位,2 号位弯纱三角再向上打在高位(织针出针床约 2~

3mm),换成正式纱嘴,四个起针三角都打开,后针床向左摇动一个针距,使前后针床的针织成为1隔1的态势,拉动机头向左编织,停在左侧。此横列编织时由于后床的织针较高,编织后的线圈较小,称为起底横列(图3-2-10)。

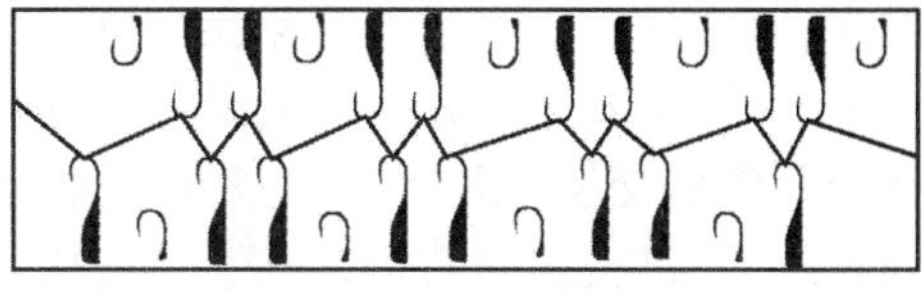

图3-2-10 起底横列针床状态

② 元空:关闭2、4起针三角,2号位弯纱三角调回到上位,拉动机头编织1转半,停在右侧。

③ 编织罗纹:将后针床向右摇动一个针距,使前后针床织针成为2隔2排列状态,编织16转,机头停在右侧。

④ 松密度:将1、2号位的弯纱三角下调到下位,拉动机头编织向左,停在左侧,此横列称为松密度。为翻针做准备,线圈大容易翻针。

(3)翻针:用毛刷或刷针器将前后针床织针的针舌都打开,用翻针板将后床针织上的线圈翻针至前床,操作方法如项目一中试样编织所述。

(4)衣片挂肩以下部位编织:翻针后向右编织机头停在右侧,共有165枚针上有线圈。将3、4号位的弯纱三角松开至下位。

① 平摇9转:机头从右侧开始,进行编织9转,停在右侧。

② 5-1×3,4-1×3:表示平摇后进行收针,分为两段进行。第一段5-1×3,机头在右侧,在、左右侧同时收1针;摇5转停在右侧,进行第2次收针。摇第二次5转,机头停在右侧,进行第3次收针,此时完成了收3针,摇了2次5转共10转。第3次左右侧收针后,机头停在右侧,进入第二段为4-1×3收针规律,摇4转后机头停在右侧,进行第1次收针,摇4转后进行第2次收针,共收3次,共摇12转。第3次收针后,机头停在右侧。两段总和共22转。

③ 平摇14转:在上次收针后平摇14转,为腰节的转数。机头停在右侧。

④ 3+1×4,4+1×4:表示为腰节平摇后进行放针至胸宽。第一段3+1×4:在右侧边缘直接推上一枚空针(暗放一针);摇到左侧,在右侧边缘推上一枚空针,放针时必须在机头同侧轮流放针,否则会掉针。机头回到右侧,再摇2转后放1针,为第二次放针,如此循环共放4次,完成了放4针,摇了3次3转,共12转。第二段为5+1×1放针规律:同理在上次放针后,摇4转放1针,共4次。本次放针规律共放8针、摇25转,机头停在右侧。加针结束后胸宽针数总为167针。

⑤平摇9转:机头从右侧开始,进行编织9转,停在右侧。此为度量胸宽的部位。

(5)袖窿编织:袖窿编织分为平收针、暗收针、平摇等三个步骤。

① 平收6针,机头同侧收针,现在机头停在右侧,则在右侧先收,采用平收针(拷针)的方法逐枚收针,共收进6针,将6枚空针拨下退出工作。拉动机头编织到左侧,在左侧平收6针。停在左侧。

② 1-2×3:表示1转收2针共3次,夹4支收。将机头编织向右,停在右侧,使用6针收针板,将最右边6针上的线圈退出向左平移2针,空出的两枚织针退出工作;再编织到右侧,在左边收2针。进行如此循环3次机头停在左侧。

③ 2-2×3:表示2转收2针共3次,夹4支收。机头编织向右→向左→向右停在右侧,使用6针收针板,将最右边6针上的线圈退出向左平移2针,空出的两枚织针退出工作;再编织到右侧,在左边收2针。进行如此循环3次机头,停在左侧。

④ 3-2×2:方法同上,机头编织向右→向左→向右→向左→向右停在右侧,采用6针收

针板,左右各收2次。机头停在左侧。

⑤ 平摇23转,挑"×"记号:意为收针结束编织到第23转时,将左、右布边上的第1和2针上线圈做交换(成为1×1绞花),此为上袖时与袖子上的袖山头对位的记号。操作时,左侧收针结束,机头摇回右边,完成1转,再摇22转,停在右侧。左、右两侧边缘的第1、2枚针上的线圈做交叉,使之有一个明显的记号。

⑥ 平摇10转:做完记号点后平摇10转到后片的外肩点。机头停在右侧。

(6)收肩:收肩1-2×15,平1转。表示为收肩采用明收针的方法,1转收2针共15次。平摇1转,编织结束。松密度编织1转,废纱封口。操作:在右侧用6针板收2针,摇到左侧,再左侧收2针,如此循环13次。第14、15次不夹支收。最后平1转。

(7)开后领:第9次即开领,中落49针,1-2×2,1-1×2,平2转。开后领需要采用分片编织的方法,即先将正中间的49针先收掉,余下左右两侧的后领、肩部分,由于中间无连接,所以两侧分别编织称为分片编织。

操作方法:

① 第9次即开领,中落49针:意为在后片肩部收针第9次时正中立即同时开领,先在正中间收掉49针。由于收针数比较多,企业不用平收针方法收针,而是直接用废纱封口。

(a)机头停在右侧,用套针板将49针两侧的织针套住10针(不编织),用三个小边锤均匀挂在49针之下,同时去掉重锤。换上废纱纱嘴.

(b)拉动机头在49针区域编织5~6转(注意第1针必须要钩住纱线),卸掉纱嘴(放回右侧原始位置),机头再编织一次,使正中49针上的线圈脱掉,将废纱剪断,防止勾挂、脱散。

② 收针:1-2×2,1-1×2,平2转。

(a)向将两侧的套针板退出,在右肩部两侧下2转位置各挂小边锤。(机头在右侧,先编织右侧的部分。)

(b)挂上正式纱纱嘴,从右向左织出右肩部位立即返回编织到右侧,此为1转。注意不要碰左侧的织针。用6针板在右边缘将6个线圈向左移动2针;用2针板在领圈边收2针。循环2次。机头停在右侧。

(c)用6针板在右边缘将6个线圈向左移动2针;用单针板在领圈边收1针。循环2次。机头停在右侧。

(d)用6针板在右边缘夹4支收2针;领圈平摇1。此时领圈只剩2针。平1转后用平收针方法收掉,最后余2针,进行锁紧线圈。

小心拿下小边锤挂在衣片左侧,用上述方法,对称编织左侧。

后片编织完毕。

3. 前片编织

前片编织,在挂肩以下与后片的编织方法相同,只是开针的针数不同,前片的开针数为171针。与后片较大区别是前开领。本例对开领操作进行说明。

在挂肩以上平摇段20转中编织到第19转开始开领。

(1)中落17针:将编织区正中17针废纱封口的方法进行收针(初学者可用平收针的方法:收针时机头停在右侧,另取一段纱线,用单针板进行从左侧或右侧开始进行拷针)。平收17针后将这些针拨下到最低点即退出编织。编织区域由于平收针分成左右两个区域,中间形成圆形领底,因此左、右两个区域(领口的两侧)需要分开编织。

(2)卸下重锤:由于机头停在右侧,方便先编织领口的右侧。编织时先卸下起针板上的重锤,在右侧领的编织区两侧各挂上小边锤,每编织 5 转左右需向上更改挂锤的位置,应该距离织口 3 ~4 个横列最好。

(3)执行收领规律:领底平收针后,机头位置在右侧,先编织右侧。编织时领边执行收领的收针规律,右边缘执行袖窿的编织规律。即左边执行收领 1 -3 ×2,1 -2 ×5、1 -1 ×4、2 -1 ×4、平摇 11 转的规律;右边执行挂肩平摇段余下的平 2 转、做交叉记号、平 16 转、2 +1 ×6、平 2 转的规律。

操作过程参考后开领的方法,结束后松密度平摇 1 转(套口行),废纱封口(5 ~10 转,不脱散为好)。下片。

(4)编织左侧:右侧结束后,将机头四个起针三角关闭,带纱嘴移动到左侧布片边缘,打开 1、4 起针三角,挂好纱线,进行编织左领部分。方法同后开领。

4. 袖片编织

(1)起口:将前后针床 2 隔 1 排针,各排 29 个循环,即前后各 29 条罗纹。大身在前针床编织,则前床两侧变为 1 针,正好比后床两边各多 1 枚,即正面 30 条罗纹,反面 29 条,称为面包里。针床相错。拉动机头单边编织 3 转,停在右侧。

(2)罗纹编织:2 ×1 罗纹平摇 13 转,停在右侧。松密度、翻针。

(3)上袖身编织:

① 先放,1 +1 ×3:表示袖口罗纹编织完成翻针后共有 87 针,翻针后机头停在右侧,在右边加 1 针,机头编织到左侧,在左侧加 1 针。(机头同侧加针)共加 3 次,机头停在右侧。这种放针方式称为快放针、跑马针。

② 上袖身放针:4 +1 ×14,5 +1 ×5。机头编织 4 转停在右侧,在右侧加 1 针,再编织向左停在左侧,在左侧加 1 针,如此编织 14 次,机头停在右侧。进行第二段摇 5 转加 1 针共 5 次,机头停在右侧加针结束后(以多摇 1 转)。

③ 平摇 9 转:在上述基础上再摇 8 转,机头停在右侧。

(4)袖山收针:平收 16 针,1 -2 ×4, 2 -2 ×3,3 -2 ×5,2 -2 ×3,1 -2 ×2,1 -3 ×1,夹 4 支收。

① 平收 6 针:同大身平收针方式,机头同侧收针,每侧共收 6 针,右侧先收,收针机头停左侧。

② 按大身挂肩收针方法使用 6 针收针板按规律进行夹 4 支收针,最后一次 1 -3 ×1 不夹支收。

(5)平摇 1 转,松密度编织 1 转。

(6)袖山挑孔:在废纱第 1 转进行挑孔:余 57 针,从左起第 39 针挑孔。(另一片从右起第 39 针挑孔,注意左、右袖片为对称片。)

(7)废纱封口(5 ~10 转),不脱散为好。

5. 领条编织

(1)开针:前后针床各用 177 针,两隔一排针,共 59 条。同 2 ×1 罗纹排针方法。

(2)编织罗纹:起底、元空 1 转,编织 19 转,松密度 1 行,机头停在左侧。

(3)翻针:2 ×1 罗纹为了套口方便,一般需要进行翻针变为单面,也可以不翻针,视套口操作要求来定。

(4)定位点挑孔:翻针后,编织半转,机头停在右侧,废纱织半转,机头停在左侧,开始挑孔:从左向右依次为第 7、21、51、69、99、115 针位上挑孔做记号。

(5)废纱封口:废纱编织 5 转下机。将各衣片的起口废纱拆除整理,可套缝和后整理。

任务3　毛衫成衣套缝的操作

学习目标

1. 掌握套口缝合机的工作原理，学会套缝基本操作方法。
2. 熟悉各衣片的结构特点，学会合肩、上袖、合肋缝的套缝操作方法。
3. 熟悉领部的结构，学会上领套缝、手缝接缝的操作方法。
4. 掌握附件的结构和要求，学会上口袋、门襟的套缝操作方法。

任务描述

引入套口概念，了解和掌握套口缝合机的工作原理和毛衫衣片套口缝合、手缝的操作方法。对基本款毛衫进行封口、合肩、上袖、上领、合肋缝等套缝以及手缝的操作，完成毛衫成衣的缝制。

知识准备

套口缝合一般是采用圆盘针刺式套口机将衣片进行针对针（线圈对线圈）缝合，工艺细致精密，缝线隐秘、外观效果好。套口后线圈排列均匀、纹理清晰，缝迹的伸长率大于130%。毛衫缝合一般用人工套缝方式，简单的合缝可以用自动合缝机缝合。目前企业的套口制作主要在毛衫合缝机（套口机）上进行，线迹形式为“单线链式线迹”，其特点是：缝缝具有良好的弹性、缝缝美观、外观无缝迹。

一、套口机的结构

套口缝合机不属于工业用缝纫机的范围，是毛衫成衣机械的主要设备，机型种类很多，按线迹来分主要分为单链式、双链式两种；按缝针作用的方向来分主要分为外针式和内针式。按机器的使用配置方式来分主要有立式和台式。按套台的形状来分又分为圆盘式和平直式两种。如图3-3-1所示为圆盘式套口机，其主要机构介绍如下：

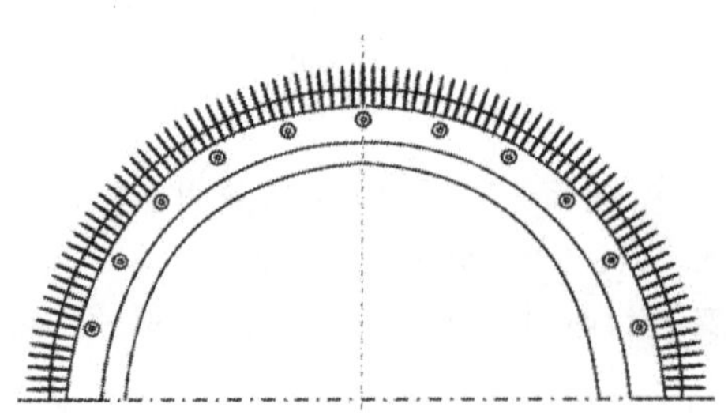

图3-3-1　圆盘式套口缝合机

1. 送纱机构

由筒纱、弹簧夹片式张力器、挑线簧等组成,使纱线以一定的张力送到弯针处。

2. 圆盘式套口机缝合机构

缝合机构由弯针、圆盘、直针(挂衣针)、拨线器等机件组成。

圆盘圆周上按机号均匀固定着直针,直针的轴向有一凹槽。衣片上的每一个线圈对应套入一根直针,为了操作方便一般套口机的机号与衣片的下机毛坯密度相近,便于衣片的纵行与直针密度相同容易套入且具有一定的弹性,套口横列密度比大身略松,方便套入。

缝合时,弯针针尖顺着直针(挂衣针)的凹槽运动,保确针尖不会刺坏线圈的纱线,弯针抽回时,针的平面处纱线形成一个圈环,拨线器横向运动钩住纱线圈环。

当弯针作第二次运动时,针尖正好从上一次拨线器形成的圈环中穿过,拨线器放开圈环。弯针抽回时,针的凹面处纱线形成了下一个圈环,拨线器横向运动钩住纱线圈环。如此循环往复,形成了链式线迹。

当缝合错误时,链式线是可逆向拆解的。如图 3-3-2 所示,按逆缝合方向可将缝线拆开。

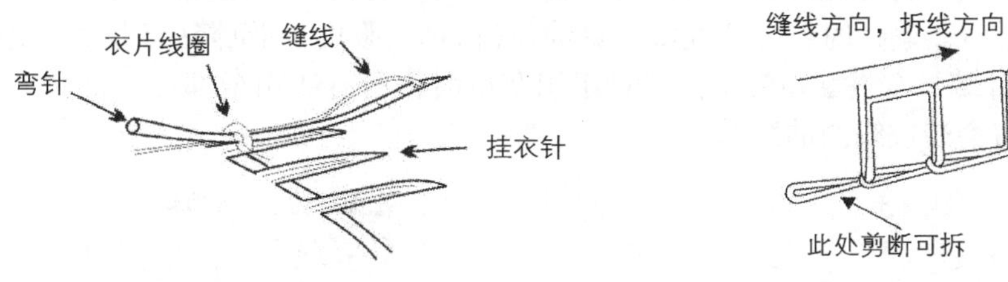

图 3-3-2 缝合的链式线迹

3. 传动机构

传动机构由电机、皮带轮、圆形皮带组成,由脚踏板控制开关,使电机运转。电机带动皮带轮传动给主轴,通过齿轮的传动一路传动给圆盘作圆周顺时针回转(俯视),一路带动拨线器摆动。

二、套口机机号的选择与缝耗的确定

套口机需根据毛衫衣片所对应横机机号的大小来选定,毛衫衣片编织下机后发生回缩,线圈的密度比横机的机号增加,为了使缝合后织物平整且缝线具有一定的伸缩弹性,一般套口机机号应选取比横机机号高 2 ~4 号,其相互间的配合关系如表 3 -3 -1 所示。

表 3 -3 -1 套口机机号与横机机号配合表

横机机号	3	5	7	9	11	12	14	16
套口机机号	4 ~6	6 ~8	8 ~10	10 ~12	12 ~14	14 ~16	16 ~18	18 ~20

套口缝合需要缝耗,横向套耗为 1 ~2 针,纵向套耗为 1 ~3 横列。套口纱选用强力较好的股纱,通常情况下采用毛衫衣身的纱线与同色的涤纶线一起缝合,来增加缝合强度。套口时不允许出现针纹歪斜或搭针现象(图 3-3-3)。

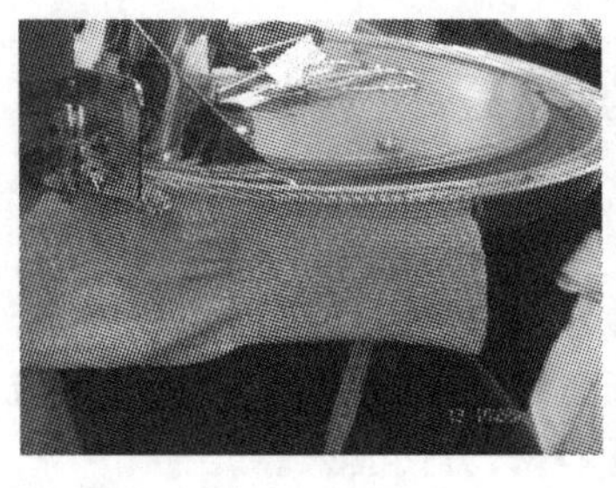
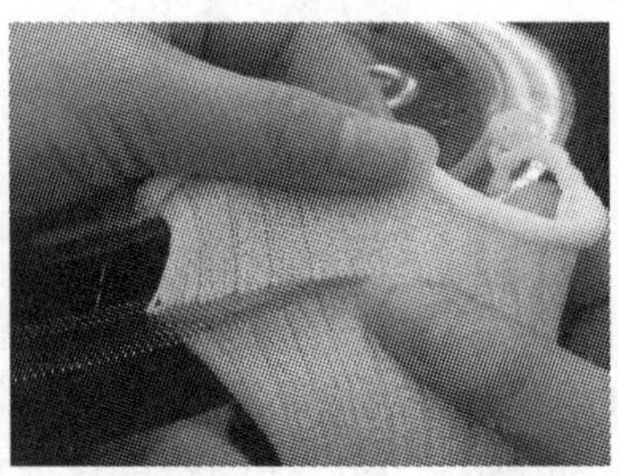

图 3-3-3 缝盘机套针手形与缝合操作图

三、常用的套口操作方法

1. 纬平针的套口操作

上机时，右手在上、左手在下，右手大拇指和食指捏住布片的前端，无名指与手掌夹住布片的后端，中指辅助，大拇指和食指可调整布片的松紧，拉开 1.2～1.3 倍左右使线圈的横向密度与套口针的间距相等时将线圈分段依次套入套口针上。上机后，反过来左手在上右手在下逆圆盘运动方向挂针。套口时要分清线圈的针编弧(俗称上眼皮)和沉降弧(俗称下眼皮)，如图 3-3-4 所示将针编弧套进套口针上。平针组织套口时将所有线圈全部针对针套入套口针中，如果有遗漏则将会造成线圈的脱散。

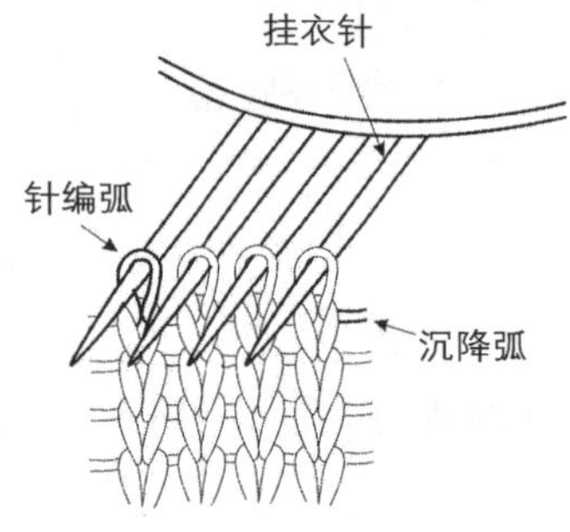

图 3-3-4 平针套口示意图

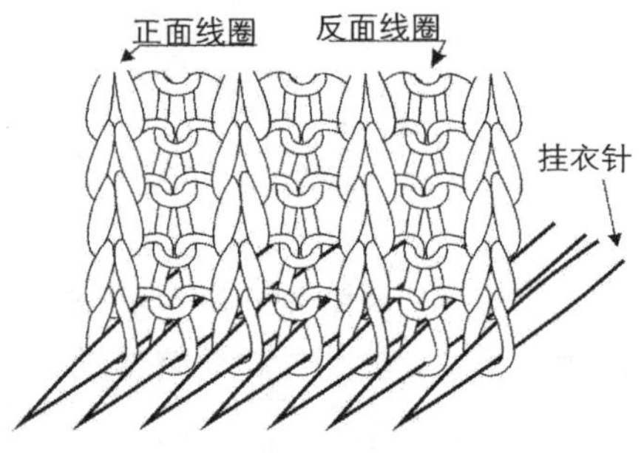

图 3-3-5 1×1 罗纹套口示意图

2. 1×1 罗纹套口操作方法

1×1 罗纹是由一个正面线圈纵行和一个反面线圈纵行配置而成，因此套口时将每个线圈一正一反按次序套进套口针上，如图 3-3-5 所示罗纹领的套口方法。

(1)上领套口机号的选择：

例：有 1×1 罗纹领长 36cm，开针数为 129 针，正面 65 条反面 64 条，一正一反套口，求套口机机号。

根据 1+1 罗纹的特点，横密 = 针数 ÷ 领长 = 129 ÷ 36 = 3.58 针/cm，采用上述套口方法，套口时线圈需拉开 1.1～1.3 倍套口容易操作，因此：

套口机号 = 罗纹横密 ÷ (1.1～1.3) = 3.58 针/cm ÷ (1.1～1.3) = 2.75～3.25 针/cm

套口机号是指每英寸(2.54cm)长度内所具有的针数，所以套口机的机号为：

套口机号 = (2.75～3.25)针/cm × 2.54 = 6.99～8.25 针/英寸。采用 7 针或 8 针机。

(2)2×1 罗纹的套口：

2×1 罗纹为二隔一排针的 2+2 罗纹，织物弹性好，尺寸相对稳定。为了保持罗纹的特

性,2×1 罗纹织物套口时一般采用两种方法:

①2 隔 1 套口法:按罗纹结构样式,第一针套正面线圈纵行,第二针为一个正面线圈纵行再叠一个反面线圈纵行,第三针为反面线圈纵行,如此三针一个循环依次套口。为了方便套口,企业常采用先翻针成单面再套口的方式,使重叠线圈易于套口。

②2 隔 2 套口法:采用二正二反的套口方式,将领子拉开,按 2+2 罗纹的结构,正面 2 个纵行线圈和反面 2 个纵行线圈依次套进针上。

以上两种方法由于循环针数不同,领子的长度也不同。2×1 套法罗纹领的纹理紧密、视觉细腻,需要领长长度较长。2 隔 2 套法纹理拉开弹性差,视觉粗犷,所需领子长度较短。

3. 2×2 罗纹套口操作方法

采用二正二反的套口方式,回缩性不如 2×1 罗纹,套口后纹理清晰、粗犷。

四、套口缝缝类型与方法

毛衫与普通服装的最大区别为缝缝结构。毛衫的面料相对比普通服装粗犷,纹理清晰,因此毛衫直视的重要部位如领子、门襟等的缝缝均采用针对针套口缝合。套口缝合采用单针单链的线迹结构,正面缝线的颜色、粗细与大身相同,视觉效果无差别,被看成无缝,此为毛衫的重要特征。

1. 毛衫缝缝类型

(1)双面光洁型:是指缝合处正反两面效果一致,无明显的缝合痕迹,过渡均匀。此种类型有两次针对针套口,效率低质量高。主要用于上领、门襟,也用于合肩、上袖等部位。

(2)单面光洁型:正面无明显的缝合痕迹,过渡均匀、光洁,反面有多余的织物边。套口时只有一次针对针,操作速度提高。主要应用于上领、上门襟。

(3)并缝型:是指两片衣片的边缘并合缝合,有如普通平车的缝缝。无需针对针操作,速度快,缝缝不美观,主要用于上袖、合肋、拼片的缝合。

2. 套口方法

(1)叠套法:叠套法是指领子单层叠在大身的正面之上的套法。一般采用 1×1、2×1 的罗纹,相对硬挺。上领时,先将领子光边朝上、正面朝里按要求针对针套上,再将大身领圈按照缝耗要求叠在领子上(缝盘机里侧为正面)。套法如图 3-3-6 所示。

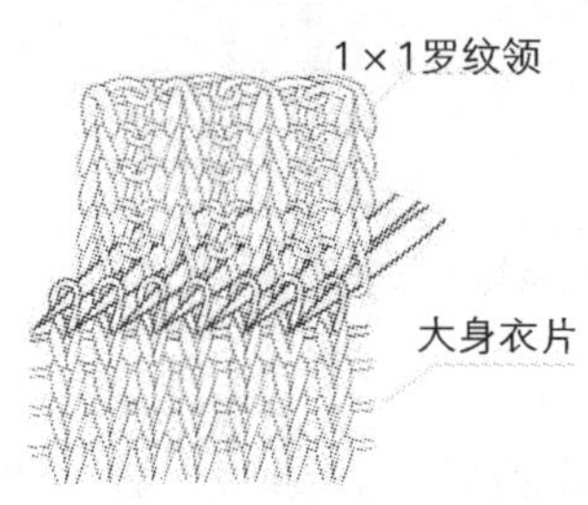

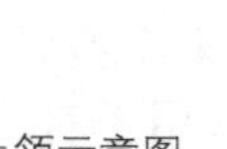

图 3-3-6　叠套法上领示意图

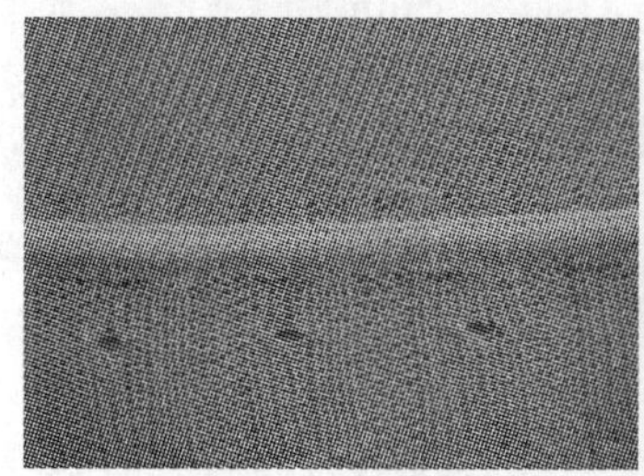

图 3-3-7　袖口、下摆罗纹夹套法示意图

(2)夹套法:是指采用双层领子将大身夹注的套口方法,套口时先将领子光边朝上、正面朝里按要求针对针套上,将大身领圈按照缝耗要求叠在领子上,再将领子的光边翻下夹住大身,在第二横列套在挂针上,针对针套、纹路要对齐。

(3)罗纹夹套法:罗纹条编织结束时采用圆筒编织使织物分成两层,套缝时将衣身夹在圆筒

内侧,缝合后正反两面光洁、无缝痕。如图 3-3-7 所示。此法也常用于领、门襟合肩缝的套缝。

(4)压条套口法:需要在衣片、袖中线上压配色或本色条时,采用压套法。里外夹套时适合于缝缝部位,如图 3-3-8 所示。用配色单面或本色条在衣片正面直接压套,套缝后反面有两条明显的链式缝线,如图 3-3-9 所示,适用与无缝缝部位。

(5)单面织条包套法:采用编织纬平针织条,在织物的边缘(如领口、下摆、袖口、袖窿等部位)进行包边套缝的方法,操作方法同夹套法。其效果是纹理均匀,表面、内侧外观光洁、无痕。如图 3-3-10 所示。

图3-3-8 衣片中线夹套后正、反面效果图

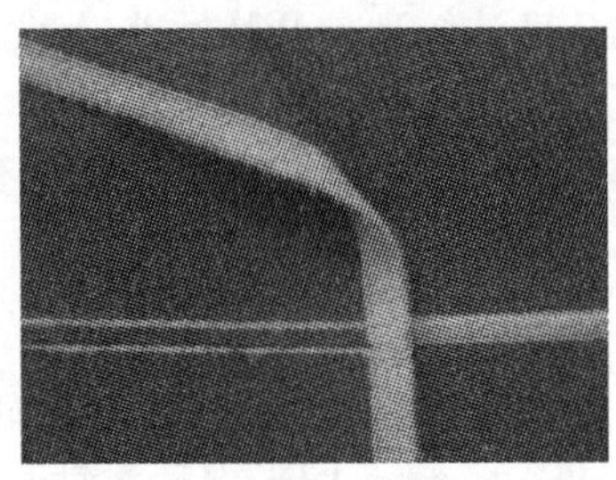
图3-3-9 衣片前、后中正面压套示意图

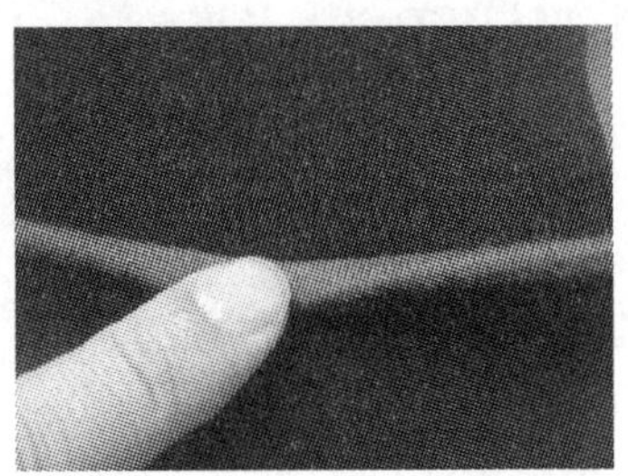
图3-3-10 下摆配色单包示意图

五、手缝

手缝是指用工进行缝合。有些部位套缝机不能进行,如领条接头等部位。普通手缝方法的种类很多,常用的主要有回针缝、切针缝、完形缝、缭缝、钩针链缝等。

1. 回针缝

回针缝是在重叠的缝片上不断进行垂直折回的缝合技术,对缝合各种组织结构的衫身、袖底缝等均可适用。在缝合单面组织、三平、四平等组织时,一般采用四针(眼)回二针(眼)的方法缝合;在缝合畦编类织物时,则采用两针回一针的方法缝合。缝合时,衣片正面对正面重叠进行缝合,如图 3-3-11 所示。

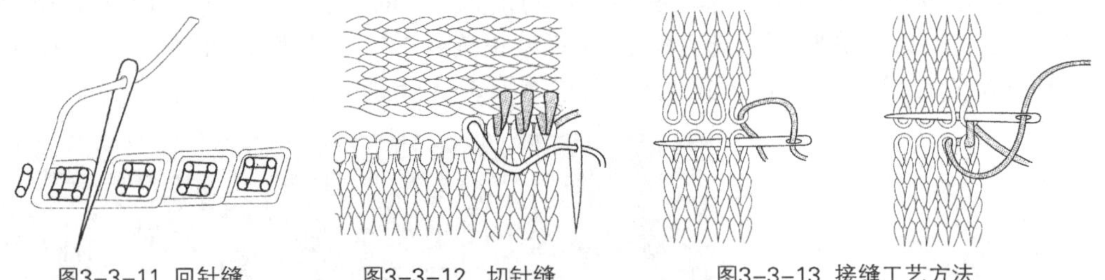
图3-3-11 回针缝　图3-3-12 切针缝　图3-3-13 接缝工艺方法

2. 切针缝

切针缝是在重叠的衣片上不断进行斜线折回的缝合技术,常采用两针一折回的方法。切针缝常用于横密接直密的缝合,如缝合挂肩带、上袖、上领等,也可用于直密对直密、横密对横密的缝合,如图 3-3-12 所示。

3. 接缝

接缝是在衣片线圈正对的情况下,按织物线圈形成的方式进行的缝合。采用接缝缝合后,能使衣片缝合处形成一个整体,不留任何缝合痕迹。进行接缝缝合时,必须使用与被缝合衣片相同的纱线作为缝线,并且在缝合时拉线的力量要匀,以使缝出的线圈同织物中的线圈大小与形状相同。对针缝常用于毛衫衣片缝合中需不留缝迹部位的缝合，如袋部、高档毛衫肩部等。接缝又称为接套缝合，如图 3-3-13 所示。

4. 缭缝

缭缝是将两衣片缭在一起的缝合方法，常采用 1 转缝一针，缝耗为半条辫子的缝合方法。缭缝主要用于缝毛衫的下摆边、袖口边、裙摆边等。

5. 钩针链缝

钩针链缝是采用钩针，用链式缝迹将两片织物缝合在一起的方法。钩针链缝可用于毛衫肩缝、摆缝、袖底缝等处的缝合。

六、藏线头

缝合后的各条缝缝两端均留有 2cm 的线头，目的是防止缝线脱散，但需要对线头进行处理。藏线头是指有钩针将线头勾进织物内，一方面隐藏线头使缝缝光洁；另一方面织物对线头有夹紧的作用，有效防止滑脱。藏线头前须将链式缝线的尾端套圈锁紧。

任务实施

一、教学设备

10G 套口机。

二、任务实施

1. 任务说明

对圆领背肩平袖型套衫衣片及附件进行套口缝合。套口工艺单如下：

(1)套缝工艺流程：衣片封口→合肩→上袖→合肋缝→上领。

(2)套口机号：10G。缝线：后领平位 1 条原身毛纱紧套，其他全部 1 条原身毛纱 +1 条 PP 线套缝。

① 封口：袖山头、前后领平位部位针对针封口，封口线在废纱下 2 横列（或称 2 皮）。

② 合肩：前片针对针，后片拉匀合肩套直。

③ 上袖：袖和大身收针下 2 横列（皮）起套。袖子中心记号对肩缝向 前 片移 11 支针。均套 2 支针，线迹松紧适宜，套夹边要求拉长套口，注意要有弹性。

④ 合肋缝：袖边及下摆罗纹高低对齐。袖窿点（腋下）交叉缝对齐，均套进 2 支针，线迹松紧适宜。

⑤ 上领：领贴（条）按记号套上，套口时要求吃势均匀，斜位对称，平位套在封口线下 2 横列（皮）。均套 2 支针，对位准确，领子圆顺。

2、套口操作

套口流程：衣片封口→合肩→上袖→合肋→上领→手缝领接头→线头固结→藏线头，套口机选用 10 针套口机。具体各工序的基本操作如下：

(1)封口：可以将后领 59 针、前领底 27 针、袖山头 49 针、两肩等容易脱针的部位先进行单片套口封口，防止脱针。强调效率的企业一般不封口，以节约时间。

操作：将领底、袖山头上废纱封口线下第 2 个横列平齐逐针套进，进行套口缝合。

(2)合肩:先将前衣片肩部在废纱下第2横列针对针、正面朝外套到挂衣针上。再将后片正面朝里与前片左右对齐、均匀套在边缘第2针上,缝合。两肩套口方法相同,留线头长不小于2.5cm,以防脱散。

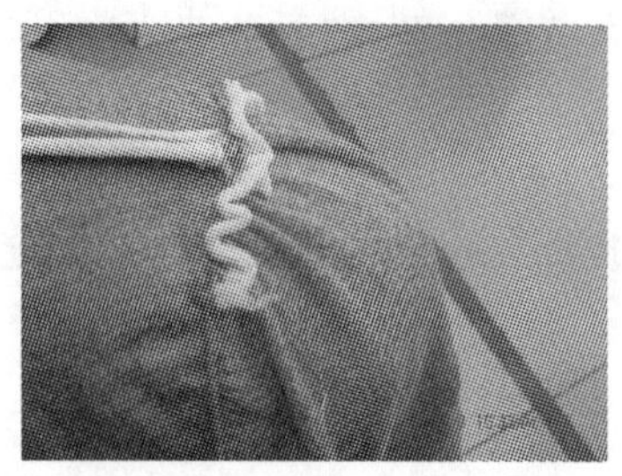

图3-3-14 泡泡袖上袖后的效果

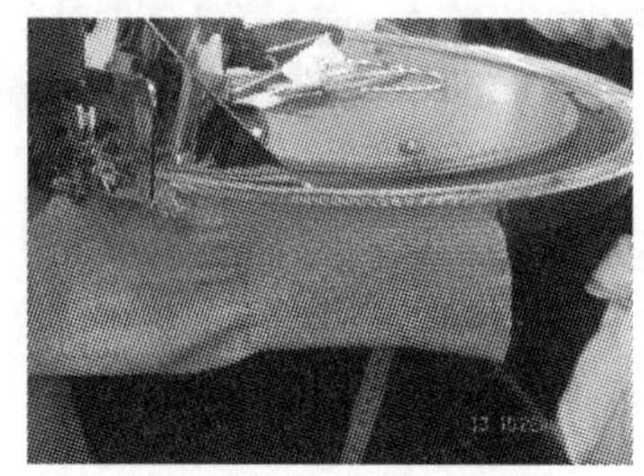

图3-3-15 合肋并缝套缝

(3)上袖:将大身正面朝外,袖窿部分均匀的套在边缘第2针上,再将袖子按记号对记号反面朝外套上,注意平收针5针段,身与袖对正;袖山头两侧的记号点之间对应即袖山头49针,袖子中心记号点向前片移,第11支针对应肩缝处;袖山收针段对应大身袖窿收针到记号眼段,一一对应缝合。

(4)合肋:从袖口开始将衣片反面朝外,将边缘第2针的纵行套在针上,罗纹套在第一纵行,均匀对齐,缝合。

(5)上领:

① 套领条:先将领子光边朝上,废纱在下,反面朝外,在翻针行针对针进行套在圆盘针上。

② 对领缝:一般圆领的毛衫领子缝缝对在左肩(穿着)缝后1.5cm处。即左肩缝后6针处为领子接头处。

③ 套大身:大身套在边缘第2横列上。

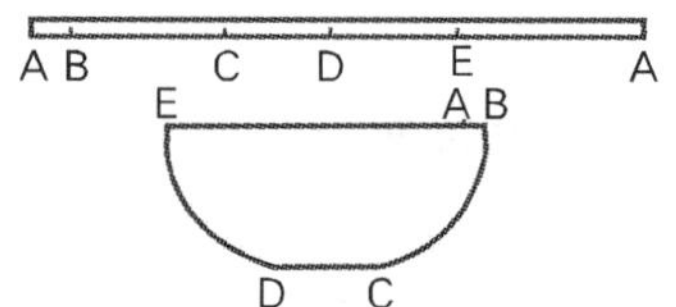

图3-3-16 上领对位图

a. 将大身左肩缝对准第一个记号点,后领部分 套记号左侧六针(针对针),如图A对A,B对B,AB距离为6针。

b. 套左领弧部位:如图所示,左领弧高为21转合有42横列,将42个横列依次对应套到每枚针上,对应领子BC段共42针。

c. 套领底:领底CD段共27针,对应套到领条CD段27针上。

在套缝前端用废片套到针上开始套缝(目的是使套领子前先成为链线,防脱散),将领子上缘翻下第一横列盖住大身套在针上,开始缝合。使领圈可以转圈。到C点附近停住。

d. 套右领弧:同左领弧套法。

缝合到BD段中间停住,拉下已经缝合的ABC部分,便于将领子转过来继续缝合。

e. 套后领:将后领针对针套到后领剩余的53针上,正好与领端接邻。将领子上半层按针位盖住衣片均匀套上,缝合(注意:正面为单线线迹,反面为链式线迹)。

④ 手缝接领:套完领子后,领子接头采用缭缝的方式将开口部分左右纵行线圈用手针缭缝缝合,一行一针,也可以采用8字针缝合。

手工缝合可以完成机械难以做到的工作,如成衣的局部缝合。缝合的方式有完形缝、缭缝、上花式领、上花式纽扣等。手工缝合可分为普通手缝和手缝修饰两类。手缝技术的主要特点是:针迹变化大,缝迹机动大,缝合过程工艺性强等。

任务4　毛衫成衣后整理

学习目标

1. 掌握毛衫各种原料的特征与性能，学会对毛衫进行缩绒工艺设计、洗水工艺设计及整理操作。
2. 熟悉毛衫后整理的常用设备，学会缩绒、洗水、脱水、烘干等整理的操作方法。
3. 熟悉毛衫熨烫整理的要求和熨烫整理设备，掌握毛衫成衣熨烫整理的操作方法。

任务描述

引入毛衫成衣后整理的概念，了解和掌握毛衫缩绒的原理和缩绒工艺要求及对各种不同动物毛原料的针织毛衫进行缩绒、洗水处理方法，对指定原料的毛衫进行后整理工艺设计与操作。

知识准备

毛衫后整理是指对毛衫进行缩绒、洗水、柔软整理和熨烫整理的统称，通过整理使毛衫的外观达到设计要求、规格尺寸稳定并具有柔软滑爽手感。

一、缩绒整理

缩绒是指对纯羊毛或羊毛混纺纱线编织而成的毛衫进行一种处理的方式，处理后使毛衫织物表面具有一层细密的绒毛，外观丰满、手感柔软极具毛绒感，使毛衫蓬松且富有弹性而具有优良的保暖效果。缩绒是毛衫后整理工艺中一项重要的内容，主要针对于羊绒、驼毛、羊仔毛、雪特兰毛等纯毛粗纺纱线编织的毛衫，精纺类毛纱的毛衫也可以以洗水方式进行轻缩绒处理。

粗纺纱线编织而成的纯羊毛毛衫（或毛纱针织坯布）在一定湿热的条件下，浸泡在中性皂液中，经过机械外力的搓揉作用，使织物内部纱线中的羊毛纤维通过移动，纤维头端脱离纱线的主干，露出其表面，在织物表面形成一层均匀的绒毛，取得外观丰满、手感柔软，保暖而富有弹性的效果。这个加工工艺过程称缩绒（毛）整理。

1. 缩绒机理

羊毛的缩绒性是羊毛纤维独特的形态结构和优良的拉伸性及回弹性能所赋予的特性。羊毛纤维表面具有鳞片结构（类似鱼鳞结构），使纤维具有定向摩擦性能，即顺毛尖方向摩擦系数小，逆向毛尖方向摩擦系数大（鳞片的阻碍作用）。当毛衫浸泡在湿热和助剂的液体中，施以机械外力的作用，羊毛纤维受到反复的搓揉，具有单向移动趋势，即指向羊毛根端的移动。羊毛纤维优良的拉伸性和回弹性能，机械外力作用不断使纤维发生舒张、收缩运动，纤维互相交错、缠绕和移动，结果使纤维的尾端逐渐露出纱线表面，作用时间越长则尾端露出越长。在湿热的作用下，毛纤维表面的鳞片张开，纤维间鳞片发生相错咬合，经脱水烘干后，鳞片紧密咬合，结合紧密，从而获得收缩起绒的效果。缩绒后织物结构稳定，常温水洗不会造成收缩，起到了防缩效果。

缩绒的结果是使织物表面具有浓密的绒毛，绒感强烈同时使织物结构稳固，服用时幅宽稳定。缩绒整理的效果主要体现在以下几个方面：

(1)缩绒能使织物质地密实、长度和宽度缩短、厚度增加、单位面积重量增加，强力提高，弹性与保暖性增强，适应于毛针织与机织物。

(2)经过缩绒后，在织物表面形成一层绒毛，使得织物外观优美，手感柔软、毛感强烈、触感丰富，舒适感强。

(3)缩绒后形成的绒毛能遮盖一定的织物表面瑕疵，起到一定的降疵效果。

2. 影响缩绒效果的因素

(1)毛纱原料对缩绒效果的影响：

不同种类的毛纤维、纺纱工艺、染色工艺对缩绒效果都有较大的影响，主要表现在要达到同样缩绒效果的难易程度。

① 天然毛纤维原料的鳞片层结构不同：纤维原料不同，纤维表面的鳞片数及密度不同，鳞片越多，则纤维的定向摩擦效应愈好，鳞片咬合效果好，缩绒后稳定性就越好。

② 毛纤维的弹性对缩绒效果的影响：毛纤维的纵向结构具有卷曲的外形，卷曲程度越大，回弹性就越好，纤维的伸张与收缩能力越强，可加速纤维间的位移，有利于缩短缩绒时间或毛感增强。

③ 毛纱的纺纱工艺对缩绒效果的影响：毛纱分为精纺与粗纺毛纱。精纺毛纱纤维经过多次梳理，纱线中纤维排列整齐，抱合紧密，短毛率低，纤维经精多次梳理鳞片损伤较多，不易缩绒。粗纺毛纱梳理次数少，纤维排列紊乱，屈曲度大，含短纤维多，易缩绒。

④ 毛纱捻度对缩绒效果的影响：在同种纺纱工艺方式下，纱线捻度小的毛纱抱合差、纤维松散，易于缠结和露头，缩绒效果好，反之则差。

⑤ 毛纱染色对缩绒效果的影响：经过染色后的纱线，羊毛纤维的强力和鳞片受到一定损伤，回弹性也差，故染色后毛织物的缩绒性不如未染色坯毛织物好。不同的染料、染色工艺染色的织物其缩绒性能也有区别。

(2)缩绒加工工艺的影响因素：

缩绒加工工艺的影响因素主要有浴比、温度、时间、助剂、pH 值、水洗机的转速等。

① 浴比：浴比是毛衫重量与水重量之比。浴比小则毛衫表面摩擦过多、局部不匀；浴比大则助剂用量大，降低了机械力作用，耗时长。羊毛衫缩绒的浴比一般采用 1:25 ~ 35，以保证毛衫能充分润湿和具有足够的浸泡空间。

② 温度：在缩绒过程中，温度高则缩绒快；温度低则缩绒慢。羊毛衫的缩绒温度控制在 30 ~ 40℃。具体温度按纱线原料种类和绒毛效果而定。

③ 缩绒时间：在缩绒过程中，时间长则缩绒充分、表面绒毛长而浓密，但不能过度。缩绒时间短，织物表面绒毛短而稀疏。一般羊毛缩绒时间控制在 5 ~ 15min，兔毛衫一般 20 ~ 35min。具体时间按纱线原料种类、绒毛效果和手感而定。

④ 助剂：羊毛衫缩绒常用的助剂有枧油、中性皂、净洗剂 209、净洗剂 105、有机硅油等。助剂的作用是促进纤维柔软膨化、鳞片舒张、便于收缩；同时使针织物表面光滑、减少受到机械摩擦的损伤和缩绒不匀等疵病，且可以增强手感。助剂的性质、浓度和用量根据不同原料、成品

要求而定。

⑤ pH 值:由于羊毛对酸、碱敏感性强,耐酸而不耐碱,pH 值需要严格控制,一般控制在:6~8 左右。

⑥ 水洗机的转速:水洗机滚筒作顺、逆循环转动,使羊毛纤维受外力一张一弛的作用而产生错动发生移位。转速快,冲击力大,难以获得预期的绒面,手感也会造成不均匀的现象;转速过慢,达不到一定的摩擦效应,也会影响起绒效果,耗时长。

(3)织物组织结构与密度:

缩绒与织物组织、密度有关。织物组织结构疏松,线圈长且松软,易于缩绒;反之不易缩绒。同样,织物密度小,易于缩绒,密度大则不易缩绒。

3. 缩绒工艺设计

缩绒工艺设计是指对缩绒过程中的浴比、温度、助剂、机器转速等参数根据缩绒对象的具体情况来确定的过程。羊毛衫的缩绒处理有较高的要求,不合理的工艺设计会造成毛衫织物绒面不均匀或缩绒不够,或缩绒过度。缩绒过度会造成纤维毡并,毡并是不可逆的,毡并后织物纵横向收缩剧烈,厚度增加、弹性差、手感发硬或板结。因此需要详细了解缩绒的原理,参照以往成功的经验,取得合理的工艺参数以降低成本、取得良好的缩绒效果。

毛衫分为色织与坯织两类,缩绒分为洗涤剂缩绒法和溶剂缩绒法,较多采用洗涤剂缩绒法、成本低且方便。

(1)毛衫洗涤剂缩绒法工艺流程:

① 坯织毛衫缩绒工艺流程:毛衫白坯成衣→净洗→缩绒→清洗→脱水→染色(漂白)→清洗→柔软处理→脱水→烘干

② 色织毛衫缩绒工艺流程:毛衫色纱成衣→浸润→缩绒→清洗→脱水→柔软处理→脱水→烘干

(2)缩绒工艺设计方法:

① 根据不同原料种类、纱线类型确定助剂、pH 值、温度、时间等参数。

② 根据织物绒感调整助剂类型及用量、时间、温度、滚筒的转速。

③ 根据织物绒面匀度、配色、调整浴比、温度、增加防沾色剂。

④ 根据原料类型及织物厚度确定烘干时间和温度。

(3)典型的毛衫缩绒工艺举例:如表 3-4-1 所示。

表 3-4-1 典型缩绒工艺举例

原料	浴比	助剂(%)			pH 值	温度(℃)	缩绒(min)	水洗		烘干
		净洗剂209	中性皂剂	硅油M-22柔软剂				次数	时间(min)	
山羊绒	1:30			3	7±0.2	35~40	5~12	2	5	机烘
绵羊绒	1:30			3	7±0.2	35~40	5~10	2	5	机烘
驼　绒	1:30			2.5	7±0.2	35~40	5~8	2	5	机烘
牦牛绒	1:30			2.5	7±0.2	35~40	3~10	2	5	机烘
马海毛	1:30			2.5	7±0.2	35~40	5~10	2	5	机烘

（续表）

原料	浴比	助剂(%)			pH 值	温度(℃)	缩绒 min(分)	水洗		烘干
		净洗剂209	中性皂剂	硅油M－22柔软剂				次数	时间(min)	
羊仔毛	1:30	2			7 ±0.2	30～35	3～8	2	5	机烘
雪特莱毛	1:30	1.5			7 ±0.2	35～40	6～10	2	5	机烘
精纺羊毛	1:30	0.4			7 ±0.2	20～35	3～5	1	2	机烘
洗白兔毛	1:30		2		7 ±0.2	35～40	25～35	1	3	烘房
条染兔毛	1:30		2.5		7 ±0.2	35～40	20～30	2	3	烘房
白抢兔毛	1:30		2.5		7 ±0.2	35～40	20～30	2	2	烘房
夹色兔毛	1:35		2		7 ±0.2	30～35	25～30	2	2	烘房
羊毛圆机布	1:30	1.5			7 ±0.2	30～35	4～6	2	5	机烘
毛腈圆机布	1:30	1.5			7 ±0.2	30～35	10～15	2	5	机烘

(4)缩绒工艺操作主要事项：

① 生产时严格按照缩绒工艺，控制温度、时间、浴比。

② 同种原料，不同色泽缩绒时，要以缩绒绒面标样为准，在规定工艺基础上加以调整。

③ 多色毛衫缩绒时可增加浴比、降低温度、采用流水缩绒或添加助剂（冰醋酸）以防沾色疵点。

④ 手感差的产品可以增添柔软剂或采用逐步降温措施来改善手感效果。

二、洗水（手感）整理

毛衫的洗水整理也称为手感整理，是指将成衣后或染色后的毛衫进行洗水处理，以使毛衫成衣的线圈松弛、尺寸稳定、手感柔软滑爽，透气性、吸湿性良好、去除油污异味的过程。毛衫除常用的动物毛类需要缩绒整理以外，其他纱线纤维原料的毛衫则不需要进行缩绒整理而需要进行洗水整理。手感整理的原理是使助剂分子渗透到纱线内部或纤维内部，脱水烘干后，助剂分子留在纤维之间（或在大分子之间），产生了润滑作用，使线圈松弛易于弯曲、内应力消失，使织物柔软；部分助剂留在纱线表面，手感滑爽。

1. 洗水工艺

(1)浴比：1 ∶ 30，即毛衫 1kg，加水 30kg。

(2)助剂：洗水用助剂有净洗剂 209、净洗剂 105、柔软剂 E－22、平平加 O、硅油、枧油、石蜡乳化剂、腈纶蓬松剂、丝用柔软剂、平滑剂等。在使用过程中要根据毛衫原料不同来进行选用合理的助剂，也可以依据助剂厂家提供的说明来使用。

① 酸性类助剂：去除锈渍、油渍、斑渍，有威洁宝、超霸、渍霸、767 洗油剂等，注意用后要用碱性原料调节酸碱度以还原毛衫颜色。冰醋酸能调节酸碱度，使动物毛织物松化。

② 碱性类助剂：枧油、枧粉、枧精、苏打粉，可用于调节酸碱度（pH 值）、还原织物颜色、除臭、去除一般污渍、使毛衫松化。

③ 中性类助剂：中性皂、硅油 M22、柔软剂 HC、硬挺剂用来调节毛衫手感的软硬度，固色

油用于毛衫的固色、去除浮色。

(3)pH 值:毛衫处理时溶液一般为中性,将 pH 值调整到 7 ±0.2 范围之内。

(4)温度:不同原料温度不同,一般调节在 35 ~40℃范围。

(5)洗水时间:5 ~15min,根据原料类型、手感效果而定,时间过短,助剂未充分作用,时间过长则不会再增强效果而浪费成本。

洗水后根据不同要求,纯棉类可以直接脱水烘干,纯毛类需要清水洗涤后再烘干。

2. 毛衫洗水工艺举例

表 3-4-2 毛衫洗水工艺举例

序号	毛衫产品	净洗/缩绒剂	净洗/缩绒	过清水后柔软处理
1	100% 棉	洗涤剂 209	浸泡 5min、洗 8min	硅油柔软剂洗 4min
2	55% 麻 45% 棉	洗涤剂 209	浸泡 5min、洗 10min	硅油软剂洗 5min
3	100% 意毛	洗涤剂 209	浸泡 15min,反底洗 1min	40℃水加硅油 2027、A6 浸 15min
4	100% 羊毛	洗涤剂 209	浸泡 10min,反底洗 1min	40℃水加硅油 2027、A6 浸 15min
5	100% 雪兰毛	洗涤剂 209、去污剂	浸泡 10min、洗 2min	40℃水加硅油 2027、A5、B6 柔软剂浸 15min
6	100% 驼毛	洗涤剂 209、去污剂	浸泡 10min、洗 5min	40℃水加硅油 2027、A5、B 柔软剂洗 2 分,浸 10min
7	100% 腈纶	洗涤剂 209	浸泡 5min、洗 3min	加硅油柔软剂洗 2 分浸 10min,脱水后中低温干衣吹冷风
8	55% 腈 45% 棉	洗涤剂 209	浸泡 5min,洗 6min	加 E22 柔软剂洗 4min
9	棉/氨纶	洗涤剂 209	浸泡 5min,洗 1min	过清水后加 E22 软剂洗 1min
10	100% 亚麻	洗涤剂 209	浸泡 5min,洗 8min	过清水后加硅油柔软剂 40℃水洗 6min
11	70% 腈 30% 毛	209、去污剂	浸泡 5min、洗 2min	加硅油 2027、A6、B6 软剂洗 2 分、浸 10min
12	50% 腈 50% 毛	洗涤剂 209、去污剂	浸泡 5min、洗 3min	过清水后加硅油 2027、A6、B6 软剂洗 2min、浸 10min

3. 操作步骤示例

(1)加水:在水洗机中,按毛衫重量 1∶30 加水,并调节水温到 36 ~40℃范围。

(2)浸湿:将毛衫放入水洗机中,转动机器,使毛衫充分湿润。

(3)加助剂:按比例重量加入缩绒或洗水剂,转匀,计时 5min。

(4)放液:到规定时间后,将水液放尽。

(5)清水洗:加清水,水量 1∶30 ~40,洗 min。1 ~2 次。

(6)柔软(手感)处理:按工艺要求加柔软剂,浸泡规定时间。

(7)脱水:将洗净的毛衫放入脱水机中,脱水 3min。

(8)烘干:将脱水后毛衫抖松,放入烘干机中烘干。

① 人造纤维、腈纶纤维和细针毛衫要用低温烘干。

② 动物纤维毛衫可用中温烘干。

③ 植物纤维毛衫可用高温烘干。

④ 烘干的时间根据毛衫的针种、厚薄、毛衫的数量,尺寸的控制来灵活调节烘干时间。

4. 注意事项

(1)腈纶(人造毛)毛衫不可高温烘干,干后要吹冷风。

(2)动、植物混纺毛衫尽量少加柔软剂。

(3)棉麻及人造纤维原料毛衫用酸性洗剂去污后一定要用碱性洗料还原,以防变色。

(4)洗动植物混纺、天然纤维等尽量不可洗过多时间,不够再延长。

(5)所有大货生产前一定要试洗水,包括翻单;确保颜色、起毛程度、尺码长短、厚薄、手感松、爽、软、滑程度要与原版相符,客户认可后再开洗大货。

(6)建议洗剂用量为水量比0.2% ~0.3% ,最好用40℃热水洗,如用常温水洗助剂用量须增加0.1% 。

(7)间色(配色)毛衫不可热水洗,浴比要增大,偏酸偏碱洗剂谨用,以防沾色。

三、缩绒、洗水设备

羊毛衫工业中常用的缩绒、洗水设备有SPNOA型、SPNC2A、SME672型等,其外形相似,原理相同,只是制造厂和转笼容量、转速不同。缩绒、洗水设备要求不同,也可共用(图3-4-1)。

图3-4-1 缩绒机、水洗机及试样试验

缩绒、洗水机操作如下:

① 开门:打开舱盖,点动“对门”按钮,使滚筒门对正舱门,将门打开。

② 加水:先将机器内部、滚筒内壁清洗干净,关闭排水阀门,打开进水阀门,按浴比加水,水量按指示尺指示的刻度确定。

③ 浸润:将指定量的毛衫放入滚筒中,关好滚筒门、舱门,按开关使滚筒转动(正、反循环)。约5min后完全浸润。

④ 加助剂:将助剂称量后从加料口均匀加入,转匀后计时。

⑤ 加温:在冬季等低温时,打开电加热按钮进行升温,到规定温度后关闭电源。

⑥ 清洗:到规定时间后停止转动,打开排水阀门排水,排水完毕后,打开进水阀门,加水到指定水位,开动机器清洗5min。

⑦ 柔软处理:同1 ~6 步骤,将助剂换成柔软剂加入,按规定时间进行柔软处理。

四、脱水

将毛衫分次装入脱水机中，摆放均匀，开动脱水机，脱水 2 ~ 3min。视具体情况而定，脱水后含水率控制在 20% ~30% 左右。夹色产品需要及时脱水(图 3-4-2)。

图 3-4-2　脱水机

图 3-4-3　烘干机

五、烘干

羊毛衫经缩绒、水洗、柔软脱水后，必须进行烘干整理，常用的有两种方式。

1. 松式烘干

烘干机的型号有多种，主要区别是不同的容量，一般企业配置多种型号的烘干机，以便适用于深色、浅色、白色、大容量、小批量的生产使用(图 3-4-3)。例如 HG - 757 型烘干机，松式烘干机的圆筒形转笼是回转式的，可单向或双向回转。机内温度控制在 65 ~85℃ 为宜(温度随着纱线原料、季节不同需要调整)，烘干时间一般为 15 ~25min。烘干时毛衫在热空气中回转摩擦，纤维会继续起绒，织物手感显得更柔软、糯滑、蓬松、毛型感强。

2. 挂式烘干

把羊毛衫穿在不锈钢衣架上，挂在烘箱(或烘房)内静止烘干，烘房温度一般控制在 30 ~ 40℃ 左右。这种烘干方式适宜于兔毛衫、兔羊毛衫，因为兔毛纤维强力低，脆而易断，在回转的转笼内易落毛、拉伸，影响兔毛衫的绒面质量和毛感及外型。此外，兔毛在衣架上烘干定型，还可改善单纱兔毛衫的扭斜现象。

六、整烫整理

整(蒸)烫定型是毛衫后整理的最后一道工序，整烫定型的目的是为了使毛衫能具有持久、稳定的标准规格，表面平整、外形美观、绒毛丰满，既柔软又富有弹性也具有一定的身骨，并富有光泽感。

毛衫的整烫是在一定的湿、热、外力条件作用下，使纤维内部分子结构和内应力发生了变化，冷却后使大分子在新的状态下固定下来，同时内应力消失，使织物得以处于稳定状态。因此毛衫的整烫过程是加湿、加热、外力、冷却、稳定的过程。

1. 整烫定型的条件

毛衫的整烫有几个要素：温度、湿度、外力、时间。

(1)温度：

利用毛纤维热可塑性的特点，各种原料的毛衫要在各自的温度条件下才能达到产品定型的要求。适当的温度，能提高羊毛衫的整烫定型质量，但温度偏高，会使羊毛衫板结，手感粗糙，弹性降低；温度过低，则平整度差，易收缩变形。对温度的控制，直接影响定型效果，不同的原料，不同的整烫工具，均有不同的条件。在企业生产中常用的方法为蒸汽熨烫，其蒸汽温度为100～120℃，通过控制喷气时间和大小来实现温度的调整。

（2）给湿：

① 蒸汽熨斗给湿：由于蒸汽熨斗中喷射出的饱和蒸汽含有一定的水分，是较好的给湿条件，但需在使用前放去冷凝水，以防羊毛衫含湿过高。在给湿的时候，给湿量一定要适宜。过少，高温会使毛纤维变性发脆或发黄；过多，则会使定型不良，平整度差，衫身无身骨，易变形，甚至过多的含湿率在毛衫中，包装后会使毛衫霉变。

② 电热熨斗给湿：毛衫蒸烫定型时，在相应的温度条件下，尚需同时给湿。采用电熨斗作为定型工具时，必需应用白色湿布覆盖羊毛衫以给湿，一般实验室小样用。

（3）外力：

毛衫从编织、成衣、缩绒到蒸烫前，均处于褶皱状态，熨烫时，一般采用木质样板进行撑平，在一定温度、湿度以及样板（烫板）的作用下，以熨斗自重约0.4kg左右自然加压于衫身或轻压，给予的加压力根据不同的原料来定，应该尽量小，避免表面产生极光，尤其凸出、边缘等部位。以蒸汽熨斗喷射力为主，需要时可加压，如领子、下摆等部位的定型。

（4）时间：

熨烫的时间也是主要因素，不宜长时间局部熨烫，应该均匀、短时，以衫身稳定为准。

2. 整烫设备

熨斗是毛衫服装企业主要的熨烫整理工具。熨斗主要分为两类：蒸汽熨斗和电熨斗。

（1）蒸汽熨斗及使用：蒸汽熨斗是由锅炉或电热式蒸汽发生器提供蒸汽，由高压耐热软管通过开关控制输入 熨斗中，熨斗的底部均匀分布许多网孔，蒸汽可以从空中喷射而出。蒸汽的喷射量可由开关和压力来控制。尾汽及冷凝水通过排出阀和软管排出。蒸汽作为熨烫的热与湿来源，起到加热与给湿的作用（图3-4-4）。蒸汽熨斗操作注意事项：

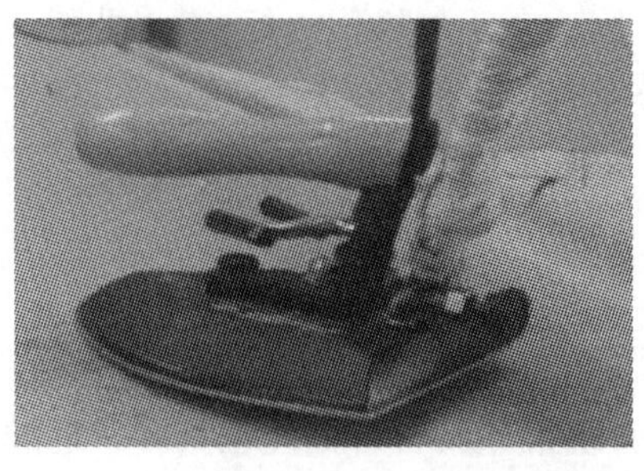

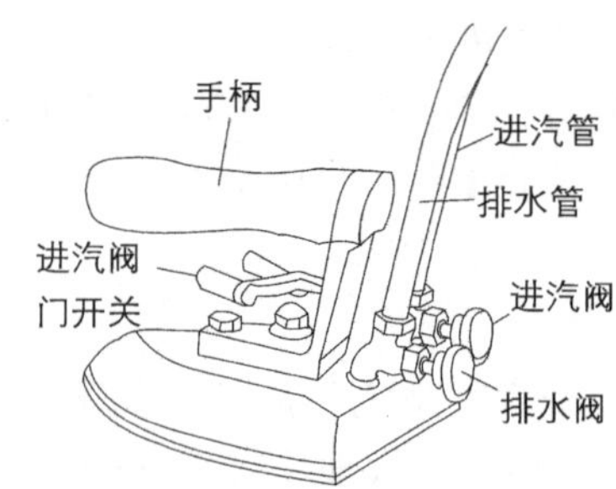

图3-4-4 蒸汽熨斗示意图

① 排出冷凝水：使用前，先把排水开关打开，将熨斗内的冷凝水排净。排水开关不宜打开过大，以免造成喷出蒸汽伤人。冷凝水排净后关闭开关，不用关严，留一丝缝以便及时排除冷凝水，以防喷到毛衫上形成水渍。

② 熨斗的放置：不用时，蒸汽熨斗应该放置在烫台侧边的专用位置上，以便冷凝水流出污染烫台台面。

③ 蒸汽喷射量的控制：操作时，手握熨斗的握把，中指控制蒸汽开关，向逆时针方向转动，则打开蒸汽；手指离开开关依靠弹力自动恢复关闭。手指转动开关的角度可以控制蒸汽的喷

射量。

④ 加压:为了保持毛衫的弹性、外观、手感,熨烫时切不可用力加压熨斗,应该利用熨斗自重或更轻的压力进行熨烫。

(2)电熨斗及使用:电熨斗是采用电热板加热、吊瓶水输水至加热板上产生蒸汽达到熨烫的目的。电熨斗适合板房、试样、小规模生产时使用,可以不用蒸汽作为热、湿的来源,节省锅炉及蒸汽发生器的安装。当规模生产时,则因耗电高、蒸汽量少熨烫效果不佳不宜使用。电熨斗为两用型,即可以单独加热、与给湿加热两种方式。熨斗的加热温度可以随不同的熨烫对象调整:在握把下方有一个调节旋钮,分别指示麻、棉、羊毛、丝、化纤等不同的位置。给湿的开关在握把的下侧,食指位置有一个按钮,按动按钮时,打开输水开关,水进入加热位置成蒸汽后由底部的喷气孔喷射而出(图3-4-5)。

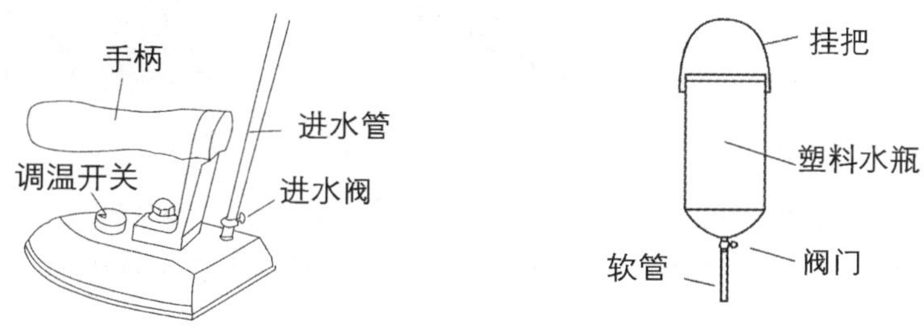

图3-4-5 电熨斗与吊瓶示意图

电熨斗操作注意事项:

① 挂吊水瓶:使用前,把供水瓶吊挂到合适的高度;加净水(软水)到指示刻度;将胶管中的空气排出。

② 熨斗的放置:不用时,电熨斗必须放置在专用板上,防止烧坏织物与烫台。

③ 温度调节:调节旋钮,指示所熨烫对象的名称位置,如熨烫羊毛衫,则旋钮指示指向羊毛位置,升温到该位置温度时,温控开关会自动断电,此时可以进行熨烫操作。

④ 蒸汽喷射控制:操作时,手握熨斗的握把,食指控制蒸汽喷射开关,点动方式来控制蒸汽的喷射量。

⑤ 加压:电熨斗自重较大,为了保持毛衫的弹性、外观、手感,熨烫时切不可用力下压熨斗,应该向上轻提以更轻的压力进行熨烫,一般熨斗轻浮与毛衫之上。

(3)锅炉与蒸汽发生器:在服装企业中,根据生产的规模和用途来选择合适的锅炉或电加热蒸汽发生器进行供汽,或选择热电厂管道供汽。

① 锅炉:服装行业用蒸汽锅炉由专业工厂生产、具有安全合格检验证并由专业安装工程企业安装,由接受过专门培训并持有锅炉操作证书的人员进行操作。锅炉的规格由蒸汽发生量来决定,企业根据自己的需要选择。蒸汽由保温管道进入整理车间,可以给染色、洗水、熨烫等工序提供蒸汽。管道的分汽缸及末端装有汽水分离汽自动排出热损失产生的冷凝水。管道末端按烫台的位置分出蒸汽软管进入蒸汽熨斗。锅炉提供的蒸汽压力一般为4~6MPa。

② 蒸汽发生器:蒸汽发生器由电加热产生蒸汽,使用方便清洁环保。常用型为一个发生器带动两个熨斗工作,提供的蒸汽压力一般为3~5MPa(图3-4-6)。蒸汽发生器的安全操作步骤如下:

(a)开机:打开上水阀门→打开电源开关→打开排污阀排污→检查自动上水是否正常→

关闭排污阀→检查熨斗、关闭进汽阀、打开排水阀→打开升温开关

(b)熨烫:打开蒸汽发生器蒸汽输出阀→逐渐打开进汽阀→排净冷凝水→关闭排水阀(留一丝缝隙)→熨烫

(c)关机:关闭电源→关闭进水阀→将熨斗放置到规定位置→关闭蒸汽发生器蒸汽输出阀→进汽阀→打开排水阀

图3-4-6 电加热式蒸汽发生器

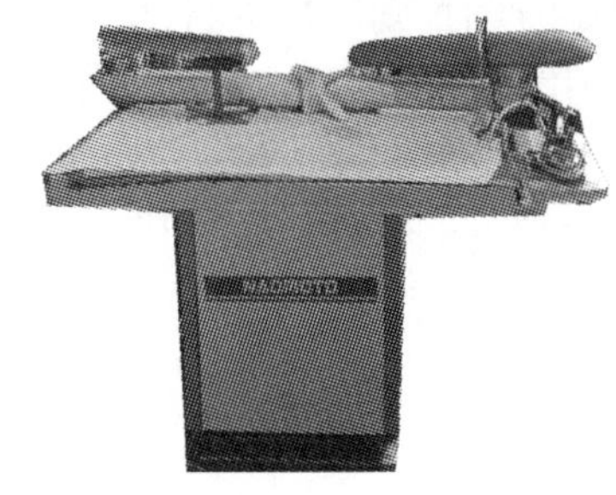

图3-4-7 烫台

(4)烫台:毛衫整烫的平台称为烫台,一般采用普通工业烫台。烫台的结构如图(图3-4-7)所示,主要由台面布、海绵、金属网、吸风电机、脚踏板、电源开关等组件组成。

熨台的熨烫一般操作如下:

① 打开电源:按"ON"按钮,吸风电机运转工作,用脚踏下或提起踏板可以控制吸风或不吸风。

② 穿烫板:多数毛衫均需要穿板整烫,穿板的作用是使毛衫拉开线圈处于正常状态,肋缝、肩缝、袖风处于平直状态。按毛衫规格穿上相应的身板或袖板,整理各条缝缝,长度部分平直、到位,领子圆顺、平滑。

③ 熨烫:用熨斗轻拂,蒸汽大小根据不同组织、原料控制适中,也不可太大直吹。烫完一面后平置在烫台上冷却。不能出现极光印。

(5)人像整烫机:将耐热透气的布料制作成人模状态,大小可以调节,将毛衫穿上,充气后使毛衫象穿在人身上一样,蒸汽可以从板内侧喷出,透过毛衫,起到给湿、加热作用,外有熨板,对各部位进行压平(图3-4-8)。

人像整烫操作步骤:

① 调节人像尺寸:在人像袖下、侧缝等部位均有调节带,按毛衫规格调节大小。

② 打开风机:按下起到按钮,风机运转,将人像鼓起。

③ 穿衣:在人像上穿上毛衫。

④ 打开蒸汽:打开进汽阀输入蒸汽。在机头有调节旋钮,可以调节进汽参数。

⑤ 熨烫:操作熨板,对准熨烫部位轻压熨平。

⑥ 关机:关闭进汽阀、鼓风机,整理、恢复回机器原状态。

(6)挂烫机:手持式低压蒸汽熨烫机。主要针对挂装毛衫一些熨斗不能熨烫的部位和修复成衣的褶皱,操作方便,轻巧(图3-4-9)。挂烫机的操作方法为:

① 开机:在水箱中按指示加水、插上电源,打开开关加热。

② 整烫:当手持式喷汽嘴喷出蒸汽后可以开始熨烫,对准皱褶或部位喷汽、轻捋使之平整。

③ 关机:熨烫结束后关掉电源,挂好熨把,放回原位。

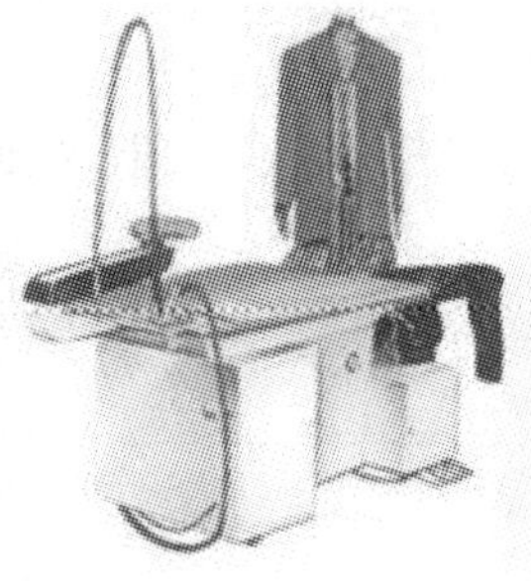

图3-4-8 人像整烫示意图

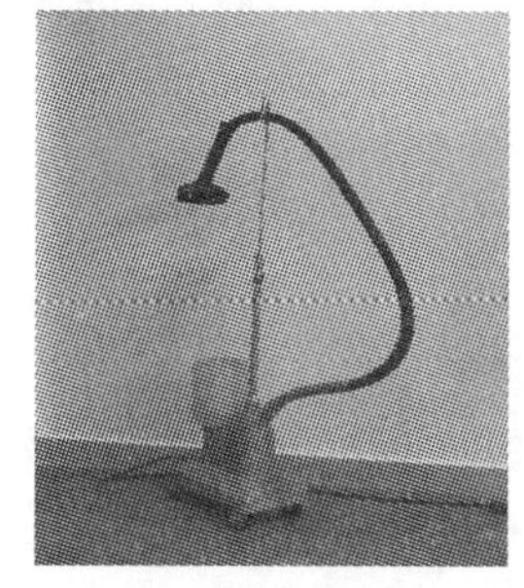

图3-4-9 挂烫机示意图

3. 蒸烫定型要求

毛衫一般采用穿板烫，预先按各型毛衫的尺码要求制作身板、袖板的样板。样板一般采用三合板或五合板制作，边缘光洁，可以用胶带纸封口。用细砂纸打磨平整，不允许有毛刺、缺口等边缘不良现象，防止钩挂毛衫。样板如图(图3-4-10)所示。

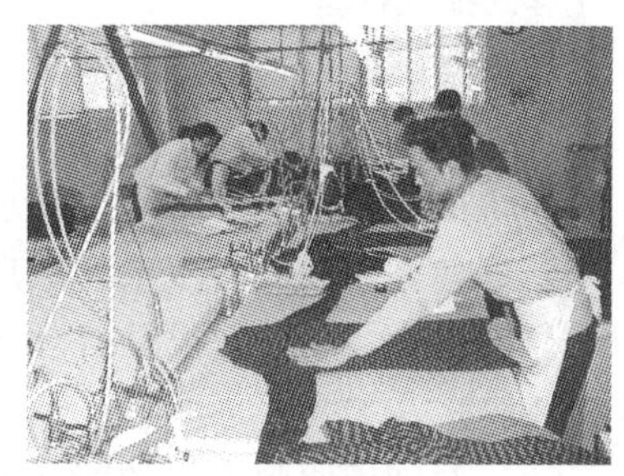

图3-4-10 毛衫木质样板与穿板烫示意图

手工熨烫(图3-4-11)：

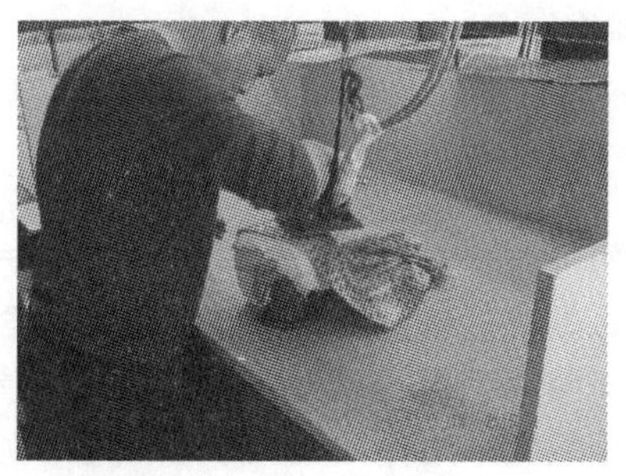

图3-4-11 穿板烫与局部熨烫手法

① 袖子：撑套袖子样板，理直袖底缝并折向后身0.5cm，挂肩缝倒向袖子方向，先烫后面，再烫前面。两袖长短一致，针纹要直，待冷却后脱卸样板。

② 大身：撑套大身样板，理直两边大身缝并折向后身0.5～1cm，左右两面肩阔一致，先烫后身，再烫前身，下摆罗纹揉平成一字形，针纹要直，冷却后脱卸样板。

③ 开衫、开背心：门襟条要挺直，外门襟与内门襟叠齐盖严，门襟两边下摆罗纹高低一致，两袋高低大小一致，袋口带拉平理直。

④ 圆领：领口圆顺，领口中心两侧要对称，后面凹势0.5cm左右。

⑤ V 字领:V 字领领尖要正,左右领边对称,领边罗纹一致。

⑥ 翻领:后领平整,领尖左右大小一致(按规格)。

毛衫熨烫定型后,必须达到“四角平整,针纹清晰,绒面丰满,手感舒适,规格标准,效果持久”的基本要求。

任务实施

一、教学设备与材料

缩绒机、洗水机、脱水机、烘干机、量杯、塑料桶、塑料盆、各种助剂等。

二、毛衫后整理

任务说明:对任务 3 毛衫套缝任务中所缝制的成衣,进行洗水、柔软、整烫处理工艺设计,并进行各项整理,使得毛衫的尺寸符合规格尺寸表中的各项要求并具有良好的手感。

1. 毛衫的缩绒整理

依据缩绒的原理与方法,将毛衫通过缩绒机进行缩绒整理,设计合理的工艺配方与加工工艺。

2. 混纺、腈纶、棉线衫毛衫的洗水整理

依据各类不同原料洗水的原理与方法,将丝/粘胶/尼龙/羊绒(40/30/25/5)毛衫通过洗水机进行洗水、柔软整理,设计合理的工艺配方与加工工艺。

3. 纯棉线衫后整理

通过对纯棉原料毛衫的特征分析,设计合理的洗水、柔软工艺,并进行洗水、柔软整理。

4. 纯腈纶毛衫后整理

通过对腈纶原料毛衫的特征分析,设计合理的洗水、柔软工艺,并进行洗水、柔软整理。

5. 后整理操作

进行各项后整理的操作,记录步骤要点,比较各项指标的优缺点。

思考题

1. 什么是毛衫编织工艺单?工艺单包含有哪些基本信息?
2. 如何测量毛衫的领宽、领深?请举例说明。
3. 斜片编织采用什么编织原理?请举例说明。
4. 毛衫收、放针编织一般采用工艺式子来表达,请说明工艺式子中每个符号的含义。
5. 如何选择套口机号?领子接头一般安排在领部的哪个位置?
6. 上领子时应该考虑哪些因素?1 +1 罗纹领套口时如何选择机号?
7. 毛衫后整理的主要内容有哪些?请简述缩绒的机理。

项目四 毛衫款式与工艺设计

毛衫设计分为毛衫款式设计与编织工艺设计两大部分。毛衫款式设计应具有一定的服装设计基础，结合前面所学的横机编织原理与毛衫常用的组织结构的外观风格及特性内容，充分运用毛衫的编织技巧与组织结构的外观风格进行合理的款式设计。毛衫的编织工艺设计是指在毛衫平面款式图与规格尺寸表的基础上，依据毛衫效果图进行合理的选用纱线和横机的机号，试制手感样片得出恰当的工艺参数，根据毛衫衣片的结构进行各衣片与附件的工艺设计。

一、毛衫设计流程

1. 毛衫款式设计的流程

流行趋势分析→市场分析→产品策划→系列效果图绘制→配色、图案设计→规格尺寸设计→绘制平面款式图

2. 毛衫编织工艺设计流程

毛衫平面款式图、规格尺寸表→衣片结构分解→制定纸样→选用纱线、横机机号→试制手感样片→确定工艺参数→各衣片编织工艺设计→制定编织工艺单。

二、毛衫款式设计应考虑的因素

毛衫款式设计是一个创新过程，是将色彩、图案、廓形、组织结构的外观风格与纱线原料进行完美结合的一个过程。其的目的是美化消费者，使不同的穿着对象具有与之气质相适应的毛衫服装，同时促进产品的销售。因此在款式设计时应考虑以下一些因素。

(1) 毛衫色彩图案应符合当前的流行趋势。毛衫的色彩图案应与当前的流行趋势相一致，其每款毛衫服装应该有 5 ~6 种以上的色彩。

(2) 毛衫款式设计应充分考虑档次与销售对象。毛衫的款式应与销售对象的性别、年龄、地位、穿着环境和场合、购买力等相适应。

(3) 中厚型毛衫(粗针类)应考虑以组织的结构风格为突出的设计点，充分利用纬编针织物的组织结构特点。

(4) 薄型毛衫主要以色彩、图案为主要设计点，也可以进行一些针、梭织不同面料的搭配设计。

(5) 针织面料一般以悬垂性、透气性、柔软性、可拉伸性等为主要特点，缺少硬挺性，在款型设计中需要加以考虑。

三、毛衫编织工艺设计的原则和内容

毛衫编织工艺设计是指针对不同款式、规格尺寸的毛衫，通过取得的工艺参数，进行编织过程的设计、工艺计算、套缝设计等工艺内容。具体内容为：款式结构分解、套缝流程设计、工

艺参数确定、编织工艺设计与计算、工艺单编写。

毛衫的编织工艺设计是毛衫产品生产中的重要环节。设计时要综合考虑产品的款式、规格尺寸、测量方法、编织机械、织物组织、密度、回潮率、织缩率、成衣缝制与后整理方法及成品重量要求等诸多因素，然后制定合理的操作工艺和生产流程，从而提高毛衫产品的质量与产量。

1. 毛衫编织工艺设计应遵循的原则

(1)按产品的经济价值分档设计产品：在编织工艺设计时，应按毛衫产品的销售档次进行分档。对于经济价值高的产品，如羊绒衫、牦牛绒衫、驼绒衫、兔毛衫等，要精心设计编织和套缝工艺；对于低档产品如混纺纱、腈纶纱产品等，工艺则可适当简化提高生产效率。

(2)节约原材料的耗用量，降低生产成本：在编织工艺设计中，要精心设计、计算和排料，以减少原材料、辅料的损耗，降低生产成本。

(3)结合生产实际情况，制定合理的工艺路线：在制定工艺路线时，需结合生产的具体情况，综合考虑前后各工序的衔接，制定出最短、最合理、最经济的工艺路线。

(4)提高生产效率：编织工艺设计时，在保证产品质量的前提下，尽量考虑有方便挡车工的操作，减少机器运行时间，缩短停台时间，减少编织疵点，以提高劳动生产效率。

(5)严格执行小样测试制度：在编织工艺设计时应按照大货生产的工艺流程和后整理环境进行小样测试。减少编织设计的工艺误差，确保工艺计算的准确性。

(6)严格执行中试制度：通过首样试样后，投入批量生产前，须经小批量生产进行核实并修正工艺，这样才能确保产品质量，提高工艺合理性、经济性和正确性。

2. 编织工艺设计内容

毛衫的编织工艺设计内容较广，具体有以下几方面。

(1)产品分析与设计要素：

① 根据产品设计的效果图进行转换成平面款式图。

② 确定产品规格和各部位的测量方法。

③ 根据款式、风格效果和配色，选用适宜的纱线原料和线密度。

④ 选用、确定织物的组织结构。

⑤ 选用编织机器，确定型号与机号。

⑥ 选用合理的染色与后整理工艺。

⑦ 确定产品所采用的外观装饰工艺和所需的辅料。

⑧ 设计产品所采用的商标、洗唛及包装形式等。

(2) 工艺设计与计算：

① 通过小样试验，确定织物的成品密度及回缩率。

② 按款式进行服装制图、裁剪样板制作。

③ 理论计算横机产品编织各步骤的工艺数据。

(3)产品用料计算及半成品质量要求制定：

① 通过小样试验测定织物单位线圈重量。

② 按编织操作工艺单求出各衣片线圈数。

③ 根据织物单位线圈重量与各衣片线圈数求出单件产品理论重量。

④ 计算单件产品的原料耗用量。

⑤ 制定半成品的质量要求。

(4)制定套缝工艺流程和质量要求:

① 确定选用套缝机型、规格。

② 经济、合理地安排缝纫(包括修饰)工艺流程。

③ 制定缝纫各工序的质量要求。

(5) 制定染色和后整理工艺及质量要求:

① 对需要染色的产品,制定合理、经济的染色工艺。

② 制定产品最佳的缩绒工艺及其他整理工艺。

③ 正确选用染色及后整理设备的型号、规格。

④ 制定染色及后整理工艺的质量要求。

(6)确定产品的出厂重量、商标及包装形式:

在产品的出厂重量、商标及包装形式方面应给予充分的考虑,因为它对产品的形象、销售及价位有很大影响。

(7)工艺单制定:

产品的技术资料包括编织工艺单、套缝工艺单、后整理工艺单。技术资料应进行装订、登记并存档保管。按设计结果将套缝设计的步骤及各步骤的操作说明和要求制成套缝工艺单,将编织各步骤的计算结果按顺序编制成编织工艺单,将产品的洗染工艺及修饰制成后整理工艺单。

任务1　毛衫款式设计

学习目标

1. 掌握针织毛衫的穿着特点、基本款型风格特征,学会对毛衫风格特征的分析方法。
2. 掌握毛衫的基本廓形、肩型、领型、袖型及门襟类型,学会毛衫服装的基本构型和外廓特征分析方法。
3. 掌握毛衫外廓设计、细部设计、肩型设计的方法,能对毛衫服装的外廓及各细部进行设计。

任务描述

了解和掌握毛衫针织毛衫的穿着特点、基本款型、风格特征,了解和掌握毛衫的基本廓形、肩型、领型、袖型及门襟类型,学会毛衫外廓设计、肩型设计及各细部设计的方法。

知识准备

针织毛衫的款式设计分为系列设计和单品设计,企业设计规划中一般根据销售的计划设计销售季节的系列产品,根据不同的销售对象、顾客群体等因素进行系列设计。各系列产品是由毛衫单品组成的,毛衫单品拥有系列设计中相同的设计元素和设计要点。

一、针织毛衫的系列设计

1. 针织毛衫系列设计的构思

针织毛衫系列设计着重点在于完成针织毛衫服装的二次设计和整体搭配的一个着装状态的创造过程。在思维层次上设计构思包含了科学技术和艺术审美这两大思维活动的特征，或者说是这两种思维方式整合的结果，并且用设计效果图将构思形象的表现出来。系列设计应该具有鲜明的设计元素且贯穿整个系列之中，设计元素是指：色彩、造型、面料肌理、配饰、结构分割等方面因素。

2. 系列设计应遵从的标准

（1）系列化构思必须强调创造性意识和系列产品组合的新颖性与技术规范的可操作性。

（2）系列设计作品从具体构思、实践至完毕归纳几点，可作为检测作品是否成系列的标准：

① 系列服装的造型：其基本形的风格是否贯穿整个系列之中；看系列作品应用要素是否有逻辑性、连贯性和延续性。

② 服装色彩：从色彩逻辑上看，单套颜色的运用和系列配色组合是否能体现出一组主色调的色彩效果，在系列的每一个款式之中应有节奏的变化和延续。

③ 面料的肌理：从面料质感与造型的关系上看，其材料的表现和材料的肌理特性是否给款式造型注入了活力，并形成整体协调而又有局部变化的系列构思。

④ 装饰配件：从装饰配件关系上看，其纹样和服饰品在装饰的变化中是否为系列作品添枝加叶，烘托出服装欲表达的意境和氛围。

⑤ 结构分割：从服装分割线的性质和缝制工艺手法上看，其系列作品的设计手法是否表现为统一的风格等。

二、针织毛衫单品的款式设计方法

毛衫的单品设计方法与其他的服装相似，主要有：变形法、移位法、实物法、材料转换法。单品设计是在某基本款型基础上进行变形、移位、实物造型、材料转换的设计过程。

1. 变形法

变形法是指以某风格款式毛衫服装为基础，对局部细节的形状进行变化，即把原有细节造型作为设计原型，进行一些符合设计意图的处理。如进行扭曲、拉伸、旋转、折叠等处理，原来的形状将会随之改变，变化出新款的毛衫。

2. 移位法

移位法是指对设计原型构成的内容不做实质性改变，只是对造型位置作移动的处理。

3. 实物法

实物法是指用服装材料在实践过程中直接成型。实物法类似于立体裁剪，但是有限的立体裁剪，由于细节造型一般比较小，甚至有些零部件附件的平面感很强，不需要在人体模型上完成，许多东西可以在平面状态下完成，因此在操作上比外廓的直接造型法简单。

4. 材料转换法

材料转换法是指通过变换原有的服装细节的材料而形成的新设计。材料是影响设计风格和效果的重要因素之一，有时我们会看到某些设计中值得借鉴的细节设计的形状或技法等。

但是由于其设计要求与目的的差异性不可能直接挪用,就可以通过变换材料的手法将其运用到新的设计中形成巧妙的设计。

三、毛衫服装廓型的设计

毛衫服装的设计包括款式、色彩、面料三大要素。其中款式设计又包括外形轮廓造型设计和细部设计两个大的方面。毛衫服装的外廓设计不仅表现了毛衫服装的造型风格,也是表达人体美的重要手段。

在毛衫服装中,比较典型的外廓造型主要有紧身型、宽松型、A 型、Y 型、X 型、O 型等六大类。

1. 紧身型

紧身型服装的外轮廓基本合乎体型轮廓,能体现人体美。为了既能保持紧贴人体的外形,又能便于运动,往往在设计中要考虑采用选用弹性的原料、与组织的搭配、收型等措施,常用于内衣及运动健美的毛衫服装设计中如羊绒衫、束身衫等。常见的紧身型款型如图 4-1-1 所示。

2. 宽松型

宽松型也称为 H 型,服装是用直线构成方形轮廓,遮掩胸、腰、臀等部位的曲线。它使服装与人体间产生空间,运动中隐现体型,有飘逸的动态美,且舒适方便。另外,它还可掩盖许多体型上的缺点。在此基础上,通过增、减肩宽量,得到倒、正梯形造型,增加活泼感。常见 H 型服装如吊带裙、休闲装等,如图 4-1-2 所示。

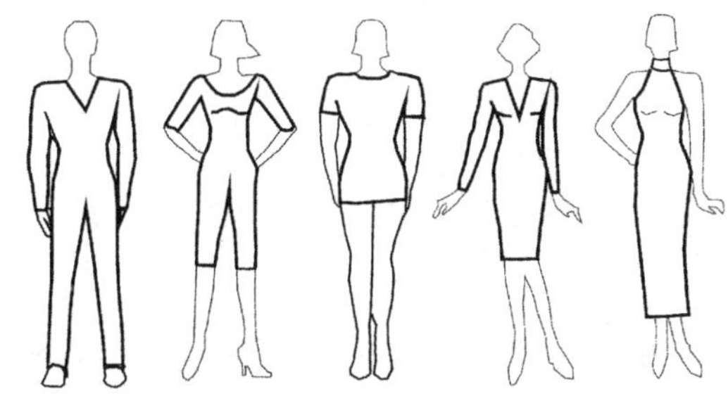

图 4-1-1　紧身型服装示意图

图 4-1-2　宽松型服装示意图

3. A 型

A 型服装以紧身型为基础,用各种方法放宽下摆,形成上小下大的轮廓造型,用于女装则显飘逸,用于男装则显洒脱。该类服装本身有向上的矗立感,加上宽大的下摆,若再配以高跟鞋,则更显增加身高。常见 A 型服装如图 4-1-3 所示。

4. Y 型

Y 型服装以紧身型为基础,强调或夸张肩部,形成上大下小的外轮廓造型。用于男装,则显示威武、健壮、精干的气质;用于女装,则既显高雅、伶俐,又具柔中带刚的男性化气质。该类服装对窄肩、平胸、溜肩、粗腰等体型缺陷有弥补作用。由于 Y 型服的指向性是向下的,故身材较矮小的人不宜过分夸张肩宽。常见 Y 型服装如图 4-1-4 所示。

图 4–1–3　A 型服装示意图

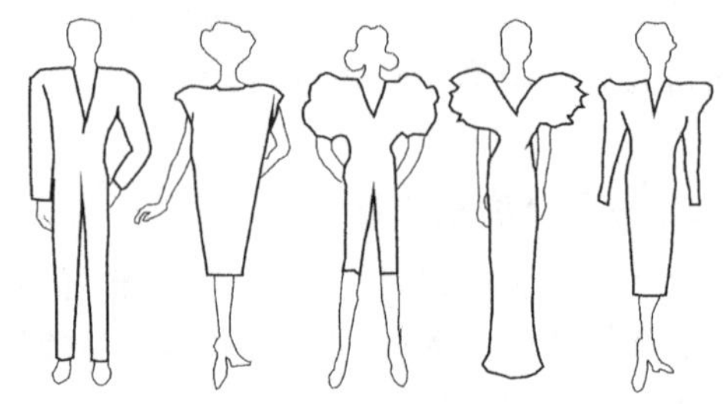

图 4–1–4　Y 型服装示意图

5. X 型

X 型服装是 A 型与 Y 型的综合,它多采用收腰造型,符合女性的体型特征,能体现女性的曲线感。常见 X 型服装如图 4–1–5 所示,多应用于礼服类毛衫。

6. O 型

O 型服装运用强调肩部弯度及下摆收口等手段,使躯体部位的外轮廓出现不同弯度的弧线,呈灯笼状,显得活泼,充满趣味。常见 O 型服装如图 4–1–6 所示。

以上六类造型既可用于套装,又可用于单件服装,它们之间是相互联系、相互变化的。

图 4–1–5　X 型服装示意图

图 4–1–6　O 型服装示意图

四、毛衫细部设计

毛衫细部设计包括衣领、肩型等设计。衣领与肩型是毛衫造型中变化最多,最引人注目的部位。毛衫领型设计造型种类较多,有仿几何形态,如圆领、U 型领、V 领、方领、梯形领等;也有仿生形象设计,如青果领、香蕉领、杏领等;还有仿建筑及从音乐方面获得灵感而设计的领型等。

毛衫领型,尤其是女装领型,随着时代的发展而不断变化更新。如 20 世纪 60 年代流行方角翻领、圆角翻领;70 年代流行八字形翻领;80 年代流行尖角翻领、驳角翻领、青果领、西装领等;90 年代流行能变化多种领型的复合领。这些变化主要是毛衫外衣化、系列化、时装化所致。

1. 领子设计

(1)领型的设计要适合人体颈部的结果及颈部的活动规律,满足服装的适体性。

(2)颈部从侧面观察略向前倾斜,活动时颈的上部摆动幅度大于颈的中部。领的设计要参照人体颈部的四个基点:前颈中点、颈侧点、颈后中点、外肩点。

领型的设计除了要考虑适体性的功能还要考虑防寒、防风、防暑等护体性实用功能,如秋冬是以防寒为主要目的,则领型适宜选择高领、夏季为了使人穿着透风凉爽为宜。

领型首先要符合人体穿着的需要，既要满足生理上的实用功能需要，又要满足心理上审美功能的需要，这是现代服装中领子设计的关键所在。

2. 领型的分类

毛衫领型按结构分为挖领和添领两大类。其中可以细分为：

(1)按领的造型分：无领、立领、翻领。

(2)按领线分：方领、圆领、尖领、不规则领。

(3)按领的结构分为：连身领、装领、驳领、异型领。

(4)按领子的高度分为高领、中领、低领。

(5)按领的状态分为：开门领、关门领。

3. 挖领和添领种类

羊毛衫设计与生产中常用有两种领型：挖领与添领。

所谓挖领，通常是在衣身的领圈部位形成凹形的领窝，或在此基础上加装不翻领的领边所形成。毛衫中常用的基本挖领形式主要有 V 领、叠领、杏领、圆领、U 型领等，通常低于咽喉部位，并且领边较窄。如图 4-1-7 所示为基本的挖领形式，图中：(1)V 领；(2)叠领；(3)心形(也称鸡心领、杏领)；(4)圆领。

图4-1-7 各种挖领类型

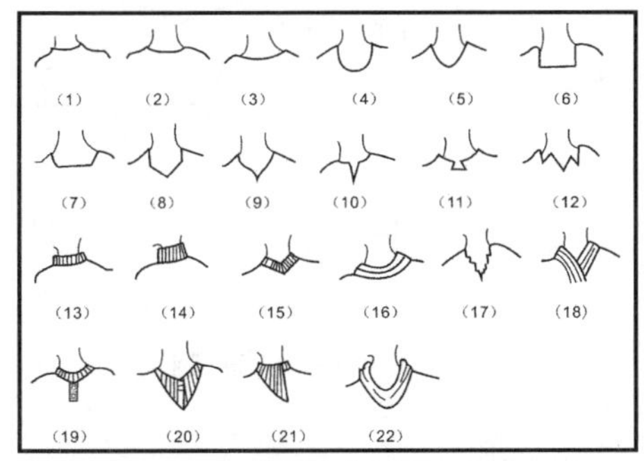

图4-1-8 挖领变化领型示意图

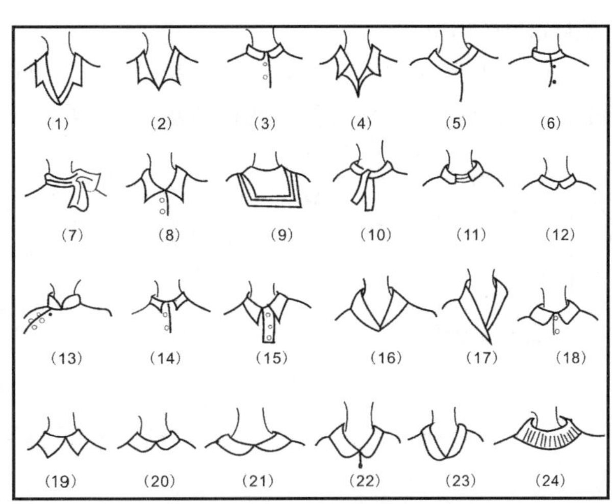

图4-1-9 添领变化领型示意图

在这几种领型的基础上还有许多挖 领的变化形式，如 4 - 1 - 8 图所示。图中的挖领变化领型依次为：(1)平领；(2)船形领；(3)一字领；(4)U 形领；(5)蛋形领；(6)方领；(7)倒梯形领；(8)钻石领；(9)朱心领；(10)尖开领；(11)钥匙领；(12)犬牙领；(13)高罗领；(14)樽领；(15)吃水领；(16)明珠领；(17)贝壳领；(18)袈裟领；(19)开襟领；(20)小叠领；(21)三角偏领；(22)堆领。

所谓添领，则是在毛衫的领圈部位添置各种形状的领子，其主要形式为各种翻领。常用的添领领型如图 4-1-9 所示。图中(1)为西装领；(2)为尖角翻领；(3)为小翻领；(4)为大翻领，又称两用领，其摊开时为大翻领，扣上扣子为二翻领；另外，添领还有许多其他领型，如图所示。图中的添领变化领型依次为：(1)青年领；(2)翅翼领；(3)两用领；(4)开关领；(5)侧襟领；(6)立领；(7)围结领；(8)学生领；(9)水手领(海军领)；(10)束带领；(11)捆接领；(12)踢踺领；(13)旗袍领；(14)高机领；(15)T 恤领；(16)香蕉领；(17)青果领；(18)小圆翻领；(19)宗教

领;(20)高圆翻领;(21)低圆翻领;(22)披肩领;(23)丝瓜领;(24)扇形领。

在进行毛衫领型的设计时,不能机械地选用上述各类领型,而必须将上述领型与设计时国内外毛衫市场的领型流行趋势有机地结合起来,并且在设计时,还需考虑毛衫的整体造型风格等,只有这样,才能设计出消费者喜爱的毛衫领型。

五、毛衫的肩型与袖型设计

1. 毛衫肩型设计

在毛衫服装上,连接大身衣片和袖子的部位称为肩部。人体的肩部型式大体上分为三类:自然型、耸肩型、溜肩型。

(1)自然形的特点是衣肩的倾斜比较轻松自如。

(2)耸肩形的衣肩要保持水平状态,可以采用用内衬垫肩或借助袖山加大体积来解决,也可以采用特殊的结构设计来实现。

(3)溜肩形可以通过长肩缝线的方法来达到目的。

根据设计创意的需要可采用特殊的结构处理,如延长或适当缩短肩缝或加肩带、加绊、带襻等。

2. 毛衫常见的肩型

毛衫中典型的肩型有五类,根据编织特点的不同常用的基本肩型有:平肩直(平)袖型、斜肩平袖型、背肩平袖型、插肩袖型和马鞍肩型(图4-1-10~图4-1-14)。

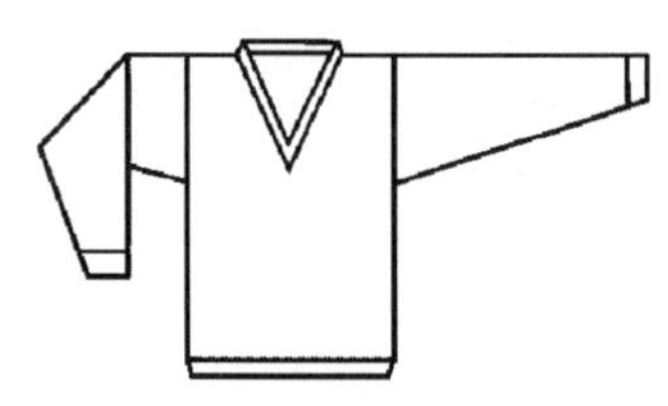

图4-1-10 平肩直袖型

图4-1-11 斜肩平袖型

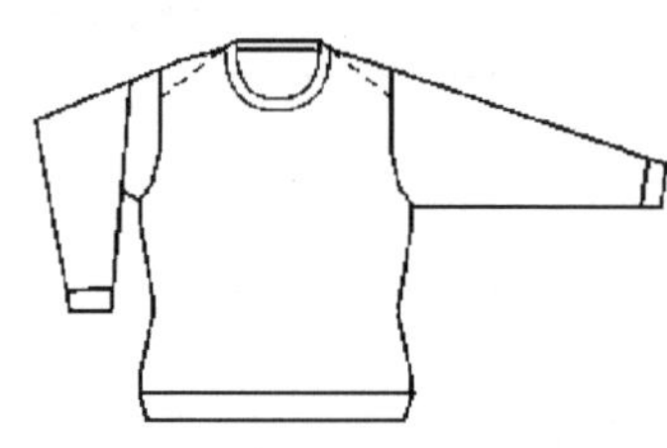

图4-1-12 背肩平袖型

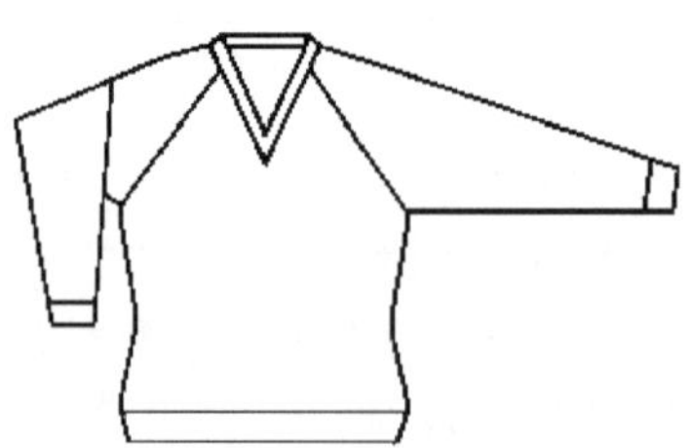

图4-1-13 插肩袖型

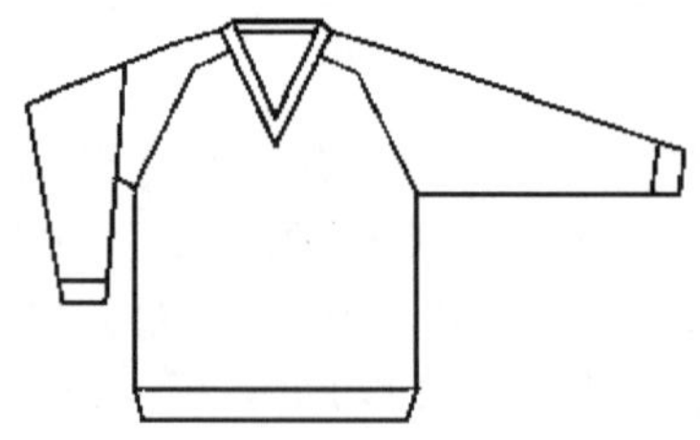

图4-1-14 马鞍肩型

(1)平肩直(平)袖型:两肩和袖山头为平直型。它造型简单、实用,编织速度快,但穿着舒适度和外观较差。

(2)斜肩平袖型:成衣后肩部为斜肩,对应袖子的袖山头为平袖,它穿着舒适,行动自然,外观美观。

(3)背肩平袖型:成衣后肩部为斜肩,肩缝线斜向背后,又称落肩。由于肩缝线在背后,前方不能看见，外观美观。为毛衫中的典型款式。

(4)插肩袖型：袖子与肩形成一体，又称为斜肩斜袖型。肩部有较为明显的结构线条，活泼、自然、美观，使人体有收缩感。

(5)马鞍肩型：与插肩袖类似，肩袖为一体，肩部的线条形似马鞍而得名。肩部的线条使人体有扩张感，感觉雄伟、魁梧，多用于男衫。

3. 袖型设计

袖子设计主要分为两大部分：上端的袖山和下端的袖口，中部的肘部随两者的变化而变化。毛衫设计时肩型和袖型是密切相关的，必须根据款式造型情况将两者的设计有效地结合起来，才能设计出相适宜的肩型和袖型。袖子是包覆肩和手臂的服装部位，它既可调节冷暖，又有装饰功能，袖子是毛衫款式变化的重要部位。

袖型分类方法较多，服装中常用袖型可分为装袖、插肩袖、连袖三种。装袖是根据人体肩部及手臂的结构进行分割造型，将肩袖部位分为袖窿与袖山两个部分，而后装接缝合而成；装袖袖型合体美观，属传统式样。插肩袖的肩部与袖子是相连的，因袖窿较深，故整个肩部即被袖子覆盖，该款结构线流畅、简洁而宽松。连袖是肩袖一体，不存在生硬的结构线，故能保持上衣良好的平整效果，具有东方传统服饰的风格，具有方便、舒适、宽松的特点。

在进行毛衫的袖型设计时，应把握住袖型变化的规律。一般情况下，袖子的长短、肥瘦都是呈周期变化的，国际上袖型变化的周期一般为三年左右，现在已缩短到两年左右。

袖子设计变化要点：袖子设计变化要点为袖身和袖口(图 4-1-15、图 4-1-16)。

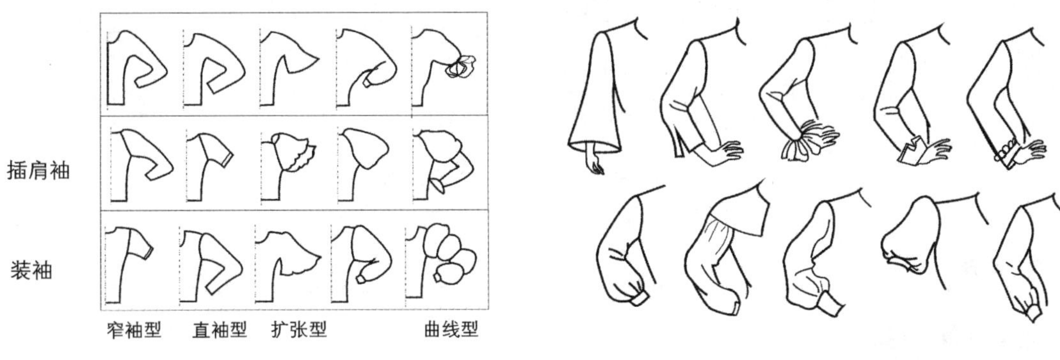

图 4-1-15　各种袖型示例

图 4-1-16　各种袖型穿着效果

(1)袖身的形状：

袖山用来美化肩部的作用是别的部件难以代替的，袖山的高度还决定着袖子的合体程度和臂部活动的受限程度，正是由于不同袖型袖山高度的不同，宽松与紧身才会分明。通常袖山越高越合体，抬臂越受限制；相反袖山越低。袖型不甚合体，而抬臂却不受限制。

服装的肥瘦是由松度值参数决定的，袖窿的深度是随服装的宽窄而变的。服装变瘦，袖窿的深度必然缩小，使服装显得匀称。相反服装宽大，式样松软时，袖窿的深度也相应增加。

(2)袖口的设计：

袖口的设计保护腕关节，满足手的活动和穿脱的需要。袖口的分类广为繁多，最基本的分为收紧式袖口和开放式袖口两种。

① 收紧式袖口：在袖口部收紧，为便于手的伸缩可留有开叉、扣结、松紧带等。在毛衫中罗纹组织是天然的收紧工具常用于内衣、中衣类毛衫，外衣中也可利用褶裥进行收紧。

② 开放式袖口：袖口部放松一般无需开叉或加松紧带，手可以自由穿脱。这使袖口可以任意改变造型，具有洒脱方便的特点。外衣、休闲类毛衫多采用这种袖口设计。

③ 装饰型袖口：袖口的大小、形状对袖乃至整个服装造型都有很大的影响。它的收紧和放松既具有装饰性，也兼具很强的功能性。

4. 袖型实例分析

（1）直袖（直筒袖）：

直筒袖是指袖身形状与人的手臂形状自然贴合、比较圆润的袖形。其特点是外观上下的宽度变化不大，呈直筒形，袖身肥瘦适中。可以变化：袖身的分割装饰和袖口的装饰处理。

直筒袖还可以在袖肘处收褶或进行其他工艺处理以塑造理想的立体效果。

（2）紧口袖：

紧口袖的特点是袖口缩小（比腕部略宽松）使袖身的形态有松紧的对比效果。变化夸张袖山（抽褶、打裥等）、袖口收紧（抽褶或剪裁）。可以变化：袖身分割装饰，袖口装饰处理。

用途：套装、内衣、连衣裙、大外套等，适合装袖、插肩袖、连身袖结构。

六、设计效果图举例

图 4-1-17 中，整体设计与花样配合协调，罗纹部分采用线条表达，绞花采用曲线表达，花样表达重点突出；成衣图形可表达为穿着效果图或为平面款式图。

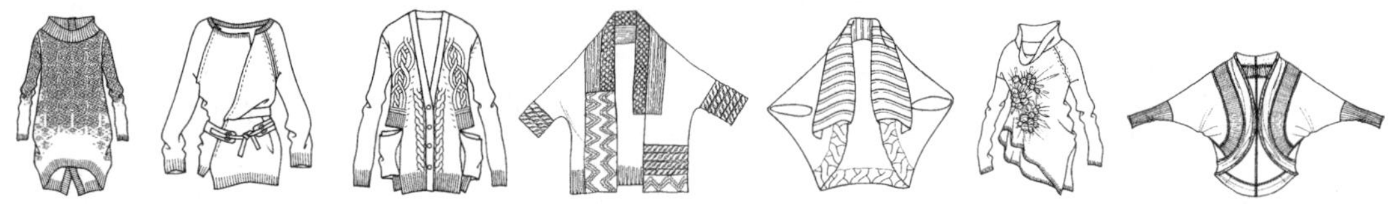

图 4-1-17　毛衫设计效果图示例

任务实施

一、教学设备与材料

投影仪、电脑。各种款式毛衫成衣、毛纱与面料。

二、实施步骤

1. 任务说明

运用所学知识，试设计一个系列 5 个单品的毛衫服装，要求符合当前色彩流行趋势，针对年轻人的消费群体，时尚、高雅。

2. 毛衫系列设计

（1）主题系列设计：

① 灵感来源：寒冷扑面而来，垂柳的枝条摇曳在风中，树干交叉扭曲 ……

② 主题设计：洁白的雪，柔美的云，绕指柔的柳枝，交叉扭转，给人以丰富的视觉享受，无限的想象空间，顿时间像进入了那纯洁的冰雪世界。“冰雪聪明、云淡风轻、冰清玉洁、冰肌雪肤、冰魂雪魄”等词语鱼贯浮现，像是一个来自于冰雪世界中的柔美女子，像雪一样的飘逸，云

一样的轻柔。本系列主题为“冬之魅力”。

(2)效果图绘制:

本系列服装由5件单品组成,每件单品分别命名为“冰雪聪明”“云淡风轻”“冰清玉洁”“冰肌雪肤”“冰魂雪魄”,自左至右如图4-1-18所示。

按比例勾画人模,构思系列服装共5套服装。以系列图中左起第2款“云淡风轻”为例进行设计说明如下:

① 整体廓形与细部设计:廓形为H形,以宽松外衣为穿着目的。细部设计在V领开衫基本款基础上,采用添领(大)领型、宽门襟配合,特长袖、罗纹袖口,衣身采用长至及膝。

② 正面设计:配合整体略显粗犷的风格,前片大身采用单正反针(桂花针、玉米粒)的花样设计,增加了织物的厚度,与外衣的要求相匹配。远看织物外观细微的凹凸光线散射暗淡,犹如“云淡”;打开的门襟飘逸欲飞,犹如“风轻”。

③ 背面设计:为了反映年轻活泼、青春焕发,在后背衣身设计4×4大绞花花纹、1×1罗纹配合、正中布条手工绞花装饰,袖中3×3绞花纵条更衬托出无限的活力。

④ 效果图描绘:衣领、门襟、袖口用纹理方向的线条表示罗纹效果,用细实线描绘。在袖中画曲线条,表示绞花效果。在后背正中画辫子效果,表示用织带进行绞编,形成完全立体的绞花效果。在后背正中两侧画绞花效果。袖口设计为翻袖,袖口画双层效果。

图4-1-18 “冬之魅力”毛衫系列效果图

(3)组织结构设计:

系列服装的组织结构设计为:衣领、门襟、袖口、下摆均采用2×1罗纹,使整体视觉偏于粗犷;大身前片采用单桂花针结构,以增加织物厚度和外观视觉;后片的正中采用编织带进行绞编花样,使绞花的纹理放大增加立体感,绞编花的两侧采用3×3编织的绞花花样,绞花花样之间采用1×1相隔;袖子的袖中设计绞花花样,袖身以单桂花为主要组织。整体花样视觉协调、轻重搭配合理。通过组织结构变化与搭配使服装系列感增强,突出了罗纹、绞花花样的配置重点。

(4)色彩设计:

本系列毛衫服装的色彩采用素色、中间色的设计,衬托出典雅的气质。服装单品或全部采用米白、浅灰、浅蓝等色调。

(5)装饰设计:

成衣背面用织带绞编、每个绞转的单元用丝带穿过固定。前门襟采用纽扣进行装饰与固定。

任务2 毛衫规格尺寸设计

学习目标

1. 了解毛衫规格尺寸的表示方法，能描述各类毛衫的规格尺寸及度量方法。
2. 了解羊毛衫成衣规格尺寸的设计方法，能进行各类毛衫的规格尺寸设计。

任务描述

了解和掌握毛衫规格表示方法、毛衫规格尺寸的设计要求和方法，学会对典型款式毛衫、时装款毛衫进行规格尺寸设计。

知识准备

规格尺寸设计是指对毛衫服装成品各部位尺寸的制定，是毛衫服装制作中一项重要的工作，是进行毛衫样板设计和工艺设计的重要依据和基础。毛衫的规格是按照人体的造型与毛衫的款式来决定各细部尺寸和各档尺码。针织毛衫产品由于面料具有良好的弹性，因此各部位的尺寸具有特殊性。

一、规格表示法

服装规格是指成品服装各部位的尺寸大小。一件服装往往需要标出十几个甚至几十个尺寸才能将其表达清楚，这些尺寸就是服装成品尺寸规格。为了方便管理和销售，一般选用一个或几个来表明适穿对象的身型。这称为服装的示明规格。示明规格一般在尺码标或与商标、洗水标合一标出。

1. 示明规格的表示方法

不同服装的示明规格的表示方法不尽相同，在我国常用的有号型制、领围制、胸围制和代号制。毛衫产品常用胸围制和代号制来表示其规格的大小。毛衫的规格设计参照国家标准“GB/T6411 - 1997 棉针织内衣规格尺寸系列”中的规定为准。

“GB/T6411 - 1997 棉针织内衣规格尺寸系列”中规定，号型制中的“号”是以 cm 来表示人体的总高度，是设计毛衫长短的依据；“型”是指以 cm 为单位的人体胸或腰的围度，是设计毛衫肥瘦的依据。

毛衫的规格尺寸设计的依据是人体的中间标准体，即男子以总体高 170cm、围度 95cm，女子以总体高 160cm、围度 90cm 为标准，以此为中心向两边依次递增或递减组成。总体高和胸、腰围均以 5cm 分档组成系列，男子号分布 155 ~ 185cm，型分布 80 ~ 110cm；女子号分布 150 ~ 175cm，型分布 75 ~ 105cm。总体高在 155cm 及以下，则以 60cm 为起点，胸、腰围均以 45cm 为起点依次递增组成儿童、中童衣裤系列。近年来随着人民生活水平的提高，人体也发生了变化，各企业也按照市场的需求进行了适当的调整。

（1）号型制：号型制是指以号和型结合的规格表示方法。其表示方法为：号/型。如 V 领毛衫套衫适合身高 160cm 的女子，标为：160/100。

（2）胸围制：以上衣的胸围或下装的臀围（以 cm 或英寸为单位）作为示明规格。内销产品以 cm 为单位，每档相差 5cm，例如 80cm、85cm、90cm；外销产品一般以英寸为单位，通常每档相差 2 英寸，例如 32 英寸、34 英寸、36 英寸等。

（3）代号制：以数字或英文字母来表示服装的明示规格。例如有的国家习惯用数字表示，儿童规格为 2 号、4 号、6 号，少年规格为 8 号、10 号、12 号，成人规格 14 号以上；有时 14 号以上不用数字而用字母表示，即 S（小号）、M（中号）、L（大号）、XL（特大号）和以 XS 或 XXL（2XL）表示特小或特大号，例如特体最大号有 5XL 等。

示明规格只能表示大致的适穿范围，而没有给具体的生产和设计提供依据，而细部规格则能提供生产、设计工艺及产品检验的依据。由于款式不同或销售对象及地区不同，虽然示明规格相同，而服装细部规格却有很大的差别。一般所说的规格设计主要是指细部规格的确定。

2. 成品规格设计的主要依据

（1）行业标准：根据我国人民生活习惯和体型调查基础而确定的规格标准，它确定了主要款式及主要部位的尺寸规格，是我国内销产品规格设计的依据之一。

（2）地区标准、暂行标准（或企业标准）：地区标准是某地区或企业对某些新品种及服装次要部位的尺寸与当地工商部门共同协商制定出的标准。

（3）客供标准：一般出口产品由进口国或客商提供详细的规格或主要部位的规格尺寸。

（4）实测尺寸：以客供或其他样衣的实测尺寸。

二、毛衫服装规格尺寸设计的主要依据

毛衫服装规格尺寸设计包括号型的配置、细部尺寸的确定等内容，主要依据是国家标准，再依据人体特征、面料特点、服装的款式及用途等因素综合考虑来确定规格尺寸。号型系列、各体形的比例和服装号型覆盖率是设计号型配置的主要依据。服装号型各系列控制部位数值、分档数值是设计细部规格的依据。

1. 人体依据

设计毛衫服装细部尺寸时需要考虑人体的静态和动态尺度以及毛衫本身与人体生理因素的关系，使得毛衫的长短、宽紧有一定的设计范围和审美习惯，这个范围和习惯是为了取得毛衫款式与人体结合的合适度，符合穿着的舒适性和审美要求。

（1）毛衫围度设计的人体依据：

任何形式的服装，其最小的围度除了对它的实用和造型效果要求外，不能小于人体各部位的实际围度（净体尺寸）与基本松度、运动量三者之和。

实际围度是指人体穿紧身衣测量的尺寸，一般指净体尺寸。设计尺寸时，服装的放量是指服装松度和运动量。服装松度是指考虑构成人体组织弹性和呼吸所带来的的变化量所设计；运动量是有利于人体正常活动的需要而需要考虑的设计量。毛衫需要设计的围度是：胸围、腰围、臀围和掌围、足围等部位。

① 胸围尺寸设计：人体的胸部只作呼吸运动，不涉及其他运动量，是体块部分，所以胸围加松度为上衣胸部尺寸的最小限度。

② 腰围尺寸设计：腰部为人体的轴心，需要做转动、弯曲等运动，因此尺寸的设定有助于

上下部分在腰间成整体结构的服装，如连衣裙、套装、外套等腰部联通的款式毛衫，一般腰部的松量大于等于胸部的松量，否则会造成运动不畅、造型不美、起褶等缺点。在裤子、半裙的腰部设计时只要考虑腰围和少量的放松量即可，不用过于考虑运动量。

③ 臀围尺寸的设计：同腰部相似，臀部具有松度和运动量，且臀部的上方一般需要平整的造型，在围度中增加臀部的运动量不符合造型美的规律，设计是臀部的运动量往往加在长度上，而围度值保持在臀围和松度之间的范围。

以上三围放松量的设计比较发现，胸围的放松量由于造型上的要求都小于腰围，就是说胸围和臀围放松量的设计强调造型，腰围则注重活动功能。

④ 掌围尺寸设计：掌围的尺寸是关系到袖口和口袋口尺寸的设计，以掌围的尺寸加松度来设计袖口、袋口尺寸的最小限度。

⑤ 足围尺寸设计：足围的尺寸是关系到裤口尺寸的设计，以足围的尺寸加松度来设计裤口尺寸的最小限度。

以上为围度尺寸设计的最小限度，各部位尺寸具体可根据毛衫服装款式的设计效果来进行设计。

(2)毛衫长度设计的人体依据：

毛衫服装长度的部位主要有衣长、袖长、裤长和裙长等。

服装长度方向的尺寸设计主要考虑桑因素：服装种类、流行因素、人体活动作用点的适应范围。人体活动可作为前两个因素的基本条件，因为它强调的是实用价值。

服装长短是以人体的运动点为界进行设定的，具体设计依据如下。

① 袖窿尺寸的设计：无肩型上衣开袖窿的位置应该靠近侧颈点(袖窿点与侧颈点组成)，尺寸较大；无袖上衣应靠近外肩点(袖窿点与外肩点组成)。

② 袖长设计：无袖上衣的袖口位置应在上臂靠近外肩点的位置；短袖上衣的袖口位置应在外肩点与肘点之间；七分袖的袖口位置应在肘点与手腕之间；长袖袖口应在前臂手腕处。

③ 上衣衣长设计：短上衣的下摆位置应在中腰上下，即腰围线与臀围线之间。长上衣的下摆位置应在臀围线与髌骨之间，同时也是超短裙和短裤的摆位。一般上衣、男式套装及运动短裤的下摆位置均在臀围线以下。长裙的摆位在髌骨与踝关节之间。长裙、裤子超长外套的摆位在踝关节处。

2. 面料依据

针织毛衫面料主要是涵盖纬编针织粗针、细针的产品，其主要特点是延伸性和弹性性能，主要与织物的组织结构、织物的密度、纱线原料、编织方法等因素有关。毛衫面料的弹性一般高弹在70%以上，中弹在20% ~70%之间，低弹面料在20%以下。

一般贴身毛衫内衣要求面料轻薄、保暖且具有较好的弹性、延伸性，使人体受到的压迫力小。一般毛衫中衣要求组织紧密、保暖性良好；外衣要求结构尺寸稳定性好、具有独特的花型、图案等。

选用毛衫面料时，应进行各种测试、评估后确定。

3. 服装款式效果依据

毛衫服装细部尺寸设计时，局部松度、运动量是人体的因素，根据款式的效果需要进行加放的松度是服装造型的因素。毛衫服装造型的因素与面料的组织、厚度、悬垂性等因素有关，应用是根据需要进行把握。

三、毛衫主要部位规格测量方法说明

由于毛衫产品款式多、尺寸变化大,所以很难以统一的方法加以说明,以下介绍常见的典型款式毛衫、裤的各主要部位规格尺寸的测量方法。

1. 上衣类

(1) 身长:肩折缝距领肩接缝 1.5cm 处量至下下摆底边,如图 4-2-1 所示。

(2) 胸围(成品示明规格):挂肩下 1.5cm 处横量,一般毛衫的前片胸宽大于后片胸宽 1 ~2cm。

(3) 袖长:装袖型从肩袖接缝处量至袖口边;插肩袖从后领正中量至袖口边,如图 4-2-2 所示。

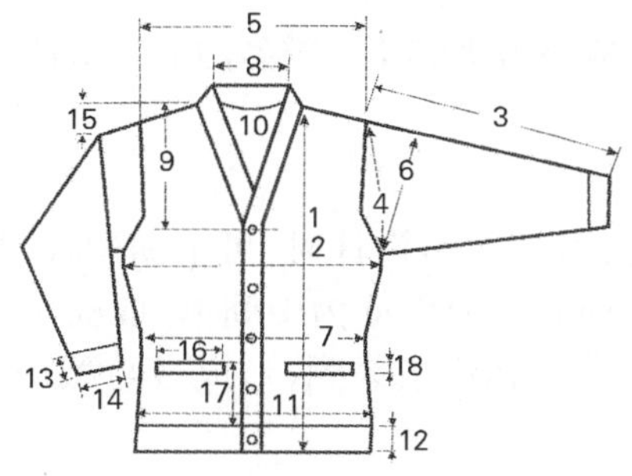

图 4-2-1 装袖型 V 领开衫测量图

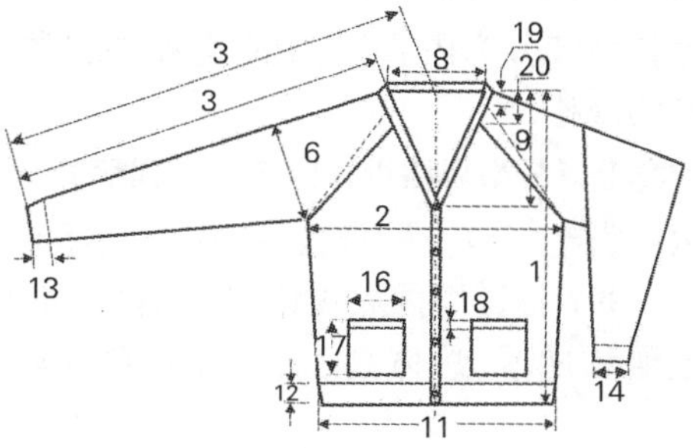

图 4-2-2 V 领开衫测量图

(4) 挂肩:从肩袖接缝处顶端至腋下斜量。

(5) 肩宽(阔):从左肩袖接缝处量至右肩袖接缝处。

(6) 袖肥(袖阔):自袖窿点向袖中方向垂直量至袖上边。

(7) 腰宽:腰节处腰部的宽度。

(8) 后领宽(阔):指领口的宽度(樽领领阔在领中横量)。

(9) 前领深:开衫 V 字领的领深是从后领接缝中点量至第一粒纽扣中心;套衫 V 字领的领深是从后领接缝中点量至前领内口;翻领领深是从后领接缝中点量至前领内口;圆领领深是从后领边中点量至前领内口。

(10) 后领深:从肩点水平线量至后领正中接缝点。

(11) 下摆宽:在大身与罗纹交接处(下摆罗纹翻针线)上方 2cm 处度量横宽。

(12) 下摆罗纹高:从大身与罗纹交接处量至罗纹底边。

(13) 袖口罗纹高:从袖子罗纹交接处量至袖口。

(14) 袖口宽:指在袖身与罗纹交接处(袖罗纹翻针线)上度量横宽。

(15) 肩斜高:指装袖型毛衫的内外肩点高度差。

(16) 口袋宽(阔):指口袋的横向宽度。

(17) 口袋深:指袋口边缘至口袋的最深处。

(18) 口袋嵌条(袋贴)高:口袋嵌条的宽度。

(19) 插肩袖后分配值:指插肩袖型袖山折后高度。

(20) 插肩袖前分配值:指插肩袖型袖山折前高度。

2. 裤类

测量示意图如图 4-2-3 所示。

(1) 裤腰围:裤腰口或罗纹下3cm处横量。
(2) 裤长:裤腰边至裤腿边的长度(平铺)。
(3) 前直裆(前浪):由前裤腰边至裤裆底直量。
(4) 后裆长(后浪):由后裤腰边至裤裆底直量。
(5) 横裆:裆底单腿横量。
(6) 裤口宽:裤口处横量。
(7) 裤口高(罗纹):裤口接缝(罗纹交接)处至裤脚(罗纹)边。
(8) 裤腰宽:由裤腰(罗纹)接缝处至裤腰(罗纹)边。

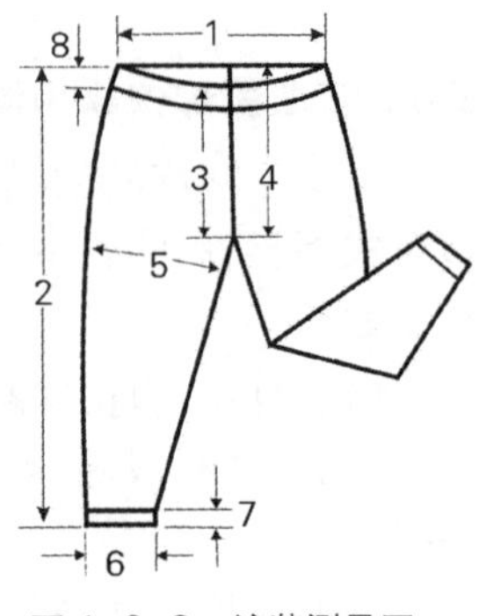

图4-2-3 裤装测量图

四、毛衫规格设计的特点

毛衫服装分为内衣类、中衣类和外衣类,因此设计时应该考虑到不同类型的毛衫所使用不同类别的规格。

1. 内衣类毛衫号型规格设计以5.5系列配置

内衣类毛衫成衣贴身穿着,应该较适合各类体型,按号型规格设计时,可依据国标"GB/T6411-1997棉针织内衣规格尺寸系列"中规定以男170cm、女160cm为中间体,依次向上下进行递增和递减,总体高度和胸围、腰围均以5cm为一档分档组成系列,形成号与型的5.5配置。

2. 中衣类毛衫号型规格系列配置

中衣类毛衫成衣穿着时,是在内衣之外、外衣之里,因此规格相对来讲控制点可以相对集中。多数企业以代号制进行集中控制以适应众多的体型,生产控制简单方便。

3. 外衣类毛衫号型规格系列配置

毛衫外衣类成衣穿着主要显现毛衫垂感、面料的外观肌理,一般都以宽松为主。穿着较紧的毛衫外衣会使面料的纹理发生变形,破坏了毛衫的外观风格。因此号型的规格配置显得更加集中,甚至多数时装款女装毛衫只分为大、中、小号,而对于中、老年的毛衫外衣则可按国家"GB 1335.1-1997"标准进行设置。

普通服装号型标准中,体型分离的原因是解决合体服装中一号多型的配置和上下装的配套问题。在毛衫服装结构设计中,由于针织面料的弹性及线圈结构原因,一般不设省道和结构功能分割线,合体的结构可以通过面料的弹性来实现。

如毛衫内衣中,160型女装的号型标识为160/90,指身长160cm,胸围90cm。

毛衫服装的弹性较好,在设计毛衫内衣、贴体裙装时,服装的围度、宽度的放松量较其他服装小,可以起到贴体目的。中衣、外衣则可根据设计款式效果进行加放。

4. 毛衫规格尺寸设计的数值依据

在各类服装规格设计中,参照国家"GB 1335.1-1997"标准进行进行设计,在毛衫的内、中、外衣的规格尺寸设计中也同样参考此标准。标准中对女子、男子的各种体型进行了观测,经过归理后得出Y、A、B、C四个系列,根据身高以5cm进行分档,对各体型在身高、颈椎点高、坐姿颈椎点高、全臂长、腰围高、胸围、颈围、总肩宽、腰围、臀围进行了数据检测和统计汇总,以女子为例列表如下,以供在设计中参考。其他可相应查阅国家标准。

(1)女子5·4、5·2Y号型系列控制部位数值(表4-2-1)

表 4-2-1　女子 5·4、5·2Y 号型系列控制部位数值表　单位:cm

Y														
部 位	数 值													
身高	145		150		155		160		165		170		175	
颈椎点高	124.0		128.0		132.0		136.0		140.0		144.0		148.0	
坐姿颈椎点高	56.5		58.5		60.5		62.5		64.5		66.5		68.5	
全臂长	46.0		47.5		49.0		50.5		52.0		53.5		55.0	
腰围高	89.0		92.0		95.0		98.0		101.0		104.0		107.0	
胸围	72		76		80		84		88		92		96	
颈围	31.0		31.8		32.6		33.4		34.2		35.0		35.8	
总肩宽	37.0		38.0		39.0		40.0		41.0		42.0		43.0	
腰围	50	52	54	56	58	60	62	64	66	68	70	72	74	76
臀围	77.4	79.2	81.0	82.8	84.6	96.4	88.2	90.0	91.8	93.6	95.4	97.2	99.0	100.8

(2)女子 5·4、5·2A 号型系列控制部位数值(表 4-2-2)

表 4-2-2　女子 5·4、5·2A 号型系列控制部位数值表　单位:cm

A												
部位	数值											
身高	145			150			155			160		
颈椎点高	124.0			128.0			132.0			136.0		
坐姿颈椎点高	56.5			58.5			60.5			62.5		
全臂长	46.0			47.5			49.0			50.5		
腰围高	89.0			92.0			95.0			98.0		
胸围	72			76			80			84		
颈围	31.2			32.0			32.8			33.6		
总肩宽	36.4			37.4			38.4			39.4		
腰围	54	56	58	58	60	62	62	64	66	66	68	70
臀围	77.4	79.2	81.0	81.0	82.8	84.6	84.6	86.4	88.2	88.2	90.0	91.8

(3)女子 5·4、5·2B 号型系列控制部位数值(表 4-2-3)

表 4-2-3　女子 5·4、5·2B 号型系列控制部位数值表　单位:cm

B							
部位	数值						
身高	145	150	155	160	165	170	175
颈椎点高	124.5	128.5	132.5	136.5	140.5	144.5	148.5
坐姿颈椎点高	57.0	59.0	61.0	63.0	65.0	67.0	69.0

（续表）

B																				
部位	数值																			
全臂长	46.0			47.5			49.0		50.5			52.0			53.5			55.0		
腰围高	89.0			92.0			95.0		98.0			101.0			104.0			107.0		
胸围	68		72		76		80		84		88		92		96		100		104	
颈围	30.6		31.4		32.2		33.0		33.8		34.6		35.4		36.2		37.0		37.8	
总肩宽	34.8		35.8		36.8		37.8		38.8		39.8		40.8		41.8		42.8		43.8	
腰围	56	58	60	62	64	66	68	70	72	74	76	78	80	82	84	86	88	90	92	94
臀围	78.4	80.0	81.6	83.2	84.8	86.4	88.0	89.6	91.2	92.8	94.4	96.0	97.6	99.2	100.8	102.4	104.0	105.6	107.2	108.8

(4)女子 5・4、5・2C 号型系列控制部位数值(表 4-2-4)

表 4-2-4　女子 5・4、5・2C 号型系列控制部位数值表　　　　**单位**:cm

C																						
部位	数值																					
身高	145			150			155			160			165			170			175			
颈椎点高	124.5			128.5			132.5			136.5			140.5			144.5			148.5			
坐姿颈椎点高	56.5			58.5			60.5			62.5			64.5			66.5			68.5			
全臂长	46.0			47.5			49.0			50.5			52.0			53.5			55.0			
腰围高	89.0			92.0			95.0			98.0			101.0			104.0			107.0			
胸围	68		72		76		80		84		88		92		96		100		104		108	
颈围	30.8		31.6		32.4		33.2		34.0		34.8		35.6		36.4		37.2		38.0		38.8	
总肩宽	34.2		35.2		36.2		37.2		38.2		39.2		40.2		41.2		42.2		43.2		44.2	
腰围	60	62	64	66	68	70	72	74	76	78	80	82	84	86	88	90	92	94	96	98	100	102
臀围	78.4	80.0	81.6	83.2	84.8	86.4	88.0	89.6	91.2	92.8	94.4	96.0	97.	699.2	100.8	102.4	104.0	105.6	107.2	108.8	110.4	112.0

(5)女子常用号型系列控制部位数值(表 4-2-5)

表 4-2-5　女子号型系列控制部位数值表　　　　**单位**:cm

部位	数值											
身高	160			165			170			175		
颈椎点高	136.0			140.0			144.0			148.0		
坐姿颈椎点高	62.5			64.5			66.5			68.5		
全臂长	50.5			52.0			53.5			55.0		
腰围高	98.0			101.0			104.0			107.0		
胸围	84			88			92			96		
颈围	33.6			34.4			35.2			36.0		
总肩宽	39.4			40.4			41.4			42.4		
腰围	66	68	70	70	72	74	74	76	78	78	80	84
臀围	88.2	90.0	91.8	91.8	93.6	95.4	95.4	97.2	99.0	99.0	100.8	102.6

五、毛衫成衣规格尺寸的设计方法

毛衫产品的规格设计与制定与其他服装相同,也是按照人体造型的尺寸来制定羊毛衫的各档尺码和各部位的尺寸。针织毛衫的织物富有弹性,因此,在由人体造型尺寸制定毛衫规格时具有其特殊性。例如,机织织物类产品的服装在进行一般款式设计时,男衫胸围需要在人体净体胸围尺寸的基础上加放 16 ~22cm,女衫胸围的加放度为 10 ~17cm;男裤腰围的加放度为 0 ~6cm,女裤腰围的加放度为 2 ~6cm;男裤臀围的加放度为 9 ~15cm,女裤臀围的加放度为 12 ~15cm。而羊毛衫服装(包括衫、裤、裙)其围度加放度情况如下。

1. 紧身衣类规格尺寸设计

紧身衣类毛衫服装:紧身内衣、健美裤、健美衫等。规格尺寸设计包括规格和细部尺寸设计。

紧身衣类穿着的人群体形较为接近,比例比较匀称。规格的设计主要针对女体的上装和下装,分为童装、少年装与成人三个大类。每个大类一般分为三个档。

细部尺寸设计时主要尺寸为横向和纵向两个方面的尺寸设计。其横向尺寸设计时,毛衫需要紧紧包裹在身体上,因此横向的加放度为负值,根据面料弹性和紧度的设计要求不同,一般三围尺寸的加放范围设计为:-10% ~0cm。纵向尺寸设计时可按照净体(或紧尺寸)的尺寸进行加放,当横向面料背拉开时,纵向会变短,因此可根据不同的面料和穿着的紧度要求进行加放,一般衣长加放范围为 -5% ~5% cm。

实例:女成人紧身羊绒内衣尺寸设计(表 4-2-6)

表 4-2-6 女成人紧身羊绒内衣尺寸 单位:cm

序号	部位名称	女 160/84 原型净体尺寸	序号	部位名称	贴体羊绒内衣尺寸
1	身高	160	1	上衣长	60
2	颈椎点高	136.2	2	袖窿	20
3	坐姿颈点高	62.6	3	袖肥	15
4	胸围	84	4	胸围	82
5	颈围	33.4	5	领宽/前领深	14.5/11.5
6	腰围	63.6	6	腰围	74
7	腰围高	98.2	7	下摆围	82
8	肩宽	39.9	8	肩宽	40
9	全臂长	50.4	9	袖长/袖口宽	50/10

2. 中衣类毛衫规格尺寸设计

中衣类毛衫是指普通穿着的套衫、开衫、裤装、裙装等合体、贴体类毛衫,一般穿着在外衣和内衣之间,略有松度,脱下外衣时可以外穿的毛衫。

(1)胸围加放度:男装、女装、童装分别为 0 ~12cm、0 ~15cm、0 ~8cm。

(2)腰围加放度:男装、女装、童装分别为 0 ~4cm、0 ~6cm、0 ~2cm。

(3)臀围加放度:男装、女装、童装分别为 0 ~8cm、0 ~12cm、0 ~6cm。

3. 外套类

在最外层穿着的春秋、夏、冬装的各类毛衫。根据款式的穿着效果进行加放设计,一般取值范围较大,如胸围夏装一般为:5 ~20cm;春秋衫加放:10 ~25cm;冬装加放 15 ~30cm。

由上面分析可知，羊毛衫与机织服装相比，在进行围度计算时，其加放度小于后者，但其加放度的变化范围却大于后者。这是由于羊毛衫的弹性、延展性较好和人们穿着羊毛衫时，对体现人体美的要求所决定。羊毛衫中，围度加放度变化范围最大是女装，这是由于女装的两种趋势，紧身式和宽松式所决定的。因此在羊毛衫造型设计时，应根据人体的各部位尺寸，并考虑羊毛衫的具体款式（主要为胸、腰、臀三围的宽松情况），然后再、在人体结构尺寸的基础上，加上一定的加放度，这样便能较容易地确定出羊毛衫的造型尺寸，在各部位的规格尺寸。羊毛衫的规格制定，内销产品应根据各个地区、各民族的体型而定；而外销产品的规格一般由客户自己提供。

六、毛衫规格尺寸举例

1. 女毛衫类（图4-2-4、图4-2-5，表4-2-7、表4-2-8）

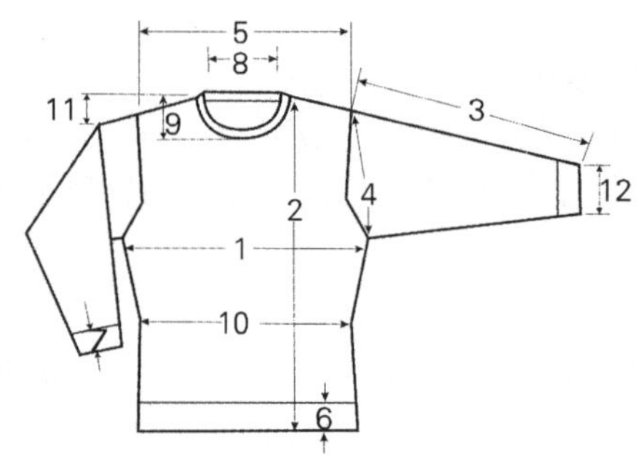

图4-2-4 圆领女套衫

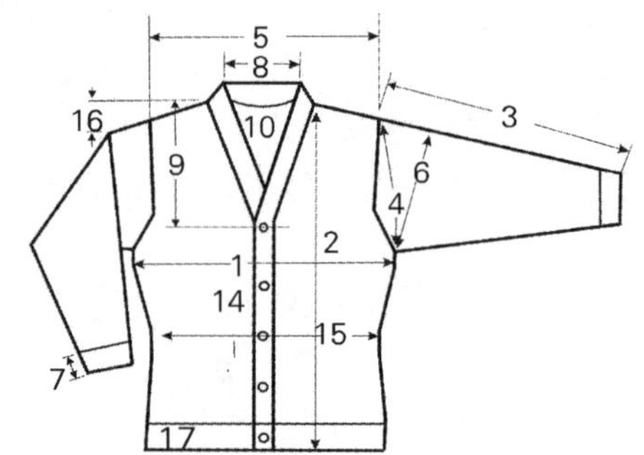

图4-2-5 V领女开衫

表4-2-7 V(圆)领女套衫成品规格

编号		1	2	3	4	5	6	7	8		9		10	11
部位		胸宽	衣长	袖长	挂肩	肩宽	下摆罗纹	袖罗纹高	后领宽		领深		腰宽	领罗纹
									V领	圆领	V领	圆领		
规格cm	85	42.5	58	49	19	35	5	4	9.5	8.5	20	6	38.5	2
	90	45	60	50	20	36	5	4	10	9	21	6.5	41	2.2
	95	47.5	62	51	21	37	5	4	10	9	22	7	43.5	2.5

表4-2-8 V(圆)领女开衫成品规格

编号		1	2	3	4	5	6	7	8	9		10
部位		胸宽	衣长	袖长	挂肩	肩宽	下摆罗纹	袖罗纹高	后领宽	领深		领罗纹/门襟
										V领	圆领	
规格cm	85	42.5	60	49	20.5	36	4	3	9	23	7	3
	90	45	61.5	50	20.5	36	4	3	9	24	8	3
	95	47.5	62.5	51	21.5	37	4	3	9.5	24	9	3

2. 男毛衫类(图 4-2-6、图 4-2-7,表 4-2-9、表 4-2-10)

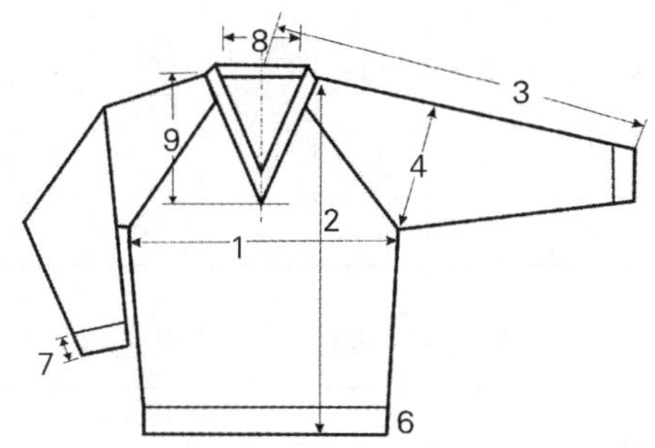

图 4-2-6　V 领装袖男套衫

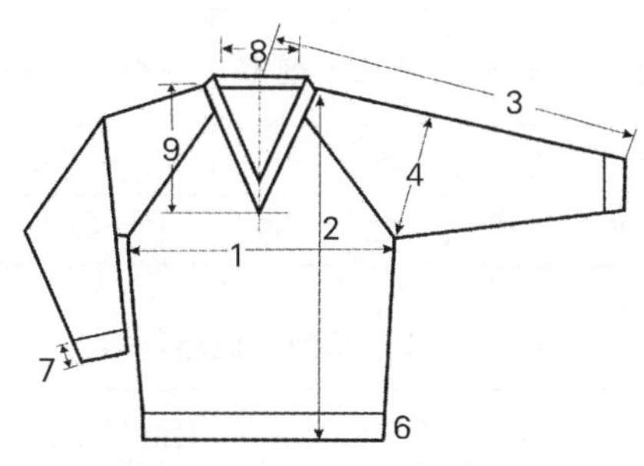

图 4-2-7　V 领男马鞍肩开衫

表 4-2-9　V(圆)领装袖套衫成品规格

编号		1	2	3	4	5	6	7	8	9		10
部位		胸宽	衣长	袖长	挂肩	肩宽	下摆罗纹	袖罗纹高	后领宽	领深		领罗纹
										V 领	圆领	
规格 cm	95	47.5	67	55	22.5	40	6	5	10	25	8	2.5
	100	50	69	56	22.5	41	6	5	10	26	9	2.5
	105	52.5	71	56	23.5	42	6	5	10	27	10	2.5

表 4-2-10　V 领马鞍肩开衫成品规格

编号		1	2	3	4	5	6	7	8	9	10
部位		胸宽	衣长	袖长	袖宽	单肩宽	下摆罗纹	袖罗纹高	后领宽	领深	领罗纹/门襟
规格 cm	95	47.5	67.5	55	21.5	9	6	5	10	25	3
	100	50	69	56	21.5	9	6	5	10	26	3
	105	52.5	69	56	22.5	9.5	6	5	10	27	3

4. 裤装(图 4-2-8、图 4-2-9,表 4-2-11 ~ 表 4-2-13)

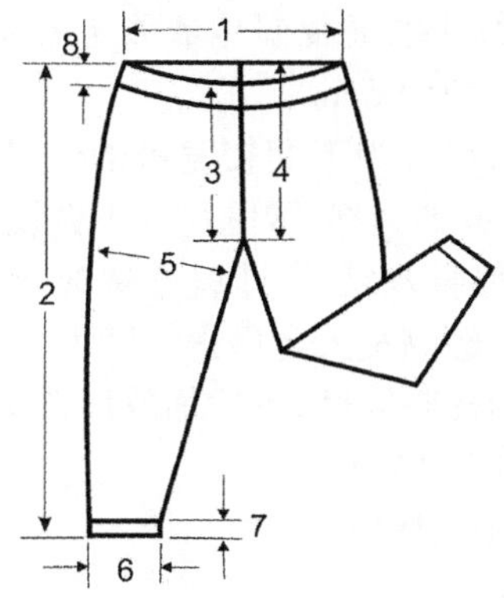

图 4-2-8　女长裤

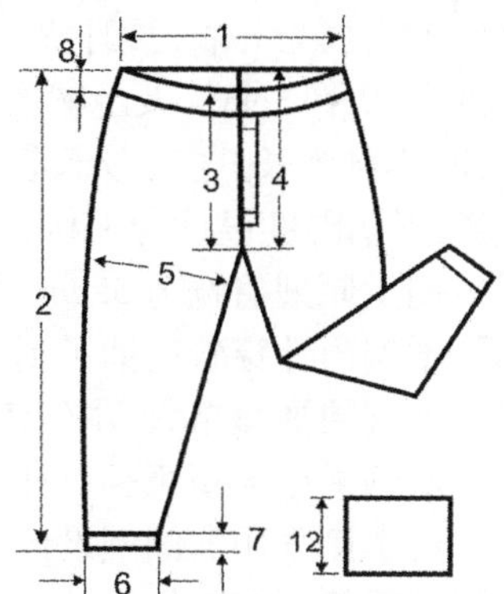

图 4-2-9　男长裤

表4-2-11　女、男长裤成品规格

编号	1	2	3	4	5	6	7	8	9	10	11	12
部位	腰宽	裤长	前浪	后浪	横裆	裤口罗纹宽	裤口高	腰罗纹	直裆	裤门襟宽	裤门襟长	方块
女裤90	35	95			22.5	10	5	3	36			13
男裤100	40	102	39	42	25	12	8	3		3	10	13

表4-2-12　长围巾成品规格

编号	部位	规格(cm)			
		加长	中长	标准长	普长
1	长	166	150	140	130
2	宽	35	32	30	29
3	穗长	6	5	5	4.5
4	每头穗档	37	30	30	30
5	每档根数	8×2	6×2	6×2	6×2

表4-2-13　披肩成品规格

编号	部位	规格(cm)		
		小	中	大
1	长	140	160	180
2	宽	50	60	70
3	穗长	20	20	20

任务实施

一、教学设备与材料

投影仪、电脑。各种毛纱、面料、毛衫样衣。

二、实施步骤

1. 任务说明

根据任务1所设计的系列款式，按照女160/84的原型，设计该系列毛衫的规格尺寸。

2. 规格尺寸设计

(1)衣长设计：衣长是指内肩点到下摆边缘之间的距离，本例成衣穿着后下摆边缘位于大腿中下部，根据人台测量得：85cm。

(2)胸围设计：本成衣为外衣，预计穿着时内有打底衣或保暖内衣及毛衫中衣，在净体胸围的尺寸基础上加放10~15cm。人台胸围为86，设计为：96cm。

(3)腰围、下摆：本例为长开衫，考虑走路的影响，设计为下摆较宽松的效果。测量正常行走大腿迈动的幅度，下摆围度设计为110cm。下摆直放到胸部，腰围尺寸不做设计。

(4)肩宽设计：测量原型肩宽为35cm，本例突出修身效果，设计肩宽为36cm。

(5)袖长设计：本例预计穿着后袖子到手背位置，经测量人台后得长度为56cm。

(6)袖窿设计：外衣的袖窿略大，本例依据人台的袖窿围度，围度加放后得44cm。

(7)领宽设计：本例采用大型添领设计，领宽设计为18cm。

(8)前领深设计：本例采用深圆领设计，设计前领深为15cm。

(9)后领深设计：后领深按常规设计，取值为3cm。

(10)领高设计：本例采用大型添领设计，领高设计为16cm。

(11)袖肥设计:根据穿着效果,本例设计为贴身袖型,去袖肥为16cm。

(12)袖口宽设计:袖口的尺寸设计以掌围为依据,略宽松,袖口宽取12cm。

(13)门襟宽设计:门襟的宽度要与领子、成衣的长度协调,本例设计为12cm。

(14)袖口罗纹高:本例设计为翻袖,为突出袖口的效果,袖口高取为15cm。

规格尺寸列表4-2-14:

表4-2-14 "冬之魅力"款开衫规格尺寸表

序号	毛衫部位	成衣	序号	毛衫部位	成衣
1	衣长	85	9	袖窿(直量)	22
2	胸围	92	10	袖长	56
3	下摆围	110	11	袖肥(1/2)	16
4	肩宽	36	12	袖口(1/2)	12
5	前领深(线至线)	15	13	袖罗纹高	15
6	后领深(线至线)	3	14	门襟宽	12
7	领横宽(线至线)	18	15		22
8	领高	16	16		

任务3 毛衫结构与套缝工艺设计

学习目标

1. 掌握毛衫典型产品的款式及其结构分解方法,学会对典型款式毛衫进行结构分解。
2. 了解毛衫常用的缝缝结构和外观效果,学会分析和设计毛衫缝缝的套口工艺。

任务描述

提供四种典型结构的毛衫款式平面结构图,理解和分析典型款毛衫的衣片结构,进行毛衫的结构分解和套缝工艺设计。

知识准备

一、毛衫产品结构分解

产品的结构分解是将产品的效果图转换成平面制图的过程。毛衫的穿着方式、面料特征、组织结构与其他服装不同,具有较强的衣片结构特点。

1. 毛衫结构分类

毛衫常见的典型款式主要有几大类,主要从门襟、肩型、袖型、领型等几个方面来分。

(1)按门襟方式分类:分为套衫、开衫两大类。套衫主要分为有门襟领和无门襟领。开衫

可以分为前开衫和背开衫。

(2)按毛衫肩型分类:典型款毛衫按肩型分类主要分为平肩平袖型、斜肩平袖型、背肩型、插肩型、马鞍肩型。

(3)按袖型分类:按袖型分类主要分为有袖型和无袖型,按袖子长度可以分为长袖、中袖和短袖等。按形状可分为普通袖、喇叭袖、泡泡袖、蝙蝠袖、灯笼袖等。

(4)按领型分类:按领子高低可分为挖领与添领。挖领领型主要有圆领、V 领、鸡心领、一字领等;添领主要有翻领、樽领、堆领、连帽等领型。

2. 常见典型款式毛衫的结构与分解

(1)平肩平袖型:

毛衫由于其面料具有较强的延伸性、线圈长度的转移性,毛衫在穿着过程中对不同的体型部位有较强的适应性,因此毛衫的版型比机织面料类服装简单,从而使编织工艺简单、生产速度快、加工成本低。对于一些宽松款式或低档产品可以采用平肩平袖型,其款式特点为:袖夹为平直式、前后肩部对称平直无斜度,袖子为简单的梯形,无袖山、袖山头平直。平肩平袖型套衫主要由前片、后片、袖片、领条构成,衣片外廓分解后如图 4-3-1 所示。

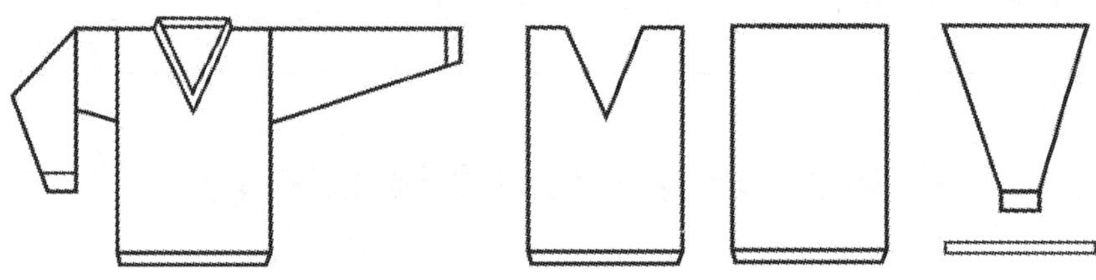

图 4-3-1 平肩平袖型毛衫结构分解图

(2)斜肩平袖型:

斜肩平袖型是指毛衫的成衣为普通装袖型。其前、后片的肩部均为倾斜型,成衣后肩缝基本正中,称为斜肩;袖山头为平直型,袖山有收夹曲线称为平袖。斜肩平袖型套衫分解后主要由前片、后片、袖片、领条组成,如图 4-3-2 所示。其特点为前后衣片的肩部斜度对称,后片的领部有领弧或为平直状,后领深一般为 0 ~2.5cm。前片与后片外廓相同、开领不同。袖片的袖山头为平直状,袖山收针有 S 形收针曲线(也称为弯夹)或直线斜收(直夹),与大身袖窿曲线相对应。

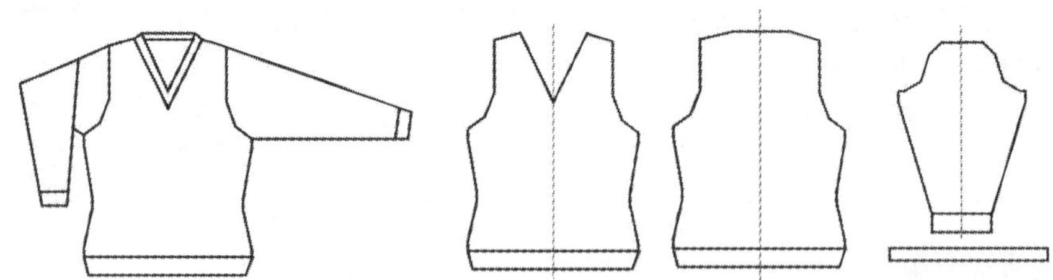

图 4-3-2 斜肩平袖型毛衫结构分解图

(3)背肩型:

又称为落肩型、“小平膊”。背肩型套衫分解为前片、后片、袖片、领条。衣片分解后如图 4-3-3 所示。其前、后衣片的肩部不同:前片的肩部为水平状,后片的肩部为较大斜度的倾斜状,合肩后前片的外肩点背向后背,所以称为背肩型。其优点为毛衫前部看不到肩缝,后片肩线有收针花,显示毛衫光洁美观;其次前片的肩部不用收针,生产的效率比斜肩型高。袖子形状同斜肩型。背肩型毛衫是较典型的结构,应用广泛,如V领背肩型开衫的结构分解为:左、右前片、后片、袖片、门襟(领与门襟为一体)、口袋嵌条、袋里等,如图4-3-4所示。

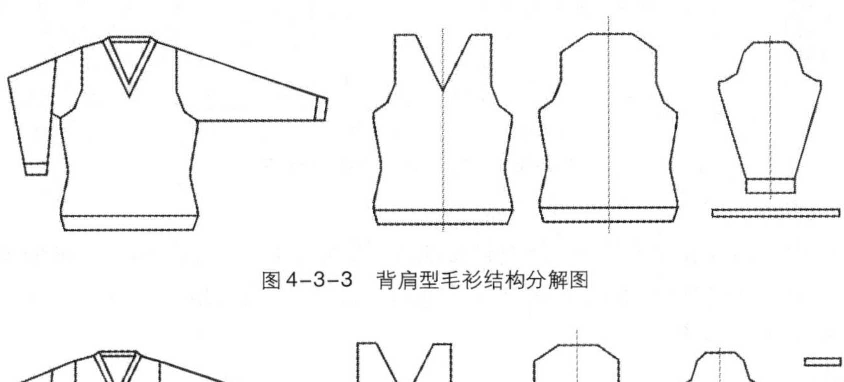

图4-3-3 背肩型毛衫结构分解图

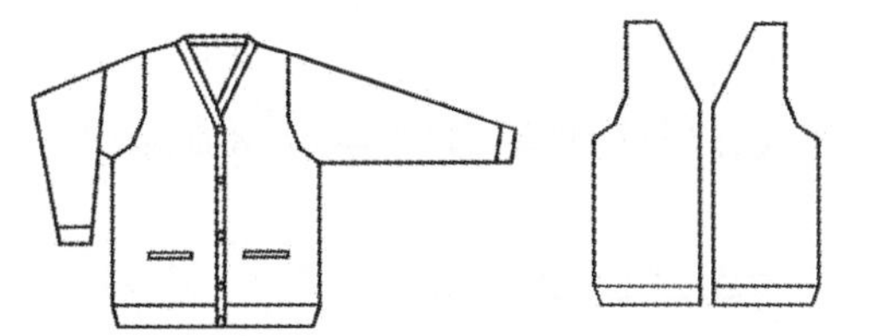
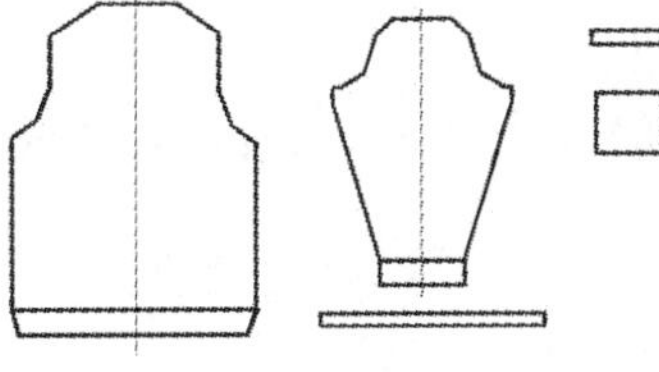

图4-3-4 背肩型开衫结构分解图

(4)插肩袖型:

插肩袖型也称为斜肩斜袖型,是指毛衫成衣为无肩结构,袖山直插至领部,线条明显、风格鲜明。其前后片的袖窿为直线斜收,袖山头为倾斜型,一般无收夹曲线。

如图4-3-5所示的插肩袖型套衫,属挖领领型,结构分解为前片、后片、袖片、领条。其特点为:前、后衣片的肩部均为斜度较大的斜线;后片的领部一般为平直状,如果产品的档次提高,后领也可以做成领深的结构;前片领深较大,外廓与后片相似;袖山为斜线直收,袖山头为倾斜状,袖山头为领围的一部分。

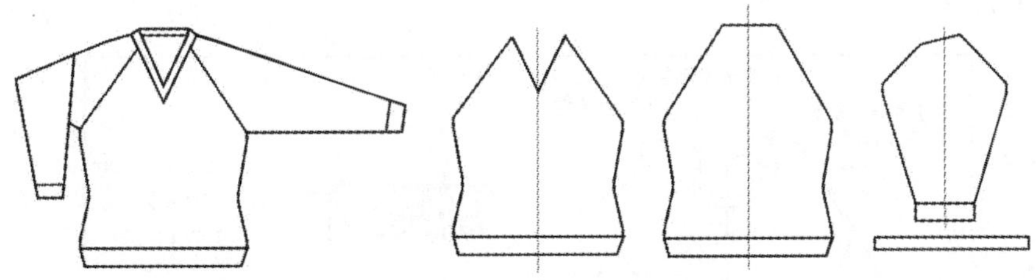

图4-3-5 插肩袖型毛衫结构分解图

(5)马鞍肩型:

马鞍肩型毛衫其肩部为曲线型,前后片线形不同。马鞍形曲线结构使得肩部显得宽阔、雄伟,符合男性的体格。如图4-3-6所示马鞍肩型套衫挖领领型,衣片分解后主要由前片、后片、袖片、领条组成。其特点为前、后衣片的肩部均为斜度较大的斜肩,后片的领部一般为平直状,前片领部可以配合各种领型。袖山为马鞍状,折线收针;袖山头为领围的组成部分,具有一定的斜度。

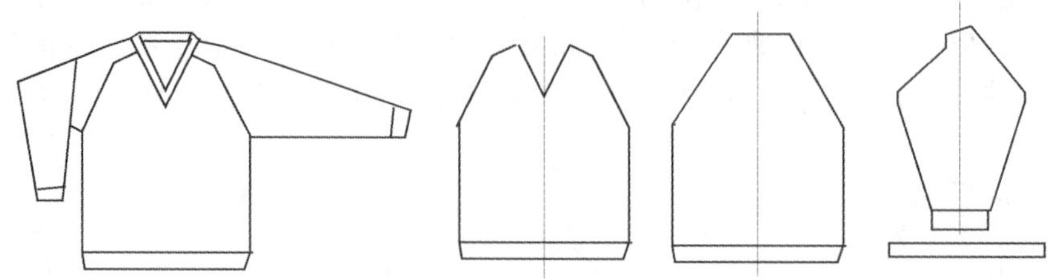

图 4-3-6　马鞍肩型毛衫结构分解图

(6)羊毛裤型：

毛裤一般用于内衣和中衣穿着，分为男女款式，男款前面有门襟结构。毛裤的编织特点是采用左右两片结构，缝合后只有内侧缝，穿着舒适。毛裤的结构分解一般分左右片、裆片、门襟片、裤腰等，如图 4-3-7 所示。

(7)半裙：

半裙一般可分为：前、后片两片式或多片式，以及裤腰等，如图 4-3-8 所示。

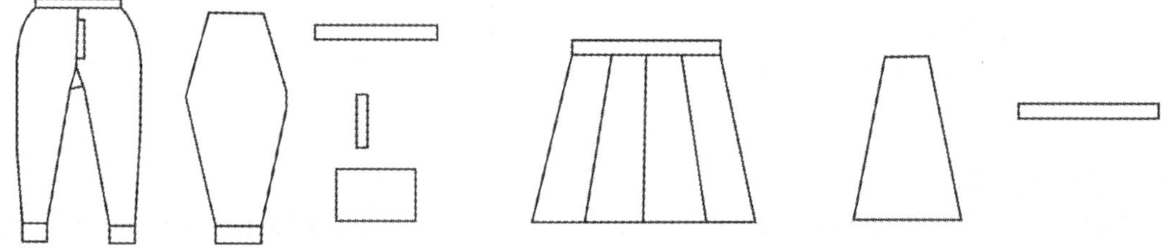

图 4-3-7　羊毛裤结构分解

图 4-3-8　半裙结构分解图

3. 时装款毛衫结构分解

如图 4-3-9 所示为一款时尚款式毛衫，从图中的分割线及正视图和后视图、注解分析得出，该毛衫结构分解为：前片、后片、袖片、袖罗纹、下摆罗纹、侧边罗纹、领罗纹、单面包条组成，如图 4-3-10 所示。

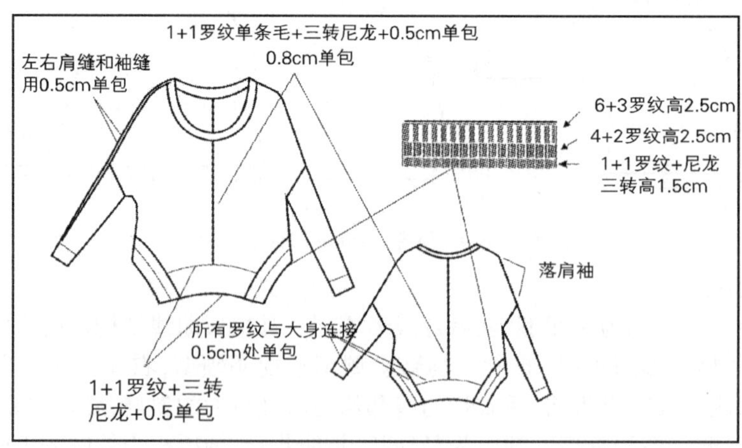

图 4-3-9　时装款平面款式图

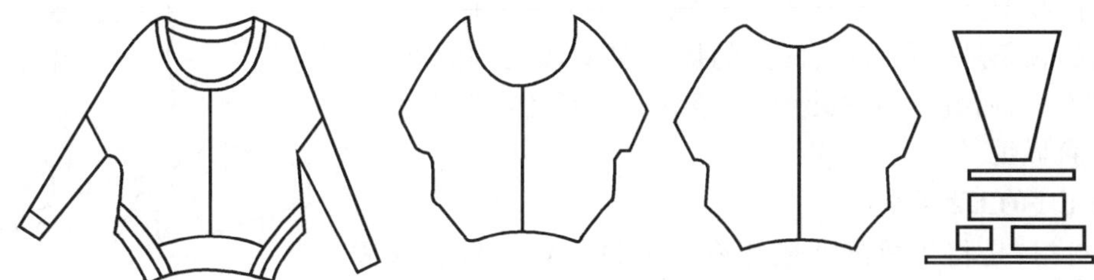

图 4-3-10 时装款结构分解图

4. 结构分解方法

(1)要尽量考虑原设计的效果,合理设计衣片结构和缝缝结构。

(2)确保原设计效果的前提下结构简化、符合本企业的生产实际。

(3)要考虑编织工艺的简化性、套缝的可行性。

二、套口缝合工艺设计

毛衫的编织工艺设计与缝制工艺是密切相关的,两者在设计中需要相互配合。在编织工艺设计前应先进行套缝工艺设计,方便各衣片缝合位置的配合。

1. 衣片套缝工艺流程设计

根据款式效果图进行衣片缝合设计(即衣片结构分解),确定合理的套缝工艺流程。

(1)套缝设计时应考虑的因素:

① 套缝的工艺流程要根据自身企业的设计特点、设备情况来定。

② 根据产品的档次确定缝合结构。

③ 考虑生产效率和生产成本。

(2)套缝工艺流程及工艺设计:

【例】女圆领套衫套缝工艺流程设计:衣片封口→合肩→上袖→合肋缝→上领→钉商标、洗唛→固定缝头

2. 套口机机号、缝线的选择

根据纱线原料与编织密度,选用套口机机号,应比编织机的机号高 2 ~4 号。

套口缝能完成眼对眼缝合,横向套口缝耗为 1 ~2 针,纵向套口缝耗为 1 ~3 横列。

套口用纱通常选用股线,通常情况下采用毛衫大身的纱线与同色的涤纶线一起缝合,涤纶线用来增加缝合强度。套口时不允许出现针纹歪斜或搭针现象,缝缝平整,具有一定弹性。

3. 主要套缝工序的工艺设计

毛衫的套口缝合为了使各衣片成型良好,需要有对位点的设计,如同服装裁剪中的刀口眼。使得各衣片之间位置固定,不会造成歪斜、扭曲而造成毛衫变形。

如图 4-3-11 所示为斜肩平袖型女套衫缝合对位。

(1)前后片合肩:合肩的肩线采用眼对眼套口缝合,前后肩线的针数应该相等。后片的领宽针数即为前片领宽的针数。

(2)上袖:该套衫的袖片为对称型,前片的袖夹收针次数比后片的收针次数多 1 ~2 次,成衣后前片的袖窿点以上到外肩点比后片高 1 ~1.5cm,这样肩缝在穿板整烫折在后部,便于烫平、美观,也就是上袖后肩线是折向后 0.5 ~0.75cm。因此上袖套缝时,袖山头的中点要偏前片 0.5 ~0.75cm 左右,因此需要根据不同情况来确定袖中对位偏移针数。

（3）上领：图 4-3-11 所示为 V 领，领条上需要做多个记号。V 领的领条是一条整体，两头的接头在 V 领的领尖处，因此需要在左、右肩缝点做两处记号，精致的毛衫还需要在前领的更多位置做记号。

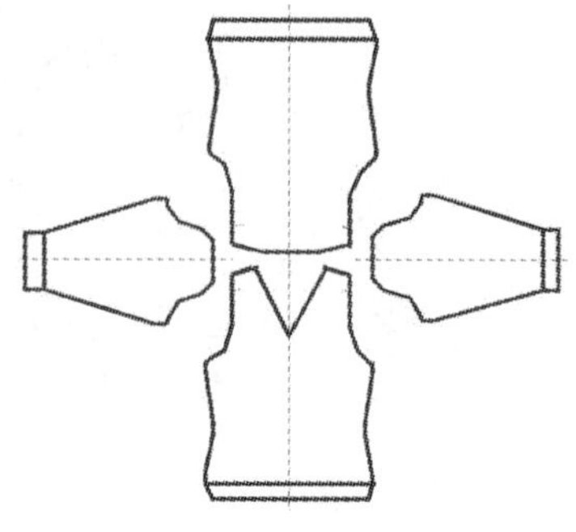

图 4-3-11 套缝对位示意图

4. 套缝各工序的工艺要求

（1）封口：是将下机的线圈用套口机进行针对针套缝固定，防止线圈脱散。企业根据自身的特点和成本考虑，一般高档的产品为了减少疵点、方便上袖、上领而进行封口。低档产品为了减少工序成本可以不用封口。封口的部位一般有：圆领、后领的领底及袖山头部位，封口时缝线要求略松，伸缩性好，不影响各部位的尺寸。

（2）合肩：

① 直接套缝法：将衣片的肩部线圈进行针对针套缝，缝缝小而精美。

② 夹肩条套缝法：将衣片的肩部线圈针对针套缝并夹套肩带，或用包缝机进行包缝。肩带的作用是起到稳定肩部尺寸的作用。

③ 包缝机包缝：低档产品可以直接使用包缝机包缝缝合，但不应出现漏针，这种缝合方式缝缝较宽、粗糙；也可以用绷缝机进行绷缝，大多采用三针五线绷缝方式，缝线线迹美观。

（3）上袖：是将袖子按设计要求套缝到前后片上。设计内容为：套缝缝耗的横列数、针数，对花、对记号、对横条及袖子中心对肩缝的偏移位置。

（4）合肋缝：将肋缝从袖口至袖窿点到下摆按各位置对位要求均匀的缝合在一起。设计内容：对位要求、套缝针数、缝线松紧等。

（5）上领：将领条均匀的上到前后片的领圈部位。设计内容：缝合方式、对位点设计、套缝起始位置、缝合针数、手缝方法。

领子的接头位置设计：圆领的领条接头一般位于左肩缝（穿着）的后侧 1～2cm 处；V 领接头位于前领正中领尖处。上领的套缝方式有叠套法、夹套法、双层夹套法等方式。

5. 其他设计

（1）手缝：领口等部位的接头采用手缝方式，美观细致。

（2）平缝：上门襟、钉标等部位可以设计为平车缝。

三、设计实例

【例】14G 圆领套衫套缝工艺设计

（1）套缝工艺流程：衣片封口→合肩→上袖→合肋缝→上领（手缝接领）→勾线头。

（2）套口机号：18G。缝线：后领平位 1 条原身毛纱紧套，其他全部 1 条原身毛纱 +1 条 PP 线套缝。

①封口：袖山头要求针对针封口，封口线在废纱下 2 横列（或称 2 皮）。

②合肩：按挑孔记号处套斜，并用配色尼龙肩带，肩带放在后片处。肩缝前折，夹边留出 0.5cm 领边到头，夹领边 8 针，针对针合肩。合肩处用 3 根涤纶丝（线）拷边，拷边时斜度要顺直。拷边线要紧密（12 针/2cm）不能松散，切净封口纱。

③上袖：袖和大身收针下 2 横列（皮）起套。袖子最后收花对前后片记号位（拉线位），袖

子中心记号对肩缝向前片移11支针。均套2支针,线迹松紧适宜,套夹边要求拉长套口,注意要有弹性。

④合肋缝:袖边及下摆罗纹高低对齐。袖窿点(腋下)交叉缝对齐,均套进2支针,线迹松紧适宜。

⑤上领:领贴(条)按记号套上,套口时要求吃势均匀,斜位对称,平位套在封口线下2横列(皮)。均套2支针,对位准确,领子圆顺。

四、时装款套缝工艺设计

如图4-3-9所示的时装款的款式图,进行套口工艺设计。

1. 套口缝缝设计

按照示意图,为了穿着舒适、视觉美观,将领缝设计为领罗纹夹套,下摆罗纹、袖口罗纹设计为单面配色条包套,前后片正中及袖中设计为单面配色条里外夹套,其他正常套口。

(1)衣片中线单面配色条里外夹套法

用配色单面条里外夹住衣片套缝,缝合后里外视觉相同,缝缝光洁。套缝时三层织物套在一起,费时,难度略大。如图4-3-12所示为正面效果。

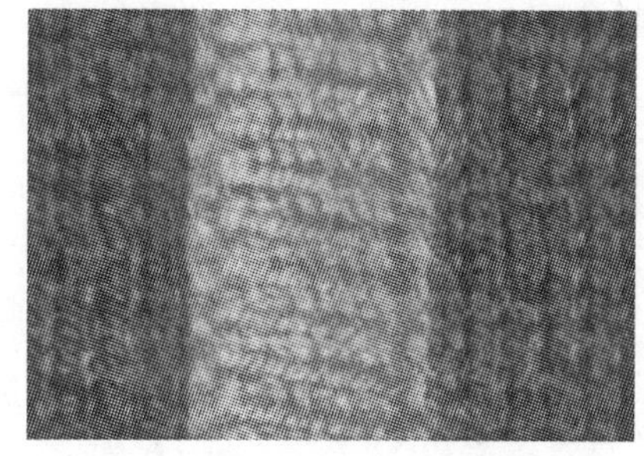

图4-3-12 衣片中线里外夹套效果图

(2)衣片中线单面配色条正面压套法

用配色单面条在衣片正面直接压套,不需要开剪中缝,套缝后反面有两条明显的链式缝线。效果如项目三中图3-3-9所示。

(3)单面配色条包套法用配色单面条在织物的边缘(如领口、下摆、袖口、袖窿等部位)进行包边套缝的方法。效果如项目三中图3-3-10所示。

(4)罗纹夹套法

罗纹条编织结束时,采用圆筒编织方法使织物分成两层,套缝时将衣身夹在圆筒内侧,缝合后正反两面光洁,无缝痕。此法也常用于两面穿的毛衫套口缝合。效果如项目三中图3-3-7所示。

2. 套口工艺设计

(1)套缝工艺流程设计

前片正中开剪→单面配色条里外夹套合前左右片→前片下摆单包,上前下摆罗纹→后片正中开剪→单面配色条里外夹套合后左右片→后片下摆单包→上后下摆罗纹→袖中开剪→上袖→单面配色条里外夹套合袖中线、肩缝线→袖口单包、上袖口罗纹→上领条,罗纹夹套→合肋→侧摆单包→上侧摆罗纹→套检→处理线头

(2)各工序套缝工艺设计

套口机号选择:本例为14针横机编织,选用16针套口机套口。

① 封口:对后领中、袖山头进行封口,针对针套口,封口线在废纱下2横列。

② 衣片、袖片正中开剪:在前、片正中抽针线上用剪刀剪开,注意不能剪歪。

③ 单面条压夹套:将前左、右片开剪处,用单面纬平针配色横条里外夹套缝合,里外各一条。对于薄织物来说增加平整度,特征为正反两面对称均有单边条,如图3-3-8所示。衣片

合缝时套在开剪线两侧的第三针上。后片、袖中部位同样套法，对正记号位置。

④ 前片下摆单包叠套：在下摆处用平针配色横条针对针套缝包边，然后叠缝在罗纹之上。顺序为：套单面条（废纱下 2 行）→套衣片下摆（废纱下第 6 行）→拆废纱→单面条盖下套在废纱上第 2 行→套上罗纹（光边朝上）→缝合。后片同前片套法。效果如图 3-3-10 所示。

⑤ 上袖：袖子套废纱下 2 行，袖压大身，平整缝合。

⑥ 配色单面条包套，合肩、袖中缝：针对针将配色单面条包套在前片上，再将后片朝上叠压缝合，肩缝在收针下 2 行套斜，袖中套在第 2 针上。

⑦ 袖口单包、上袖口罗纹：方法同上前片下摆单包。

⑧ 上领条：采用罗纹夹套法，将领条光边朝上、正面朝里，圆筒的一面在废纱上 1 行针对针套在挂衣针上，将衣身正面朝里按记号点套上，平位套在封口线下 2 横列（皮），斜位对称，均套 2 支针，盖下圆筒的另一面夹住衣身。套口时要求吃势均匀，对位准确，领子圆顺。领子接头位于左肩缝后 2cm 处，按记号点对位套缝。

⑨ 合肋缝：袖边及下摆罗纹高低对齐。袖窿点（腋下）交叉路对齐，均套进 2 支针，线迹松紧适宜。

⑩ 侧摆单包、上侧摆罗纹：方法同下摆、袖口罗纹，对位准确。

任务实施

一、教学设备

16G 套口缝合机。

二、实施步骤

1. 典型款毛衫结构分解

依据背肩型开衫、V 领插肩袖套衫的款式图，进行结构分解，按规格尺寸表以 1∶5 比例作衣片外廓图。

2. 背肩型开衫套缝工艺设计

依据斜肩平袖背肩型开衫款式图，进行套缝工艺流程设计与各套缝工序的工艺设计。

3. 时装款毛衫套缝工艺流程设计

依据图 4-3-9 时装款毛衫示意图，套缝要求改为衣片、袖中线配色单面条采用压套方式，领条采用罗纹夹套方式，袖口、下摆罗纹采用配色条单包套缝方式，进行套缝工艺流程设计，详细说明各套缝工序的工艺要求。

（1）套缝工艺流程设计

封口→前、后、袖片正中开剪→前、后片中缝配色单面条压套→下摆罗纹夹套→合肩→上袖→袖中、肩缝配色单面条单包压套→袖口单包、袖口罗纹叠套→合肋→下摆侧罗纹单包叠套→领条罗纹夹套→套检→处理线头

（2）各工序套缝工艺设计

套口机号选择：本例为 14 针横机编织，选用 16 针套口机套口。

① 封口：对后领领底、袖山头平位进行套口封口，要求针对针套口，封口线在废纱下 2 横列（或称 2 皮）。

② 前、后片中缝单面配色条压套：于前片记号处，用单面纬平针横条(0.5cm 宽、313 针长，配色横条)压套在衣片正面上。从领口起套，先套身片，再套平针包条；条上一针对大身一个横列(313 个横列对 313 针)套至下摆记号点结束，套完一侧后再将另一侧身片套上。后片同样套法(485 个横列对 485 针)，对正记号位置。反面效果如图 3-3-8 所示。

③ 下摆罗纹夹套：将罗纹上的圆筒与前片进行夹套，里外两层针对针。套口时罗纹在上，衣片在下。后片同前片套法。如图 4-3-16 所示(圆筒部分为配色纱线，0.5cm 宽)。

④ 合肩：将前后片的肩缝对齐，均套在收针下 2 行。

⑤ 上袖：袖子套废纱下 2 行，袖压大身，平整缝合。

⑥ 袖中压套：用一条单面纬平针横条压在袖片中缝、肩缝上进行压套缝合，方法同前片中缝。

⑦ 袖口单包、袖口罗纹叠套：在袖口边缘用平针配色横条针对针套缝包边，将袖口罗纹光边朝上叠缝在袖身上。顺序为：套单面条(废纱下 2 行)→套袖片(废纱下第 6 行)→拆废纱→单面条盖下(套在废纱上第 2 行)→叠套上罗纹(光边朝上、正面朝里)→缝合。

⑧ 合肋：袖边及下摆罗纹高低对齐。袖窿点(腋下)交叉路对齐，均套进 2 支针，线迹松紧适宜。

⑨ 下摆侧罗纹夹套：同前片下摆罗纹夹套一样。注意对位，前后片部分分配均匀。

⑩ 上领条：采用罗纹夹套法，将领条光边朝上、正面朝里，圆筒的一面在废纱上 1 行针对针套在挂衣针上，将衣身正面朝里按记号点套上，平位套在封口线下 2 横列(皮)，斜位对称，均套 2 支针，盖下圆筒的另一面夹住衣身。套口时要求吃势均匀，对位准确，领子圆顺。领子接头位于左肩缝后 2cm 处，按记号点对位套缝。

任务4 毛衫编织工艺参数设计与测定

学习目标

1. 掌握毛衫典型产品的面料组织结构分析方法，学会对典型款式毛衫进行组织结构分析。
2. 掌握毛衫的试样编织，学会分析和设计毛衫面料的效果。
3. 掌握毛衫产品的工艺参数确定方法，学会毛衫织物的编织工艺参数测定。

任务描述

给定毛衫面料小样，对小样进行组织结构分析和横机编织工艺参数的测定，记录后填入工艺参数表，按小样效果采用手摇横机进行试样编织并进行编织工艺参数测定。

知识准备

一、典型款毛衫常用的组织结构

1. 内衣类

内衣包括上衣、下衣。内衣为贴身穿着，要考虑保暖、皮肤触感、穿着舒适度、活动方便等

方面，因此一般选择平整光洁、结构轻便、相对密实、弹性较好的组织，也要考虑用料。比如羊绒内衣多选用纬平针组织，其他也可选罗纹等组织。

2. 中衣类

中衣类主要指穿在内衣与外衣之间的毛衫、裤，也可以外穿。中衣所选用的组织变化比较多，常用的组织主要有纬平针及单面花色组织、双面组织、提花及复合组织，中衣的主要功能是保暖。

3. 外衣类

外衣类指各种季节、场合穿着于最外面的毛衫。外衣以美观为主，组织结构变化繁多，可以是表现平整、悬垂性好的纬平针，也可以是挑孔、集圈等单面组织，也可以是表现立体感、粗犷感的罗纹以及绞花、波纹、鼓包等复杂组织。

二、组织结构选用方法

1. 依据产品的销售充分考虑外观性能、舒适性能、保暖性能等要求。
2. 考虑生产效率与成本之间的关系。
3. 组织显示的外观效果应该与款式相配。
4. 考虑本企业的设备状态、纱线的性能与产品质量的关系。

三、织物组织结构分析方法

图 4-4-1 三款毛衫的组织结构分别采用了提花、平针、罗纹组织，外观风格分别反映了色彩、平整、条纹的视觉效果。毛衫产品的组织结构千变万化，但都在基本组织、变化组织及花色组织的基础上进行，在分析组织结构时，只要分析其是基于何种基础组织上进行的变化，就比较容易进行。

（1）

（2）

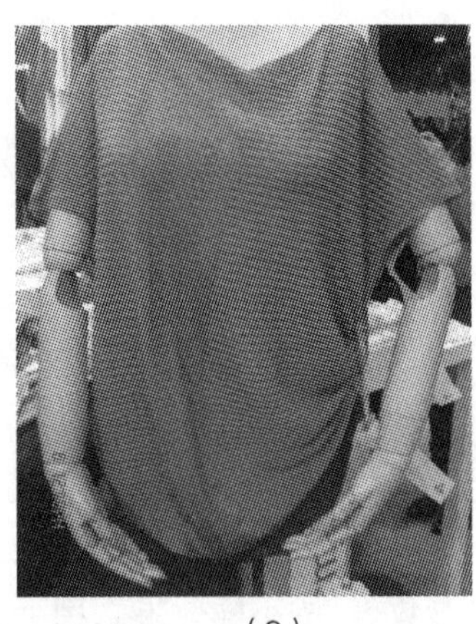
（3）

图 4-4-1 毛衫成衣效果与组织结构

1. 毛衫产品组织结构分析

（1）整体分析：毛衫的组织结构一般有边口罗纹组织、大身组织和其他附件组织等。

（2）下摆罗纹组织结构分析：下摆罗纹组织常用的有四种，分别为：1 ×1 罗纹、2 ×1 罗纹、2 ×2 罗纹和圆筒组织，其他有 3 ×3、4 ×4 以及抽条罗纹等。

(3)大身组织:大身组织种类很多,千变万化,在日常生活中最为常见、最易生产、最易接受的是纬平针组织,其他应用较多的有罗纹类、移圈类、提花类、嵌花、复合组织等。

2. 组织结构分析步骤

(1)分析准备:意匠纸、放大镜、针、铅笔、橡皮。

(2)观察分析:取花型的最小纵、横向循环,并在布样上做记号,观察面料的基础组织,比如以平针为基础的移圈类、以 1×1 罗纹为基础的集圈类等,做到心中有数。

(3)描绘组织结构图:单面织物采用编织意匠图的画法;双面组织采用编织图的画法;提花织物采用花型意匠图的画法。将每个线圈单元在意匠纸的方格内用符号进行表示,绘制一整个循环。

(4)四方连续:规定起始点,以花型的循环进行四方连续即为该面料的组织结构。

四、编织工艺参数的确定

编织工艺参数主要有:纱线规格,组织结构编织机机号,成品横密、纵密、拉密,后整理工艺等。

1. 确定纱线原料和编织机号

纱线原料与编织机机号是相互的一对参数,纱线细则编织机机号就高,纱线粗则编织机机号就低。两者要根据毛衫产品的外观效果来确定,外观较为细腻则选用细纱、高机号编织机(12~18G),外观粗犷则选用粗纱低机号编织机(1.5~5G),适中则采用中等纱支和中等机号的编织机(7~11G)。在编织机选型时根据纱线的粗细来选择机号,反之也可以先确定机号再来选择纱线的粗细。即某型的编织机有其最适合编织的纱线细度。

(1)确定纱线原料

纱线原料根据毛衫产品的销售要求、产品档次、款式风格效果来决定。例如:夏季外衣主要选择线密度较小的纯羊绒纱线或棉、麻、丝及其与化纤的混纺纱线;春夏季节主要选择中等纱支的纱线;冬季外套外观显示纹理粗犷及考虑保暖性则选用纱支较粗、纯色或花色的粗纺毛纱。高档产品要求悬垂性好则可采用高档的纱线原料如羊绒纱及其混纺纱线。

(2)确定机号

编织机的机号与纱线的线密度是相关的,纱线粗则机号小,纱线细则机号大。根据针织工艺学中的知识,其关系为:

$$\mathrm{Tt} = \frac{K}{G^2} \qquad G = \sqrt{\frac{K}{\mathrm{Tt}}} = \sqrt{\frac{K \times N\mathrm{m}}{股数 \times 条数 \times 1000}}$$

式中:Tt—毛纱的线密度特数(tex); N—毛纱的支数(Nm);

G—横机机号(针/25.4mm); K—适宜加工毛纱的线密度常数。

公式中 K 值为常数,与毛纱的物理机械性能、编织时的张力、压扁的程度、结头情况等有关。据实践经验,K 值一般取 7000~11000。若 K 值大于 11000,则编织困难;若 K 值小于 7000,则所编织的织物过于稀松。通过实践测定,纱线结构蓬松则 K 值偏小,纱线结构密实则 K 值偏大。如一般编织纯毛纱线时,K 值取 9000 左右较为合适;当编织腈纶膨体纱时,K 取 8000 左右较为合适,编织棉、蚕丝类及其混纺纱线时 K 值取 10000 左右较为合适。

【例一】已知采用 20.8tex×2(48Nm/2)的羊绒纱编织纬平针织物,求最适宜的横机机号。

解:根据公式 $\mathrm{Tt} = \frac{K}{G^2}$ 得:$G = \sqrt{\frac{K}{\mathrm{Tt}}}$

已知：Tt = 20.8 × 2 = 41.6 羊绒纱取 $K = 9000$

代入：$G = \sqrt{\frac{K}{\mathrm{Tt}}} = \sqrt{\frac{9000}{41.6}} = 14.7$ 针

或：$G = \sqrt{\frac{K}{\mathrm{Tt}}} = \sqrt{\frac{K \times N\mathrm{m}}{股数 \times 条数 \times 1000}} = \sqrt{\frac{9000 \times 48}{2 \times 1 \times 1000}} = 14.7$ 针

取 14 针，即较为适宜编织的机号为 14 针/25.4mm。

【例二】已知横机机号为 5 针/25.4mm，当编织用纱线分别为腈纶膨体纱、羊毛纱、棉纱时求其编织纬平针组织织物时最适宜编织的纱线线密度。

解：根据公式 $\mathrm{Tt} = \frac{K}{\mathrm{Tt}}$ 或 $N\mathrm{m} = \frac{股数 \times 条数 \times G^2}{K} \times 1000$

(1) 当采用腈纶膨体纱时，K 取 7000，求得：Tt = 7000/25 ≈ 280 tex

折合为 3.57Nm，可选用 2 根 6Nm 或 6 根 18Nm 的腈纶膨体纱纱线。较粗的纱线一般采用多根股线合并而成，编织时比较柔软。

(2) 当采用羊毛纱时，K 取 9000，求得：Tt = 9000/25 ≈ 360 tex

折合为 2.78Nm，可选用 8 根 26Nm 的羊毛线。

(3) 当采用棉纱时，K 取 11000，求得：Tt = 11000/52 ≈ 440 tex

折合为 2.27Nm 棉纱。一般没有这么粗的棉纱，可选用 8 根 24Nm 棉股线合在一起使用。

因此，所编织纱线的线密度范围为 280 ~ 440tex（2.3 ~ 3.6Nm），较为适宜编织的纱线（纯毛纱）线密度为 360tex（2.78Nm）。

按以上公式可计算出在编织纬平针和罗纹织物时，横机机号与适宜加工纱线线密度的关系。常用的机型与适宜加工纱线线密度的关系如表 4-2-1 所示。

表 4-2-1 机号与纱线线密度的对应关系

机号（针/25.4mm）	适宜编织的纱线	
	特数（tex）	公支（Nm）
1.5	4448 ~ 6889	0.22 ~ 0.36
3	775 ~ 1220	0.82 ~ 1.29
5	280 ~ 440	2.3 ~ 3.6
7	143 ~ 222	4.5 ~ 7
8	110 ~ 172	5.8 ~ 9.1
9	86 ~ 135	7.4 ~ 11.6
10	70 ~ 110	9.1 ~ 14.3
11	58 ~ 91	11 ~ 17.3
12	49 ~ 76	13.1 ~ 20.6
14	35.7 ~ 56.1	17.8 ~ 28
16	27.3 ~ 42.9	23.3 ~ 36.6
18	21.6 ~ 33.9	29.5 ~ 46.3
20	17.5 ~ 27.5	36.4 ~ 57.1

2. 确定织物密度

织物的密度分为横密与纵密。横密主要受编织机机号的影响，机号越高，则横密越大。纵密则主要受到编织时弯纱深度的影响,同时也受到纱线张力、卷取张力的影响;弯纱深度越深则纵密越小;纱线张力偏大、卷取张力偏小时则纵密偏大,反之纵密则偏小。

毛衫织物密度根据测试时的织物状态不同分为下机直测密度(又称下机密度)、下机回缩后密度(又称毛坯密度)和成品密度(俗称净坯密度)三种。下机直测密度是指刚从编织机上下来的毛衫衣片的密度,用 Px 表示,其值不稳定;下机回缩密度是指从编织机上下来的毛衫衣片,充分回缩后达到或接近百然松弛状态时的密度,用 Pm 表示,其值相对稳定;成品密度是指将编成的衣片通过后整理处理及整烫等全工艺工序处理后,达到毛衫服装成品时的密度,用 Pc 表示。成品密度是毛衫编织工艺设计中的主要参数,应根据选用的毛纱的原料、线密度、编织机号、产品的重量要求和织物的风格、手感及服用性能等因素来确定最佳成品密度。

在毛衫编织工艺设计中,确定织物的密度时(即确定厚薄、紧密程度),依据选用的纱线原料编织而成的试样,其风格特征除符合成衣的设计风格、手感以外,还应参照织物成品密度的对比系数、未充满系数和覆盖系数来定。羊毛衫织物的密度对比系数是指织物的横密(针/cm)与纵密(横列/cm)的比值,单面以 0.6 ~ 0.8 为宜,双面织物以 0.4 ~ 1 为宜。未充满系数是指线圈长度与纱线直径的比值,一般纬平针为:20 ~ 22,1 × 1 罗纹为:18 ~ 20,2 + 2 罗纹为:19 ~ 21,满针罗纹为:12 ~ 14,畦编组织为:18 ~ 20。覆盖系数又称编织密度系数,是指纱线线密度的方根与线圈长度的比值,一般要求不低于 1,少于 1 则认为织物过于稀松。

在通过多次试织并经过全工艺整理后,选用其风格特征符合成衣效果要求的试样,测量其成品密度。成品横密用 Pch 表示,单位为:纵行/cm (或为:针/cm);成品纵密用 Pcz 来表示,单位为:横列/cm (或为:转/cm)。测量方法参照项目一。

在手摇横机的编织工艺设计中纵密单位一般用:转/cm 来表示,在电脑横机中一般用:横列/cm 来表示。其中换算为:1 转 =2 横列。

3. 确定回缩率

回缩率是指毛坯织物与成品织物之间的宽度或长度的差异。由于毛坯衣片与成品衣片密度不同但针数、转数不变,可以根据毛坯密度和成品密度求出。

$$\mu = \frac{Pc - Pm}{Pc} \times 100\%$$

式中:μ—回缩率,衣片具有横向和纵向回缩率。

(1) 回缩率及其影响因素

回缩率为正值时,表明成品缩小;为负值时表明成品张大,也称为倒涨。一般情况下,纯毛缩绒产品的纵向回缩率为正,而横向回缩率大多为负。影响回缩率的因素主要有以下几种:

① 原料的种类:一般情况下不同原料有不同的回缩率,纯毛类的回缩率大于其他天然纤维、化纤和混纺类。

② 原料的纺纱工艺:一般粗纺加工的毛纱比精纺加工的毛纱回缩率要大。

③ 织物的组织结构:同一种原料编织成的纬平针、罗纹、畦编、空气层等组织,由于其组织结构的不同,回缩率也不同。

④ 织物的密度:一般情况下,织物的密度越小,回缩率越大。

⑤ 纱线张力:毛纱在加工过程、编织前的准备工程中以及在编织过程中所受的张力越大,回缩率也越大。

⑥ 毛纱的色泽:同一种原料,由于色泽的不同,回缩率也不同,黑色(深色)和夹花色的织物回缩率较一般颜色(中、浅色)的织物回缩率小。

⑦ 染料的使用:染色时,羊毛纱线采用弱酸性染料的毛纱比采用强酸性染料的毛纱回缩率大。

⑧ 后处理工艺不同:一般重缩绒的织物比轻缩绒织物的回缩率大,轻缩绒比浸水处理的回缩率大。在后处理(包括特种整理)工序中,若温度高,时间长,则回缩率大;反之,则回缩率小。

由于原料不同、编织的状态不同,回缩率为不稳定值。例如羊毛产品缩绒时其缩率较大,而其他混纺纱线的缩率相对较小。

(2)常用的回缩方法:

在编织工艺设计中,试样编织后需要快速、方便地得出毛坯的密度来进行编织工艺设计。理论方法是将回缩密度加上缩率换算成成品密度用于工艺计算,生产实际中常用的人工回缩方法(简称缩片方法)进行测定。此种方法一般常用于中、低档产品方便简单,而高档产品一般需要按设计的工艺流程进行回缩整理后测定成品密度用于计算,但耗时长。常用的方法主要有:蒸缩法、揉缩法、掼缩法、卷缩法。

① 蒸缩法:蒸缩法分为湿蒸和干蒸两种方法。

(a)湿蒸:是指将试片放入温度为100℃左右的蒸箱内汽蒸5~10min,然后测量其密度和尺寸的方法。此法适宜于纯毛类织物,不宜用于腈纶原料纱线。

(b)干蒸:也称为烤片,是指将试片放在温度为70℃左右,不含水汽的钢板上烤5min左右,然后测量其密度和尺寸的方法。此法适用于腈纶纱类产品。

② 揉缩法:是指将试片无规则地团在一起,加以揉、捏,然后将其拍平,拍直线圈纵行,测量其密度和尺寸的方法。此法适宜于各类原料的纬平针织物及其他单面织物。

③ 掼缩:是指将试片横、纵向先后对折成方块形,在平台上进行掼击,直至衣片缩足为止,然后轻拍抹直线圈纵行,测量其密度和尺寸的方法。此法适宜于各种原料的单、双面织物。

④ 卷缩:是指将衣片横向卷起稍拉,然后拍平,测量其密度和尺寸的方法。此法适用于各类原料的单面织物。

以上四种缩片方法中,以蒸缩法效果为最好,此法需要蒸箱等设备。在生产中,揉缩、掼缩、卷缩这三种缩片方法也较为普遍。毛衫中较多的织物组织常采用"先揉缩,后掼缩"的方法来达到较好的回缩效果。为了得到正确的织物毛坯密度,在缩片测密时,必须使得同一衣片连续两次缩片后所测密度相同为止,此时所测得的密度方为织物的毛坯密度。

(3)毛坯密度控制法:

在毛衫的实际批量生产中,需要控制各台生产设备的编织工艺参数,使编织的衣片密度、尺寸一致。常采用回缩率法、拉密法和编套法、线圈长度法来控制织物的毛坯密度。

① 回缩率法:是将下机前的坯布与下机后缩足的坯布相比,得出两者之间的长度差异值,然后从第二片开始,直接将此差异值加在下机前的衣片上,然后直接在机上测量第二片的悬挂长度,如果第二片的悬挂长度与第一片相同,则其毛坯密度也与第一片相同,由此来控制织物毛坯密度的一致。这种方法在横机编织紧密织物上应用广泛,适合于低档产品,准确性差。

② 线圈长度法:是指一个完整线圈长度的测定法,一般测量时数织物同一横列的100个线圈,拆下后测量其纱线的长度,精确到0.1mm。不同机台编织的织物当线圈长度相同时则毛坯密度也应相同。现在圆机、电脑横机上采用控制线圈长度法进行控制批量生产的产品密度,如岛精电脑横机的DSCS系统。

③ 拉密法:手工测量时采用拉密法,分为横向拉密法和纵向拉密法两种。横向拉密法是将下机衣片10个线圈纵行横向拉足时测量其横向尺寸(相当于测量线圈的长度),横向尺寸

相同的衣片，毛坯密度也相同，此法也称为10支拉密法。纵向拉密法则是将下机衣片20个线圈（10转）横列纵向拉足时测量其纵向尺寸，其纵、横向拉密尺寸相同的衣片，毛坯密度也基本相同，此法也称20皮（10转、10粒）拉密法，一般用于车间的批量生产控制，精度比较准确。

④ 编套法：在纱线的一定长度（通常为40cm）上做记号，让此段纱线参加织物编织，记下所编织成的线圈个数（保留1位小数），即编套值。编套值相同的织物，线圈长度应相同，在其他编织条件相同时，织物间的毛坯密度也应相同。在羊毛衫企业中，测量线圈长度法较麻烦，控制织物密度时最好将编套法和拉密法结合起来使用较为方便和准确。

任务实施

一、教学设备

7G、12G手摇横机及相应的毛型纱线。

二、实施步骤

1. 毛衫原样的组织分析

依据给定的原样，进行面料组织结构分析，按组织结构的线圈变化在意匠纸上画出一个最小循环。

2. 原样编织工艺测定

依据给定的毛衫原样，进行拉密、横密、纵密的测定，将结果汇制成表。

3. 试样编织

按给定的毛衫小样进行拉密的测定和横机调试，选用合理的纱线按试样编织操作方法编织100针×100转的平针试样一块。

4. 试样编织工艺参数测定

按原样要求进行回缩处理（洗水、柔软处理）。烘干、整烫后测定各项编织工艺参数。

任务5 毛衫编织工艺设计

学习目标

1. 了解毛衫产品编织工艺的设计方法，掌握典型款式毛衫的编织工艺设计方法。
2. 熟悉毛衫衣片各部位的编织工艺设计方法，会毛衫衣片编织工艺的设计。
3. 熟悉毛衫袖片各部位的编织工艺设计方法，会毛衫袖片编织工艺的设计。
4. 熟悉毛衫附件的编织工艺设计方法，会毛衫附件编织工艺的设计。

任务描述

通过了解典型款毛衫的结构与编织工艺设计方法，理解和掌握毛衫衣片及附件编织工艺设计方法。依据给定的条件，进行圆领背肩平袖型女套衫的编织工艺设计。

知识准备

在毛衫编织工艺设计中，主要与毛衫的肩型、腰型、袖型、领型等因素有关。其中大身的编织工艺设计主要与肩型、领型有关；袖子编织工艺设计主要与袖型有关。综合各类毛衫，其典型的基本款式主要有平肩平袖型、斜肩平袖型、背肩型、插肩袖型、马鞍肩型等，结合腰型、门襟的方式有收腰型、直腰型和套衫、开衫等。

一、毛衫编织工艺设计的方法

1. 毛衫编织工艺设计方法

毛衫编织工艺设计的依据为毛衫平面款式图、规格尺寸表、编织工艺参数，在设计中需要将平面款式图进行结构分解成有一定廓形的各个衣片及附件，配合以相应的各部位尺寸，使用编织工艺参数计算出各部位的针数和转数，最后设计成编织工艺步骤。

(1)直接设计法：适用于传统款型、简单款型的毛衫。这两类毛衫由于衣片结构简单，可根据各部位尺寸和工艺参数直接进行计算与设计，最后汇总为编织工艺单。

(2)样板设计法：适用于款式较为复杂的毛衫。随着消费者的需求，时尚款式毛衫已经越来越多，款式千变万化，因此需要有一定的服装基本知识，利用立体裁剪法、服装制图法将毛衫效果图或平面图转换成各衣片的样板，用工艺参数进行计算和设计编织工艺。

2. 毛衫设计中的基本知识

(1) 毛衫设计及计算中以衣片为对称、大身部分以衣片一侧的数据编写，因此工艺单的规律是指衣片一侧外轮廓的数据。不对称时则分开编写。

(2) 毛衫前片的宽度一般大于后片宽度，有利于毛衫侧缝的整烫。

(3) 在胸宽、下摆、腰部、袖宽等部位需要进行度量相应的尺寸，因此这些部位的宽度应该比较稳定，比如胸宽的度量是在腋下 2 ~2.5cm 处，所以在这几个部位应该设计为 3 ~5cm 高度的平摇段，腰节平摇应为 5 ~7cm。

(4) 在袖窿点、裤裆部位，为了穿着舒适应该设计有平收段，一般平收长度为 1 ~3cm。

(5) 衣片编织设计顺序为后片→前片→袖片→附件。工艺计算时，一般横向从最宽处、纵向从最长处先进行设计与计算。

(6) 设计顺序一般遵循编织顺序自下而上方式。编织工艺计算中的横密是指毛衫衣片的成品横密，纵密是指成品的纵密。袖横、纵密是指袖子成品横、纵密。

3. 衣片收、放针设计的原理、原则和方法

毛衫的主要特点是其衣片为成型产品，在编织工艺设计中，其重点内容就是收、放针的设计技巧。要使毛衫衣片能出现特定的外廓形状，主要是利用横列方向衣片边缘的线圈单元进行减针和加针的方法使衣片横向变窄或加宽。横向的变化速率与纵向的编织速率结合起来就可以实现不同倾斜程度的折线，连续的各段不同斜率的折线越短，形成曲线的符合度就越高，同时折线越多，编织的效率就越低，设计时这两者要综合考虑。以下就典型的挂肩和圆领部位收针方法作介绍。

(1)收针设计原理:

如图4-5-1所示,左图表示挂肩的曲线,其中AB为挂肩长度,BC为挂肩高度。中间图表示将曲线分解为AD、DE、EF、FG、GB五段线段组成的折线ADEFGB,其中AD为水平线,BC为垂线,其他均为斜度不同的斜线。右图中将斜线GF进行水平和垂直分解,形成直角三角形GFH,在三角形中,HF代表该段的收针数,GH表示为该段收针转数。在整个衣片设计中的任何曲线均可以按本例方法将曲线分成若干段斜折线,再将斜线分解成三角形进行针数与转数设计。

收、放针设计是指衣片各部位曲线的收、放针规律设计,收放针规律一般写为:$n_1 \pm n_2 \times n_3$,其中n_1表示为一次收或放针所需的转数;"+"号表示放针(加针),"-"表示收针(减针);n_2表示为一次收或放针的针数;n_3表示为该段收针或放针的循环次数。

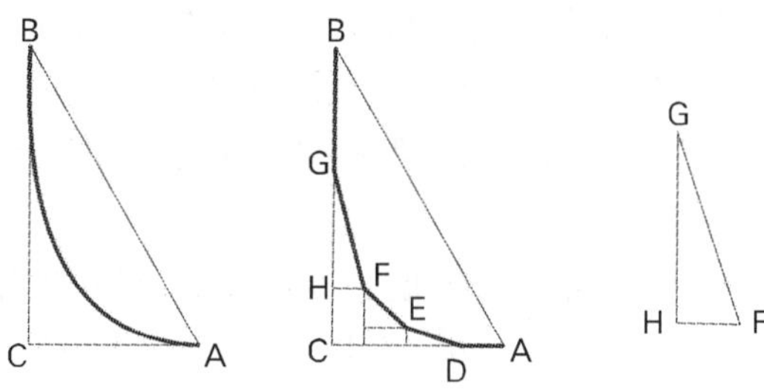

图4-5-1 挂肩收针曲线分解

收、放针的规律设计是将衣片的曲线分解为折线段,毛衫外廓折线线段分为三种类型:水平线、垂直线、斜线。如果线段为水平线则视为平收针;如果为垂直线则视为平摇;如果是向内倾斜则视为收针;向外倾斜则视为放针。每段线段都有长度,水平线和垂直线可以通过横密或纵密转换成针数或转数;斜线可以作水平和垂直辅助线成为一个三角形,其中的水平线长可以转换成针数,垂直线长可以转换成转数,针数与转数的比值则成为收针规律。

(2)收针规律设计原则:

① 设计时应根据收放针部位、机号及外观要求设计每次收针的针数。

② 收、放针的针数均为整数。收、放针的转数应为整数,也可以为0.5转的整数倍。

③ 有夹花明收针时,每次收针的针数应为相同,否则夹花不匀,影响美观。

④ 在不影响衣片外观形状下,收、放针的规律应越少越好,确保较高的生产效率。

(3)收针方法:收针方法主要有直接分配法和方程式法。

① 直接分配法:直接分配法又称直接搭配法,是将收针或放针针数和转数根据实践经验进行直接分配,得出分配结果为一段或多段式的收、放针规律。写为:$n_1 \pm n_2 \times n_3$。

② 方程式法:方程式法即按工艺要求将收针或放针的分配方式,用含有未知数的式子表示,然后再根据所需收针或放针的针数、转数来列出多元一次方程式,并通过解方程式得出未知数的值,将这些未知数的值代入含这些未知数的分配式中,即得到了实际收针或放针的分配方式。此法适用于每次收针或放针转数相近的分配情况。以下就方程式法举例说明。

Ⅰ. 每次收、放针针数(即$n_1 \pm n_2 \times n_3$中n_2的值)的设计

(a)腰节的上、下部收、放针,由于收放针的转数比收放针的针数大很多,每次收、放针数一般设计为1针。

(b)挂肩(袖窿)部位的每次收针的针数:粗针机一般为1针,7G~11G一般为2针,12G及以上一般为2~3针。每次收针针数要考虑生产速度、成衣效果、操作难度等因素。

(c)领部收针针数一般根据领型弧度和机号,一般为1~3针。每次收针数太多会造成收针困难,也会使织物出现一个皱结。

(d) 斜肩肩部收针针数由于肩线斜度比较平坦,每次收针的针数 = 肩收针针数 ÷ 肩收针转数,采用过针、铲针、套针收针等收法,每次收针针数在4~6针左右。

Ⅱ. 确定循环数(n_3 的值):根据确定的每次收针针数,将该段内应收的总针数除以每次收针数即得。n_3 = 该线段内需要收针的针数 ÷ n_2

循环数应为整数,如果出现小数时,可转换成多段收针。

Ⅲ. 设计每次收针的转数(n_1 的值):n_1 = 该线段内的转数 ÷ n_3

(a) 当 n_3 为整数时,该段线段的收或放针的规律可以直接写为:$n_1 \pm n_2 \times n_3$。

(b) 当 n_3 为除不尽的数值时,则可根据方程式解出其值分成两段收。也可以根据结果的整数位数值和该数值加1作为两段收针。

例如GF段,其折线向内倾斜,说明此段线段为收针段。设其收针数为 m_1,总转数为 m_1,每次收针数为 n_2,则收针规律为:$n_1 - n_2 \times n_3$,其中 $n_3 = m_1 \div n_2$,$n_1 = m_2 \div n_3$。当 n_1 数值结果出现有小数点时,说明不能按斜线一段完成,解决的方法:一是可以与前、后分段的转数进行整体修正使之成为整数;二是可以分成两段:比如在腰部的收针,按 n_1 的数值结果的整数值进行上下分段。例如:$n_1 = m_2 \div n_3 = 2.41$ 转,则把收针规律拆分两段:第一段为每2转收一次针,第二段为每3转收一次针。写成:$2 - n_2 \times n_{31}$, $3 - n_2 \times n_{32}$

其中:$n_{31} + n_{32} = n_3$,即 $2 \times n_{31} + 3 \times n_{32} = m_2$ 和 $2 \times n_2 + 3 \times n_2 = m_1$,解方程即得。

二、衣片编织工艺设计

以下编织工艺以衣片各部位为项目进行讲述,不同款可以将各项目组合即可。衣片分为:下摆罗纹、下摆、腰节收针、腰节平摇、腰节以上放针、挂肩(袖窿)以下平摇、袖窿收针、袖窿平摇、收肩、开领等部位的编织工艺设计。衣片典型外廓图如图4-5-2所示,将多种肩型(斜肩、背肩、插肩、马鞍肩)、领型(圆领、V领)、腰型(收腰、直腰)、下摆罗纹(直型、收缩型)组合表示。此例以套衫为例,开衫只在横向针数计算有别,之后说明。

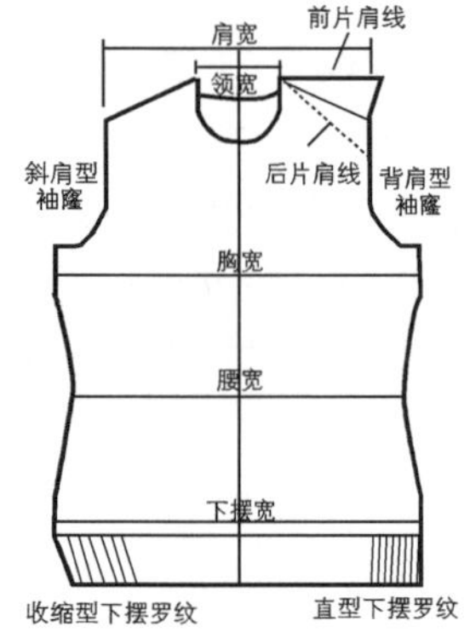

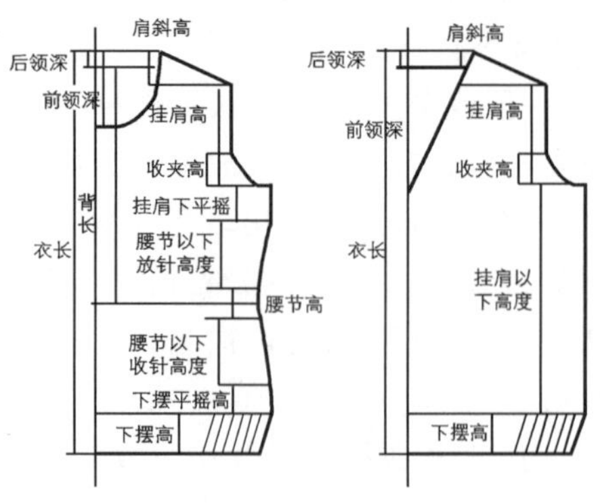

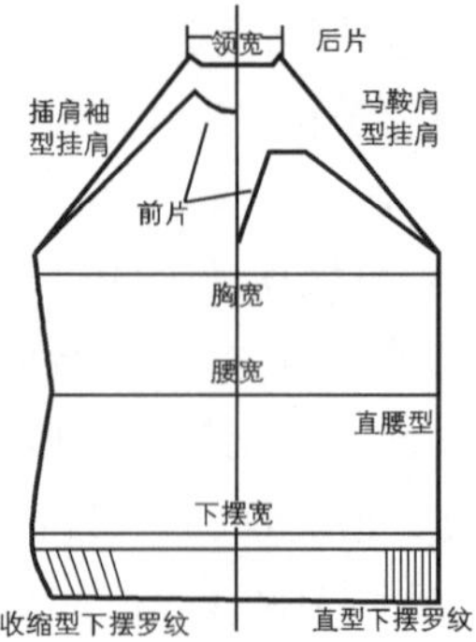

图4-5-2 不同版型毛衫衣片各部位示意图

1. 下摆开针设计与下摆罗纹设计

下摆罗纹是衣片编织的开始部分,一般情况下,罗纹编织完成后翻针即成为与大身的交界线,其线上的织针数即为大身下摆的起针数,这种做法简单方便,下摆罗纹有收缩力。另一种方法是要求下摆罗纹与下摆宽度差异小,需要下摆罗纹开针数多,翻针后经过缩针成为大身针数。

下摆罗纹常用的组织结构为 1×1 罗纹、2×1 罗纹、2×2 罗纹、圆筒四大类,一般编织工艺设计时将下摆尺寸根据大身的横密计算出下摆总针数,再换算成罗纹的排针数。

下摆开针数 = 下摆罗纹开针数 = 下摆宽度 × 毛坯横密 ÷ (1 - 回缩率) + 缝耗 ×2

= 下摆宽度 × 横密 + 缝耗 ×2

(1)下摆罗纹组织为 1×1 罗纹时的针数设计:

① 直接换算法:将下摆的开针数直接等于下摆罗纹的开针数。

下摆开针数 = 下摆罗纹开针数 = 下摆宽度 × 横密 + 缝耗 ×2

下摆开针数应根据编织习惯、织物组织以及与下摆罗纹配合需要进行修正。衣片一般左右对称,大多修正为奇数。1×1 罗纹循环数为 2,前、后床罗纹条数 = 开针数 ÷2,为了美观、缝合要求一般为面包里排针,即正面针床排针时比反面针床多一针,如图 4-5-3 所示。

|O|O|O|O|O|O|O|O|O 反面(反板)

|O|O|O|O|O|O|O|O|O|O| 正面(正板)

图 4-5-3 1×1 罗纹排针图

② 快放针法:1×1 下摆罗纹的排针数一般按款式而定。直腰(直筒腰)产品为了下摆罗纹收缩感强烈,采用快放针法。下摆罗纹排针数为胸宽针数减去快放针数:

下摆罗纹开针数 = 胸宽 × 横密 + 缝耗 ×2 - 快放针数 ×2

快放针(又称连放针、跑马针)数一般为每边 2 ~4 针。由于罗纹的弹性好,回缩大,仍能保证下摆罗纹尺寸比胸围小 2 ~5cm。编织套衫时,为获得较好的下摆式样,罗纹排针数可比大身少排 4 ~6 针,即此时快放针数每边为 2 ~3 针。快放针在翻针后常采用 1 转放 1 针,连放 2 ~3 次的方法,具体应根据成衣工艺方法与坯布结构而定。1×1 下摆罗纹排针时,为了衣片缝合后,使产品正面的罗纹边缘光洁美观,正面比反面多排 1 针或 3 针。

③ 缩针法:下摆罗纹除圆筒组织外,罗纹组织编织后都会发生收缩,缩率大时会使下摆皱缩,而不美观。因此有些毛衫产品的下摆编织采用多开针编织罗纹,而后将罗纹部分向内收缩,以达到罗纹与大身的宽度平直的效果。具体操作为:待罗纹编织结束翻针后,用长收针板均匀的向内移针,向内的移针数通过罗纹成品收缩后计算得出。一般为 10 ~30 针。

(2)下摆组织为 2×1 罗纹编织设计:

① 直接换算法:下摆开针数 = 下摆宽度 × 横密 + 缝耗 ×2

2×1 罗纹为 2 隔 1 排针,循环数为 3,前、后床罗纹条数 = 开针数 ÷3,因此开针数计算值应修正,其值应为 3 的整数倍。为了美观常常为面包里排针,即正面针床排针时左右两侧比反面针床多一针。如图 4-5-4 所示。

O||O||O||O||O||O||O 反面(反板)

|O||O||O||O||O||O| 正面(正板)

图 4-5-4 2×1 罗纹组织排针图

② 2×1 排针时的快放针设计

2×1 下摆罗纹排针数 =（下摆针数 - 快放针数 ×2）÷32×1 下摆罗纹的快放针数取值与 1×1 下摆罗纹的基本相同。由于 2×1 罗纹以两针并列为一对，在罗纹织完后，翻针织大身时，前后针床相邻两对 2×1 罗纹在翻针后将并 1 针，而只有 3 针，故式中需除以 3。

（3）下摆组织为 2×2 罗纹编织设计：

下摆开针数 = 下摆宽度 × 横密 + 缝耗 ×2

2×2 罗纹为 2 隔 2 排针，循环数为 4，前、后针床罗纹条数 = 开针数 ÷4，因此开针数应做修正，其值应为 4 的整数倍。为了美观一般为面包里排针，即正面针床排针时左右两侧比反面针床多排一针。如图 4-5-5 所示。

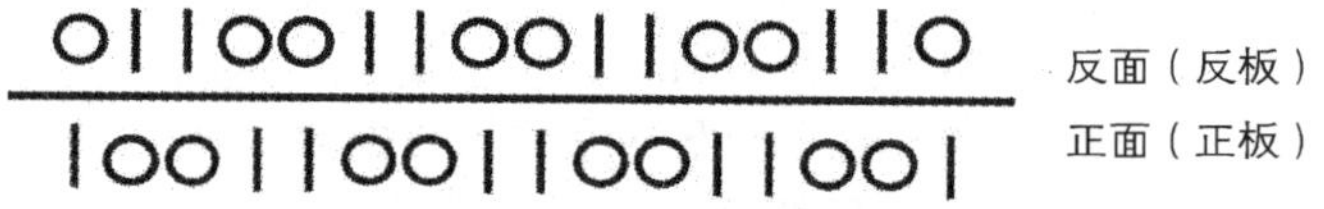

O||OO||OO||OO||O　反面（反板）

|OO||OO||OO||OO|　正面（正板）

图 4-5-5　2×2 罗纹组织排针图（针槽相对）

（4）袋编（圆筒）下摆的编织设计：

毛衫产品除了用罗纹下摆以外，女装产品也常用袋编的下摆方式，即双层平针起底（空转起底）。起底空转长度一般为 1～3cm。

下摆开针数 = 下摆罗纹开针数 = 下摆宽度 × 横密 + 缝耗 ×2

（5）元空设计：

为了使 1+1、2+2 罗纹下摆边缘（圆筒除外）饱满、圆顺、光洁、美观又有弹性，编织时在起底横列编织后一般有起底空转设计，起底空转长度一般为 0.2～0.3cm。常用设计元空 1 转半，也可 1 转或二转半等。元空 1 转半时，织物正面分配 1 转，反面分配半转，正面略微凸起视觉饱满。起底一个横列加元空 1 转半视作共编织 1 转。各种下摆编织方式比较见表 4-5-1。

表 4-5-1　下摆编织方式比较

<table>
<tr><th>组织名称</th><th>机型</th><th>用途</th><th>排针
循环数</th><th>排针方式</th><th>排针示意图</th><th colspan="2">元空织法</th></tr>
<tr><td rowspan="6">1×1 罗纹</td><td rowspan="3">粗针机</td><td>下摆</td><td>2</td><td>正板多 1 针</td><td>正板 |o|o|o|o|
反板 |o|o|o|</td><td>正 1 反 1 或
正 2 反 1</td><td>正面
略松</td></tr>
<tr><td>不翻口袖口</td><td>2</td><td>正板多 1 针</td><td>正板 |o|o|o|o|
反板 |o|o|o|</td><td>正 1 反 1 或
正 2 反 1</td><td>正面
略松</td></tr>
<tr><td>翻口袖口</td><td>2</td><td>反板多 1 针</td><td>正板 |o|o|o|o|
反板 |o|o|o|</td><td>反 1 正 1 或
反 2 正 1</td><td>正面
略松</td></tr>
<tr><td rowspan="3">细针机</td><td>下摆</td><td>2</td><td>正板多 2 针</td><td>正板 | |o|o|o|o| |
反板 |o|o|o|</td><td>正 3 反 2 或
正 2 反 1</td><td>正面
略松</td></tr>
<tr><td>不翻口袖口</td><td>2</td><td>正板多 2 针</td><td>正板 | |o|o|o|o| |
反板 |o|o|o|</td><td>正 3 反 2 或
正 2 反 1</td><td>正面
略松</td></tr>
<tr><td>翻口袖口</td><td>2</td><td>反板多 2 针</td><td>正板 |o|o|o|
反板 | |o|o|o|o| |</td><td>反 3 正 2 或
反 2 正 1</td><td>正面
略松</td></tr>
</table>

（续表）

<table>
<tr><th>组织名称</th><th>机型</th><th>用途</th><th>排针
循环数</th><th>排针方式</th><th>排针示意图</th><th colspan="2">元空织法</th></tr>
<tr><td rowspan="3">2×1 罗纹</td><td rowspan="3">粗、细
针机</td><td>下摆</td><td>3</td><td>底包面</td><td>正板 0||0||0||0||0||0||0
反板 |0||0||0||0||0||0|</td><td>正 1 反 1 或
正 2 反 1</td><td>正面
略松</td></tr>
<tr><td>翻口不袖口</td><td>3</td><td>底包面</td><td>正板 0||0||0||0||0||0||0
反板 |0||0||0||0||0||0|</td><td>正 1 反 1 或
正 2 反 1</td><td>正面
略松</td></tr>
<tr><td>翻口袖口</td><td>3</td><td>面包底</td><td>正板 |0||0||0||0||0||0|
反板 0||0||0||0||0||0||0</td><td>反 1 正 1 或
反 2 正 1</td><td>正面
略松</td></tr>
<tr><td rowspan="3">2×2 罗纹</td><td rowspan="3">粗、细
针机</td><td>下摆</td><td>4</td><td>底包面</td><td>正板 0||00||00||00||0
反板 |00||00||00||00|</td><td>正 1 反 1 或
正 2 反 1</td><td>正面
略松</td></tr>
<tr><td>翻口不袖口</td><td>4</td><td>底包面</td><td>正板板 0||00||00||00||0
反板 |00||00||00||00|</td><td>正 1 反 1 或
正 2 反 1</td><td>正面
略松</td></tr>
<tr><td>翻口袖口</td><td>4</td><td>面包底</td><td>正板 |00||00||00||00|
反板 0||00||00||00||0</td><td>反 1 正 1 或
反 2 正 1</td><td>正面
略松</td></tr>
<tr><td>袋编</td><td>粗、细
针机</td><td>下摆、袖口</td><td>1</td><td></td><td>正板 |||||||
反板 |||||||</td><td></td><td>基本
相同</td></tr>
</table>

（6）下摆罗纹转数计算：

下摆罗纹转数 =（罗纹高度 - 起口空转长度）× 罗纹成品纵密

袋编下摆转数 =（罗纹高度 - 起口空转长度）× 罗纹成品纵密 ×2

2. 下摆平摇设计

有收腰结构的毛衫时，通常需要在翻针后下摆部位有平摇段，平摇高度取值 3 ~5cm。

下摆平摇转数 = 下摆平摇高度 × 纵密

下摆平摇高度根据款式要求，同时要根据下摆的收缩情况来进行设计。如果为直腰型则直接平摇到挂肩或快放针处理后再平摇。

3. 腰节以下收针设计

有收腰结构时，下摆平摇后到腰节之间为收针过程。

（1）腰节以下每侧收针数 =（下摆针数 - 腰宽针数）÷2

腰宽针数 = 腰宽 × 横密 + 缝耗针数 ×2

（2）每次收针针数设计：此处收针转数一般比收针针数大得多，所以设每次收 1 针。记为：$n_1 - 1 \times n_3$

（3）腰节以下收针次数：n_3 = 腰节以下每侧收针数 ÷1

（4）每次收针的转数：n_1 = 腰节以下收针转数 ÷（腰节以下收针次数 -1）

腰节以下收针转数 =（衣长 - 下摆罗纹高 - 背长 - 腰节高 ÷2 - 下摆平摇高度）× 纵密

注意：此处收针方式为先收针后摇转的关系，要注意转数计算。如图 4-5-6 所示，设收针规律为：$n_1 - 1 \times n_3$，则如图所示的收针针数、转数计算为：

收针针数 $= 1 \times n_3$

收针转数 $= n_1 \times (n_3 - 1)$

4. 腰节部位平摇设计

腰节部位平摇转数 = 腰节平摇高度 × 纵密

有收腰设计时，腰节平摇高度一般取 5 ~ 7cm。

5. 腰节以上放针设计

适用于有收腰型的款式，由腰节平摇后进行放针，到挂肩以下平摇的起点。

(1)腰节以上放针针数 =（胸宽针数 - 腰宽针数）÷2

(2)胸宽针数计算：毛衫前后片不同，胸宽针数分别计算。

① 前胸宽针数计算：胸宽针数 =（胸宽 + 后折宽）× 横密 + 缝耗针数 ×2

② 后胸宽针数计算：胸宽针数 =（胸宽 - 后折宽）× 横密 + 缝耗针数 ×2

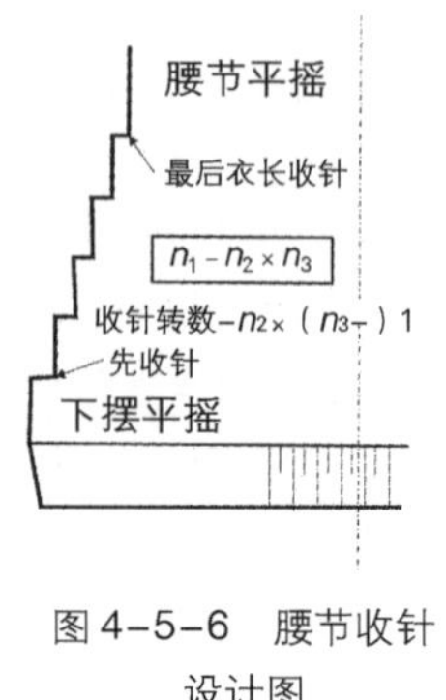

图 4-5-6 腰节收针设计图

后折宽：为了使毛衫获得较好的外观质量和造型，以及使肋部缝迹便于整理，毛衫采用穿板整烫，习惯使两边的肋缝折向后身，此为后折宽，一般取 1 ~ 2cm（两边共计）。设计中薄型织物（10 针机以上）可取 1cm，中型织物（7 ~ 11 针机）可取 1.5cm，厚型织物（5 针机以下）可取 2cm。

(3)腰节以上放针次数：此处由于放针转数比放针针数大得多，一般设每次放 1 针。

n_3 = 腰节以下每侧放针数 ÷ 1 针

(4) 每次放针的转数：n_1 = 腰节以上放针转数 ÷ 腰节以上放针次数

腰节以上放针转数 = 腰节以上放针高度 × 纵密

=（背长 - 肩斜高 - 挂肩高 - 挂肩以下平摇高 - 腰节高 ÷2）× 纵密

① 背长根据尺码所对应的人体取值，如 160cm 身高取 38cm，其他按不同的身高取值。腰节的位置（背长）为后颈点到腰的距离，换算成内肩点到腰节的距离如表 4-5-2 所示（参考）。

表 4-5-2 身长与背长对照参考表 单位：cm

身长	160	165	170	175
背长	38	39	40	41

② 斜肩平袖型前、后片肩斜高 = 单肩宽 ×0.375 =（肩宽 - 领宽）÷2 ×0.375

③ 背肩型后片肩斜高 = 单肩宽 ×0.75 =（肩宽 - 领宽）÷2 ×0.75

④ 挂肩高 = $\sqrt{挂肩^2 - [(胸宽 - 肩宽) \div 2]^2}$

⑤ 挂肩以下平摇高：设挂肩以下平摇高为 3 ~ 5cm，根据不同身高取值。

计算结果写为：$n_1 + 1 \times n_3$，此处放针为先放针后摇转的关系，要注意转数计算。

即放针转数：n_1 = 腰节以上放针转数 ÷（n_3 - 1）

6. 挂肩（袖窿）以下平摇转数设计

挂肩以下平摇转数 = 挂肩以下平摇高度 × 纵密

挂肩以下平摇是为了保持腋下的尺寸以满足胸宽尺寸度量的要求，胸宽尺寸度量一般在腋下 2 ~ 2.5cm 处，所以平摇高度一般取 3 ~ 5cm。

7. 斜肩/背肩型挂肩部位收针设计

斜肩/背肩型的挂肩部位收针情况如图 4-5-7 所示：AD 段为平收针，DEFG 段为分段斜收针，GB 段为平摇段。

(1)挂肩平收针设计：为了穿着舒适，使袖窿的圆弧度接近 U 形曲线，一般有一个平收针设计,平收针的长度 AD 每边为 1 ~3cm,根据不同款式和规格尺寸来定。

挂肩平收针针数 = 平收针长度 × 横密 + 缝耗针数

对于一般低档或宽松类产品由于平收针生产操作较为麻烦,也可省去此步骤。

(2)挂肩斜收针设计:毛衫的前片一般大于后片(后折宽),两者肩宽针数相等。在设计中一般先设计后片的收针规律,再在此基础上设计前片。由于前后片的肩宽相同,前片胸宽比后片大,所以收针数也多;将前片比后片多出的部分针收掉,前身挂肩需比后身挂肩多收 1 ~2 次针,也即相应多织 2 ~6 转的收针转数。结果前片挂肩以上长度比后片长 2 ~6 转折合 0.5 ~1cm,正好可以将肩缝折后整烫。特殊情况下,也可取前、后身挂肩收针转数相同。

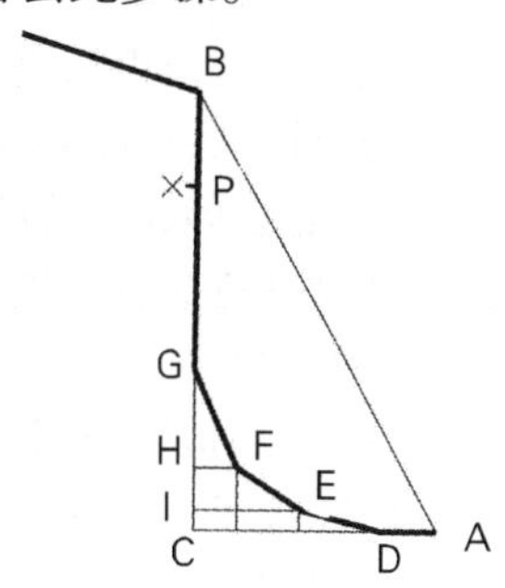

图 4-5-7 挂肩收针示意图

① 后片挂肩收针转数:综前所述,挂肩收针转数 = 挂肩收针高度 × 纵密

后片挂肩收针高度取值有三种方法:

(a)计算法:收针长度 = 1.25∶1,即 GC∶CA = 1.25∶1 。CA 长度为胸肩差的 1/2。

(b)三分设计法:根据服装结构特点,收针高度可取为挂肩高度的 1/3,即图 4-5-11 中的 G 点为挂肩高 BC 的 1/3。根据不同版型可以适当向下调整 0 ~2cm。

(c)经验取值法:收针高度可以按经验取值,一般按男衫为 7 ~ 10cm,女衫为:8 ~ 10cm,童衫为 5 ~7cm。产品规格大则取值大,反之则小。

② 后片挂肩收针针数计算:后身挂肩收针针数 = (胸宽针数 - 肩宽针数) ÷2

③ 后片挂肩收针次数 = 后身挂肩收针针数 ÷ 每次收针数

④ 后片挂肩每次收针转数:

(a)无平收针设计时,在挂肩处的收针是采用先收针,故后身挂肩收针次数应减去 1。后身挂肩每次收针转数 = 后身挂肩收针转数 ÷ (后身挂肩收针次数 - 1)

(b)有平收针设计时,为先摇转再收针

后身挂肩每次收针转数 = 后身挂肩收针转数 ÷ 后身挂肩收针次数

⑤ 经验法收针规律设计:后身挂肩部位收针一般设计成 2 ~3 段折线。如上图所示 DE、EF、FG。先确定每次收针针数:每次收针针数 = 收针针数 ÷ 收针转数。一般:粗针机设计每次收 1 针,7 ~11 针机号设计每次收 2 针,12 针及以上每次收针 2 ~3 针。每次收针针数的设计要根据机号、收针速度(效率)和外观要求来确定。一般尽量取一个定值,方便操作。

挂肩收针折线的排列原则是先平后陡,尽量符合袖窿曲线。

7G 横机两段法的经验公式举例:$1-2\times n_{31}$,$2-2\times n_{32}$

7G 横机三段法的经验公式举例:$1-2\times n_{31}$,$2-2\times n_{32}$,$3-2\times n_{33}$

14G 横机两段法的经验公式举例:$2-3\times n_{31}$,$3-3\times n_{32}$

14G 横机三段法的经验公式举例:$2-3\times n_{31}$,$2-2\times n_{32}$,$3-2\times n_{33}$

注:以上的 n_{31}、n_{32}、n_{33} 表示为例子中每段收针的循环数。挂肩收针折线分段越多则越近袖窿曲线,但编织效率越低。

(3)前片挂肩收针设计

一般企业做法是在后片的基础上按上述方法进行收针次数调整,不作单独设计,简便。

前片由于后折的关系比后片多 1 ~2cm 的针数。前片比后片多出的针数,可以在挂肩收针规律的第一、二段中增加收针次数,将多余的针数收完。斜肩平袖型其他剩余部分规律如挂

肩以上平摇、收肩可与后片相同。当有精细要求时,挂肩收针规律可以参照后片的计算方法进行重新设计。

8. 挂肩以上平摇设计

挂肩收针结束后进行平摇编织直到外肩点。平摇段较长,一方面可以提高编织速度,另一方面符合针织组织结构的延伸性特点。平摇段形成的直线在装袖后由于袖子的拉力肩部会变宽,视觉上会形成膀势的弧线。如果采用无袖或肩带加固的方式,则可在挂肩高度的上部三分之一部段进行放针处理,放针速率为每次一针,可放 1 ~2cm 左右宽度的针数。

(1)挂肩平摇转数 = 挂肩总转数 - 挂肩收针转数

(2)挂肩放针:放针针数 = 放针宽度 × 横密,放针转数 = 放针高度 × 纵密

放针规律:设每次放 1 针,放针次数 = 放针针数 ÷1,每次放针转数 = 放针转数 ÷ 次数。

(3)挂肩缝合记号点设计:

为了上袖准确,在挂肩(袖窿)的平摇段至少设计一个记号点,用来与袖子对位。斜肩/背肩型的袖子为平袖型,即袖山头有平位段,与袖山的收针段之间有一个明显点,利用此点进行上袖对位。具体计算在袖子设计中叙述。在图 4-5-7 所示 P 点,编织到此位置时,在最边缘2针做一个 1 绞 1 处理,称为记号点。

BP 的转数 = 袖山头针数 ÷ 袖子横密 ÷2 × 纵密

GP 转数 = 挂肩平摇转数 - BP 的转数

9. 斜肩斜袖型挂肩设计

插肩袖、马鞍肩型同属于斜肩斜袖型,特征是肩部、袖山头为倾斜状。设计时先确定前、后片的挂肩高度,一般以袖前、后分配值来设计确定。挂肩收针轨迹为一条斜线。

(1)插肩袖型产品挂肩收针转数计算一般有三种方法。

① 后片挂肩以上转数 =(袖宽尺寸 + 修正值)× 纵密

修正值是指袖宽(袖肥)与挂肩的差异,插肩袖型产品一般给出袖肥的尺寸数值。袖肥的尺寸决定袖子倾斜度。修正值一般取值为 6 ~7cm,修正值对袖子斜度也有影响。

② 后片挂肩以上转数 = 后片挂肩高 × 纵密

后片挂肩高 =1/3 胸宽 +(6 ~8)cm ,视内衣、中衣、外衣的不同来取值。

③ 直接取值法确定后片挂肩高:一般女装袖窿低点与内肩点的垂直距离为:21 ~25cm,男式为 23 ~28cm,根据款式不同取值有所不同。

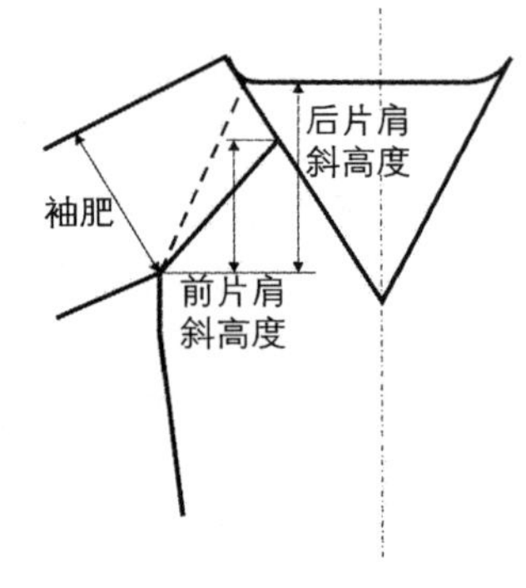

图 4-5-8　插肩袖型前后肩差

④ 前片挂肩高 = 后片挂肩高 - 前后袖分配值差前、后分配值根据袖型设计,一般后分配值取 2 ~2. 5cm,前分配值一般取 5 ~10cm,根据设计效果来定(图 4-5-8)。

(2)插肩袖型产品挂肩收针针数计算:

① 后片挂肩收针针数≈(胸宽 - 领宽)÷2 × 横密

② 前片挂肩收针针数 = 收针长度 × 横密。收针长度需要根据不同领型与前袖分配值进行计算。

(3)收针设计:根据收针转数与针数的比值和机号及收针效果确定每次的收针针数,计算出收针次数,得出:每次收针转数 = 挂肩收针转数 ÷ 收针针数。除不尽时采用方程式法解出,成为两段式收针,收针曲线为先陡后平。

10. 肩部收针设计

(1)肩部收针针数:肩部收针针数=(肩宽针数-领宽针数)÷2

① 肩宽针数=肩宽尺寸×肩宽修正值×横密+上袖缝耗×2

或:肩宽针数=胸宽针数-挂肩(袖窿)每边收针数×2

肩宽修正值又称肩膊修正值,是考虑到羊毛衫衣片在套缝以及在后整理工序和服用过程中,毛衫肩宽由于受袖子拉力的影响,使肩宽部位的线圈变形造成横密减小,因此肩宽将变宽,进而影响毛衫外观质量,因而引入肩宽修正值用于装袖型毛衫的肩部修正。肩宽修正值根据袖型来定,无袖型或夹肩带类为100%,有袖类为93%~97%,根据不同的机型、袖长以及织物组织结构、密度等情况来设计取值。一般情况下,装袖型毛衫前、后身片的肩宽针数基本相等,对于不同的穿衣要求也可以特别设计。

② 领宽针数计算

(a)挖领类领型:领宽针数=(领宽+领边宽×2-领缝耗宽度×2)×横密

领宽尺寸为成衣不含领条罗纹尺寸,领缝耗宽度是用于上领的缝耗,常取0.5~1.5cm。

(b)装领类(添领类):领宽针数=(领宽-领缝耗宽度×2)×横密

(2)肩部收针转数:肩部收针转数=肩斜高×纵密

① 斜肩型

前、后片肩部收针转数=肩部收针高度×纵密=(肩宽-领宽)÷2×0.375×纵密

对于斜肩平袖型产品前、后片肩部斜度对称,收针高度等于肩斜差,为半肩宽的0.375倍;也可以根据经验直接取值:男衫4~6cm,女衫3~5cm,童衫为2~4cm。

② 背肩型:前片的肩部为水平状不用收针;后片的肩线斜度较大,需收针。

后片肩部收针转数=后肩收针高度×纵密=(肩宽-领宽)÷2×0.75×纵密

后片肩部收针高度取值也可以根据实践经验直接取值为:男衫8~10cm,女衫7~9cm,童衫5~7cm。前片为平肩,肩缝线宽度从外肩点开始采用放针,使之与后片斜收肩线等长。

(3)肩部收针次数:肩部收针次数=肩部收针转数÷每次收针转数

(4)收针设计:

① 斜肩型产品收肩:肩部收针针数相对收针转数较多,因此常采用每转收一次,即:

每次收针针数=肩部收针针数÷收针转数=(肩宽针数—后领宽针数)÷收针转数

当不能整除时,按照方程式法可分成较为接近的两段式收针,两段收针应先陡后平。通常每次收针数为4~6针,一般采用过针、套针、铲针等的方法收针。

② 背肩型产品收肩:背肩型的前片为水平线状,因此不用收针,直接采用废纱封口。后片的肩斜较陡,收针时一般先根据机型和收花的效果确定每次收针针数,一般每次收针针数为1~3针,采用直接收针法(明、暗收针)。

收针次数=挂肩收针针数÷每次收针针数,每次收针转数=挂肩收针转数÷收针次数

转数当不能整除时,按照方程式法可分成较为接近的两段式收针,两段收针应先陡后平。

③ 插肩袖、马鞍肩型的收肩参考背肩型的后片收肩方法。

11. 前开领编织工艺设计

领子的编织工艺设计主要依据领宽、领深与领型,设计内容主要包括典型的圆领、V领及其他类型领等。后领深较小,收针原理和方法与前圆领相同。

(1)前领针数与转数的设计与计算:

① 前领宽针数:

(a)套衫:前领宽针数 = [前领宽尺寸 + (领边宽 - 领边缝耗宽度) ×2] × 横密

前领宽尺寸与后领宽尺寸近似可视作相同。领边缝耗宽度为 0.5 ~ 1cm。

(b)开衫:领宽针数 = (前领宽尺寸 + 领边宽 ×2 - 门襟宽 - 两领边缝耗宽度) × 横密

通常前领宽尺寸与后领宽尺寸视作近似相等。对于大身前片为挖领领型的款式,一般衣片领宽尺寸为:男衫 13 ~ 17cm,女衫 12 ~ 16cm,童衫 10 ~ 14cm。其中 V 领小值,圆领、翻领等取大值。没有凹势的领口,衣片领宽尺寸一般比有凹势的领口大 8 ~ 12cm。

② 前领深转数:

(a)圆领:

前领深转数 = (前领深尺寸 + 领罗纹宽 + 后直开领深 + 前、后身长之差尺寸) × 纵密

后直开领深是指后领为平直型,由于前片后折形成的领深。其他领型的领深,可根据具体的领深测量方法来考虑,具体的领深尺寸要根据款型测量方法来确定。

(b)V 领:

领深转数 = (领深尺寸 - 测量因素 + 后直开领深 + 前、后身长之差尺寸) × 纵密

测量因素可正可负。对于 V 领开衫,一般测量因素取 1cm;对 V 领套衫,其取值为 0。

(2)前领领部收针设计:领部收针根据不同领型来进行设计

① 圆领领型收针设计:

圆领领型的领深根据领型的变化分为多种:浅圆领、圆领、U 型领。圆领在设计时一般领深的大小应该小于领宽的一半;当领深大于领宽的一半时,大出的部分设计为平摇,即为 U 型领领型。

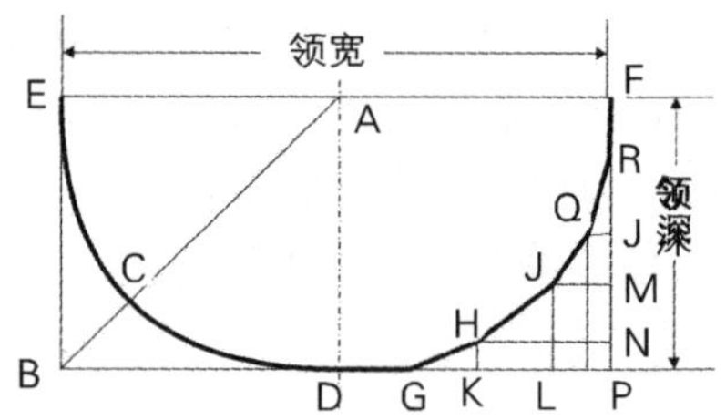

图 4-5-9 领子收针取点示意图

如图 4-5-9 所示,EF 为领宽,EB 为领深,AB 为半领宽 的对角线,圆领的领弧线与对角线相交于 C 点,一般 C 点的取值 $BC = \left(\frac{1}{4} \sim \frac{1}{3}\right)AB$。挖领领型取 1/4,添领领型取 1/3。圆领领深设计参考值:男式 7 ~ 9cm,女式:6 ~ 8cm,童装:5 ~ 7cm。设计操作步骤:

(a)将领弧曲线分解成折线,一般分为 4 ~ 6 段:DG、GH、HI、IQ、QR、RF,其中 DG 为水平线段即平收针段,RF 段为垂线即为平摇段。

(b)在领宽等于二倍左右的领深时可参照以下取值,领深加大时可以在本例基础上增加平摇转数。各段取值:

横向分配:$DG = GK = KL = LP = \frac{1}{4}$半领宽,$QJ = \frac{1}{8}$半领宽

纵向分配:$NP = \frac{1}{8}$领深,$MP = \frac{1}{3}$领深,$JP = \frac{1}{2}$领深,$RJ = FR = \frac{1}{4}$领深

(c)收针方法:根据取值,每个点可以组成一个三角形,比如△GHK。三角形中 GK 的长度表示针数,HK 表示转数,每段可采用方程式法分配成一或二段式收针,整体再进行调整,最后再进行统一的修正来得到收针规律,整体修正要根据款型不同要求来调整。

例:12G 圆领收针规律:1 - 3 ×5,1 - 2 ×12,2 - 2 ×6,3 - 2 ×2,3 - 1 ×3,平 10 转。

② V 领领型开领收针设计

如图 1 - 5 - 10 所示,V 领的收针相对比较简单,一般可以分成两段:BE 与 EC。E 点处于

对角线 BC 的 1/3 位置,其凹势为 0.5 ~ 1cm。根据 E 点的位置有线段 BE、CE,按三角形方法求出线段 BE、CE 的针数和转数,采用方程式法分配法进行二段式收针。一般先取 C 点下方平摇 3 ~ 5cm,再设每次收针数为 1 或 2 针(根据机型、收针速度来定),将剩余的转数进行方程式法分解为两段式收针(也可以根据版型分解成多段收针),规律连接时要注意先平后陡。

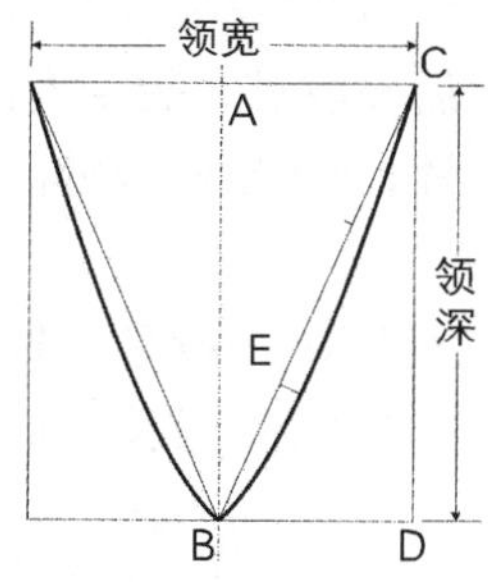

图 4-5-10　V 领收针示意图

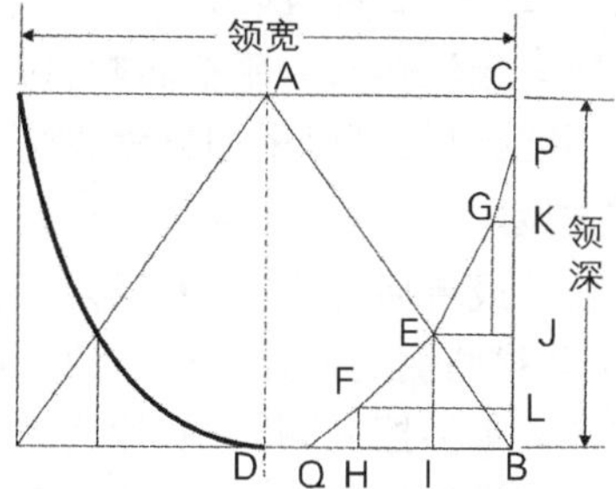

图 4-5-11　翻领收针示意图

③ 翻领式前领开领收针设计

(a)如图 4-5-11 所示,将领弧曲线分解成折线,一般分为六段:DQ、QF、EF、EG、GP、PC,其中 DQ 为水平线段即平收针段,PC 段为垂线即为平摇段。

(b)在领宽等于二倍左右的领深时可参照以下取值,领深加大时可以在本例基础上增加平摇转数。各段取值:

横向分配:$DQ = QH = \frac{1}{6}$半领宽,$HI = \frac{1}{3}$半领宽,$GK = \frac{1}{8}$半领宽

纵向分配:$BL = \frac{1}{8}$领深,$BJ = JK = \frac{1}{3}$领深,$PK = PC = \frac{1}{6}$领深

(c)收针方法:基本与圆领的收针设计相同的方法。根据领型不同,领弧线较圆领领型平直,即凹势的取值为对角线的 1/3。也可以取几个特殊点,每个点可以组成一个三角形,比如△FQH。三角中 QH 的长度表示为针数,FH 表示为转数,每段可采用方程式法分配成一段或两段式收针,整体再进行调整。整体修正要根据款型不同要求来调整。

12. 后领编织工艺设计与计算

后开领同前领的方法相似,但后领深较小,一般为 2 ~ 3cm,因此后领的领底平位较宽。后领的领底平位部分一般采用废纱直接编织法收针,两侧采用减针法分别收针。

(1)后领宽针数:

① 套衫:后领宽针数 = [后领宽尺寸 + (领边宽 - 领边缝耗宽度) ×2] × 横密

② 开衫:后宽针数 = (后领宽尺寸 + 领边宽 ×2 - 门襟宽 - 两领边缝耗宽度) × 横密

(2)后领深转数:

① 圆领:后领深转数 = (后领深尺寸 + 领罗纹宽 - 前、后身长之差尺寸) × 纵密

平直型后领的领深为 0。其他领型的领深,可根据具体的领深测量方法来考虑,具体的领深尺寸要根据款型测量方法来确定。

② V 领:V 领后领深转数 = (后领深尺寸 - 测量因素 + 领罗纹宽) × 纵密

(3)后领开领收针设计(图 4-5-12)

① 后领平位收针针数设计:后领收针曲线比较平,弧度一般集中在左右两侧,因此领底的平位部分比较宽,设计时后领的平位针数一般为后领宽针数的 95% ~97% 。即:

后领平位针数 = 后领宽针数 ×(95 ~ 97)%

② 收针设计：平位收针后，剩余针数的一半即为后领每侧的收针针数。设计时为分段斜收和一段平摇。平摇的转数一般取 3 ~ 4 转，根据后领深来定。每次的收针针数视横机机号而定，取 1 ~ 2 针/次。

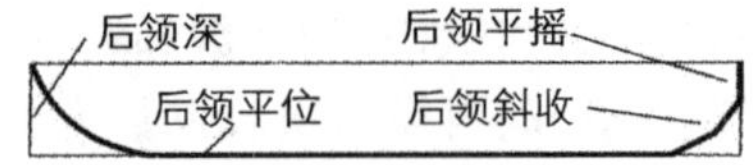

图 4-5-12 后领收针示意图

后领收针转数 = 领深转数 - 平摇转数，每次收针转数 = 后领收针转数 ÷ 收针次数

一般情况是不能除尽，可以采用方程式法分为两段斜收针，或多段斜收针。

13. 开衫类编织工艺设计

开衫类是指前片或者后片全开的毛衫，开衫在手摇横机编织时一般采用先织片再开剪的方式编织，有利于开衫两侧的衣片长度一致。如果分片编织，则由于衣片变窄而拉力不匀造成左右两片长短差异大不易控制，并且衣片编织效率更低。

开衫在编织工艺设计过程中，大部分与套衫设计相同，区别是开片横向的参数计算不同。相当于把套衫的衣片正中去掉门襟的宽度，其他值不变。

(1)开片的胸宽针数计算

① 装门襟开衫类胸宽针数设计与计算(前开片)

前身胸宽针数 =(胸宽尺寸 + 后折宽 - 门襟宽)× 横密 +(门襟缝耗 + 肋缝缝耗)×2

后身胸宽针数 =(胸宽尺寸 - 后折宽)× 横密 + 缝耗 ×2

② 连门襟开衫类胸宽针数设计与计算(前开片)

前身胸宽 =(胸宽尺寸 + 后折宽 + 门襟宽)× 横密 + 缝耗 ×2

后身胸宽 =(胸宽尺寸 - 后折宽)× 横密 + 缝耗 ×2

(2)开片的肩宽、领宽、腰宽、下摆针数计算：与胸宽针数计算方法相同。

14. 衣片校对

衣片设计结束后需要进行各个部位的数据校对，尤其是衣长总转数的核对。将衣片各部位的转数相加应该等于衣长总转数，不相符时需要进行分段检查核对。衣长转数设计与计算：

(1)下摆为罗纹或袋编组织的衣片衣长转数：

衣长转数 =(总衣长 - 下摆罗纹高 + 测量差异)× 纵密 + 肩缝耗

对于有下摆类型设计的衣片，计算衣长总转数时，一般不包括下摆的转数。

① 衣长尺寸：对于衣长尺寸为从领肩接缝处的侧颈点量至下摆边底的，测量差异值为 0。对于从距领肩接缝 1.5cm 处的肩折缝直量至下摆边底的，测量差异一般取 0.5 ~ 1cm。

横机机头在针床上运动一个往复为 1 转(两个横列)，纵向密度的转数换算关系如表 4-5-3 所示。

表 4-5-3 纵向密度与机头编织转数的换算关系

织物组织	横列数换算成转数
畦编、半畦编、双罗纹(棉毛)、袋编、三平织物反面、双罗纹空气层等	机头 1 转 = 衣长 1 横列
平针、罗纹、四平、三平正面等	机头 1 转 = 衣长 2 横列
罗纹空气层	机头 3 转 = 衣长 4 横列

② 肩缝耗是指衣片缝合成衣时，肩缝处的缝耗。肩缝耗与其他纵行方向的缝耗一样，大小也根据缝迹种类而定，一般取 0.5cm 左右，转化成转数为 1 ~ 3 转。

③ 前、后身转数分配：

(a)平肩平袖型产品，通常前身尺寸比后身尺寸长1～1.5cm，以使肩缝折向后身，使肩缝易整理且改善外观。

(b)斜肩型收针产品，同平肩平袖型，前身挂肩以上尺寸比后身长1～1.5cm，肩缝后搭0.5～1cm。

(c)插肩袖型产品，后身一般比前身长1.5～7cm。袖子袖山头(袖尖)越大，差距也相应加大。

(d)以上公式计算所得的衣长转数，对平肩款式以及平袖斜肩款式产品来说，是前、后身衣长转数的平均值，而对于斜肩斜袖款式的产品来说，则是后身的衣长转数，其他款式则要依据结构分解来定。

(2)下摆为折边时的衣片衣长转数：

衣长总转数 =(衣长尺寸 + 下摆折边长 + 测量差异) × 纵密 + 肩缝耗 + 下摆缝耗

三、平袖型袖片编织工艺设计与计算

羊毛衫袖片(长袖)的一般形态如图4-5-13所示。

1. 袖长转数计算

(1)平袖型袖子：袖长转数 =(袖长尺寸 - 袖口罗纹长度) × 袖子纵密 + 上袖缝耗

在一般情况下，袖片编织时的排针数较大身少，门幅相对较窄，虽然所用横机的型号、规格、原料以及横机的弯纱深度都一样，但在编织过程中，由于袖片所受的牵拉力使袖片纵向变形较大，再加上在缝合、缩绒等工序中，袖子所受到的还是纵向拉力，最后使得袖子成品产生“横紧、直松”现象，即袖子的成品横密比大身横密大1%～5%，纵密比大身纵密小2%～8%。为了使袖子满足成品规格的要求，在袖片工艺计算中，常取袖子横向密度比大身的横向密度多0～0.3个线圈/cm，而袖子纵向密度比大身的纵向密度少0.1～0.6个线圈/cm来进行设计与计算。

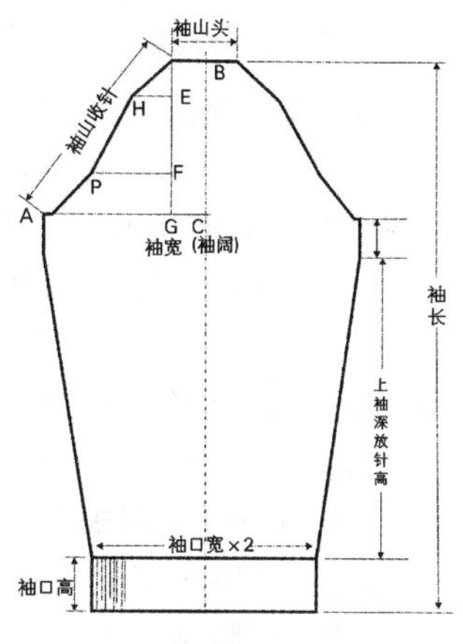

图4-5-13 平袖型袖片示意图

(2)斜袖型袖子袖长转数计算：

① 袖长尺寸从袖口量至领口中心时

袖长转数 =(袖长尺寸 - 袖口罗纹长度 - 1/2 领宽 - 领边宽) × 袖子纵密 + 上袖缝耗

② 袖长尺寸从袖口量至领口缝缝时

袖长转数 =(袖长尺寸 - 袖口罗纹长度) × 袖子纵密 + 上袖缝耗

2. 袖宽针数计算

袖宽针数 = 袖宽(阔)尺寸 ×2 × 袖子横密 + 袖边缝耗 ×2

袖宽又称袖阔、袖壮、袖大、袖肥等。这里的袖边缝耗是指袖片在袖宽处的两袖边缝合成完整袖子时的缝耗。或：袖宽针数 =(挂肩尺寸 - 袖斜差) ×2 × 袖子横密 + 袖边缝耗 ×2

袖斜差是指挂肩尺寸与袖宽之间的差值，同时也代表着袖子在成形中的倾斜程度。如图4-5-14所示，挂肩尺寸与袖宽、袖山组成一个直角三角形，当袖子水平时，袖宽与挂肩差值小，袖山低，称之为T恤形，穿着宽松；当袖山增高，则袖子下斜，袖宽与挂肩差值大，穿着舒适；袖山再增大则袖子更加下垂，则上臂感到受束缚。通常根据经验来取袖斜差值，一般男、女装取 3 ~ 5cm，童装取 2 ~ 3cm。袖斜差的取值视胸围规格而异，随胸围增大而增大，也随袖窿的瘦肥而增减。

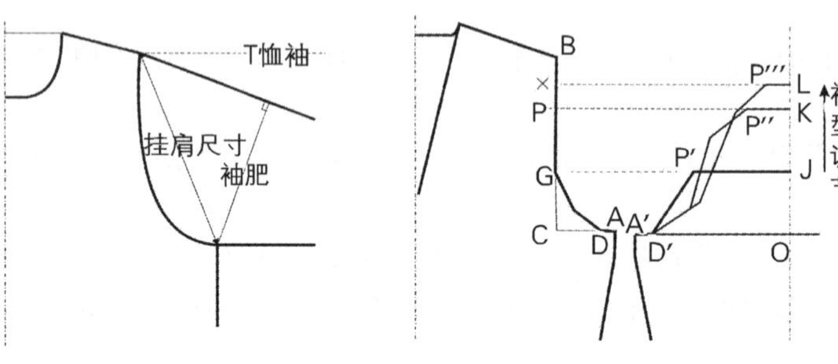

图 4-5-14　斜袖差示意图　　图 4-5-15　袖与大身的对位示意图　　图 4-5-16　袖山收针示意图

3. 袖山收针转数设计与计算

袖山的收针设计要依据袖型来定，以斜肩平袖型为例。在设计袖山收针时先确定袖山高，根据上袖的规律，有以下袖、身对位关系，如图 4-5-15 所示，图中 CP 高即为袖山高。

袖山收针转数 = 袖挂肩收针高度 × 袖子纵密 = 袖山高 × 袖子纵密

袖山高 = 袖挂肩收针高度 = $\sqrt{挂肩^2 - 袖肥^2}$

（1）平肩平袖型袖山高度

平肩平袖型的袖山高度取值为 0，如图 4-5-15 所示，大身无袖窿，袖山头为 A’O 水平线。这种衫型的前、后片外形均为矩形，袖型的袖山头宽、平，袖子宽松。仅用于档次较低产品，编织时没有斜收收针，生产简单、速度较快。

（2）斜肩平袖型的袖山收针高度取值方法

如图 4-5-15 所示，P 点位于大身挂肩的平摇段，P 点为上袖对位点，BP 为袖山头宽度的一半。P 点可以根据袖型进行调整。P 点越高则袖山增高，挂肩尺寸不变时则袖肥减小、袖子向下倾斜，如图 4-5-17 曲线 1 所示；如果配合袖山收针段曲线为 S 型，收针规律较多会影响编织速度，但版型合体，适合高档的产品。反之，P 点可下调到 G 点，如图 4-5-17 曲线 3 所示，袖山低，袖子抬高，穿着宽松、编织效率高。因此 P 点也称为“记号点”，用来与袖子的袖山头对位。收针曲线如图 4-5-16 中粗实线。取值时一般以挂肩尺寸和袖肥尺寸计算袖山高，如果没有袖肥尺寸也可以按三分设计法确定 P 点的高度。

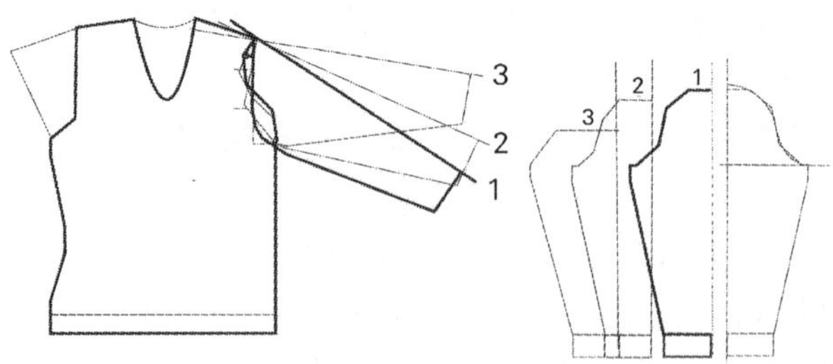

图 4-5-17　袖山高与袖子斜度的关系

三分设计法：对挂肩高度进行三等分，上方的等分点为 P 点，下方的等分点为 G 点；如图 4-5-15 所示，图中 CG = GP = PB，CG 段为袖窿收针高度，PB 长度为袖山的一半，CP 即为袖山高。

(3)缝合对应点:袖缝合时,大身挂肩平收针段对应于袖挂肩的平收针段(平肩平袖型等普通产品可以不设平收);大身挂肩收针段及记号点 P 以下平摇段对应袖挂肩收针段;斜肩平袖型的大身挂肩 P 点与袖挂肩 P''(或 P'、P''')点对应,缝合时 PD 段与 P''D'段均匀对齐缝合,PB 与 P''K 缝合。因此大身平摇段要做 P 点位置记号。

4. 袖山头针数计算

(1)平袖型产品袖山头针数计算

袖山头针数 =(前、后片挂肩记号点以上平摇转数之和 - 肩缝耗转数 ×2) ÷ 纵密 × 袖子横密 =(前、后片挂肩记号点以上的平摇长度之和 - 肩缝耗长度) × 袖子横密

式中表示:袖山头的宽度与前袖、后袖的平摇段长度之和相等。注意前片挂肩总转数与后片挂肩总转数不等,是由于前片挂肩多收后折宽针数造成。此公式是根据前、后身衣片缝合成衣后,其前、后身挂肩平摇段的长度之和与袖山头的宽度(在成衣中是缝合在一起的)相等的原则进行的。袖缝耗针数是指上袖时,袖山头处的缝耗针数。

也可由挂肩尺寸和袖山高按三角形的勾股定理计算出袖宽尺寸。袖山高经验取值男装为 9 ~ 11cm,女装为 10 ~ 12cm,童装为 7 ~ 8cm。也可以采用三分设计法进行袖山取值。

(2)斜袖型:袖山头宽度根据款型设计而得,男、女衫为 6 ~ 10cm,童衫为 4 ~6cm。

5. 袖山收针针数计算

每侧袖山收针针数 =(袖宽针数 - 袖山头针数) ÷2

6. 平袖型袖山收针设计

如图 4-5-16 所示,平袖型袖山收针方式有直线斜收和多段折线收针。直线斜收是指从 A 点至 H 点直线收针。多段折线收针是指采用三段线 AI、IQ、QH,倾斜度分别是先平后陡再平的收针方式,称为 S 夹、弯夹;袖夹可配有平收段。收针曲线与大身袖窿相对应。

(1)挂肩平收针:挂肩底部平收针设计一般用于高档毛衫,普通毛衫由于收针慢较少用。平收针数同大身对应。

(2)袖山斜收设计:企业工艺师一般根据经验和试样的情况进行直接编写收针规律;也可以按照正常服装的袖子样板进行对照编写。下面介绍收针的方法:

① 确定每次收针针数:按大身挂肩方法确定,需考虑大身与袖子的夹花效果。例如:7 针横机编织时:每次收针数为 2 针,12G 横机:每次收针数为 2 ~3 针。

② 各段收针针数、转数分配:收针设计时,按照袖挂肩每边收针数、收针转数对三段中的每段针数、转数进行分配,如图 4-5-16 所示,也可根据样板曲线实际分配。

三段的收针针数比例参考值为:GS : ST : TU =3 : 2 : 3 ~5 : 4 : 5

三段的收针转数比例参考值为:MN : NR : RK =2 : 3 : 2 ~4 : 5 : 4

(3)收针段调整:为了使袖山头形状变得接近样板的弧度,在三段收针的基础上再加 1 ~2 个较平的收针段,使袖山头收窄,上袖后平滑,袖山之处更为美观。增加段位于最上方,收针高度为 1 ~2cm,此段为无夹花收针(即无边)。

(4)示例:

14G 某产品袖挂肩的收针规律:2 -2 ×9,3 -2 ×6,2 -2 ×9,1.5 -2 ×6(无边)

12G 某产品袖挂肩的收针规律:2 -3 ×7,3 -3 ×8,4 -3 ×8,3 -3 ×5,2 -2 ×2(无边),1 -2 ×7(无边),1 -3 ×1(无边),1 -4 ×5(过针、铲针)

7G 某产品袖挂肩的收针规律:1.5 -2 ×4,3 -2 ×3,2 -2 ×9,1 -2 ×3(无边)

7. 斜袖型袖山收针设计

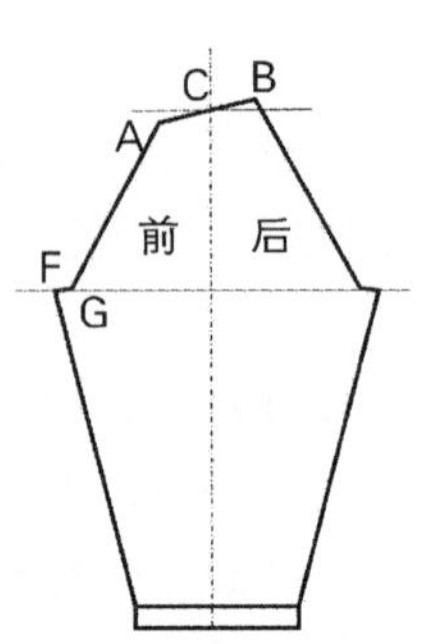

图 4-5-18 斜袖型袖片形状图

斜袖型袖山如图 4-5-18 所示，挂肩斜收部分比较简单，可以一段收完，如果不能一段则可以分成两段，根据穿着特点先陡后平。由于衣片结构特点，袖山有前、后之分。

(1)前、后袖山收针针数计算

前袖山收针针数 = 袖宽针数 ÷ 2 − 平收针数 − 前袖山头针数

后袖山收针针数 = 袖宽针数 ÷ 2 − 平收针数 − 后袖山头针数

(2)前、后袖山收针转数计算

前袖山收针转数 = 前袖山头高 × 袖子纵密
= 前片挂肩高 × 袖子纵密

后袖山收针转数 = 后袖山头高 × 袖子纵密
= 后片挂肩高 × 袖子纵密

(3)设计每次收针的针数：根据成品效果、编织记号等因素设计每次收针针数 n_2

(4)设计每次收针转数：每次收针转数 = 前、后袖挂肩收针转数 ÷ 每次收针针数 n_2

(5)收针规律：一般采用平均分配法收针，收针轨迹尽量为一段直线。如果不能一段收完时可以分成两段收针，此处收针为先陡后平。

8. 袖山头收针

(1)平袖型袖挂肩收针结束后需要平摇 2 转，再进行挑孔做记号(如袖中点等)，最后废纱封口下机。

(2)斜袖型前袖收针结束后，要进行袖山头收针，采用平均分配收针，不能一段收完时则分为两段收针。

9. 袖口针数计算

此处袖口尺寸是指袖罗纹与袖身交接处的尺寸。其数值可以在大拇指骨第二节处，绕掌一周量得。同理，袖口针数也是指此部位的针数。一般袖口尺寸，男衫为 10 ~ 13cm，女衫为 9 ~ 12cm，童衫为 8 ~ 10cm。袖口尺寸如有专门要求，则需按要求来确定。

袖口针数 = 袖口尺寸 × 2 × 袖子横密 + 袖边缝耗 × 2

10. 袖口罗纹设计与计算

参考下摆罗纹设计方法，直接按照袖口尺寸转换而成。特别时也可以另行计算，或按照袖口罗纹尺寸值 1.15 ~ 1.25 倍进行设计罗纹针数。袖口一般有快放针设计，较好解决穿着效果。

11. 袖口罗纹转数

袖口罗纹转数 = (袖口罗纹长度 − 起口空转长度) × 袖口罗纹纵密

12. 袖宽平摇转数设计

袖挂肩下为了保持袖子的肥度和度量的要求，与大身挂肩下平摇相似，需要设一定高度的平摇转数，一般平摇高度为 3 ~ 5cm，可根据具体情况确定。

13. 袖身放针设计及计算

袖身是指袖口罗纹之上至袖挂肩部段。

(1)袖身放针针数计算：

放针针数 = (袖宽针数 − 袖口针数) ÷ 2 = 每边放针次数 × 2 + 每边快放针数 × 2

平常的工艺计算中，有放针次数就可不必再计算放针针数，只作反验证时求解用。

(2)放针次数计算：

由于袖身的放针转数比放针针数大很多，而在普通横机上，同时放 2 针或多针比较困难，因此，在放针部段大多采用每次放 1 针的方法。

快放针是指翻针后直接放针。快放针一般每边取 2 ~ 3 针，视成衣工艺与坯布结构不同而不同，快放针数可 1 转放 1 针，连放 2 ~ 3 次，也可一次性全放完。

放针次数 =（袖宽针数 - 袖口针数）÷ 2 - 每边快放针数

(3)袖身放针总转数计算：

袖身放针总转数 = 袖长转数 - 袖山收针转数 - 袖宽平摇转数

此放针总转数包括袖口罗纹与袖身交接处的快放针转数。

(4)袖片每次放针转数计算：袖片每次放针转数 = 袖片放针总转数 ÷ 放针次数

(5)放针设计计算：除袖口快放针数外，余下的放针数按转数的放针分配方法，可采用平均分配，也可用分段放针法。一般采用分段放针法，在袖前部放针较急，而袖后部则放针较缓，这样更能使产品适合人体的穿着。

四、大类产品附件设计

附件的设计主要包含领条、门襟、口袋、带子等尺寸的设计，即开针数和转数的设计与计算。领条、门襟、口袋嵌条一般为横用，使领条具有一定的弹性。有时为了提高效率、减少套口难度或由于长度的限制在不影响美观的前提下也可以竖用。

1. 圆领领条工艺设计

(1)圆领领条针数 = 圆领周长 × 领条横密 + 缝耗针数

圆领周长计算分为两种情况：领深小于二分之一领宽和等于、大于 1/2 领宽。

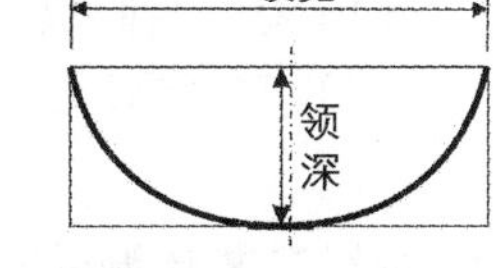

图 4-5-19 圆领示意图

① 领深小于 1/2 领宽时领条长度计算：

$$领周长 = 领深尺寸 \times \pi + 2 \times (\frac{1}{2}领宽 - 领深) + 领宽 = 领深尺寸 \times \pi + 2 \times (领宽 - 领深)$$

② 领深大于或等于二分之一领宽时领条长度计算：

$$领周长 = \frac{1}{2}领宽 \times \pi - 2 \times (\frac{1}{2}领宽 - 领深) + 领宽 = \frac{1}{2}领宽 \times \pi + 2 领深$$

(2) 领条横密的确定：领条在编织时可以采用满针、1 × 1、2 × 1、2 × 2 和单面等方式的编织方法，在测量横向密度时一般采用直接测量法和换算法。

① 直接测量法：将以一定针数编织的领条回缩处理后，横向拉开 1.1 ~ 1.3 倍，根据不同织物的效果，确定长度；针数与拉开的长度的比值即为横密。套口时先将前后领底封口，领圈的各段长度转换成对应的罗纹针数，按记号点进行套口。

② 换算法：按罗纹与纬平针翻针的转换方法进行转换。如 2 + 2 罗纹转换成平针时有 2 × 1 和 2 × 2 两种方式，领圈的长度按大身平针的横密转换成总针数，再按罗纹的形式转换成罗纹的针数。依次类推适用其他部位。领条横密的确定方法适用于其他挖领领型。

(3)领条记号设计：开衫的记号点设计在左、右肩缝处，有接头时领条接头一般位于穿着时左肩接缝靠后 1.5 ~ 2cm 处。背后装拉链的圆领记号点设计在左、右肩缝和前、后领正中。套衫领条记号设计在前领中点和左、右肩点或更多。

2. V 领套衫领条工艺设计

（1）V 领套衫领条针数＝（前领深×2＋领宽＋领高×2）×领条横密＋缝耗针数

（2）记号设计：左、右肩缝点，高档产品可以增设前领中间点用拉线做记号。

（3）编织方法：第一横列满针罗纹，元空 1 转放松，织物正面挑记号，最后第三横列放松（套口横列）。

3.（樽）翻领领子工艺设计

（1）平翻领针数＝领圈周长×平翻领横密

（2）记号设计：左、右肩缝点，左、右领底平收针界点。

以上领条的横密要根据不同的组织结构、套口方法来进行设计，使领子平整圆顺弹性好。

4. 袖边针数设计

（1）袖边针数＝（挂肩尺寸×2＋凹势修正因素）×袖边横密＋缝耗

（2）记号设计：肩缝点

5. V（圆）领开衫门襟工艺设计

（1）开衫门襟针数＝开衫门襟长度×门襟横密

开衫门襟长度＝（身长×2＋后领宽＋领高×2＋领缝耗）×（1＋门襟回缩率）

领子、门襟一般使用满针罗纹组织，横用。

（2）记号设计：根据门襟的长度设计多点。

6. 口袋针数及转数计算

（1）袋口宽针数：袋口宽针数＝口袋宽×横密＋缝耗×2

（2）口袋深转数＝口袋深×纵密＋缝耗，缝耗是指口袋三个边或四边的缝耗。

五、编织工艺计算说明

（1）上述编织工艺计算方法是指常规大类品种的情况，在进行具体计算时，需根据毛衫款式的具体情况与要求来进行设计和计算。

（2）工艺计算的顺序视具体工艺而定，一般先计算后片，再计算前片和袖子，计算简便。

（3）上述编织工艺计算方法是以大身、袖身为纬平针组织为例，计算时要考虑由于抽条、扎花、绞花、挑花等组织修正因素的不同而对成品规格尺寸产生的影响。

（4）进行工艺计算时，一般先求出衣片各部位的横向针数，再求纵向转数，最后对收针、放针部位进行收针、放针针数和转数的设计和分配。

（5）为便于操作，横向针数一般取值为单数，特殊情况例外。

（6）靠近边缘留有收针花的为明收针；无收针花的为暗收针（无边）。正常收针、放针是先平摇，然后再收针或放针；而在有下摆、腰节、肩部平摇部位的收针（放针）为先收（放针）再平摇，此处要考虑转数的循环数。

（7）计算所得的针数和转数要加以适当的修正，以达到所需的整数，便于改善衣片的廓形和简化编织工艺。

（8）为了便于成衣的正确缝合，应在袖山头、前后片、挂肩、领条、门襟等各个部位，设置一定数量的缝合记号点。

（9）在操作工艺单中，需要注明 10 支拉密值、编套值、衣片下机的尺寸、片重（g），作为半成品的质量检验依据。

(10) 毛衫新品种的设计,除外销来样提供的规格外,一般均可参照羊毛衫外销或内销规格表进行设计。

(11) 编织工艺设计得出的工艺,要遵循首样试织→修正工艺→修正样试织→中试→再修正工艺等过程,以减少不必要的损失。

任务实施

一、教学设备

7G 普通手摇横机。

二、实施步骤

1. 任务说明

按照给定的圆领背肩平袖型女套平面款式图、规格尺寸表、工艺要求进行编织工艺设计,并制成编织、套缝工艺单。

(1)平面款式图

平面款式图如图 4-5-20 所示。图中的标注为该部位的名称。

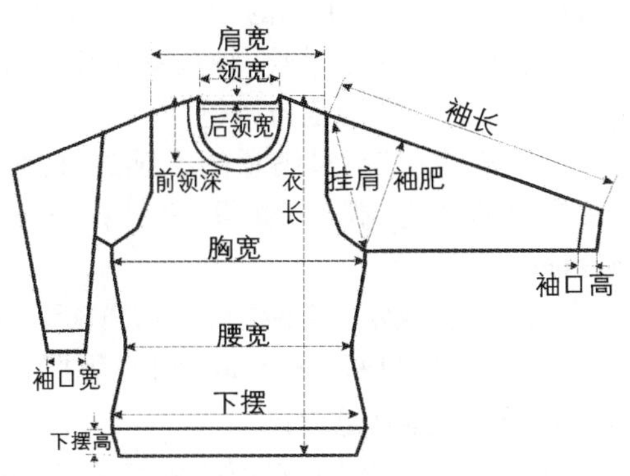

图 4-5-20 圆领背肩型女套衫平面款式

(2)规格尺寸表(表 4-5-4)

表 4-5-4 规格尺寸表

序号	部位	尺寸(cm)	序号	部位	尺寸(cm)	序号	部位	尺寸(cm)
1	胸宽	45	6	下摆	44	11	前领深	8
2	衣长	56	7	袖窿	21.5	12	后领深	2
3	肩宽	35	8	袖口宽	11	13	下摆高	5
4	腰宽	41	9	袖口高	4	14	领罗纹高	2.5
5	袖长	52	10	后领宽	14	15		

(3)产品生产工艺要求:

① 产品采用纱线原料与规格:产品采用 38.46tex ×2(26*N*m/2)腈纶纱线。

② 织物组织要求:大身组织为纬平针,2 根毛纱;下摆、袖口为 2 ×1 罗纹,编织时 2 根毛纱加一根尼龙弹性纱;领条为 2 ×1 罗纹,用毛纱 2 根并加一根尼龙弹性纱。

③ 收针要求:挂肩、袖山采用夹 4 支边收针。

2. 试样编织与工艺参数测定

(1)编织机机号的选择

根据正常的织物风格,已知本产品采用 38.46tex ×2(26*N*m/2)腈纶纱线,*K* 取值为 8000,机号与适宜加工的纱线线密度关系由下式确定:

$$\mathrm{Tt} = \frac{K}{G^2} \quad 所以\ G = \sqrt{\frac{K}{\mathrm{Tt}}} = \sqrt{\frac{8000}{2 \times 76.92}} = 7.2\ \mathrm{G}$$

计算结果得本产品可以采用7针机号的横机进行编织。

(2)试样编织

① 纱线准备:取38.46tex×2(26Nm/2)腈纶纱线,进行络纱上蜡处理。

② 编织机准备:采用7G手摇横机,检查该机的状况,调试纱架上的张力装置、挑线簧;检查针床上的织针状态,确认无坏针;检查压针三角的初始状态应该在齿片中间的位置;将三角全部打开,选择针床中部前后相对应的90枚织针,编织20cm×30cm试样一块。

③ 外观风格、手感测试:按后整理工艺要求进行全工艺柔软处理。将试样放置于浴比为1∶30,水温为30~35℃的水中,按2%加入净洗剂209浸泡5min,洗3min;过清水后加硅油洗2min,浸10min,脱水后中低温烘或凉干(吹冷风)。不同企业采用的柔软剂成分、浓度也不同,助剂的用量要根据助剂的参数和成品的手感效果来定。观察织物密度,感知手感程度,得出满意的大身平针、下摆罗纹、领条罗纹纹理、密度和手感。

④ 工艺参数测定与调整:

(a)密度测定:对满意的手感试样进行密度测定。将试样放置在光滑的桌面上,测定平针、罗纹的宽度、高度,测得:平针横密=3.75针/cm,纵密=2.75转/cm。罗纹纵密=3.2转/cm。

(b)拉密测定:将下机后织物横向取10针,测拉密值。测得大身10支拉密=6.1cm,领条2×1罗纹5坑拉密=8.5cm,袖口、下摆2×1罗纹5坑拉密=9.5cm。

3. 毛衫成衣缝制工艺设计

根据成衣效果图、平面款式图进行缝制工艺设计。

(1)圆领背肩平袖型女套衫结构分解

根据平面款式图分析,此款式为圆领、背肩、平袖型(图4-5-21)。成衣衣片分解为:

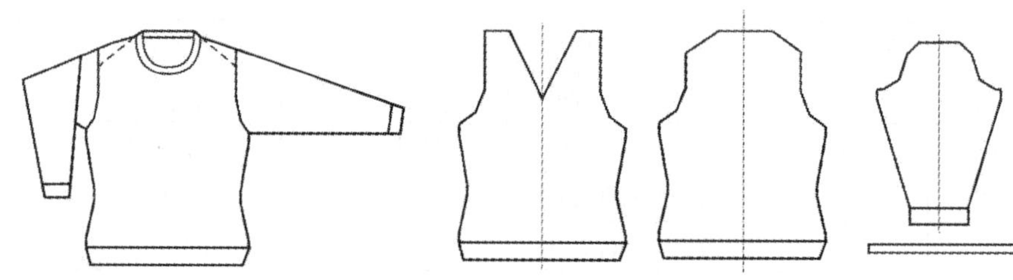

图4-5-21 圆领背肩平袖型女套衫衣片分解图

衣片由前片、后片、袖片、领条组成,袖片为平袖型左右对称;前后衣片均为收腰型。

(2)套缝工艺设计

① 套缝工艺流程:袖山头、前后片领口封口→前、后片合肩→上领条→上袖→合肋→手缝接领→订商标→钩针固定缝头

② 衣片缝制时定位点设计

(a)前、后片挂肩袖山头定位点做交叉或拉线记号

(b)袖片袖山中点定位点挑孔

(c)领条记号:起头1.5cm、左肩缝点、前领平收针段、右肩缝点、后领段等位置挑记号。

(3)毛衫衣片及领条编织整体设计

① 大身衣片编织整体设计:

下摆开针→下摆罗纹→下摆平摇→收腰→腰节平摇→腰上放针→挂肩平摇→挂肩收针→

挂肩以上平摇→收肩→开领→收领→平摇。

② 袖片编织整体设计：

袖口开针→袖口罗纹→袖身放针→袖挂肩下平摇→挂肩收针→袖山平摇。

③ 领条编织整体设计：

起口→元空1转→平摇→无拉架1转→挑孔记号→废纱封口。

4. 毛衫后片编织工艺设计

后片编织工艺设计流程为：后片胸宽针数设计→腰宽针数设计→下摆针数设计→肩宽针数设计→领宽针数设计→衣长总转数→下摆编织设计→下摆平摇设计→腰部收针设计→腰部收针平摇设计→腰节以上挂肩以下放针设计→挂肩以下平摇设计→挂肩收针设计→挂肩平摇设计→肩部收针设计→后领平收针设计→后领收针设计。

(1)后片胸宽针数设计：设计毛衫后折宽设为1cm；成衣缝耗每边为2针。

后片胸宽针数 =(胸宽 - 后折宽)×横密 + 缝耗 ×2

=(45 -1)×3.75 +2 ×2 =169 针。

(2)腰宽针数设计：

腰宽针数 = 后片胸宽针数 -(胸宽 - 腰宽)×横密

=169 -(45 -41)×3.75 =154 针，修正为153 针。

(3)下摆针数设计：

下摆针数 = 后片胸宽针数 -(胸宽 - 下摆宽)×横密

=169 -(45 -44)×3.75 =165.25 针，修正为165 针。

(4)肩宽针数设计：上袖毛衫由于袖子对肩部有拉伸作用，会使肩宽变宽，因此在设计时要进行预收，使上袖拉伸后肩宽达到要求的尺寸。一般预收修正值为：90% ~97%，本例采用腈纶的原料，纱线光滑、结构较松，上袖后拉伸较大，取修正值为92%。

肩宽针数 = 肩宽 × 预收修正值 × 横密 + 缝耗 ×2

=35 ×92% ×3.75 +2 ×2 =124.75 针，修正为125 针。

(5)领宽针数设计

领宽针数 =(领宽 + 领条宽 ×2)× 预收修正值 × 横密 - 缝耗 ×2

领宽与肩部一样同样有拉伸变形，但上领后会减少；根据不同领宽尺寸与编织密度，领宽修正值一般可取的范围为95 ~100%，本例取97%。

领宽针数 =(领宽 + 领条宽 ×2)× 预收修正值 × 横密 - 缝耗 ×2

=(14 +2.5 ×2)×0.97 ×3.75 -2 ×2 =65.112 针，修正为65 针。

(6)衣长总转数设计

衣长总转数 =(衣长 - 下摆高 + 回缩量)× 纵密 + 肩缝耗

回缩量是指衣片织后的自然缩率与整理缩率的总和。一般取衣版的0 ~5%。本例取0.5cm。

衣长总转数 =(衣长 - 下摆罗纹高 + 回缩量 +1)× 纵密 + 肩缝耗

=(56 -5 +0.5)cm ×2.75 转/cm =142.625，修正为142 转。

(7)下摆编织设计

① 下摆开针设计：下摆开针数 = 下摆针数 =165 针

② 罗纹编织转数计算：罗纹转数 = 下摆高 × 纵密 =5 ×3.2 =16 转，编织到左侧翻针，因此加上0.5 转。

(8)下摆平摇设计:为了稳定下摆尺寸,下摆罗纹翻针后设计一段进行平摇 3 ~5cm,本例取 3cm。

下摆平摇转数 =3 ×2.75 转/cm =8.25 转,取为 9 转。

(9)腰节平摇设计:腰节平摇范围一般为 5 ~7cm,本款毛衫腰节处平摇设计为 5cm。

腰节平摇转数 = 腰节高 × 纵密 =5 ×2.75 ≈13.75 转,取 14 转。

(10)腰节以下收针设计

① 腰节以下(每边)收针数 =(下摆针数 - 腰宽针数) ÷2 =(165 -153) ÷2 =6 针。

② 腰节以下收针转数 = 腰节以下收针高度 × 纵密

=(衣长 - 下摆罗纹高 - 下摆平摇高 - 背长 - 腰节高 ÷2) × 纵密

本款毛衫以 160 为原型,查表得背长(腰节位置尺寸)为 38cm。

腰节以下收针转数 =(56 +0.5 -5 -3 -38 -5 ÷2) ×2.75 =8 ×2.75 =22 转。

③ 腰节以下收针设计:已知腰节以下每侧收针 6 针,共用 22 转,收针的针数相对转数而言较小。为了编织方便,收针美观,采用暗收针方式。设:每次收针数为 1 针。

收针次数 = 腰下收针针数 ÷1 针 =6 ÷1 =6 次

收针时操作是在下摆平摇后,此处为先收针后摇转,收 6 针的过程中实际摇转 5 次。

每次收针转数 =22 ÷5 ≈4.4 转。结果为小数。

每次收针转数应该是整数或是半转的整数倍,不能是.4 转,即不能一次收完。可以采用分两段法收针,由于 4.4 转介于 4 与 5 之间,将其分解为 4 转收一针和 5 转收 1 针各一段。

设:4 转收一针为 n_{31}次,5 转收 1 针一段为 n_{32}

则有:$\begin{cases}4-1\times n_{31}\\5-1\times n_{32}\end{cases}$ 列方程:$\begin{cases}n_{31}+n_{32}=6-1\\4n_{31}+5n_{32}=22\end{cases}$

解得:$n_{31}=3$,$n_{32}=2$

此处收针为先陡后缓,书写为:5 -1 ×(2 +1),4 -1 ×3,即共收 6 针用 22 转。

(11)腰节以上放针设计:

① 放针针数 =(胸宽针数 - 腰宽针数) ÷2 =(169 -153) ÷2 =8 针

② 放针转数 = 腰节以上放针高度 × 纵密 =(衣长 - 肩斜高 ÷2 - 挂肩高 - 挂肩以下平摇高 - 腰节以下收针高度 - 腰节平摇高度 - 下摆平摇高度 - 下摆罗纹高度) × 纵密 =(背长 - 肩斜高 ÷2 - 挂肩高 - 挂肩以下平摇高 - 腰节平摇高度 ÷2) × 纵密

(a)肩斜高设计:背肩平袖型后片肩斜高为半肩宽的 0.75 倍。

后片肩斜高 = 单肩宽 ×0.75 =(肩宽 - 领宽) ÷2 ×0.75

=[35 ×92% -(14 +2.5 ×2) ×0.97] ÷2 ×0.75 =5.16cm

(b)挂肩高设计:

挂肩高 = $\sqrt{挂肩尺寸^2-(胸肩差/2)^2}$

= $\sqrt{21.5^2-(44-35\times92\%)^2\div4}$ =20.67cm

(c)放针转数 = 腰节以上放针高度 × 纵密 =(38 -2.58 -20.67 -3 -2.5) ×2.75

=9.25 ×2.75 ≈25.43 转,修正为 25 转。

③ 放针设计:同腰部收针设计方法,设:每次放 1 针,先放后摇转。

放针次数 = 腰节以上放针针数 ÷1 针/次 =8 ÷1 =8 次,摇转的次数 =8 -1 =7 次。

每次放针转数 =25 ÷7 ≈3.57 次,不是整数,按方程式法求得:3 +1 ×4,4 +1 ×4。

(12)挂肩以下平摇转数 = 挂肩以下平摇高度 × 纵密 = 3 × 2.75 = 8.25 转,取 9 转

(13)挂肩以上收针设计:如图 4-5-22 所示,DN 为分两段或多段收针,收针折线所形成的近似曲线尽量与袖窿曲线相符,AD 段为平收针,收针长一般为 1 ~ 2cm。DN 段收针折线分解成两段:DM 段收针斜线,与 AC 夹角约为 30° ~ 45°;MN 段收针斜线,与 AC 夹角约为:45° ~ 60° 比较合理。NB 段为平摇段,在 P 点做上袖记号(× 记号),PB 距离的两倍即为袖子的袖山头宽。挂肩以上收针设计是指对挂肩部位进行收针规律设计和平摇部段设计。

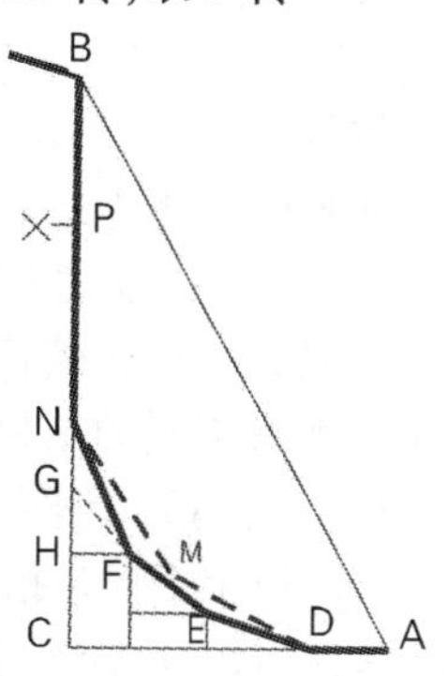

图 4-5-22 挂肩收针示意图

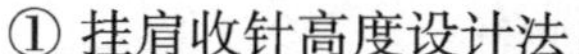

① 挂肩收针高度设计法:

(a)比例设计法:比例设计法就是在挂肩部位确定收针高度、挂肩平摇高度,再根据收针高度来计算设计收针规律。挂肩收针高度与收针长度成一定的比例关系,使穿着比较舒适,外形美观。根据服装制版及修型经验得出:挂肩收针高度 : 挂肩收针长度 = 1.25 : 1

即:挂肩收针高度 = 1.25 × 收针长度 = 1.25 × (胸宽 - 肩宽 × 修正值) ÷ 2

挂肩平摇高度 = 挂肩高度 - 挂肩收针高度

(b)三分设计法:在毛衫的挂肩收针设计中,初学者可以将挂肩高 BC 分成三等分,即 CN = PN = BP,CN 对应为挂肩收针高度、NB 对应为挂肩平摇高度,P 点为上袖的记号点。适用斜肩、背肩平袖型挂肩收针设计与袖肥的设计。

P 点设计:P 点为袖山头与袖山收针线段分界点在大身上的对位点,位置可以上下调整,范围为 0 ~ 3cm。上调可以使袖山头变窄,袖山变高,袖型变瘦,收针次数增多,生产效率降低;P 点下调可以使袖山头变宽,袖山变低,收针次数减少,生产效率提高,但袖型宽大欠合体。本例设计时取 BP = BC ÷ 3。

N 点设计:N 点为袖窿点以上挂肩收针高度点,在本例方法中,N 点一般取值 BC 段长度的三分之一。N 点也可以上下调整,可调节范围 GN = -3 ~ 0cm;便于调整收针转数,收针转数多少也与胸肩差的数值相关,胸肩差值少则下调,反之则上调。

袖肥设计:当未知袖肥尺寸时,可由 P 点确定袖山高,用挂肩尺寸与袖宽的直角三角形求得袖宽尺寸。有袖肥尺寸时应使用袖肥求袖山高的方法。

② 挂肩收针转数 = 挂肩收针高度 × 纵密 = 1.25 × 收针长度 × 纵密
= (胸宽 - 肩宽 × 修正值) ÷ 2 × 1.25 × 纵密
= 5.9 × 1.25 × 2.75 = 20.28 转,修正为 20 转。

③ 挂肩收针针数 = (胸宽针数 - 肩宽针数) ÷ 2 = (169 - 125) ÷ 2 = 22 针。

④ 平收针设计:设袖窿平收 1cm,即每边 AD 平收针数 = 1 × 3.75 + 缝耗 ≈ 5.75 针,取 6 针。

⑤ 挂肩斜收针设计:DN 段斜收针数 = 挂肩每边收针数 - 每边平收针数 = 22 - 6 = 16 针。

挂肩斜收为夹花收,7G 横机编织时收夹花应该每次收 2 针起花较为明显。采用夹 4 支边收(明收方法),按题设夹花 4 支,每次收 2 针,则收针次数为:收针次数 = 16 ÷ 2 = 8 次。

每次收针转数 = 收针转数 ÷ 收针次数 = 20 ÷ 8 ≈ 2.5 转。如果采用 2.5 - 2 × 8 次,则为直线斜收,袖窿曲线平直型,不符合题意。因此应该采用两段或三段式收针。

(a)两段式收针(DMN 线):每次收针次数为 2.5 次介于 2 与 3 之间,采用方程式法:

则有：$\begin{cases} 2-2\times n_{31} \\ 3-2\times n_{32} \end{cases}$ 列方程：$\begin{cases} n_{31}+n_{32}=8-1 \\ 2n_{31}+3n_{32}=20 \end{cases}$

解得：$n_{31}=2$ $n_{32}=6$

此处收针为先平后陡，书写为：平收 6 针，2 －2 ×2，3 －2 ×6，曲线较生硬。

(b)采用三段式 DEFN 线收针为：平收 6 针，1 －2 ×3，2 －2 ×3，3 －2 ×2，平 5 转。

三段式收针比较符合袖窿曲线，即 N 下移了 1 ~2cm，其实本段收针折线为：DEFGN。不同的设计者有不同的结果，以尽量符合袖窿曲线为准。

(14)挂肩以上平摇设计：

挂肩以上平摇是指收针结束后到肩点的部段，此段不放针也不收针，利于快速编织，称为平摇。在此段的中上部做上袖的"×"记号。如图 4-5-23 所示，后片肩部斜度较大，挂肩以上平摇到从 G 点到 K 点结束。

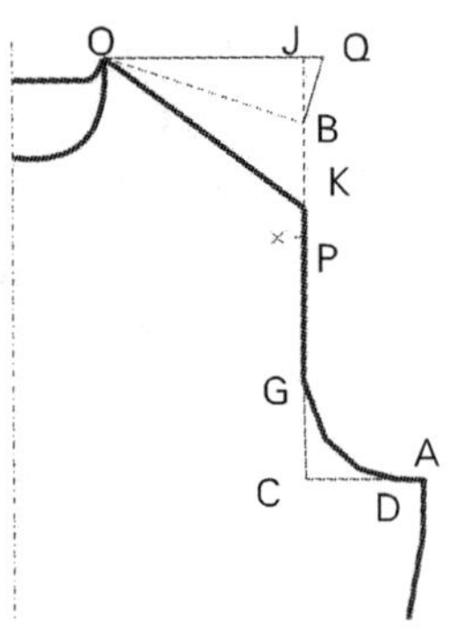

图 4-5-23 背肩型肩部示意图

图中 OQ 为前片肩线，B 点为成衣外肩点，CJ 为肩宽线，K 点为后片的外肩点，合肩时前片 OQ 与后片 OK 肩线缝合。BK = BJ = 成衣肩斜高。GK 为挂肩以上平摇段，P 为记号点。

① 挂肩高总转数 = 挂肩高 × 纵密 = 20. 67 × 2. 75 = 56. 84 转，取 57 转。

② 记号点位置设计：根据三分设计法设计原理，取记号点 P 为挂肩高三等分点，且记号点 P 相对 C 点的高度即为袖山高。

记号点 P 位置转数 = CP × 纵密 = CB ÷ 3 × 2 × 纵密 = 13. 78 × 2. 75 = 37. 895 转，取 38 转。

③ 袖山高设计：本例未给定袖肥尺寸，因此可按照三分设计法设计袖山高。

袖山高 = $\sqrt{挂肩尺寸^2-袖肥^2}$，按图 4-5-15 袖与大身对位示意图所示：CP = 袖山高

所以袖山高 = CP = 挂肩高 ÷ 3 × 2 = 20. 67 × 2 ÷ 3 = 13. 78cm。

④ 袖肥 = $\sqrt{挂肩尺寸^2-袖山高^2}=\sqrt{21.5^2-13.78^2}=16.5$ cm。

⑤ KP 段转数计算：KP = BP － BK，BK = JB = 成衣肩斜高 = 后片肩斜高 ÷ 2 = 2. 58cm。

所以 KP = BP － BK = 挂肩高 ÷ 3 － BK = 4. 31cm。

KP 段转数 = 4. 32 × 2. 75 = 11. 85 转，取 11 转。

⑥ 后片挂肩以上平摇转数 = GP 转数 + PK 转数 = 38 － 14 + 11 = 35 转。

(15)挂肩部位编织规律汇总：

平收 6 针，1 －2 ×3，2 －2 ×3，3 －2 ×2，平摇 23 转，做 × 记号，平摇 11 转。

(16)收肩设计：

① 肩部收针转数 = 肩斜高 × 纵密 × 2 = 2. 58cm × 2. 75 转/cm × 2 = 14. 2 转，取 14 转。

② 每边肩部收针针数 = (肩宽针数 － 后领宽针数) ÷ 2 = (125 －65) ÷ 2 = 30 针。

③ 收针设计：肩部收针先收针再摇转，最后平摇 1 转。设计肩部为明收针，每次收针数为 2 针，收针花与挂肩相同，采用夹 4 支边收针。则收针次数 = 30 ÷ 2 = 15 次。

每次收针转数 = 收针转数 ÷ 收针次数 = 14 ÷ 15 = 0. 93 转，表明肩斜高转数过少。将肩斜高转数修正为 15 转，将挂肩以上平摇转数减去 1 转。

得后片肩部收针规律为：1 －2 ×12(夹 4 支收)(先收)，1 －2 ×3(无边)，平 1 转。

将挂肩平摇段修改为：平摇 23 转，做 × 记号，平摇 10 转。

(17)后领收针设计:已知后领深为2cm。后领平位一般取后领宽的75% ~90%为宜。

设计:后领底平位占后领宽90%,则收针宽度=(14+2.5×2)×10% =1.748cm。

① 后领深转数=后领深×纵密=2×2.75=5.5转,取6转。

② 后领平收针数=后领宽针数-斜收针数×2 斜收针数=后领收针宽度×横密

=1.748×3.75=6.65针,取6针。

后领两侧需留2针作为肩最后收针的存放处,因此后领底收针数=65-2×6-2×2=49针。

③ 后领平收针操作法:后领平收针时由于针数较多,若采用括针法收针速度很慢。一般采用套针法将需要平收针以外的两边织针用套针板套住,将机头拉进,用废纱梭子进行领底废纱封口编织,封口后织针直接退出编织。注意小心别将废纱挂散。

④ 后领收针设计

(a)后开领点转数:后开领开始转数=衣长总转数-后领深转数=142-6=136转。

(b)后领收针规律写成:1-2×2,1-1×2,平2转。收针后领两侧各余2针。

(18)后片总转数校对:

后片总转数=下摆平摇转数+腰部收针转数+腰部平摇转数+腰部放针转数+挂肩下平摇转数+挂肩收针转数+挂肩平摇转数+肩部收针转数=9+22+14+25+9+15+23+10+15=142转。与衣长总转数相等。

(19)后片工艺单制作:

将计算结果结合套缝设计汇总为工艺单(图4-5-24)。

① 起底横列与元空1.5转合计为半转。

② 翻针行即为平针行。

③ 无边即为暗收针。

④ 即收夹意思为开始收袖窿(挂肩)。

⑤ 后领正中应挑孔,便于上领。

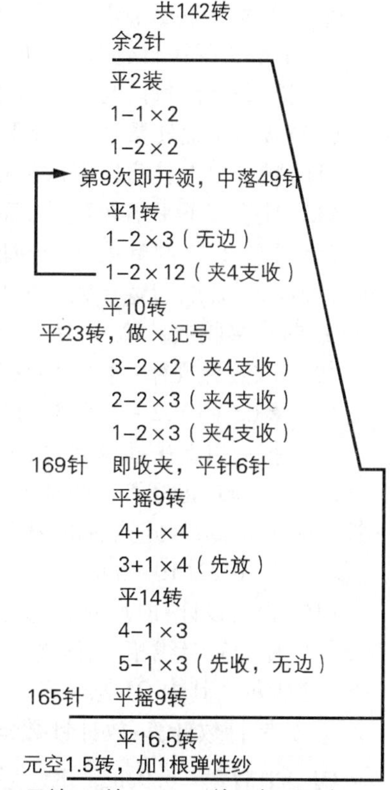

图4-5-24 后片编织工艺单

5. 前片编织工艺设计

为了设计方便,一般将前后片的挂肩以下编织规律视作相同,前片的胸宽针数多,则在挂肩收针第一、二段进行相应修改。主要区别在于前开领。

(1)前片胸宽针数:设计毛衫为薄型毛衫,后折宽设为1cm;成衣缝耗为2针。

前片胸宽针数 =(胸宽+后折宽)×横密+缝耗×2

=(45+1)×3.75+2×2

=176.5针,故修正为:175针。

(2)腰宽针数设计:

腰宽针数=前片胸宽针数-(胸宽-腰宽)×横密

=175-(45-41)×3.75=160针,取159针。

(3)下摆针数设计:

下摆针数=前片胸宽针数-(胸宽-下摆宽)×横密

=175 - (45 - 44) ×3.75 = 171 针。

(4)肩宽针数设计:方便计算,背肩型毛衫前、后片的肩宽取值相等。

前片肩宽 = 后片肩宽 = 125 针。

(5)领宽针数设计:前、后领缝合时,缝合点在同一个位置,所以:

前领宽针数 = 后领宽针数 = 65 针。

(6)衣长总转数 = (衣长 - 下摆高 + 回缩量) × 纵密 + 缝耗

根据毛衫生产经验,毛衫的前片一般比后片长 1 ~ 1.5cm,符合人体穿着的特点,且易于整理。即前片衣长 = 后片衣长 + (1 ~ 1.5cm)。本例取值相同。

(7)下摆编织设计:

① 下摆开针:下摆开针 = 下摆针数 = 171 针。

② 罗纹编织转数:同后片 = 16.5 转。

(8)下摆平摇设计:同后片下摆平摇设计,取为 9 转。

(9)腰部收针设计:与后片收针规律相同:5 - 1 ×3,4 - 1 ×3。

(10)腰节平摇转数:腰节处平摇同后片为 5cm,腰节平摇转数 = 14 转。

(11)腰节以上挂肩以下放针设计:同后片为:3 + 1 ×4,4 + 1 ×4。

(12)挂肩以下平摇转数:同后片,取 9 转。

(13)挂肩以上收针设计:挂肩以上收针设计原理同后片,由于前片后折的原因比后片宽 2cm。而前、后片的肩宽针数一般是相等的,所以前片挂肩收针比后片多收针数为:

① 前片多收数计算:前片多收数 = 2 ×3.75 = 7.5 针,取为 8 针,合每侧收 4 针。

② 修改收针规律:将 4 针直接加在第一、二次中收针,则前片挂肩的收针规律为:

1 - 2 × (3 + 1),2 - 2 × (3 + 1),3 - 2 ×2,平 23 转,做"×",平 19 转(到 B 点)。

(15)挂肩以上平摇设计:由于前片挂肩增加了收针规律,挂肩的总转数也增多了,增加转数 = 1 + 2 = 3 转,正好符合前片比后片长 1 ~ 1.5cm。如保持记号点 P 的位置不变,则需将挂肩平摇段减少 3 转,因此挂肩的编织规律应该写为:1 - 2 ×4,2 - 2 ×4,3 - 2 ×2,平 20(23 - 3)转,做"×",平 22(19 + 3)转。

(16)收肩设计:前片的肩部与后片的不同,肩线是水平线且有外放针,是因为前片肩缝线需要与后片的肩缝线相等,因此前片肩部不需收针但需要放针,从成衣外肩点开始外放。如图 4-5-25 所示。其中 OJ 为半肩宽,JK 为后片肩斜高(成衣肩斜高的两倍)。

① 放针针数计算:放针针数 = (OK - OJ) × 横密

OJ = 半肩宽 = 6.9cm。JK = 后片肩斜高 = 5.16cm。则:$OK = \sqrt{OJ^2 + JK^2} = 8.6cm$。

放针针数 = (OK - OJ) × 横密 = (8.6 - 6.9) ×3.75 = 6.375 针,取 6 针。

② 放针设计:放针转数 = 成衣肩斜高 × 纵密 = 2.58 ×2.75 = 7 转。

放针规律为:1 + 1 ×6,平 2 转。这种放针规律容易破边,可以采用提前 6 转放针,即为:

2 + 1 ×6,平 2 转。这样做法编织比较稳定,对尺寸的影响也较小。

修改后前片挂肩规律为:平收 6 针,1 - 2 ×4,2 - 2 ×4,3 - 2 ×2,平 20 转,做"×",平(22 - 6) = 16 转,2 + 1 ×6,平 2 转。

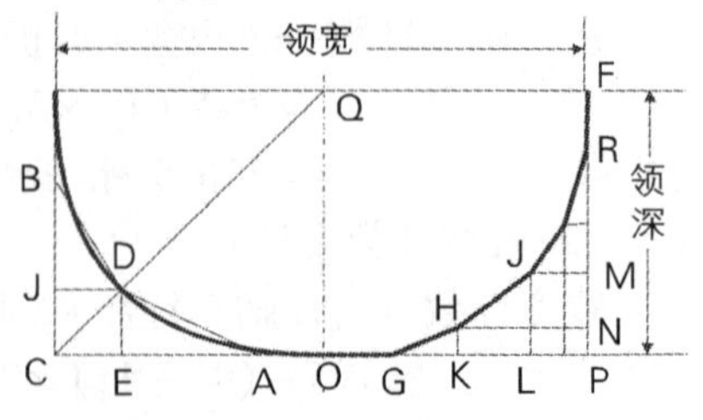

图 4-5-25 前领收针曲线图

(17)前领开领设计:

由后片得领横宽为65针；前领深为8cm，如图4-5-25所示。

领子设计时最好按尺寸画样板，方便设计。

画样板：以领宽(17.33cm)为水平线，领深(8+2.5cm)为垂直线作矩形，分为对称左右两个，作对角线，取凹势为对角线长的四分之一，作领弧线。OA为平收段，一般占(1/4～1/3)领宽，过A、D、B段作圆顺的弧线。

① 前领深转数 = 前片领深 × 纵密

= (前领深 + 领罗纹高) × 纵密 + 缝耗

= (8 + 2.5) × 2.75 + 1 = 29.875转，取30转。

② 每边前领总收针数 = 后领宽针数 ÷ 2 = 65 ÷ 2 = 32.5针，即为32针，中间为对称针。

③ 前领收针设计：

(a)前片开领点确定：

开领点 = 前衣长转数 - 前领深转数 = (142 + 3) - 30 = 115转。开领处于挂肩收针结束后的平摇段，平摇转数 = 115 - 挂肩以下转数 - 袖窿斜收转数 = 115 - 79 - 18 = 18转，即在平摇段第19转开领。

(b)领底平收针设计：开领时领底先平收针，

平收针数 = (1/4～1/3)领宽 × 横密

本例为正圆领，取平收针数为领宽的1/4，65 ÷ 4 = 16.25针，取17针。

(c)领子斜收后的平摇设计：领子斜收后设1/4段为平摇，先取30 ÷ 4 = 7.5转。

(d)斜收设计：每边斜收针数 = 每边收针数 - 平收针数 = 32 - 8 = 24针。

每边斜收转数 = 领深转数 - 平摇转数 = 30 - 7.5 = 22.5转，取22转。

如图4-5-25所示，D点为1/4的特殊点，因此有两个三角形，△ADE与△BJD。

在△ADE中，AE长为收针针数，DE长为收针转数。则两个三角形的收针针数与收针转数计算为：

AE收针针数 = 1/2半领宽针数 = 32 ÷ 2 = 16针，DJ收针针数 = 1/4半领宽针数 = 8针。

DE收针转数 = 1/4半领深转数 = 30 ÷ 4 = 7.5转，取7转。BJ转数取16转，最后平摇7转。

AD收针规律为：AE ÷ DE = 16针 ÷ 7转 ≈ 2.28针/转，DB收针规律为：8针 ÷ 16转 = 1/2，将两个三角形综合后得：1-3×2，1-2×5，1-2×8三段。为使领弧平滑，将第三段修正为：1-1×4，2-1×8，平4转。领收针斜收段规律为：1-3×2，1-2×5，1-1×4，2-1×8，平4转。

领子收针汇总为：1-3×2，1-2×5，1-1×4，2-1×4，平11转。

(18)前片工艺单如图4-5-26所示。

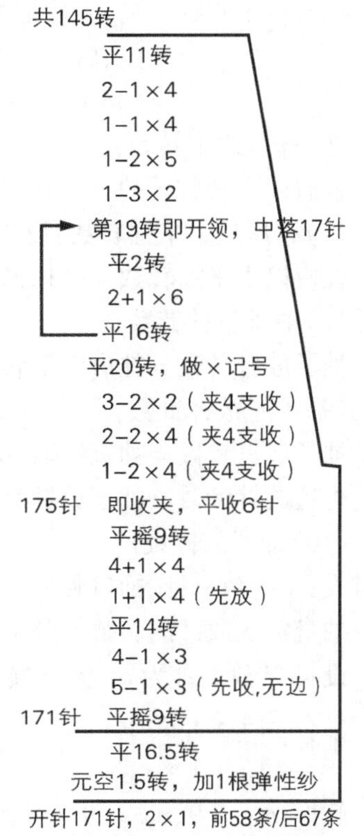

图4-5-26 前片工艺单

6. 袖片编织工艺设计

袖子在设计中的密度与大身有差异，袖子由于编织时幅宽小、牵拉力较大，所造成袖子横紧直松的现象，因此袖成品横密比大身横密大 1% ~5%，袖纵密比大身纵密小 2% ~8%。如图 4-5-27 所示中，袖横密取 3% 则为 3.86 针/cm；袖纵密取 5% 为 2.61 转/cm。

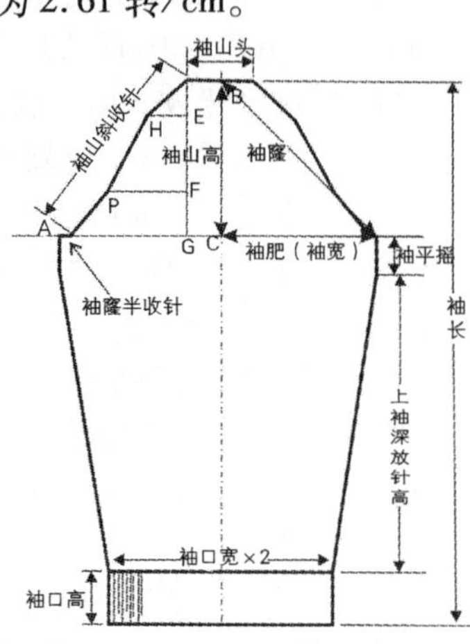

图 4-5-27 袖片编织形状图

(1) 袖宽（肥）针数设计与计算：缝耗设为 2 针。

袖肥针数 = 袖肥 ×2 × 袖横密 + 缝耗 ×2

袖肥 = $\sqrt{袖窿^2 - 袖山高^2} = \sqrt{21.5^2 - 13.78^2} = 16.5$ cm。

袖肥针数 = 16.5 ×2 ×3.86 +2 ×2 = 131.38 针，取 131 针。

(2) 袖山头针数计算：

袖山头针数 = 前、后记号点以上转数之和 ÷ 大身纵密 × 袖子横密 = (19 +22) ÷2.75 ×3.86 =57.54 针，取 57 针。

(3) 袖口针数计算：

袖口针数 = 袖口宽 ×2 × 袖子横密 + 缝耗

= 11 ×2 ×3.86 +2 ×2 =88.92 针，取 87 针。

(4) 袖长总转数设计：设修正值 =0

袖长总转数 = (袖长 - 罗纹高 + 修正值) × 袖子纵密

= (52 -4) ×2.61 =125.28 转，取 126 转。

(5) 挂肩以上转数：

挂肩以上转数 = 前、后片记号点以下转数之和 ÷2 ÷ 大身纵密 × 袖子纵密

= 前、后片记号点以下尺寸之和 ÷2 × 袖子纵密

= (38 +35) ÷2 ÷2.75 ×2.61 =34.64 转，取 35 转。

(6) 挂肩以下转数：

挂肩以下转数 = 袖子总转数 - 挂肩以上转数 =126 -35 =91 转。

(7) 挂肩以下平摇转数：设挂肩以下平摇 3cm。

挂肩以下平摇转数 = 平摇高度 × 袖子纵密 =3 ×2.61 =7.83 转，取 8 转。

(8) 袖子放针转数：

袖子放针转数 = 挂肩以下转数 - 平摇转数 =91 -8 =83 转。

(9) 袖子放针针数：

袖子放针针数 = 袖宽针数 - 袖口针数 =131 -87 =44 针。

每边放针针数 = 袖子放针针数 ÷2 =44 ÷2 =22 针。

(10) 袖子放针设计：

设：每次放一针，袖口翻针后进行快放针设计，快放 3 针，记为：1 +1 ×3(共 2 转)。

袖身每次放针的转数 = (83 -2) ÷ (22 -3) ≈4.26 转，分为两段放针规律：

设：4 转放 1 针为 n_{31} 次，5 转放 1 针为 n_{32} 次。

则有：$\begin{cases} 4+1\times n_{31} \\ 5+1\times n_{32} \end{cases}$ 列方程：$\begin{cases} n_{31}+n_{32}=22-3=19 \\ 4n_{31}+5n_{32}=83-2=81 \end{cases}$

解得：$n_{31}=9$，$n_{32}=9$。此处放针为先平后陡。

袖身放针规律为：1 +1 ×3，4 +1 ×14，5 +1 ×5。

(11)袖山收针设计:本段收针为先摇后收。

① 每侧袖山收针针数=(袖肥针数-袖山头针数)÷2=(131-57)÷2=37针。

② 袖底平收针设计:袖底同前片进行平收针,针数相同即平收6针,便于对应缝合。

③ 袖山每边斜收针数=每边收针数-每边平收针数=37-6=31针。

④ 袖山高转数=袖山收针转数=袖挂肩以上转数=35转。

⑤ 收针次数:设每次收2针(同大身),收针次数=37÷2=18.5次,袖山收针曲线要符合袖窿的曲线规律收针时曲线应分为三段,先平后陡再平的规律,袖山曲线像S形状。

⑥ 袖山收针设计:采用画图设计法按如图4-5-16所示,将总收针次数18次(先取整,0.5最后协调)与总转数35取三段收针的斜线,横向针数比为3 : 2 : 3,纵向转数比为:2 : 3 : 2,按针数、转数组成的各三角形求各段的收针规律。得:

(a)第一段分配:7次、10转,得收针规律为:1-2×4,2-2×3

(b)第二段分配:5次、15转,得收针规律为:3-2×5

(c)第三段分配:6次、10转,得收针规律为:2-2×4,1-2×2

将0.5次的1针加在最后一段上,第三段的收针规律改为:2-2×3,1-2×2,1-3×1,平1转。

收针规律写为:1-2×4,2-2×3,3-2×5,2-3×3,1-2×2,1-3×1,平1转。

(12)袖口罗纹编织设计:

① 袖口罗纹开针数设计:袖口罗纹开针数=袖口针数=87针。

② 袖口罗纹条数:袖口罗纹条数=袖口针数÷罗纹循环数=87÷3=29条。

③ 袖口罗纹编织转数:袖口罗纹编织转数=袖口罗纹高×罗纹纵密=4×3.2≈13转。

(13)袖子编织工艺单汇总

汇总方法同前后片,注意袖山的挑孔记号为中点偏向后身10针,上袖时对肩缝点,编织时分左右片。如图4-5-28所示。

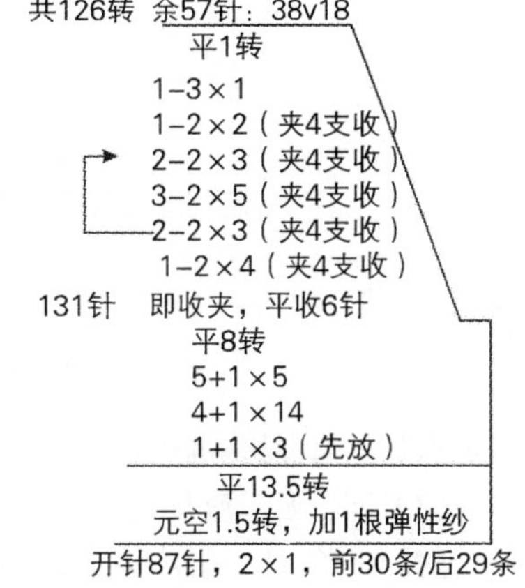

图4-5-28 袖片编织工艺单示意图

7. 领条编织工艺设计

(1)领条长度计算:衣片后领宽为14+2.5×2=19cm,领深=8+2.5=10.5cm,可视为半圆,因此领条的周长为:

领条长度=π/2×后领宽+0.97×后领宽

=(3.14÷2+1)×19×0.97=47.36cm

(2)领条罗纹开针数:根据题意领条同下摆采用2×1罗纹,领条罗纹有两种方法进行计算。

① 直接转换法:将领条的长度按大身平针的密度计算出平针针数,再转换成2×1罗纹,此法简单,适合初学者,领子需要较好的定型。

领条罗纹开针数=领条长度×大身横密=47.36cm×3.75针/cm=177.6针,取177针。

2×1罗纹条数=开针数÷循环数=177÷3=59条。面包里排针(前床多1条)。

② 罗纹横密计算法:单独编织领罗纹试样,达到所需要的领子纹理效果后测量该领罗纹

的横密，再进行计算领子开针数，企业普遍使用此法。

（3）领条总转数计算：

领条总转数 = 领条高 × 纵密 ×2 = 2.5 ×3.2 ×2 = 16 转。

（4）领条织法：开针 177 针，元空 1 转，平 16 转，松密度 1 转，废纱封口。

（5）挑孔做记号：领条编织后进行翻针成单面，进行挑孔做记号。领条接头点在左肩缝后 1.5 ~2cm，分别对应于：接头为 A 与 K，B 点为左肩缝，AB = 6 针（1.5cm），后领 KH = 62 针（16.9cm），前领平摇段 BC = GH = 15 针（4cm），前领收针段 CD = FG = 30 针（8.2cm），前领平收段 DF = 17 针（4.53cm），E 点为前领正中。每个位置在封口的废纱上做挑孔记号。

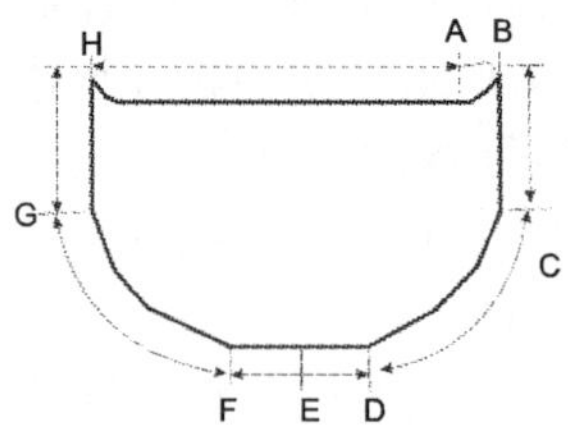

图 4-5-29 领圈示意图

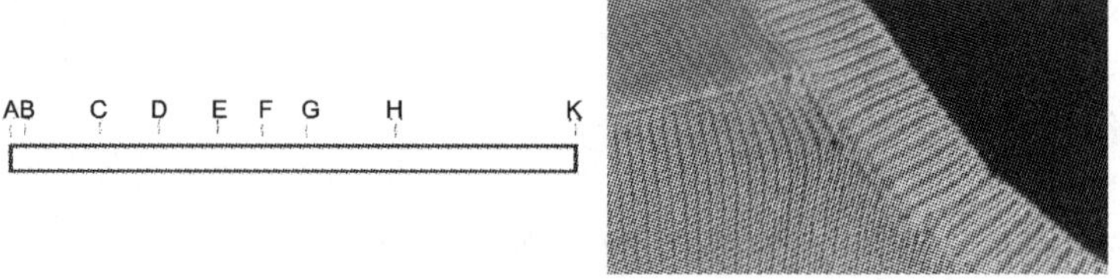

图 4-5-30 领条套缝记号设计与接头效果示意图

8. 成衣套口缝合及后整理

（1）套缝工艺流程：

封口→合肩→上袖→上领→合肋→手缝→钉标→检验→洗水→整烫→检验→包装

（2）各工序工艺要求：

① 封口：将后领、前领底、袖山等处进行套口封口处理，防止漏缝。

② 合肩：将前后片肩部按针对针套缝，在废纱下转第二个横列起套。

③ 上袖：将袖子与大身片对应缝合，套在边内第二针上，注意对花，尽量使花型左右对称。袖山中点错向前片 2 针。

④ 上领：按领条的定位记号与大身的各点一一对应，领条为 2 ×1 罗纹，套口时光边在上方，松密度的横列套于挂衣针上。领条的连接点与左肩缝为 6 针，从领条连接点起套，第 7 针对左肩点，依次第 22 针对左前领收针结束点；第 52 针对左前领平收点；第 61 针为领子正中；第 70 针对右前领平收点；第 100 针对左前领收针结束点；第 115 对右肩点；余 62 针套在后领；大身拉开正面朝里，每段均匀拉开按记号套在第 2 横列（针）上；然后将领子折下夹住大身，第一横列均匀套于挂衣针上，纹理条直。

⑤ 合肋：将衣片的前后两大部分从袖口到下摆，按设计的缝耗（第二针上）准确对位均匀的进行套口缝合，缝线松紧合适，缝合后袖口、下摆等线头两端锁紧并钩针藏头，防止松脱。

⑥ 手缝：对领条接头处接头用手针采用缭缝法缝合，采用缭缝法（8 字针），1 个横列缝 1

针,缝耗为半条辫子。

⑦ 钉标:用平车将商标、洗标或装饰物缝制在衣片上。

⑧ 套检:用照衫灯进行漏缝、漏针等疵点检验。

⑨ 洗水:将成衣洗水,洗水助剂为净洗剂、柔软剂,将纤维原料的净洗、柔软处理。

温度 30~35℃,浴比 1 : 30,用量各为 2.5%,一浴法洗柔处理。时间 15min,过清水 2 次,脱水后在圆筒烘干机中烘干。

⑩ 整烫:按规格套烫板,用电熨斗定型。熨烫温度为 100~120℃,注意蒸汽用量。

9. 工艺单制作

(1)按模板绘制规格尺寸表,填写货号、款号、款式、各部位规格尺寸、工艺参数。

(2)将前片、后片、袖片、领条的编织工艺规律按编织顺序自下而上详细按位置填写,在填写时需要考虑将各部位套缝的缝耗加上。例如合肩、上领、上袖的缝耗。也可以在各主要的编织部段填写针数、转数,例如下摆编织翻针后、挂肩平收针前、收肩前和后的针数以及挂肩平收针前转数和衣长、袖长的总转数。

(3)核对:编写完毕应仔细检查各工艺规律,核对转数和针数,做到准确无误。

10. 成衣效果(图 4-5-31)

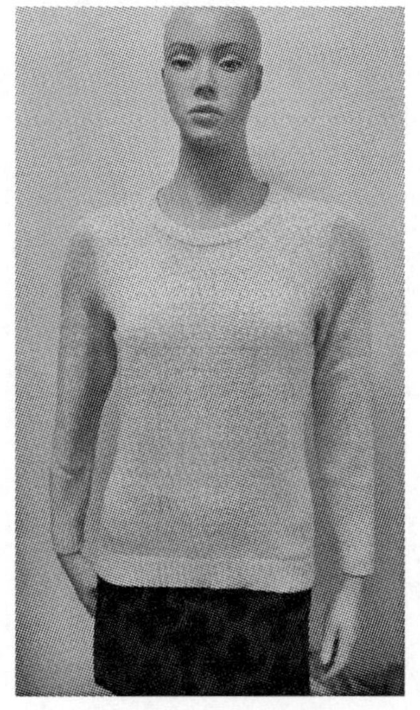
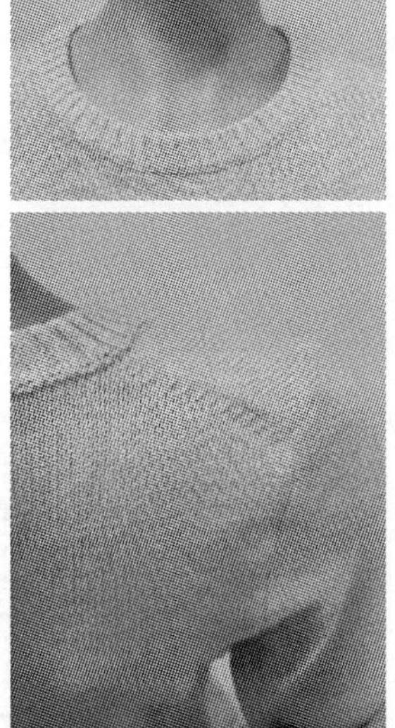

图 4-5-31 圆领女套衫成衣效果图

11. 纺织工艺单(图4-5-32)

针织毛衫编织工艺单

单位：厘米 √ 英寸　　日期：2013.5.8

货号		款号	
胸宽	45	纱线原料	腈纶
衣长	56	纱线细度	76.92tex/2
下摆宽	44	大身横密	3.75针/cm
下摆高	5	大身纵度	2.75转/cm
腰宽	41	罗纹纵密	3.2转/cm
肩宽	35	大身拉密	6.1cm/10支
挂肩	21.5	罗纹拉密	8.5cm/坑
袖长	52	领条拉密	8.5cm/坑
袖肥		收针方式	夹4支边
袖口宽	11		
袖口高	4		
后领宽	14		
前领深	8	片重	
后领深	2	备注×	
领摘	2.5		
口袋高			
口袋宽			
口袋高			
门襟宽			
臀围			
裤长			

机号 7 G　大身：单面　10支拉密：6.1 cm

下摆：2×1　5坑拉密：8.5 cm
袖口：2×1　5坑拉密：8.5 cm
领口：2×1　5坑拉密：8.5 cm

后片

共142转　余2针
平2转
1-1×2
1-2×2
第9次即开领，中落49针
平1转
1-2×3（无边）
1-2×12（夹4支收）
平10转
平23转，做×记号
3-2×2（夹4支收）
2-2×3（夹4支收）
169针　1-2×3（夹4支收）
即夹收，平收6针
平摇9转
4+1×4
3+1×4（先放）
平14转
4-1×3
5-1×3（先收，无边）
165　平摇9转
平16.5转
元空1.5转，加1根弹性纱
开针165针，2×1，前56条/后55条

前片

共145转
平1转
2-1×4
1-1×4
1-2×5
1-3×2
第19次即开领，中落17针
平2转
2+1×6
平16转
平20转，做×记号
3-2×2（夹4支收）
2-2×4（夹4支收）
1-2×4（夹4支收）
175针　即夹收，平收6针
平摇9转
4+1×4
3+1×4（先放）
平14转
4-1×3
5-1×3（先收，无边）
165　平摇9转
平16.5转
元空1.5转，加1根弹性纱
开针165针，2×1，前58条/后57条

袖片

共126转　余57针：38v18
平摇1转
1-3×1
1-2×2（夹4支收）
1-2×3（夹4支收）
2-2×3（夹4支收）
3-2×5（夹4支收）
2-2×3（夹4支收）
1-2×4（夹4支收）
131针　即收夹，平收6针
平8转
5+1×5
4+1×14
1+1×3（先放）
平13.5转
元空1.5转，加1根弹性纱
开针87针，2×1，前30条/后29条

6 v 14 v 29 v 17 v 29 v14 v 62
松密度1转
平16转
开针177，元空1转

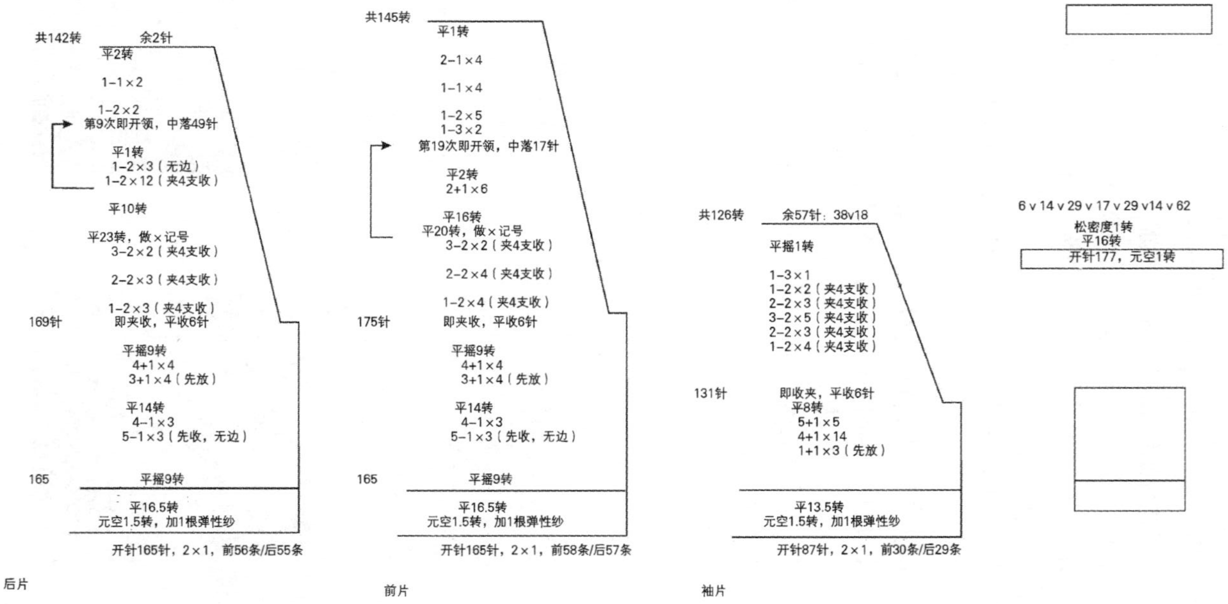

图4-5-32　圆领背肩型女套衫纺织工艺单

任务6　毛衫工艺单CAD辅助设计

学习目标

1. 在项目表中输入相关工艺数据后生成工艺单。
2. 对工艺单收放针部位进行细微的调整。
3. 工艺单版面的编辑及输出。

任务描述

利用毛衫CAD软件设计“21s/2羊绒圆领女士套衫”工艺单。

1. 确定产品款式、丈量部位及成品规格尺寸(图4-6-1和表4-6-1)

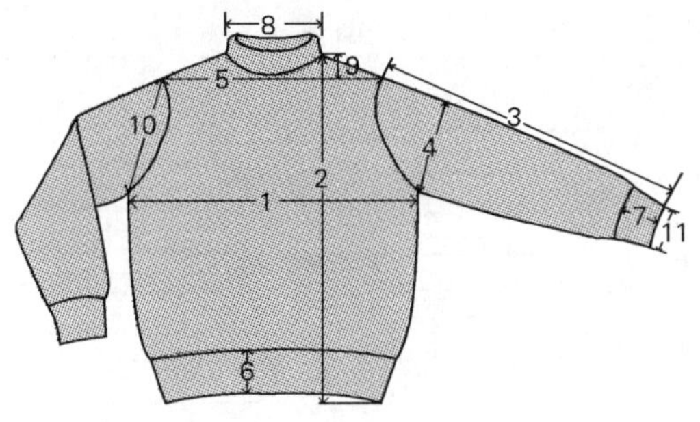

图4-6-1　产品丈量部位示意图

表4-6-1

编号	1	2	3	4	5	6	7	8	9	10	11
部位	胸围	身长	袖长	袖宽	肩宽	下摆	袖罗	领宽	领深	挂肩	袖口宽
尺寸(cm)	48	58	53	16	37	7.5	7	18	7.5	19	7.5

2. 确定横机机号、坯布组织结构和密度、坯布规格(表4-6-2)

表4-6-2

规格	机号E	坯布组织			密度					
					成品密度			下机密度		
		前片 袖片 袖片	下摆 袖口	领条	(前后袖) 横/直(cm)	2×1 直密	领子 横/直	(前后袖) 横/直	2×1 直密	领子 横/直
105#	12	单面	2×1	2×1	6.3/4.58	5.5	6.8/5.5	6/4.28	5.2	6.4/5.15

知识准备

毛衫工艺设计 CAD 是为毛衫工艺设计人士提供的一套工艺单计算软件,它可以让每一位毛衫工艺师省时、省力地设计出合理的毛衫加工工艺单。CAD 软件使工艺师完全摆脱了依靠纸、笔的手工工艺设计方式,只需要输入毛衣尺寸数据和选择相关的袖型、领型等,不需要手工任何计算就能直接生成毛衫工艺单,毛衫计算公式可以按照用户的习惯和特点进行个性化设置并可分类保存;同时具有强大的工艺调整功能,实现了设计的多元化,加强了时装款式的设计功能,结合设计师的智慧可设计任何款式的毛衫时装工艺。例如:

(一) 点新建文件,出现工艺数据对话框只需要根据要求填入数据,工艺数据对话框包括项目明细、款式特征、部位设置、款式尺寸数据库及公式几大部分组成。按照工艺要求使用者只需要进行前四部分的操作就可轻松完成工艺操作。

以图 4-6-2 所示为项目明细内容。使用者需要输入款式名称、款式代号、成品密度及下机密度,而组织、收夹等各部位的收针方式只需要进行选择即可。

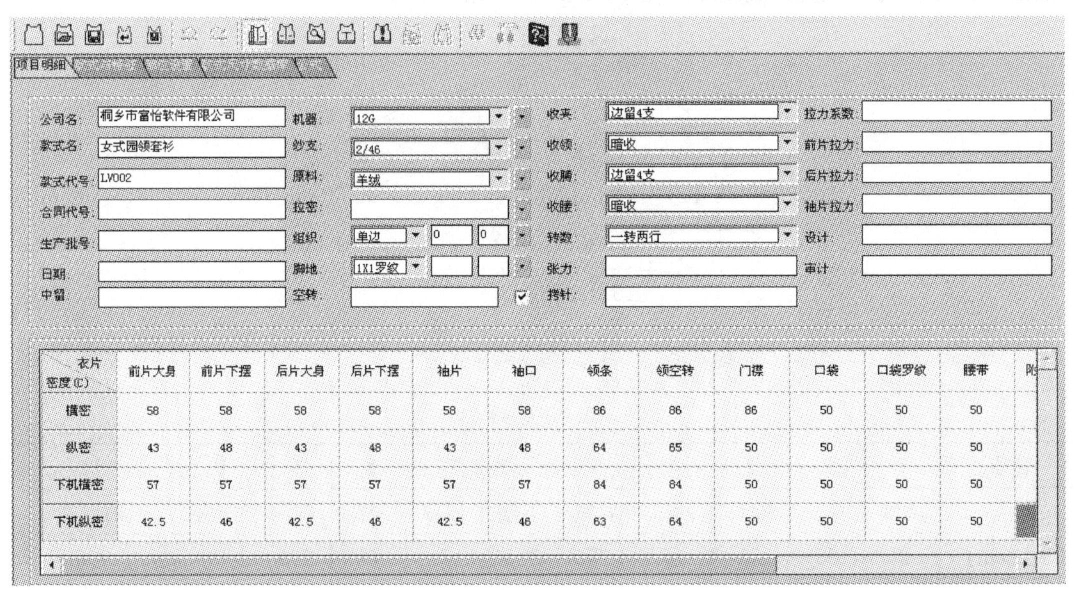

衣片 / 密度(C)	前片大身	前片下摆	后片大身	后片下摆	袖片	袖口	领条	领空转	门襟	口袋	口袋罗纹	腰带
横密	58	58	58	58	58	58	86	86	86	50	50	50
纵密	43	48	43	48	43	48	64	65	50	50	50	50
下机横密	57	57	57	57	57	57	84	84	50	50	50	50
下机纵密	42.5	46	42.5	46	42.5	46	63	64	50	50	50	50

图 4-6-2 项目明细内容示意图

以图 4-6-3 所示内容为款式与特征的内容,包括有无收腰的选择、开针为奇(偶)针的选择、开叉片的选择、半片选择、平摇部位设置、各个部位段的设置等。

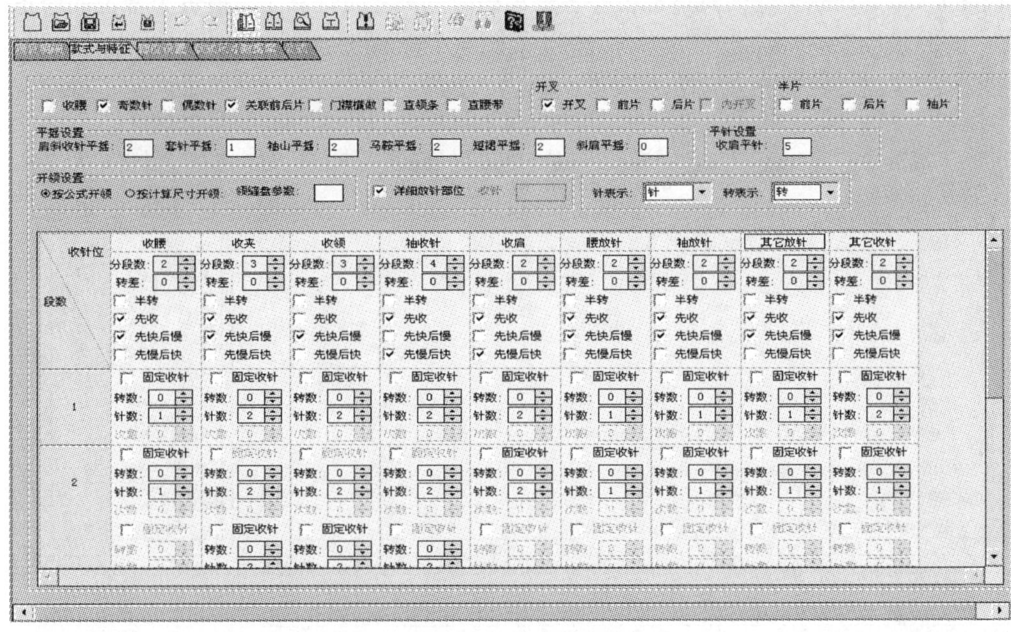

图 4-6-3　款式与特征的内容示意图

以图 4-6-4 所示为部位设置内容主要选择所做工艺需要参与计算部位的选择。

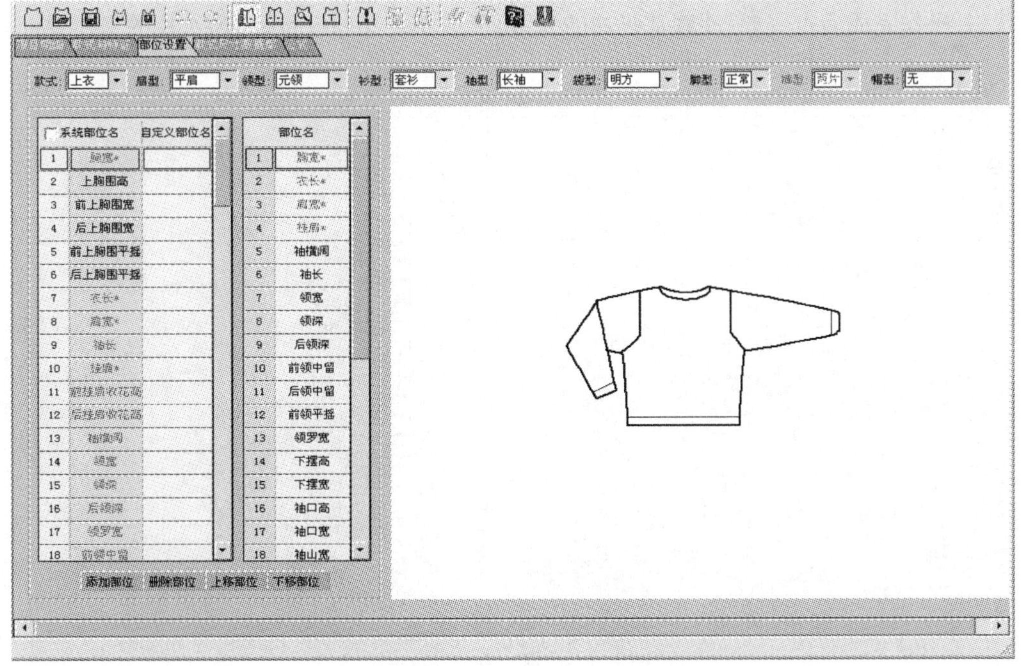

图 4-6-4　部位设置内容示意图

以图 4-6-5 所示为输入具体部位在各个尺码时的尺寸及计算工艺时各个部位的修正值。

部位(公分)	规格	档差	自定义3	自定义4	自定义1	自定义5	自定义2	自定义1
1	胸宽*	2	43	45	47	49	51	53
2	衣长*	1.5	55	56.5	58	59.5	61	62.5
3	肩宽*	1	35	36	37	38	39	40
4	挂肩*	0.5	21.5	22	22.5	23	23.5	24
5	袖横阔	0.5	19	19.5	20	20.5	21	21.5
6	袖长	1	51	52	53	54	55	56
7	领宽	0.5	17	17.5	18	18.5	19	19.5
8	领深	0.5	8	8.5	9	9.5	10	10.5
9	后领深	0	1.5	1.5	1.5	1.5	1.5	1.5
10	前领中留	0.25	5.1	5.35	5.6	5.85	6.1	6.35
11	后领中留	0.25	11.5	11.75	12	12.25	12.5	12.75

部位(公分)	参数	参数
47	后腰宽	0
48	袖中高	0
49	袖中宽	0
50	后上胸围高	0
51	口袋罗纹	0
52	领空转	0
53	开口前平摇	0
54	开口中平摇	0
55	领尖点偏左	0
56	领尖点偏右	[illegible]
57	附件空转	0

图 4-6-5　具体部位尺寸示意图

以上操作完成后点 计算基码功能,即可形成图 4-6-6 所示工艺衣片的工作界面。

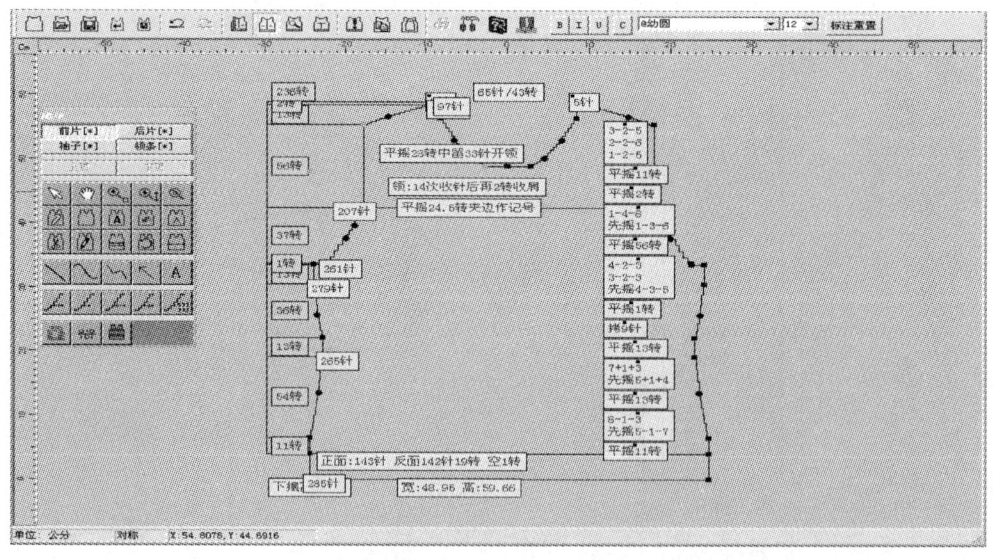

图 4-6-6　衣片的工作界面

(二)调整工艺单

1. 按照上节内容提示,工艺形成后选择 收放针分配功能,出现图 4-6-7 收针对话框,

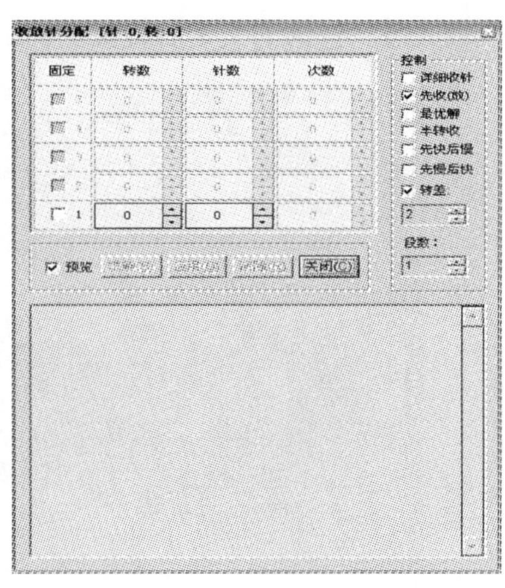

图 4-6-7　收放针分配功能设定示意图

先理解以下收针分配的对话框，控制命令下，详细收针选中按第二章详细设置软件进行自动分配反之不选中可根据用户习惯分配；先收选中代表所计算的部位段先收开始，不选为先摇；最优解选中软件在计算收针时自动过滤软件认为最满意的解供用户选择；先慢后快或先快后慢是针对收针方式整体的形状而言，如平肩款收夹为先快后慢，袖收针为先慢后快；转差除“半转收”时，“2”代表 2 各半转整体为 1 转；段数需要用户设置，选中的部位段需要几段收针，如设置 2 段，段数应该设置为 2，固定栏下显示“1”代表 1 段，“2”代表 2 段，之后针数栏输入第 1 段几针收，第 2 段几针收。

2. 选择需要调整收针方式的部位段，如图 4-6-8 所示。

领子收针需要调整：选择领子收针段头尾两个方点，使两个方点间的段出现红色后，在收针分配选择需要几段收针，如 5 段收，在段数位置设置成 5，第 1 段 1 -3 -2 固定因此固定项“1”打“√”其余 4 段都为 2 针收，所以在“2、3、4、5”项针数统一设置为“2”后点求解按钮，在预览以下界面计算除该部位段的收针方式，使用可根据自己的工艺经验选择最满意的收针方式后点应用。

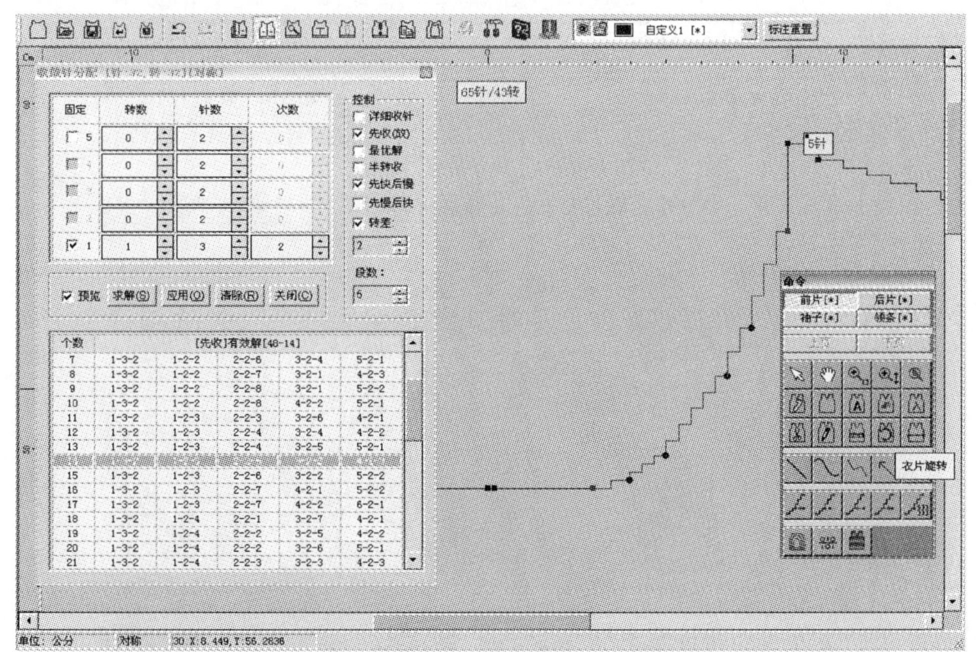

图 4-6-8　部位段调整收针方式

3. 各个衣片的收针方式调整完毕后，选择 选取工具对工艺单进行数据的排列整齐及有些具体标注需要特别加文字说明。选中标注按键盘上“Delete”按钮可直接删除多余标注，直接对标注采用双击左键按钮在出现的工艺标注对话框(图 4-6-9)的“前缀”和“后缀”内容

项输入需要修饰的文字后直接点确定即可,数据移动整齐后的工艺图如 4 - 6 - 10 所示。

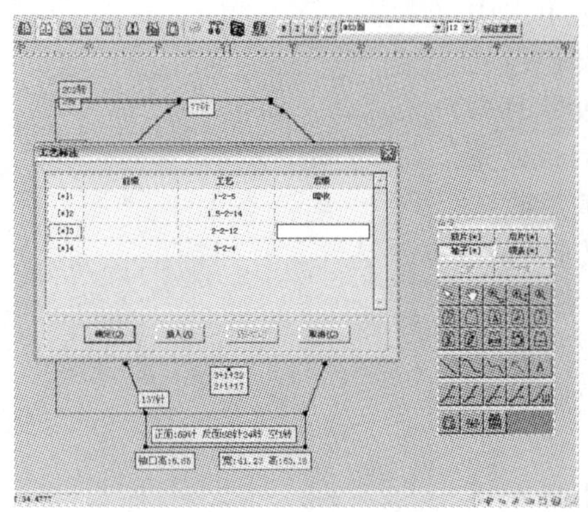

图 4-6-9 工艺标注对话框 1

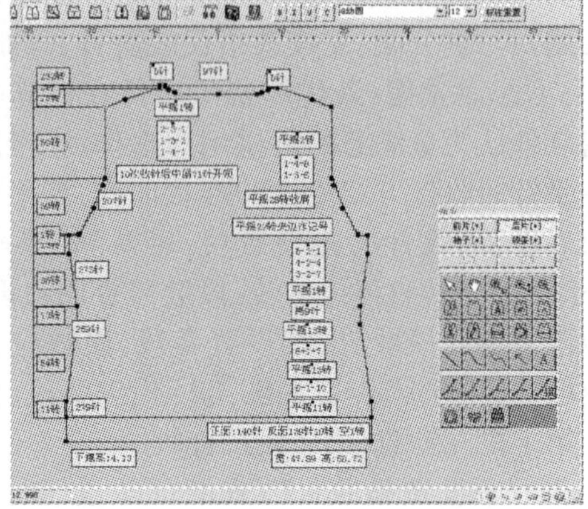

图 4-6-10 工艺标注对话框 2

4. 一张完整的工艺需要注明具体位置的织针的排列方法,因此选择排针按钮出现排针编辑对话框(图 4-6-11),根据工艺要求将衣片部位织针的排列出来,左键是针,右键是空针,排完后点确定,放到需要的衣片位置(图 4-6-12)所示。

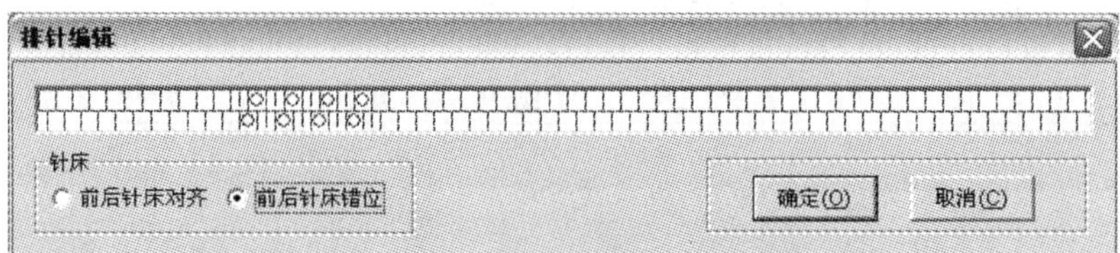

图 4-6-11 排针编辑对话框

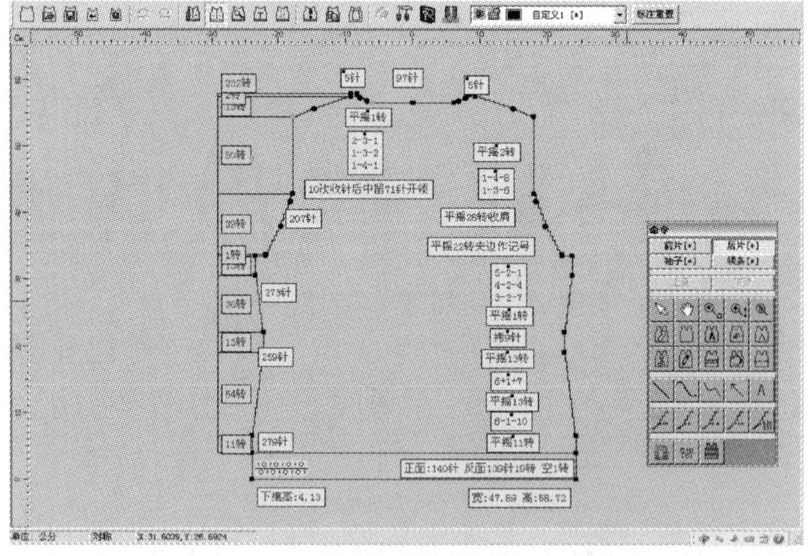

图 4-6-12 衣片排针图

5. 工艺按照要求调整完毕后,选择工艺单编辑打印按钮,出现工艺单排版方式,使用者可以在款式备注处双击出现红色虚框后，直接键入工艺制作要求（图4-6-13）后，需要打印选择 打印功能。

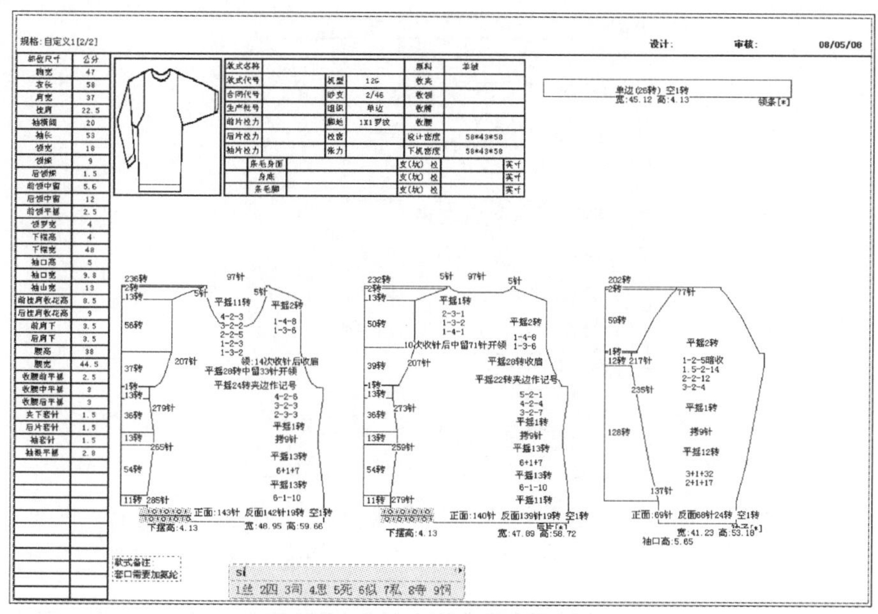

图4-6-13　工艺单排版示意图

（三）工艺单设置

1. 工艺单的设置具体在 新建功能界面下，项目明细内容里键入公司名称。

2. 在选择 工艺单编辑打印按钮，出现工艺单排列效果图点击衣片显示红色虚框线后，可对衣片的位置进行移动如图4-6-14所示。

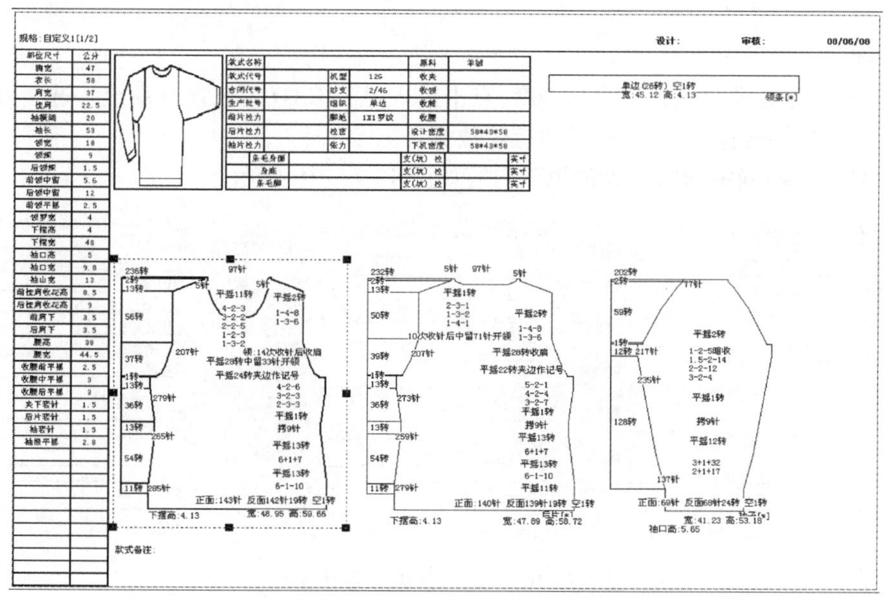

图4-6-14　工艺单编辑打印示意图

3. 在工艺单编辑状态下,选择 设置按钮,在出现的设置对话框对工艺单进行设置如4－6－15所示,需要参与打印的打勾,反之不打勾。

设置
纸张选择: A4
宽: 29.70 Cm 高: 21.00 Cm
页数： 2
第1页
显示部位尺寸表
显示款式图
显示款式项目
显示款式项目2
显示款式备注
显示衣片属性
衣片: 前片[*]
打印机设置
确定(O)
取消(C)

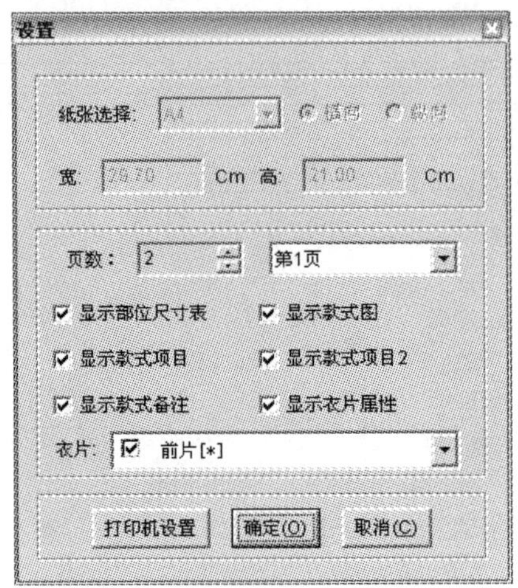

图 4-6-15 打印设置示意图

任务实施

一、教学资源

1. 教学场地:CAD 实训室
2. 教学设备: 电脑、打印机
3. CAD 设计工具:富怡毛衫 CAD 工艺设计软件
4. 材料:打印纸

二、实施步骤

根据之前任务提供的成衣尺寸和密度,点击进入毛衫 CAD 工艺设计系统。选择新建文件功能在出现的对话框内输入上述提供的有效数据。

1. 项目明细项:确定的内容有常规项内容如图 4－6－16 所示。

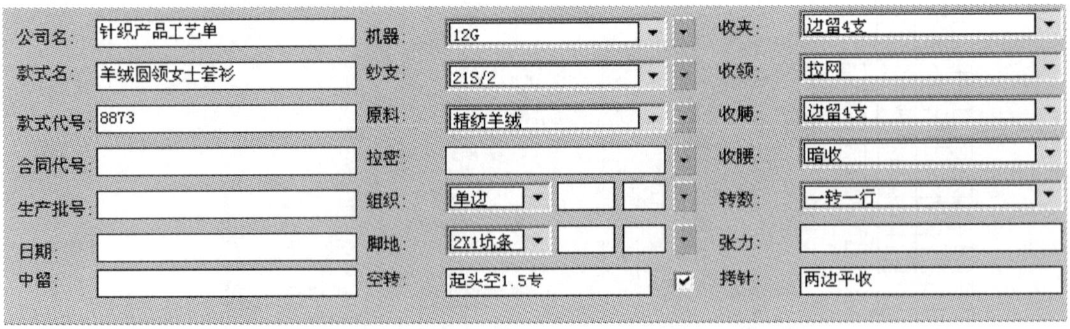

公司名: 针织产品工艺单
款式名: 羊绒圆领女士套衫
款式代号: 8873
合同代号:
生产批号:
日期:
中留:
机器: 12G
纱支: 21S/2
原料: 精纺羊绒
拉密:
组织: 单边
脚地: 2X1坑条
空转: 起头空1.5专
收夹: 边留4支
收领: 拉网
收膊: 边留4支
收腰: 暗收
转数: 一转一行
张力:
挎针: 两边平收

图 4-6-16 项目明细项设定对话框

2. 密度项内容如图 4－6－17 所示。

衣片 密度(C)	前片大身	前片下摆	后片大身	后片下摆	袖片	袖口	领条	领空转
横密	63	63	63	63	63	63	68	68
纵密	45.8	55	45.8	55	45.8	55	55	98
下机横密	60	60	60	60	60	60	64	64
下机纵密	42.8	52	42.8	52	42.8	52	51.5	92

图 4-6-17　工艺参数设定对话框

3. 款式特征项：款式特征设置如图 4－6－18 所示，平摇、平针、开领设置如图 4－6－19 所示，详细收针设置如图 4－6－20 所示。

图 4-6-18　款式特征设定

平摇设置
肩斜收针平摇：1　套针平摇：1　袖山平摇：1　马鞍平摇：2　短裙平摇：2　斜肩平摇：0
平针设置
收肩平针：3
开领设置
◉按公式开领　○按计算尺寸开领　领缝盘参数：
☑ 详细放针部位　收针
针表示：针　转表示：转

图 4-6-19　各部位工艺设定

收针位 / 段数	收腰	收夹	收领	袖收针	收肩
分段数	2	3	3	4	2
转差	0	0	0	0	0
半转	☐	☐	☐	☐	☐
先收	☑	☑	☐	☑	☑
先快后慢	☑	☑	☑	☐	☐
先慢后快	☐	☐	☐	☑	☑
1　固定收针	☐	☐	☐	☐	☐
1　转数	0	0	0	0	0
1　针数	1	2	2	2	2
1　次数	0	0	0	0	0

图 4-6-20　详细收针设定对话框

4. 款式尺寸数据库项：尺寸内容项如图 4－6－21、4－6－22，参数数据设置项如图 4－6－23、4－6－24 所示。

规格 部位（公分）		档差	自定义1
1	胸宽*	0	48
2	衣长*	0	58
3	肩宽*	0	37
4	挂肩*	0	21
5	袖横阔	0	16
6	袖长	0	53
7	领宽	0	18
8	领深	0	7.5
9	后领深	0	2
10	前领平摇	0	2.4
11	前领中留	0	4.6

图 4-6-21

规格 部位（公分）		档差	自定义1
13	领罗宽	0	4
14	下摆高	0	7.5
15	下摆宽	0	45
16	袖口高	0	7
17	袖口宽	0	7.5
18	袖山宽	0	10
19	前挂肩收花高	0	8
20	后挂肩收花高	0	8
21	前肩下	0	2.8
22	后肩下	0	2.8
23	收腰后平摇	0	18.6

图 4-6-22

参数 部位（公分）		参数
1	胸宽	2
2	后胸宽	0
3	缝耗	0
4	上胸围高	0
5	前上胸围宽	0
6	后上胸围宽	0
7	衣长	0.8
8	后衣长	0
9	肩宽	-0.5
10	后肩宽	-1
11	袖长	-1.5

图 4-6-23

参数 部位（公分）		参数
14	领宽	-3.24
15	后领宽	-3.24
16	领深	0.5
17	后领深	0
18	领罗宽	0
19	领罗长	0
20	领罗后排	0
21	下摆高	0
22	下摆宽	0
23	袖口高	0
24	袖口宽	3.9

图 4-6-24

5. 前四步输入完成后，选择 计算基码功能，形成工艺调整界面。初步形成的工艺片如图 4-6-25 前片、图 4-6-26 后片、图 4-6-27 袖片、图 4-6-28 领条所示。

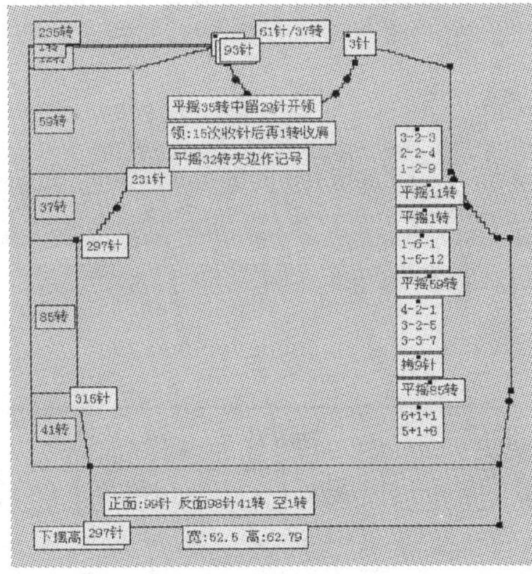

图 4-6-25 前片工艺单

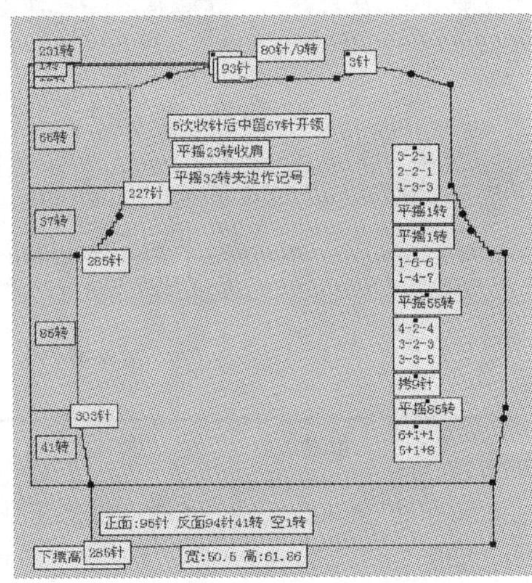

图 4-6-26 后片工艺单

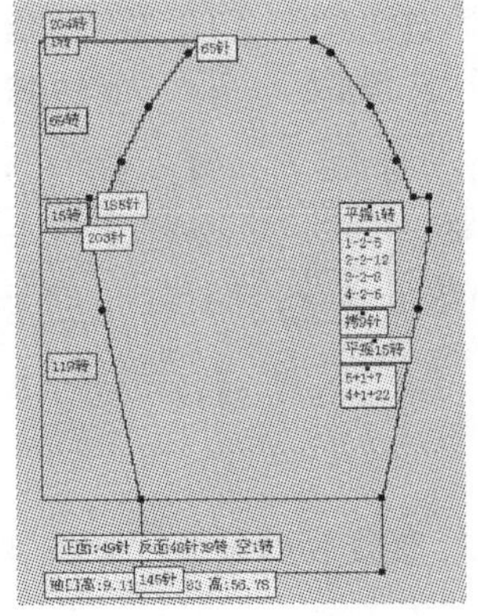

图 4-6-27 袖片工艺单

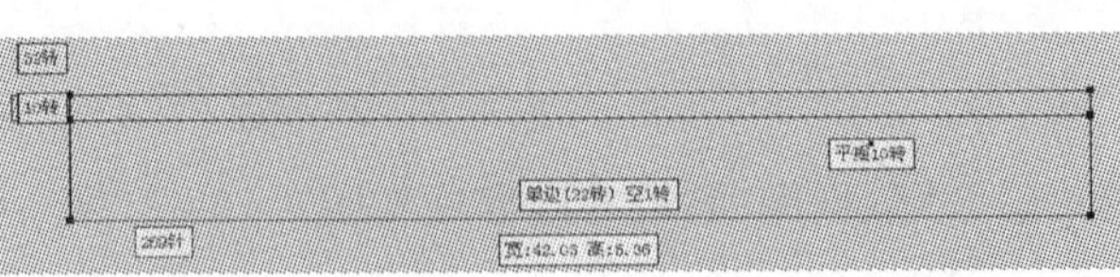

图 4-6-28 领条工艺单

6. 通过收针分配功能和选取功能的移动、标注修饰后的各个衣片效果图如图 4-6-29 至图 4-6-32 所示，而排针、工艺说明则由具体情况进行排针和说明，常规的款式不做修饰。

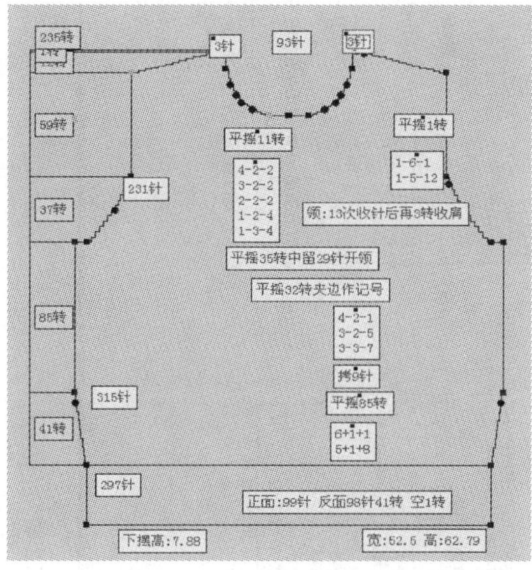

图 4-6-29　修正后前片工艺单

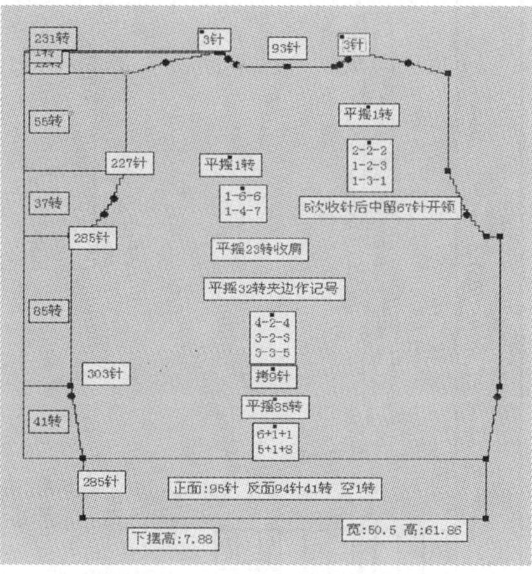

图 4-6-30　修正后后片工艺单

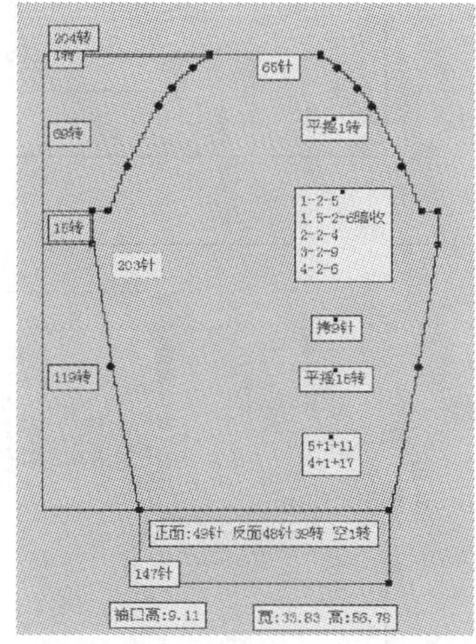

图 4-6-31　修正后袖片工艺单

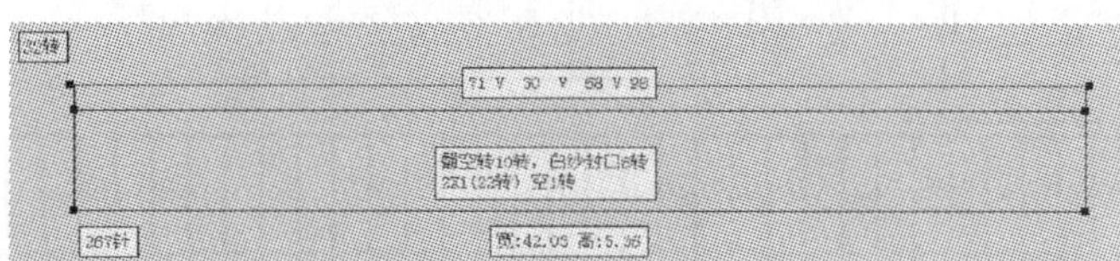

图 4-6-32　修正后领条工艺单

打印后的工艺单如图 4-6-33 所示。

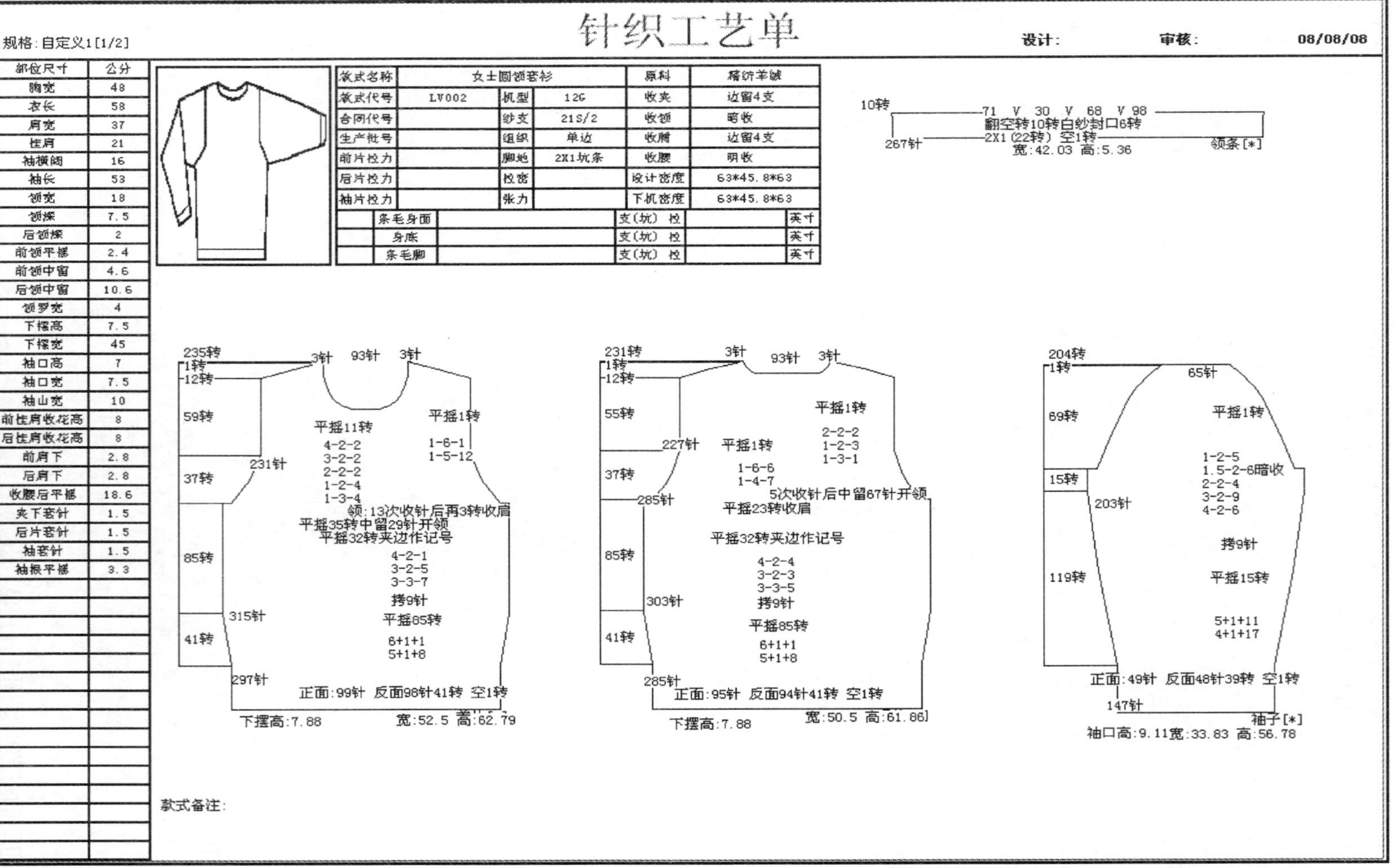

针织工艺单

规格：自定义1[1/2] 设计： 审核： 08/08/08

部位尺寸	公分
胸宽	48
衣长	58
肩宽	37
挂肩	21
袖横阔	16
袖长	53
领宽	18
领深	7.5
后领深	2
前领平摇	2.4
前领中留	4.6
后领中留	10.6
领罗宽	4
下摆高	7.5
下摆宽	45
袖口高	7
袖口宽	7.5
袖山宽	10
前挂肩收花高	8
后挂肩收花高	8
前肩下	2.8
后肩下	2.8
收腰后平摇	18.6
夹下套针	1.5
后片套针	1.5
袖套针	1.5
袖根平摇	3.3

款式名称	女士圆领套衫			原料	精纺羊绒
款式代号	LV002	机型	12G	收夹	边留4支
合同代号		纱支	21S/2	收领	暗收
生产批号		组织	单边	收膊	边留4支
前片拉力		脚地	2X1坑条	收腰	明收
后片拉力		拉密		设计密度	63*45.8*63
袖片拉力		张力		下机密度	63*45.8*63

条毛身面	支(坑) 拉	英寸
身底	支(坑) 拉	英寸
条毛脚	支(坑) 拉	英寸

图4-6-33 打印工艺单

思考题

1. 如何分解毛衫的结构?
2. 套缝的缝缝有哪些类型与结构? 如何实现?
3. 套缝法缝耗一般留多少? 在工艺单中如何体现?
4. 为何领子、袖山的平位部分要封口? 有何优缺点?
5. 大身与袖子的密度相同吗? 如何设计袖子的密度?
6. 肩斜高怎么取值? 有哪几种方法?
7. 挂肩收针高度如何确定? 有哪几种方法? 各有何优缺点?
8. 如何合理的确定上袖记号点的位置? 位置的不同有什么影响?
9. 当未知袖肥时应如何进行袖肥的设计? 袖肥一般取值范围为多少?
10. 如何设计袖山高? 袖山高的大小对袖子有哪些影响?
11. 进行腰部的收放针设计时,先放(收)针对规律的设计有何影响?
12. 肩部铲针收针时如何设计? 如何操作编织?
13. V 领的领圈斜线应该如何收针比较优美?
14. 插肩袖肩型的设计中哪些值设计最为主要? 如何设计较为合理?
15. 下摆、挂肩以下、腰部这些位置需要度量尺寸,应该如何进行设计平摇值?
16. 下摆排针应该如何设计? 有缩针时应该如何设计?
17. 何谓快放针? 一般用于什么场合设计? 如何设计?
18. 圆领的挖领领型与添领领型曲线有何区别? 请说明。
19. 领条的开针数设计时需要考虑哪些方面? 与哪些因素有关?
20. 开衫设计时需要考虑哪些因素?

项目五 毛衫设计与生产

毛衫生产是一个严谨而繁复的过程。毛衫的生产质量与工艺设计、编织过程、套口、原料控制、后整理等因素有关。以下例子着重介绍毛衫款式设计、规格尺寸设计、编织工艺设计、编织及套口缝制、后整理的具体操作方法,供学习者参考。

任务1　围巾、披肩的设计与生产

学习目标

1. 学会围巾设计与生产的方法。
2. 学会披肩的款式设计、生产工艺设计以及披肩的生产方法。

任务描述

运用所学的相关知识,设计并制作围巾、披肩等毛衫产品,进行相关的生产工艺设计。

知识准备

围巾、披肩是服装产品中的一个重要分支,面料主要以机织、针织及皮毛为主,其兼具功能和装饰两大作用,深受消费者的喜爱。针织围巾和披肩也是毛衫产品系列中重要的配件,生产较机织类简单,织物偏厚,手感柔软,尤受欢迎。针织类围巾产品分为纬编类与经编类,本文主要以纬编针织的横机类产品做介绍。

一、围巾产品的设计与生产

1. 横机编织类围巾的种类

横机类围巾以纬编编织的类型为基础,从花色、组织结构、纱线原料等方面进行分类。

(1)围巾花色分类

以花色分类主要分为素色、提花、印花类围巾。

(2)组织结构分类

以组织结构类主要分为纬平针、罗纹、集圈、移圈、提花、复合组织等类型。

(3)按纱线原料的不同分类

按纱线原料的不同可以分为纯毛类、毛混纺类、纯腈纶类、其他混纺类等类型。

2. 围巾形状与尺寸设计

围巾的形状考虑生产和使用的因素,主要分为正方形、与长条形。其尺寸的大小根据人体的高度不同为主要的区别，分为童、少年、成人三大类。

围巾的使用方法也影响围巾的长度，比如挂围法、圈围法等，所需要的长度不同，以下尺寸仅供参考。

(1)成人围巾：规格尺寸如表5－1－1所示。表中的规格尺寸表示常规的长条形、方形围巾的规格尺寸。

表5－1－1 围巾规格尺寸表

编号	部位	长条形围巾规格(cm)				方形围巾规格(cm)		
		加长	中长	标准长	普长	小	中	大
1	长	166	150	140	130	40	60	80～120
2	宽	35	32	30	29	40	60	80～120
3	穗长(可选)	4～20				5～20		

(2)儿童围巾：一般尺寸为(长×宽)：80cm×18cm、100cm×20cm、120cm×24cm等规格。

3. 围巾的围法，常见的如图5-1-1所示

图5-1-1 针织围巾的各种围法示意图

4. 横机编织类围巾的组织结构设计

(1)纬平针类：

纬平针组织结构简单，编织方便。可以进行配色横条或印花以增加色彩感。在同等条件下是可编织厚度最薄，触感最柔软的品种。设计时需要考虑四周的卷边现象，在四周设计双面组织或缝制其他组织织物的装饰等多种方法进行改善卷边现象，也可以通过后整理改善。平针组织可采用块形的正、反针设计，使织物具有较强的立体感。

(2)罗纹类：

罗纹组织结构的围巾可采用1×1、2×1、2×2或其他规律的罗纹组织，这些组织设计时需要考虑易回缩性。采用三平、空气层及变化组织时幅宽的稳定性较好，织物外观出现横向凸条的效果。

(3)移圈类：

采用移圈组织进行设计时，可得到变化繁多的外观风格效果，分为单面和双面类。单面类如单向移圈的挑孔设计，使围巾具有孔眼的花样，薄、透的镂空效果；双向移圈的绞花设计反映

围巾的横向或纵向的扭绳立体效果；以及各种花型的组合搭配，主要反映了针织组织的多样性外观风格。双面类主要以波纹效果为主，围巾比较厚实、温暖，适宜冬季。

(4)集圈类：

集圈组织分为单面、双面织物。设计时要考虑边针不能集圈，否则编织时会发生掉边针的现象。单面集圈组织使围巾的尺寸稳定，不会产生卷边现象，织物较纬平针组织厚，比双面织物薄。可采用单针、多针的单次或多次集圈的单个组织或组合设计。双面组织一般采用 1×1 罗纹为基础的单元宝、双元宝设计，织物厚、松且粗犷。

(5)提花类

当采用电脑横机时，提花的编织显得比较简单。可以赋予围巾更多的组织色彩的变化。将色彩图案大量应用到围巾产品之中。

5. 围巾的生产

围巾产品生产工艺流程：产品设计→编织工艺设计→纱线原料准备→编织→后整理

(1)产品说明：

围巾尺寸 200cm×45cm，组织花样为 1×1 单元宝，纱线颜色为三段变色，黑灰 60cm/灰黑 80cm/深灰 60cm。纱线原料：深灰、黑灰 2 种色纱，1/16*N*m 80% 羊毛 20% 羊绒。

(2)工艺设计：

围巾设计为粗犷型风格，拟采用 3 针横机进行编织。根据正常的织物风格编织机号的选择，一定机号的横机只适宜于编织一定线密度范围的纱线。机号与适宜加工的纱线线密度关系由下式确定：

$$\mathrm{Tt} = \frac{K}{G^2}$$

式中：Tt—毛纱线密度(tex)，G—机号(针/25.4mm)，K—适宜加工毛纱的线密度常数。

① 求使用的纱线根数：已知本产品采用 62.5tex(16*N*m/1) 80% 羊毛 20% 羊绒混纺纱线，编织机号为 3G 机型，设计：K 取值为 9000，

$$G = \sqrt{\frac{K}{\mathrm{Tt}}} = \sqrt{\frac{\mathrm{K} \times N\mathrm{m}}{\text{股数} \times \text{条数} \times 1000}} \qquad \text{条数} = \frac{9000 \times 16}{1 \times 1000 \times 3^2} = 16\ \text{根}$$

② 变色设计：第一段黑色采用 16 根单纱进行编织 60cm，第二段采用 8 根黑纱与 8 根深灰纱交替穿纱进行编织 80cm，第三段采用 16 根深灰纱进行编织。

③ 工艺参数确定：试织小样，通过缩绒整理、熨烫整理后测定工艺参数，横密：1.6 针/cm，纵密：1.16 转/cm。拉密为 7.6cm/5 坑。

④ 编织工艺设计

(a)开针数计算：开针数 = 宽度 × 横密 = 45 × 1.6 = 72 针，修正为 73 针。

(b)排针方法：采用 1×1 罗纹排针方法，前床 36 针，后床 37 针，底包面。这种排阵方法适合于在前床进行集圈的编织，防止边针掉针。

(c)起口编织：单边废纱起口，元空 1 转半，先织 1 行、再前床集圈 1 行(关闭前针床的集圈三角)；如此循环编织。

(d)第一段编织转数 = 长度 × 纵密 = 60 × 1.16 = 69.6 转，修正为 70 转。

(e)第二段编织转数 = 长度 × 纵密 = 80 × 1.16 = 92.8 转，修正为 93 转。

(f)第三段编织转数 = 70 转。

(g)收尾：最后编织 1×1 罗纹 2 转，废纱 5 转封口。

(3)纱线准备

① 原料计划:生产时按产品生产数量计划选用纱线原料,并按实际重量进行购买和调用,产品所需纱线的重量可以进行样品称重或工艺计算得到。理论计算方法如下:

(a)纱线测长:将试样进行拆纱测量,拆下 2 转纱线,共 2 ×2 ×73 =292 个。测定其纱线长度为:5.132 m,根据纱线度的定义:一克重纱线所具有的长度为纱线的支数。

(b)重量计算

围巾总重量 = 总线圈数 × 线圈平均长度 × 纱线细度

= 编织总转数 × 每转线圈长度 × 纱线条数 × 单纱线密度

= (70 +93 +70 +2 +2) ×2 ×73 × (5.132 ÷292) ×16 ×1/16

=608.142(g)

实际用纱重量 = 理论重量 ÷ 编织损耗率,设编织时纱线损耗率为 3% ,则:

实际用纱重量 =726.642 × (1 +3%) =626.4(g)

调用纱线重量按每条围巾实际用纱重量和实际生产数量计算,再加上 3% 左右的余数用于弥补等外品。车间生产时按每条围巾实际用纱量分发给车间织片工序。

② 纱线准备:编织前纱线通过检验合格后进行络纱处理,注意分清批号分别存放。

③ 纱线发放:按计划严格管理,按缸号、批号准确发放,不得混用。

(4)编织:档车工按编织任务领取纱线,按要求进行穿纱线,编织到规定颜色位置更换纱线。下机后将起口废纱拆掉,换色纱线留头 5cm。每条围巾经自查质量后,两对折叠放,绑定生产流程卡。

(5)套缝:经过片检后的围巾进行套口,套在废纱下一行。套口线采用原纱加一根 PP 线。注意封口线松紧合适。

(6)后整理:按工艺要求进行缩绒、洗水、脱水、烘干。

① 缩绒:浴比 1:30,pH 值:7 ±0.2,缩绒剂 2% ~3% ,温度 38℃ ,缩绒时间 10min。

② 洗水:缩绒后清水洗 2 次,每次 5min。

③ 脱水:脱水时间 3min。

④ 烘干:烘干温度 60℃ ,时间 20min。

⑤ 熨烫:蒸汽熨斗熨烫,气压 0.2 ~0.4 MPa,轻烫。

(7)钉标、挂吊牌:在规定位置平车钉商标、挂吊牌。

(8)检验:进行成品规格尺寸、编织、套缝质量以及外观检验,按检验标准进行分等。

(9)包装:按规定的折叠方法进行折叠,每条围巾一个胶袋包装,20 条装一纸箱。

二、披肩设计与生产

披肩为女士的装饰和保暖的毛衫配件,在春夏秋冬均可以穿着,款式多新颖,如图 5-1-2 所示。

大部分的披肩与围巾类似为矩形,略经过缝合后穿着,形状和穿法相对固定。根据披肩的外廓形状主要分为矩形、扇形两大类。

图5-1-2 各种款式的披肩

1. 披肩设计

披肩设计主要依据装饰的目的来决定，织物花样设计主要依据披着的场合、季节、年龄、消费层次的需要，分别选用不同的纱线原料、纱线类型、花样外观特征等，与围巾类似。

(1)披肩款式与尺寸设计：

为某一消费群体设计一款短款扇贝形夏季披肩，4分袖，长度至腰，V领、开衫、宽门襟(图5-1-3)。规格尺寸如表5-1-2所示，平面款式如图5-1-4所示。

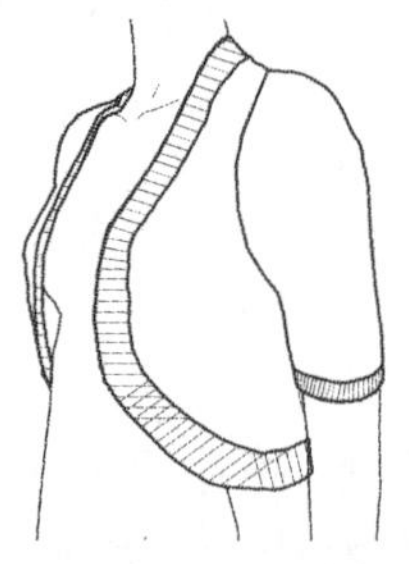

图5-1-3 披肩效果图

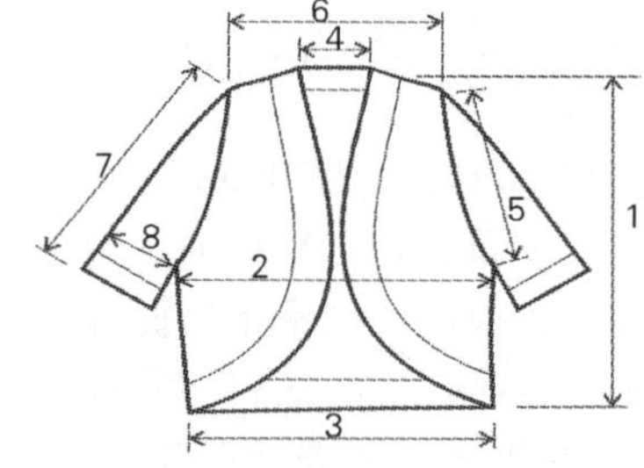

图5-1-4 披肩平面款式图

① 披肩效果图设计：根据题意要求，披肩的穿着主要是装饰作用，应简单、配色巧妙、款式小巧、突出花样效果。披肩的款式选用扇贝式，穿着效果如图所示。

② 规格尺寸设计：本例披肩的尺寸设计以160/84女子原型人台为依据。披肩长度至腰节，原型背长为38cm，本例设计大身衣长为38cm，下摆高4cm，总衣长为42cm。

胸宽尺寸考虑织物的弹性，花样的组织特性，设计为40cm。略小于原型胸宽，意在穿着时将成衣横向略微撑开，使移圈、浮线的花样更加明显，视觉良好。

下摆宽为腰部尺寸，考虑穿着时的平整度和悬垂感，设计为35cm。

领子、门襟采用宽条效果设计，沿着衣片的廓边一周，宽度为4cm。

袖子为体贴型，袖肥为13cm。

表 5－1－2 围巾规格尺寸表

序号	部位	成品尺寸(cm)	序号	部位	成品尺寸(cm)
1	衣长	42	7	袖长	28
2	胸宽	40	8	袖肥	13
3	下摆宽	35	9	袖口	12
4	领宽	16	10	袖口高	2.5
5	袖窿	21	11	门襟宽	4
6	肩宽	34	12		

(2)组织结构设计：

① 大身组织设计：夏季穿着的披肩面料要求轻薄、透气，外观组织结构特征强，因此织物组织设计为以平针为基础的移圈(挑孔)浮线花样。穿着时，衬托出孔眼和浮线。

编织时，以意匠图中黑框内为一个花样的循环，衣片边缘留 4 针以上的平针，便于缝合与视觉美观。门襟、领条为一体，组织采用四平针(满针罗纹)，采用满针罗纹的目的是使相同的开针数前提下具有较长的长度，如图 5－1－5 所示。

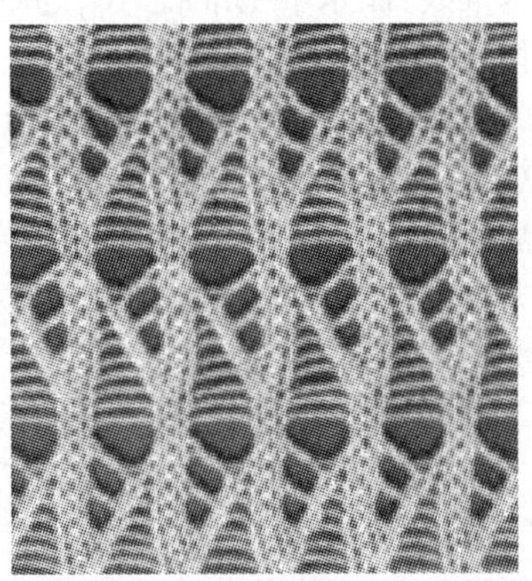

图 5－1－5 披肩与面料实物图

② 领条组织设计：领条基本组织采用四平针，由于领条较宽，略显单调，因此在领条上做正面挑孔花样，花样按意匠图所示。成衣效果与意匠图，如图 5－1－6 所示。

2. 披肩编织工艺设计

(1)试样编织与工艺参数的确定：

根据设计效果，采用 12 针手摇横机编织，试样编织 120 针、100 转的矩形试片，经效果确认与全工艺洗水、整烫后得出稳定的尺寸，经测量得：横密：6.86 针/cm，纵密：4.35 转/cm。袖口罗纹纵密：6.2 转/cm，满针罗纹领条、门襟的参数为：横密：6.6 针/cm，纵密：6.0 转/cm。

(2)成衣结构分解与套缝设计：

按设计意图将本款披肩成衣设定为斜肩平袖型，成衣衣片分解为后片、左右前片、袖片、门襟领条等部件。用服装制版知识进行各衣片的制图、制版，可在样板之上进行花样的编排设计，对于编织有花样的衣片有较大的帮助。本例采用规格尺寸法进行制图。

① 前片制版

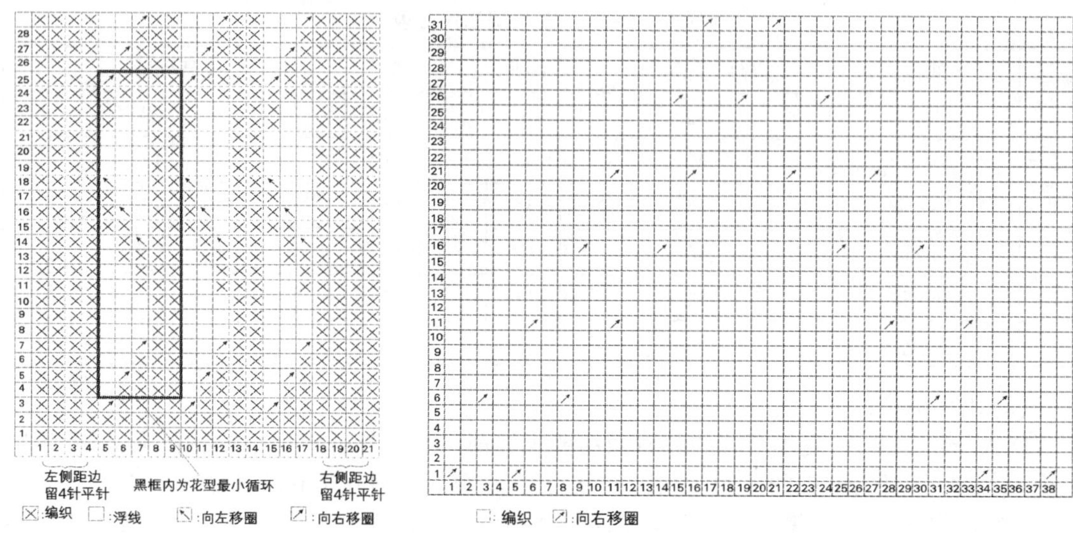

图 5-1-6 大身花样编织意匠图与领条罗纹组织意匠图

a. 画基准线:画水平基准线 AB,与垂直基准线 OC 相交于 O 点。水平基准线为内肩点之水平线。垂直基准线为衣片对称线。

b. 作胸、肩、领点位置线:在水平线上取 OD 为半领宽 8cm、DE 为门襟宽 4cm、OF 为半肩宽 17cm、OA 为半胸宽 20cm。并在 A、F 点向下做垂直 AB 的辅助线 AP、FQ。

c. 作袖窿曲线:肩斜高 FI = 单肩宽 ×0.375 = (34 − 16 − 4 ×2) ÷2 ×0.375 =1.875cm,连接 EI 即为肩缝线。以 I 为圆心,以袖窿(挂肩)尺寸 21cm 为半径与 AP 线相交于 G 点,即为袖窿点。作袖窿曲线 IG。

d. 做下摆线:以 O 点向下,以衣长 42cm 作 AB 的平行线 PC,相交 AP 线于 P 点,相交于 OC 线为 C 点。在 AP 线上取 pH 点等于门襟宽 4cm 作水平线 HN,取 HM 长度为(胸宽 − 下摆宽) ÷2 =2.5cm。

e. 作领弧线 EK:根据设计的穿着效果,取领深点与袖窿线相等,取 K 点,使 GK =3.5cm(门襟宽)。连接 EK,取 KL 等于三分之一 EK;在 EL 中点取凹势 1cm,在 KL 中点取凸势 0.5cm,将上述点连接成光滑的曲线即为领弧线。

f. 作下摆弧线 KM:根据下摆的穿着效果,设计 MN 平位为半胸宽的四分之一,即 MN =20 ÷4 =5cm。连接 KN,在 KN 中点取凸势 2cm,画圆滑曲线 KN。

轮廓线 ELKNMGIE 即为不含门襟、领子、下摆的前半片,披肩为开衫,前片分解为左右对称片。如图所示。将门襟按 EKNM 线段平行宽度 4cm 加上,外廓线加粗,即为前片样板。

② 后片制版:后片制图与前片方法相同,本款后领深为 0,将前片基础上的下摆、领点左右两侧相连即成。如图 5-1-7 所示。

③ 袖片制版

a. 画基准线:画水平基准线 AB,与垂直基准线 OP 相交于 O 点。水平基准线为袖窿点之水平线。垂直基准线为衣片对称线。

b. 作袖山头线:袖山高 = OC = $\sqrt{挂肩^2 - 袖宽^2} = \sqrt{21^2 - 13^2}$ =16.5cm。过 C 点作水平线 DE。袖窿高 = $\sqrt{挂肩^2 - [(胸宽 - 肩宽) \div 2]^2}$ =20.78cm。

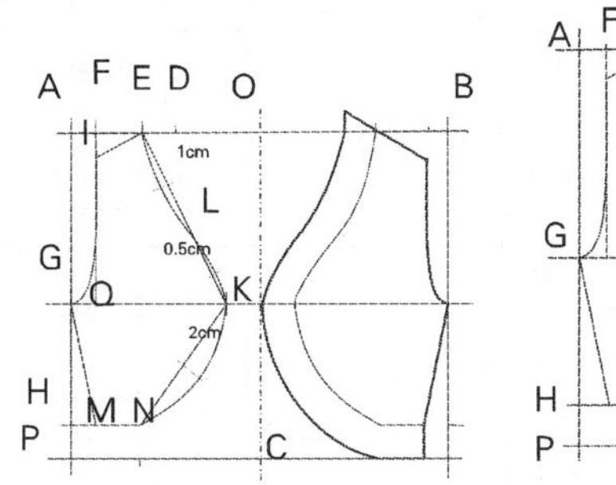

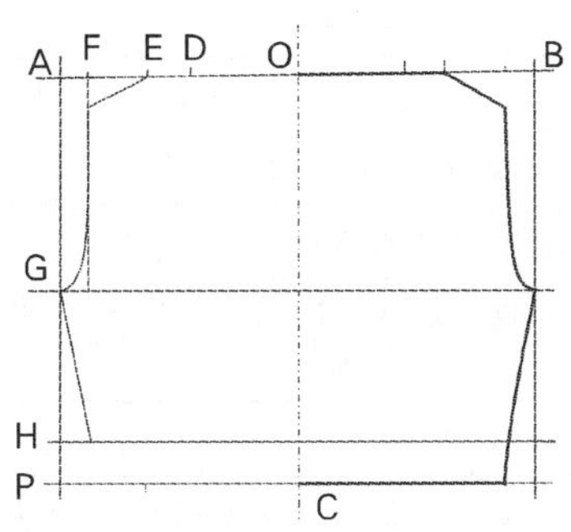

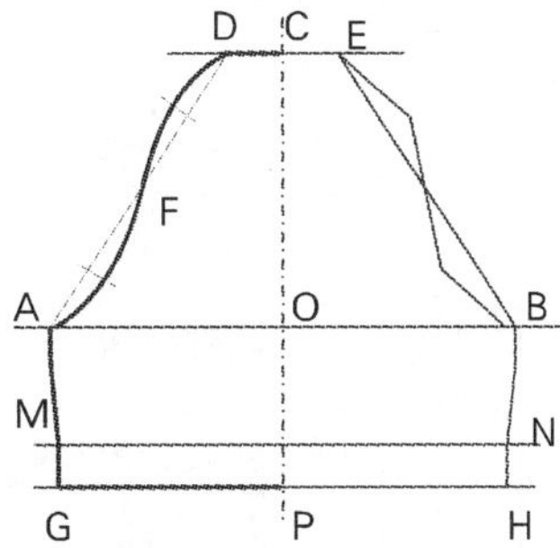

图 5-1-7 披肩各衣片制图、制版示意图

袖山头长度 = 袖窿高 - 袖山高 = 20.78 - 16.5 = 4.28cm。即 DC = 4.28cm

c. 作袖山曲线：连接 DA，取 DF、FA 的中点取凹、凸势为 2cm，作曲线 DFA，即为袖山曲线。

d. 作袖口线：以 C 为起点，以袖长 28cm 至 P 点，在 P 点作水平线，取 G、H 点为袖口宽，GP = pH = 12cm。作 MN 平行于 GH，使 MG = NH = 袖口罗纹高 = 2.5cm。

e. 作袖身线 AM：连接 AM、BN。外廓线 CDFAMGP 即为袖子的轮廓线。图中 EB 之间的折线为实际收针线。

④ 领条、门襟制版：领条、门襟为一个矩形，长度为门襟、领子、下摆的合计总长。由于横机的宽度限制，领条分为 2 条，长度各为：78cm 与 67cm；高为 4cm。

(3) 各衣片编织工艺设计：

本例采用前后片肩部、胸部宽度相等，不设后折宽，袖窿收针每次收 2 针、无边。加针部位每次加 1 针。肩部收针采用铲针法收针。领子采用每次收 1 针。各片编织工艺计算过程见表 5-1-2 ~ 表 5-1-4。

表 5-1-2 后片编织工艺计算表

序号	部位名称	工艺计算过程	结果
1	后片胸宽针数	= 40 × 6.86 + 2 × 2 = 278.4	278 针
2	后片下摆针数	= 35 × 6.86 + 2 × 2 = 244.1，设计开针行 1 转后左起 4 针平针开始做花样，花型循环 47 个零 1 针，两侧肋缝边缘各留平针 4 针，即：左 4 针，右 4 针。= 47 × 5 + 1 + 4 + 4 = 244	244 针
3	肩宽针数	= 34 × 95% × 6.86 + 2 × 2 = 225.578	226 针
4	领宽针数	= (16 + 2 × 4) × 6.86 - 2 × 2 = 160.64	160 针
5	衣长总转数	= (42 - 4) × 4.35 + 2 = 167.3	167 转
6	下摆放针针数	= (278 - 244) ÷ 2	17 针
7	挂肩以下转数	(42 - 1.875 - 20.78 - 4) × 4.35 = 66.75	66 转
8	挂肩以下平摇转数	设计平摇 3cm，平摇转数 = 3 × 4.35 = 13	13 转
9	下摆平摇转数	设下摆平摇 0.5cm，平摇转数 = 0.5 × 4.35 ≈ 2	2 转
10	下摆放针转数	= 66 - 13 - 2 = 53	51 转
11	下摆放针规律	3 + 1 × 14（先放），4 + 1 × 3	

（续表）

序号	部位名称		工艺计算过程	结果
12	挂肩收针	收针针数	=(278－226)÷2＝26针＋6针(肩部外放)	32针
		挂肩平收针	取平收针约1cm	8针
		收针转数	=收针长度×1.25×纵密＝[(40－34)÷2＋1]×1.25×4.35	22转
		斜收针数	=32－8	24针
		收针规律	1－2×4，2－2×6,3－2×2(无边)	
13	挂肩总转数		=20.78×4.35	90转
14	记号点位置		=16.5×4.35＝71.775	72转
15	肩点以下放针转数		取18	18转
16	肩点以下放针规律		共放6针:3＋1×6(先放)，平3转	
17	挂肩以上平摇转数		=90－22－18＝50	50转
18	后片收肩	肩斜高转数	=1.875×4.35＝8.15625	8转
		收针针数	(226－260)÷2 ＝33	33针
		收肩规律	1－4×7,1－5×1,平1转	
19	缝耗		上、下各1转	2转
20	后领记号点		余160针29 ∨ 99 ∨ 29	

表5－1－3　左前片编织工艺计算表

序号	部位名称	工艺计算过程	结果
1	左前片胸宽针数	=(20－4)×6.86＋2×2＝113.76	114针
2	左前片下摆针数	=5×6.86＋2×2＝38.3	38针
3	单肩宽针数	=33	33针
4	半领宽针数	=160÷2	80针
5	衣长总转数	=(42－4)×4.35＋2＝167.3	167转
6	下摆放针针数	=(278－244)÷2	17针
7	挂肩以下转数	(42－1.875－20.78－4)×4.35＝66.75	66转
8	挂肩以下平摇转数	设计平摇3cm，平摇转数＝3×4.35＝13	13转
9	下摆平摇转数	下摆平摇2转，其中缝合1转	2转
10	下摆放针转数	=66－13－2＝53	51转
11	下摆左侧放针规律	3＋1×14(先放)，4＋1×3	

（续表）

序号	部位名称		工艺计算过程	结果
12	下摆右侧放针规律	放针针数	=114－38－17	59 针
		K 点下、下摆平摇转数	设平摇 6 转，下摆平摇 1 转开始放针	7 转
		放针转数	=66－7	59 转
		放针规律	平 1 转 1+3×6，1+2×6，1+1×15，2+1×9，3+1×5，平 6 转	
13	挂肩收针规律同后片		平收 8 针，1－2×4，2－2×6，3－2×2（无边）	
14	挂肩总转数		=20.78×4.35	90 转
15	记号点位置		=16.5×4.35=71.775	72 转
16	肩点以下放针转数		取 18 转	18 转
17	肩点以下放针规律		共放 6 针：3+1×6（先放），平 3 转	
18	挂肩以上平摇转数		=90－22－18=50	50 转
19	前片收肩规律		1－4×7，1－5×1，平 1 转	
20	前开领	领深转数	=后片挂肩以上转数=90+8+1	99 转
		前领收针针数	=38+17+59－32+6－33=55	55 针
		领口处平摇转数	设领口处平摇 4cm，合 18 转	18 转
		领收针规律	1－1×28，2－1×27，平 13 转（或 2－2×36，4－2×4，平 13）	
21	缝耗		上、下各 1 转	2 转

右前片与左前片规律相同，编织时对称编织。

表 5－1－4　袖片编织工艺计算表

序号	部位名称		工艺计算过程	结果
1	袖肥针数		=13×2×6.86+2×2=182.36	183 针
2	袖山头针数		=4.28×2×6.86+2×2=58.7	59 针
3	袖口宽针数		=12×2×6.86+2×2=168.64	169 针
4	袖口罗纹高		=2.5×6.2=15.5	15.5 转
5	袖山高转数		=16.5×4.35=71.775	72 转
6	袖长总转数		=（28－2.5）×4.35+1=111.925	113 转
7	袖窿下平摇转数		同前后片，平摇 3cm	13 转
8	袖身放针规律	放针针数	=（183－169）÷2=7	7 针
		放针转数	=113－72－13－1=27	27 转
		放针规律	4+1×4，5+1×3	

（续表）

序号	部位名称		工艺计算过程	结果
9	袖山收针规律	收针针数	=(183−59)÷2=62	62 针
		收针转数	72 转	72 转
		平收针数	同前、后片：平收 8 针	8 针
		斜收针数	62−8=56	56 针
		收针规律	1−2×3,2−2×6,4−2×10,2−2×6,1−2×3,平 2 转	
10	袖山头缝合			1 转

（4）领条、门襟、下摆编织工艺计算：

根据效果图，本款披肩开衫的领条、门襟、下摆为一个整体，各段长度根据样板量取。领条总长 145cm，各段长度分配如图 5-1-8 上图所示，下图表示分割位置。

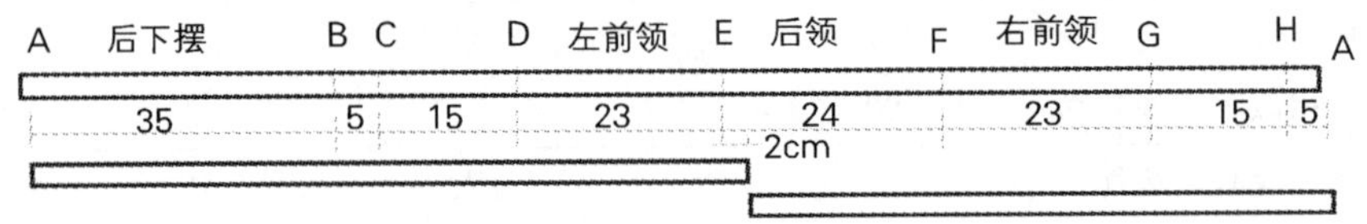

图 5-1-8　领条各段长度分配图

由于横机宽度的限制，领条采用两段设计。第一段为后片下摆→前片左下摆→左前门襟，长 78cm。第二段自后领→右门襟→右下摆，长 67cm。接头在左肩缝后 2cm 处套缝采用包套法，领条四平针 4cm 高度编织完成后进行元空 0.5cm，最后废纱封口。

① 第一段开针数计算：领条长 78+2=80cm。开针数=80×6.6=528 针。

② 第二段开针数计算：领条长 67−2=65cm，开针数=65×6.6=429 针。

③ 罗纹转数：领条四平针高 3.5cm，后元空 0.5cm 包套。罗纹高转数=(4−0.5)×6=21 转，元空转数=0.5×4.35×2≈5 转。

编织罗纹时，正式纱起底、元空 1 转，平织 2 转，按右侧意匠图进行花样编织，在领条正面挑孔，自左向右顺序编织，花样循环数为宽 33×高 31。花样完成后平织 3.5 转，关闭对角三角，松密度元空 5 转，废纱 6 转封口。在废纱上挑记号，按位置挑孔。

第 1 条由 A 点至 E 点挑孔：230 ∨ 32 ∨ 98 ∨ 151 ∨ 13

第 2 条由 E 点至 A 点挑孔：145 ∨ 151 ∨ 98 ∨ 32

3. 披肩生产

（1）纱线准备：

① 纱线用量计算：根据样衣试制，得成衣纱线重量为 52.5g，按规定数量进行计算用纱量。生产件数少于 1000 件时，纱线损耗按总量的 5% 计算余量。生产量较大时可适当减少余量。

② 纱线准备：编织前纱线通过检验合格后进行络纱处理，注意分清批号分别存放。

③ 纱线发放：按计划严格管理，按缸号、批号、色号准确发放，不得混用。

（2）编织：档车工按编织任务领取纱线，按要求进行穿纱线。下机后将起口废纱拆掉。每个衣片经自查质量后，成件折叠放置，绑定生产流程卡。

（3）套缝：经过片检后进行成衣套口，套口线采用原纱加一根 PP 线。套缝工艺流程为：后领、袖山头封口→合肩→上袖→上门襟、领条→手缝接领、藏线头。

① 封口:对后领、肩部、袖山头进行封口,注意套口线松紧合适、有弹性。

② 合肩:前、后衣片进行合肩套缝,位置对准,套口缝线伸长不大于 120% 。

③ 上袖:按记号位对准上袖,注意套口线松紧合适、有弹性,缝线伸长不小于 120% 。

④ 上门襟、领条:按领子设计分 2 条上领,包套法套缝,接缝点在左肩后 2cm 处。

⑤ 手缝接领、藏线头:用手缝方式接领,将其他线头用钩针藏缝。

(4)后整理:按工艺要求进行缩绒、洗水、脱水、烘干。

① 缩绒:浴比 1∶30,pH 值:7 ±0.2,缩绒剂 2% ~3% ,温度 38℃,缩绒时间 10min;

② 洗水:缩绒后清水洗 2 次,每次 5min。

③ 脱水:脱水时间 3min。

④ 烘干:烘干温度 60℃ ,时间 10 ~15min。

⑤ 熨烫:蒸汽熨斗熨烫,气压 0.2 ~0.4 MPa,轻烫。

(5)钉标、挂吊牌:在规定位置平车钉商标、挂吊牌。

(6)检验:将成品进行规格尺寸、编织、套缝质量以及外观检验,按检验标准进行分等。

(7)包装:按规定的折叠方法进行折叠,每条件一个胶袋包装,按 S/M/L =1/2/1 的配比,全色红、桃红、白、桔黄、蓝绿、浅绿 1∶1 配装,共 48 件装一纸箱。

4. 披肩编织工艺单(图 5-1-9)

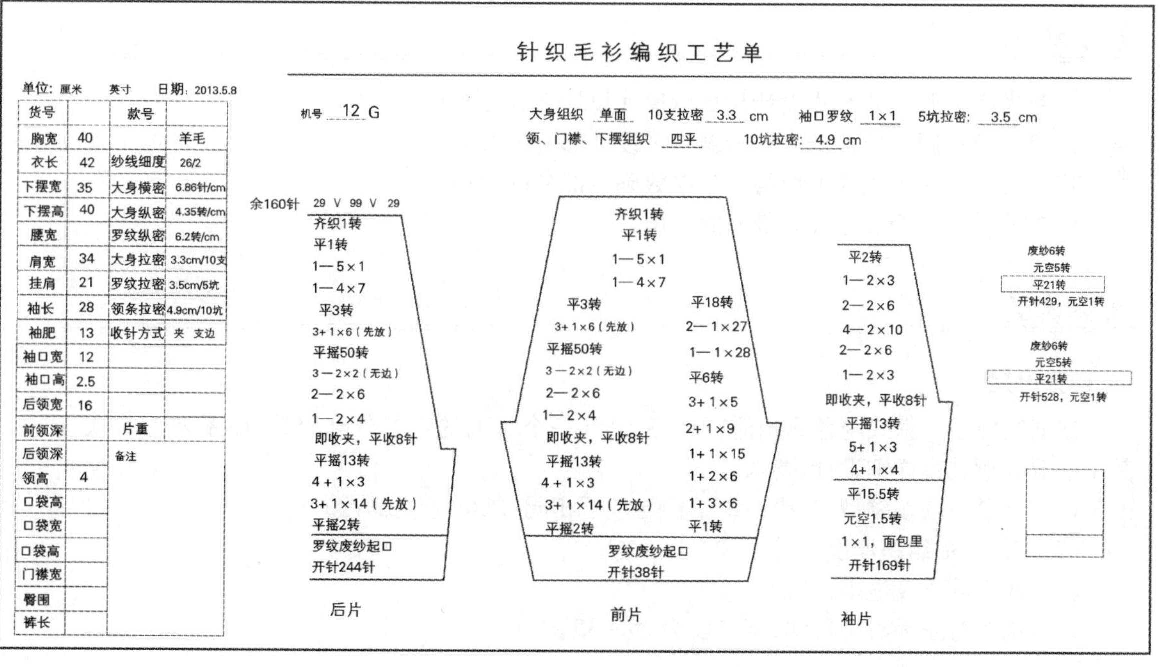

针织毛衫编织工艺单

单位: 厘米　英寸　日期: 2013.5.8

货号		款号	
胸宽	40		羊毛
衣长	42	纱线细度	26/2
下摆宽	35	大身横密	6.86针/cm
下摆高	40	大身纵密	4.35转/cm
腰宽		罗纹纵密	6.2转/cm
肩宽	34	大身拉密	3.3cm/10支
挂肩	21	罗纹拉密	3.5cm/5坑
袖长	28	领条拉密	4.9cm/10坑
袖肥	13	收针方式	夹 支边
袖口宽	12		
袖口高	2.5		
后领宽	16		
前领深		片重	
后领深		备注	
领高	4		
口袋高			
口袋宽			
口袋高			
门襟宽			
臀围			
裤长			

机号 12 G

大身组织 单面　10支拉密 3.3 cm　袖口罗纹 1×1　5坑拉密: 3.5 cm

领、门襟、下摆组织 四平　10坑拉密: 4.9 cm

图 5-1-9　披肩编织工艺单

任务2　圆领女开衫外套的设计与生产

学习目标

1. 掌握毛衫外套款式设计方法,学会外套式毛衫进行款式效果绘制。
2. 了解细针毛衫风格效果的确定方法,学会细针织物的编织工艺参数设计。
3. 了解细针毛衫编织工艺设计步骤方法,学会细针织物的编织工艺设计与生产设计。

任务描述

给定毛衫外套的设计要求,对细针女开衫进行款式设计、组织设计与配合、效果图和平面款式图绘制、结构分解、服装制图、纱线选用、手感试样编织、编织工艺参数的确定和编织工艺设计、套缝工艺设计、后整理工艺设计,进行生产技术文件制定并安排生产。

知识准备

1. 参考毛衫服装的款式设计与规格尺寸设计部分的知识。
2. 参考毛衫服装结构分解与套缝工艺设计部分的知识。
3. 参考毛衫手感试样编织与工艺参数确定部分的知识。
4. 参考毛衫编织工艺设计部分的知识。

任务实施

一、任务设定

依据当前毛衫款式与色彩的流行趋势,设计一个系列的毛衫外套服装,该系列为5款,选其中一款为例进行详细设计,要求:

(1) 领子为圆领领型,门襟组织结构与领子相同,风格简洁细腻。

(2) 大身、袖组织厚度中等。

(3) 成衣的长度适中,长袖。

(4) 销售对象为时尚群体,年龄段为25~35岁。

二、服装效果图设计

1. 初步设计

根据题意,本设计具体表现为:

(1)大身采用纬平针组织设计,使衣片平整细腻,且编织效率高。

(2)成衣下摆、袖口、领、门襟采用罗纹结构,与大身结构有明显区别,视觉良好。

(3)色彩采用米白、浅灰、蓝绿、大青为主色调。

(4)毛衫肩型采用斜肩平袖型设计,袖长大于大身,袖窿与袖山收针部位采用褶花设计,衬托年轻、向上、朝气、阳光。

2. 效果图绘制

构思系列服装共5套,按比例采用 CorelDRAW 软件进行描绘,勾画人模与服装效果图。服装系列取名为"春潮"。以图5-2-1中左起第4款为例进行设计说明。

(1)袖口、下摆用纹理方向的线条表示罗纹效果,用细实线描绘。

(2)挂肩画曲短线,表示收针时的褶花效果。

(3)背面效果图表示背肩型毛衫。

图5-2-1 "春潮"毛衫系列效果图

三、规格尺寸设计

圆领女开衫外套平面款式图与结构示意图见图5-2-2。

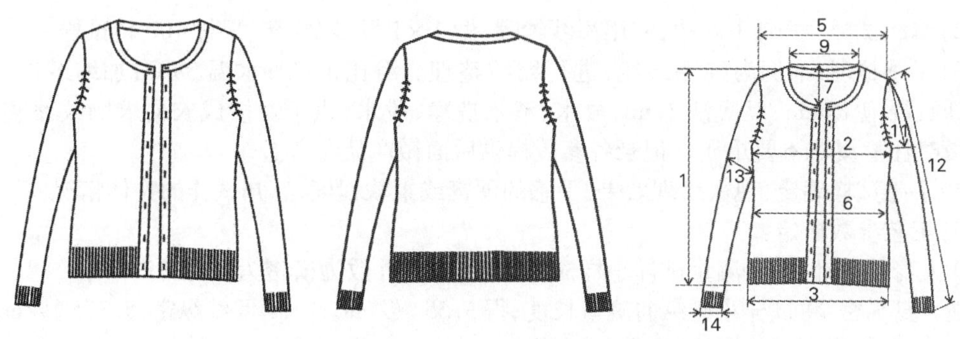

图5-2-2 圆领女开衫外套平面款式图与结构示意图

以160/84人台为参照基准,各部位进行加放后尺寸设计列入表5-2-1。

表 5-2-1 圆领女开衫规格尺寸表 单位:cm

序号	毛衫部位	尺寸	序号	毛衫部位	尺寸	序号	毛衫部位	尺寸
1	衣长	55	7	前领深	10.5	13	袖肥	14.5
2	胸围/2	43	8	后领深	2.5	14	袖口宽	8
3	下摆	40	9	领横宽	19	15	袖脚高	8
4	下摆罗纹高	6	10	领高	2	16	门襟宽	1.5
5	肩宽	34	11	袖窿	19.5	17		
6	腰宽	39	12	袖长	61	18		

四、工艺参数设计

1. 纱线原料选用与规格设计

根据题意与毛衫穿衣效果,本产品拟采用 14.7tex/2(68*N*m/2)纯毛纱 + 50D 尼龙弹力丝进行编织(添纱组织)。编织后由于尼龙弹力的作用,面料回缩大,尺寸稳定性好,手感柔中有刚,弹性良好,织物厚挺。

2. 织物组织设计

大身组织设计为纬平针为基础的添纱组织,正面为纯毛纱,色泽纯正;背面为尼龙。下摆、袖口为 1×1 罗纹添纱组织,领条、门襟为满针罗纹的添纱组织,弹性好。

3. 编织机机号的选择

已知本产品采用 14.7tex/2 单条毛纱 + 50D 尼龙弹力丝,*K* 取值为 9000,因此有:

$G = \sqrt{K \div \mathrm{Tt}} = \sqrt{9000 \div (14.7 \times 2 + 50 \div 9)} \approx 16.05$ 针

根据组织结构并结合本企业的实际情况,本产品采用 14 针机号的横机进行编织。

4. 试样编织

(1)纱线准备:对 14.7tex/2 毛纱进行上蜡处理,处理纱线疵点和接头,卷绕到圆锥形筒子上。

(2)编织试样:开针 100 枚,使用添纱纱嘴,做 1×1 罗纹 20 转、平针 100 转试样一块。

(3)手感整理:本例为纯毛纱线,进行缩绒整理。浴比 1∶30;水温 38℃;加缩绒剂,用量 3%;时间:浸泡 15min,反底洗 1min;放水、清水洗净、脱水,烘干。按成衣要求顺纹路整烫平整,熨烫时注意熨斗不要重压。记录各参数提供后面做产品参考。

(4)手感试样确定:观察纹理效果,手感的硬挺或柔软程度,感知试样的整体情况。

(5)工艺参数测定:

① 大身纬平针横密:测量试样小样横向宽度,除以针数为横密为 8.55 针/cm;

② 大身纵密:将试样小样纵向测量长度,得 5.55 转/cm。1×1 罗纹纵密:5.375 转/cm。

③ 领子、门襟用满针罗纹,密度:横密为 13.6 针/cm,纵密为 5.31 转/cm。

五、套缝缝制工艺设计

1. 结构分解

根据穿着效果和平面款式图分析,此款式为圆领挖领、斜肩、平袖型。成衣衣片分解为:前片、后片、左右袖片、领子、左右门襟组成，其中左、右袖相同。如图 5-2-3 所示。

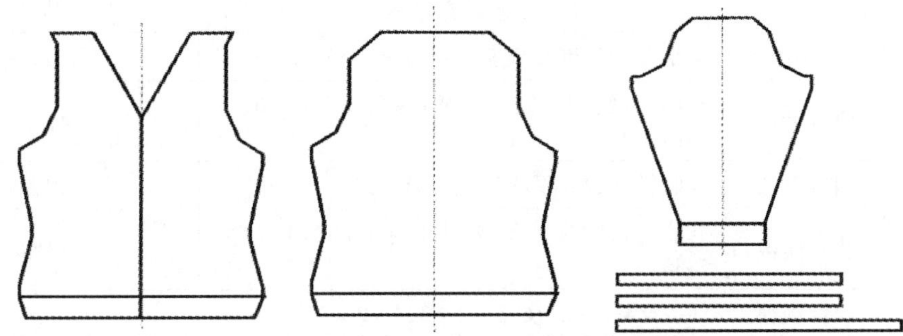

图 5-2-3 圆领女开衫结构分解示意图

2. 套缝工艺流程设计

(1)套缝工艺流程：袖山头、后片领底、前领底、肩部封口→前、后片合肩→上袖→上门襟→上领子→合侧缝→手缝接领→钉商标→固定缝头。

(2)衣片缝制定位点设计

① 前片挂肩对袖定位点做拉线记号(挂一个线套)。

② 后片挂肩对袖定位点做拉线记号。

③ 袖片袖山与肩缝对位点做拉线记号。

六、后片编织工艺设计

设计：本款为圆领女开衫，设计后折宽为 1cm；成衣缝耗每边为 2 针；肩部预收修正值为 95%；衣长回缩量为 0；下摆以上、挂肩以下平摇高度为 3cm；腰节平摇为 5cm，平收长度为 1 cm；后领收针宽度为 2cm。编织工艺设计过程见表 5-2-2。

表 5-2-2 后片编织工艺设计过程表

序号	部位名称	工艺计算过程	结果
1	后片胸宽针数	=(43-1)×8.55+2×2	363 针
2	后片下摆针数	=(40-1)×8.55+2×2	337 针
3	肩宽针数	=34×95%×8.55+2×2	281 针
4	领宽针数	=(19+2×1.5)×95%×8.55+2×2	175 针
5	衣长总转数	=(55-6+0)×5.55+1	273 转
6	下摆罗纹编织	=6×5.375	32 转，元空 1.5 转
7	下摆平摇	=下摆平摇高度×纵密=3×5.55	17 转
8	腰节以下收针	每边收 4 针，收针高 30 转，先收	10-1×4
9	腰节平摇转数	腰节高 5cm，5×5.55	28 转
10	腰节以上放针	每边收 17 针，挂肩以下放针转数 60 转	3+1×3(先放)，4+1×14
11	挂肩以下平摇	平摇高度×纵密=3×5.55	取 17 转

（续表）

序号	部位名称		工艺计算过程	结果
12	挂肩收针	挂肩平收针	=平收针长度×横密+2=1×8.55+2	取11针
		收针针数	=（后片胸宽针数-肩宽针数）÷2=（363-281）÷2	41针
		斜收针数	=收针针数-平收针数=41-11	30针
		收针转数	=收针长度×1.25×纵密=4.85×1.25×5.55	33转
		收针规律	1-2×4,2-2×6,3-2×3,4-2×2	
13	挂肩以上平摇		=（18.9-4.85×1.25）×5.55	72转
14	记号点位置		袖山高×纵密=12.1×5.55	67转
15	后片收肩	肩斜高转数	单肩宽×0.375×纵密=（34-21）×0.95÷2×0.375×5.55	13转
		收针针数	（肩宽针数-后领宽针数）÷2	53针
		收肩规律	1-4×12,1-5×1,平1转（先收）	
16	缝耗			1转
17	后开领	后领深转数	后领深×纵密=（2.5+1.5）×5.55	22转
		斜收针数	收针宽度×横密=（2.5+1.5）×8.55	34针
		后领平收针数	后领宽针数-斜收针数×2=175-34×2	107针
		后开领转数	273-22-缝耗1	250转
		收领规律	1-3×6,1-2×5,2-2×3,平5转	

七、前片编织工艺设计

设计：本款为圆领女开衫，设：后折宽为1cm；成衣缝耗每边为2针；肩部预收修正值为95%；衣长回缩量为0；下摆以上、挂肩以下平摇高度为3cm；腰节平摇为5cm，平收长度为1cm；后领收针宽度为2cm。前片编织工艺设计过程见表5-2-3。

表5-2-3 前片编织工艺设计过程表

序号	部位名称	工艺计算过程	结果
1	前片胸宽针数	=（43+1—1.5）×8.55+2×2×2	371针
2	前片下摆针数	=（40+1-1.5）×8.55+2×2×2	345针
3	肩宽针数	=（34-1.5）×8.55×0.95+2×2	267针
4	领宽针数	=（19+3-1.5）×0.95×8.55-2×2	161针
5	衣长总转数	=（55-6+0）×5.55+1	273转
6	下摆罗纹编织转数	=6×5.375	32转，元空1.5转
7	下摆平摇	=下摆平摇高度×纵密=3×5.55	17转

（续表）

<table>
<tr><th>序号</th><th colspan="2">部位名称</th><th>工艺计算过程</th><th>结果</th></tr>
<tr><td>8</td><td colspan="2">腰节以下收针</td><td>每边收 4 针，收针高 30 转，先收</td><td>10 − 1 × 4</td></tr>
<tr><td>9</td><td colspan="2">腰节平摇转数</td><td>腰节高 5cm，5 × 5.55</td><td>28 转</td></tr>
<tr><td>10</td><td colspan="2">腰节以上放针</td><td>每边收 17 针，挂肩以下放针转数 60 转</td><td>3 + 1 × 3（先放），
4 + 1 × 14</td></tr>
<tr><td>11</td><td colspan="2">挂肩以下平摇</td><td>= 平摇高度 × 纵密 = 3 × 5.55</td><td>取 17 转</td></tr>
<tr><td rowspan="5">12</td><td rowspan="5">挂肩收针</td><td>挂肩平收针</td><td>= 平收针长度 × 横密 + 2 = 1 × 8.55 + 2</td><td>取 11 针</td></tr>
<tr><td>收针针数</td><td>=（前片的胸宽针数 − 肩宽针数）÷ 2
=（371 − 267）÷ 2</td><td>52 针</td></tr>
<tr><td>斜收针数</td><td>= 收针针数 − 平收针数 = 52 − 11</td><td>41 针</td></tr>
<tr><td>收针转数</td><td>= 收针长度 × 1.25 × 纵密
= 5.8 × 1.25 × 5.55</td><td>40 转</td></tr>
<tr><td>收针规律</td><td colspan="2">1 − 3 × 1，1 − 2 × 6，2 − 2 × 8，3 − 2 × 3，4 − 2 × 2</td></tr>
<tr><td>13</td><td colspan="2">挂肩以上平摇</td><td>=（18.9 − 5.8 × 1.25）× 5.55</td><td>65 转</td></tr>
<tr><td>14</td><td colspan="2">记号点位置</td><td>= 袖山高 × 纵密 = 12.1 × 5.55</td><td>67 转</td></tr>
<tr><td rowspan="3">15</td><td rowspan="3">后片收肩</td><td>肩斜高转数</td><td>= 单肩宽 × 0.375 × 纵密</td><td>13 转</td></tr>
<tr><td>收针针数</td><td>=（267 − 161）÷ 2</td><td>53 针</td></tr>
<tr><td>收肩规律</td><td colspan="2">1 − 4 × 12，1 − 5 × 1，平 1 转（先收）</td></tr>
<tr><td>16</td><td colspan="2">缝耗</td><td></td><td>1 转</td></tr>
<tr><td rowspan="5">17</td><td rowspan="5">前开领</td><td>前领深转数</td><td>= 前领深 × 纵密 =（10.5 + 1.5）× 5.55 + 1</td><td>59 转</td></tr>
<tr><td>领底平收针数</td><td>= 领宽针数 ÷ 4 = 145 ÷ 4</td><td>37 针</td></tr>
<tr><td>单侧斜收针数</td><td>=（领宽针数 − 领底平收针数）÷ 2</td><td>54 针</td></tr>
<tr><td>前开领转数</td><td>= 273 − 59</td><td>214 转</td></tr>
<tr><td>收领规律</td><td colspan="2">1 − 2 × 8，1 − 1 × 12，2 − 1 × 9，平 21 转</td></tr>
</table>

八、袖片编织工艺设计

设计：本例修正的横、纵密采用大身的数据进行计算。

袖片编织工艺设计过程见表 5-2-4。

表 5-2-4 袖片编织工艺设计过程表

序号	部位名称	工艺计算过程	结果
1	袖宽针数	=（14.5 × 2）× 8.55 + 2 × 2	251 针
2	袖山头针数	= 6.8 × 2 × 8.55 + 2 × 2	121 针
3	袖口针数	=（8 × 2）× 8.55 + 2 × 2	141 针
4	袖长总转数	=（66 − 8）× 5.55	322 转
5	袖山高转数	= 12.1 × 5.55	67 转

（续表）

序号	部位名称		工艺计算过程	结果
6	袖身放针转数		=322－67－28	227 转
7	袖口编织设计	袖口开针数		141 针
8		袖口罗纹转数	=8×5.31	42 转
9		罗纹组织结构	1×1 罗纹，面包里排针，元空 1.5 转	
10	袖身放针设计	袖身放针针数	=(251－141)÷2	55 针
		挂肩以下平摇转数	设挂肩以下平摇 5cm，5×5.55	28 转
		袖身放针转数	=322－67－28	227 转
		袖身放针规律	1+1×3(先放)，4+1×36，5+1×16	
11	袖山收针规律设计	袖山收针针数	=(251－121)÷2	65 针
		平收针数	与大身平收针数对应	11 针
		斜收针数	=每侧收针数－平收针数=65－11	54 针
		袖山收针转数	袖山高针数	67 转
		收针规律	平收 11 针，1－2×3，2－2×4，3－2×4，4－2×5，3－2×4，2－2×4，1－2×3，平 2 转。	

九、领子

编织工艺设计过程见表 5-2-5。

表 5－2－5　领子编织工艺设计过程表

序号	部位名称	计算过程	结果
1	领子、门襟密度横密	=6.735 针/cm，纵密=5.31/cm	
2	前领圈长	=17.5÷2×3.14+(2×10.5－19)	29. 5cm
3	后领圈长	=107÷8.55+2.5×3.14	20.36cm
4	领子长度	=29.475+20.36	49.8cm
5	领子开针数	=领子长×领罗纹横密=48.4×6.735	325 针
6	领子高度	=2×2×5.31	21 转
7	门襟长	衣长－前领深=55－10.5	44.5cm
8	门襟开针数	=1.5×2×6.735+2	23 针
9	门襟转数	=门襟长×纵密+缝耗=44.5×5.31+2	237 转

十、套口与后整理工艺

1. 套缝工艺流程

衣片封口→合肩→上袖→开前片→上左右门襟→上领→合肋→手缝→加固→钉标→检验→洗水→整烫→成品检验→包装

2. 套缝各工序工艺设计

(1)封口:将后领、前后肩、袖山等处进行套口封口处理,防止漏缝。

(2)合肩:将前后片肩部按针对针套缝,废纱下第二个横列起套口。

(3)上袖:将袖子与大身片对应缝合,套在边内第二针上。大身袖窿上的记号点对应袖山头的两个角。袖山头中点对肩缝线。

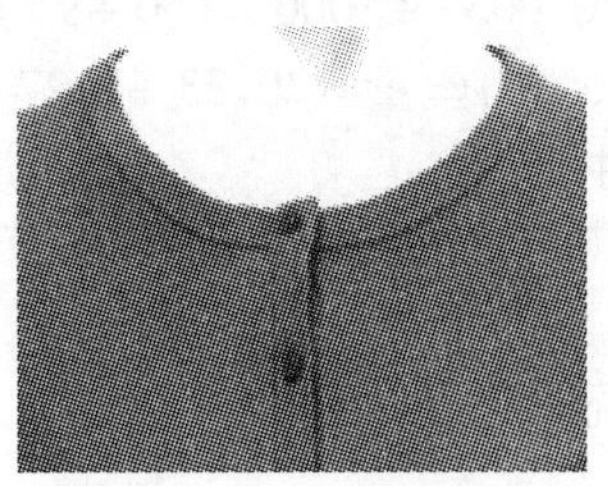

图 5-2-4 领子套缝效果图

图 5-2-5 成衣效果图

(4)上门襟、领子:门襟朝上,对折夹套大身。再套领子,领子双层夹套大身。将大身正面朝里,按领子的定位记号点对肩部缝线位置套上,门襟、领子各处松紧匀称。

(5)合肋:将衣片的前后两大部分从袖口到下摆,按设计的缝耗准确对位均匀的进行套口缝合,松紧合适。

(6)手缝、藏线头:领子两端、袖口、下摆等无法套口处,用大身同色线,将各部位用手缝缝接,尽量与大身组织相同,无痕迹。用钩针将各处线头藏于织物内。成衣效果如图 5-2-5 所示。

(7)钉标:用平车将商标、洗标、装饰物缝制在衣片上。

(8)套检:用照衫灯进行缝接、编织的漏缝、漏针、结头等疵点检验。

3. 缩绒工艺

浴比 1∶30;水温 35℃ ~40℃;加净洗剂 209,用量 3%;时间:浸泡 15min,反底洗 1min;放水、清水洗净。柔软整理:40℃水加硅油 2027、A6 ,用量 5%,浸 15min;清水洗净、脱水,烘干。

4. 整烫

按规格套烫板,用蒸汽熨。熨烫温度 100 ~120℃,注意成品造型和规格。

5. 成品检验

检验成品各部位的规格尺寸、整烫、洗水效果,成品瑕疵检验等。

6. 包装

按设计要求进行折叠包装,一般一件装一个胶袋。按设计要求配码、配色装箱。

十一、毛衫生产

1. 试制中样

依据首样的工艺参数,安排全尺码各 5 件的样品试织,便于修正工艺。确定每件毛衫的平均重量和生产工时、辅料、外加工费用等数据资料。

2. 生产组织

(1)根据毛衫的件重,按损耗 2% 计算,安排外购 14.7tex/2(68*N*m/2)毛纱。

① 线圈数计算:根据每行的线圈编织数,本件毛衫共有 689871 个线圈。

② 毛纱重量计算:毛纱重 = 线圈数 × 圈长 × Tt = 689871 × 0.00713 ÷ 1000 × (14.7 × 2) = 144.61 g

弹力丝重 = 689871 × 0.0053 ÷ 1000 × (50 ÷ 9) = 20.33g

③ 领子、门襟毛衫重量 = (21804 + 55250) × 0.00713 ÷ 1000 × (14.7 × 2) = 16.16g

④ 领子、门襟弹力丝重量 = (21804 + 55250) × 0.0053 ÷ 1000 × (50 ÷ 9) = 2.27g

⑤ 毛衫用纱量 = 144.61 + 16.16 = 160.77g/件,弹力丝量 = 20.33 + 2.27 = 22.6g/件

⑥ 单件毛衫总重 = 160.77 + 22.6 = 183.37g/件

(2)定购辅料:按计划数量定购弹力线、织标(商标)、洗标、吊牌、胶袋、纸箱等。

(3)制定工艺单、技术文件。

(4)召开生产会议,安排生产时间、交货时间,统一质量标准。

3. 生产安排

(1)原料购入:按照生产要求,按规定的规格质量和颜色要求购入相应重量的毛纱。

(2)原料检验:抽取 5% 毛衫头数进行原料含量、纱支规格、毛衫强力、色牢度等主要指标进行检验。(视各企业自行规定)

(3)纱线准备:对纱线进行络纱,确定络纱张力参数,上蜡方式(固体蜡)。

(4)编织衣片

① 安排机位进行生产前横机密度调试准备,拉密达到规定的要求:大身 10 支拉密 4cm,罗纹 5 坑拉密 3cm。领、门襟罗纹 10 坑拉密 3.5cm。

② 召集生产会议,对参与本品种生产的有关人员进行工艺单发放、编织方法说明、织片片长控制说明,做到人人清楚明白。

③ 按筒纱重量领取纱线:称重、登记。

(5)衣片检验:对刚下机的衣片进行编织工艺检验、织片长度检验,及时调整问题机台的密度,使所有机台工艺一致。重点检验吃单纱、断单纱、翻丝、色差等编织工艺问题。

(6)套缝:召集套口小组人员,发放套口工艺单,讲解套缝要求和方法。附套口工艺单。

(7)套检:采用套衫灯检,检查套缝质量、衣片质量。

(8)拆纱、手缝、钩线头通知各部位的操作要求。

(9)缩绒:发放缩绒洗水工艺单,按工艺单要求备料。

(10)整理:制作各规格尺寸的烫板。

(11)钉标:说明用标类别、钉标的方法、位置、流程。

4. 试样工艺技术文件

编织工艺单如图 5-2-6 所示。

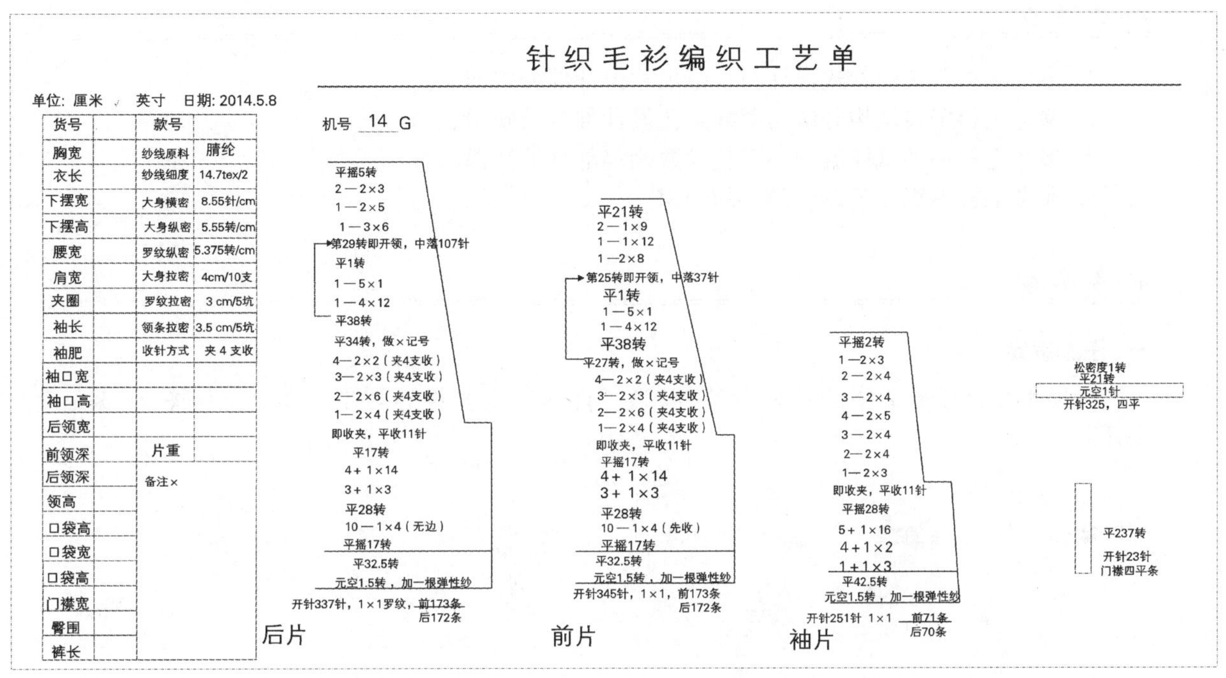

针织毛衫编织工艺单

单位：厘米 √ 英寸 日期：2014.5.8

货号		款号	
胸宽		纱线原料	腈纶
衣长		纱线细度	14.7tex/2
下摆宽		大身横密	8.55针/cm
下摆高		大身纵密	5.55转/cm
腰宽		罗纹纵密	5.375转/cm
肩宽		大身拉密	4cm/10支
夹圈		罗纹拉密	3 cm/5坑
袖长		领条拉密	3.5 cm/5坑
袖肥		收针方式	夹 4 支收
袖口宽			
袖口高			
后领宽			
前领深		片重	
后领深		备注×	
领高			
口袋高			
口袋宽			
口袋高			
门襟宽			
臀围			
裤长			

机号 14 G

后片：
平摇5转
2—2×3
1—2×5
1—3×6
第29转即开领，中落107针
平1转
1—5×1
1—4×12
平38转
平34转，做×记号
4—2×2（夹4支收）
3—2×3（夹4支收）
2—2×6（夹4支收）
1—2×4（夹4支收）
即收夹，平收11针
平17转
4+1×14
3+1×3
平28转
10—1×4（无边）
平摇17转
平32.5转
元空1.5转，加一根弹性纱
开针337针，1×1罗纹，前173条 后172条

前片：
平21转
2—1×9
1—1×12
1—2×8
第25转即开领，中落37针
平1转
1—5×1
1—4×12
平38转
平27转，做×记号
4—2×2（夹4支收）
3—2×3（夹4支收）
2—2×6（夹4支收）
1—2×4（夹4支收）
即收夹，平收11针
平摇17转
4+1×14
3+1×3
平28转
10—1×4（先收）
平摇17转
平32.5转
元空1.5转，加一根弹性纱
开针345针，1×1，前173条 后172条

袖片：
平摇2转
1—2×3
2—2×4
3—2×4
4—2×5
3—2×4
2—2×4
1—2×3
即收夹，平收11针
平摇28转
5+1×16
4+1×2
1+1×3
平42.5转
元空1.5转，加一根弹性纱
开针251针 1×1 前71条 后70条

松密度1转
平21转
元空1针
开针325，四平

平237转
开针23针
门襟四平条

图5-2-6 编织工艺单

任务3 V领插肩袖女套衫设计与生产

学习目标

1. 掌握毛衫典型产品V领插肩袖型女套衫结构分解与套缝设计方法，学会对V领插肩袖款式毛衫进行结构分解，能进行套缝流程与工艺设计。
2. 掌握依据纱线的细度选用横机机号的方法，学会对横机设备进行选型，并能进行毛衫试样的编织及编织工艺参数的测定。
3. 掌握V领插肩袖型女套衫衣片及附件的编织工艺设计过程和方法，学会对V领插肩袖款式毛衫进行编织工艺设计，并能制定成编织工艺单。

任务描述

根据V领插肩袖型女套衫的平面款式图、规格尺寸表和工艺要求，分析V领插肩袖型女套衫的款式结构与套缝工艺特点，进行试样编织、工艺参数确定、衣片编织工艺设计、附件编织工艺参数设计、套缝工艺设计、后整理工艺设计，并制定编织工艺单。要求设计合理、工艺可行。

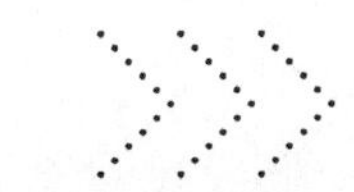

知识准备

1. 参考毛衫服装的款式设计与规格尺寸设计部分的知识。
2. 参考毛衫服装结构分解与套缝工艺设计部分的知识。
3. 参考毛衫手感试样编织与工艺参数确定部分的知识。
4. 参考毛衫编织工艺设计部分的知识。

任务实施

一、任务设定

参照本项目任务 2 中的系列设计,以第三件进行工艺设计与生产实施。如图 5-3-1 所示。

图5-3-1 V领女套衫效果图平面款式图

二、平面款式图设计

依据效果图,该款毛衫设计为中袖、斜肩斜袖型的肩袖结构,领型为 V 领挖领。在袖窿线的两侧与 V 领线侧做夹花效果,衬托出年轻、活泼。V 领插肩袖女套衫为典型款女式毛衫,其款式特点是袖夹线为斜向分割形式的斜线,使袖山与肩部为一体,从而肩部有宽厚的视觉效果。成衣主要部位线条硬朗、风格粗犷。成衣袖子长度的度量一般从后颈点直量到袖口,或者从领边直量到袖口。

三、规格尺寸设计

以 165 原型人台为参照基准,各部位尺寸设计如下:

(1) 衣长(衫长):依据效果图的穿着,自内肩点量至臀围线为 58cm。

(2) 胸宽(胸阔):以人台胸围 88cm 加放至 95cm,得胸宽为 47.5cm。

(3) 袖长:以领边量至袖口边缘,按穿着效果量至肘关节下得 57cm,将罗纹设计在肘关节下,袖长为 62cm。

(4) 袖肥(袖横阔):根据上臂围,加放后尺寸为 15cm。

(5) 下摆宽(衫脚阔):本款毛衫设计为下收口,根据臀围尺寸,下摆宽设计为 44cm。

(6) 领宽(领横阔):领子略为宽大一些,多露出脖子、前胸部分,领宽设为:18cm。

(7) 前领深:领深至乳围线偏上 2cm,设计为 20cm。后领深设为 2.5cm。

(8) 插肩袖前、后分配设计:袖前、后分配关系到分割线的美观,根据穿着效果将袖前、后分配设计为:前5cm、后2.5cm。设计挂肩高为24cm。实际情况应根据号型的大小需要做适当的调整,成人毛衫的袖山头尺寸最小值应大于7.5cm。

(9) 其他尺寸:下摆罗纹高设计为6cm,袖口罗纹高设为5cm,袖口宽设为10cm。

以上尺寸设计列表5-3-1;毛衫质量示意图如图5-3-2。

表5-3-1 毛衫规格尺寸表(cm)

序号	部位名称	尺寸	序号	部位名称	尺寸
1	衫长	58	8	袖前分配	5
2	胸阔	47.5	9	袖后分配	2.5
3	袖长	62	10	衫脚高	6
4	袖横阔	15	11	袖嘴高	5
5	衫脚阔	44	12	袖嘴宽	10
6	领横阔	18	13	后领深	2.5
7	前领深	20	14	领条宽	2

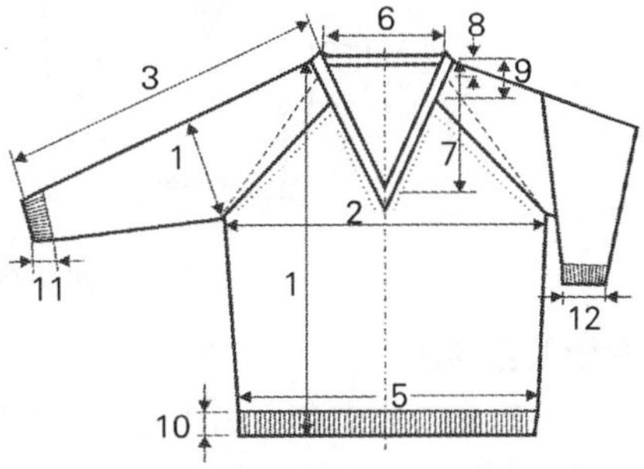

图5-3-2 毛衫度量示意图

三、工艺参数设计

1. 纱线原料选用与规格设计

根据题意与毛衫穿衣效果,面料质地轻薄,考虑采用12G手摇横机编织。上网查询市场的纱线行情与规格,拟选用83.33tex(2/24*N*m)50/50天丝/丝光毛混纺纱线。该纱线从原料成分分析,编织得到的面料应为光泽亮而柔和、手感滑濡而富有弹性,悬垂性好,穿着舒适。

2. 织物组织设计

大身组织设计为纬平针,织物平整、生产简单快速。下摆、袖口为1×1罗纹弹性添纱组织,领条、门襟为满针罗纹的弹性添纱组织,弹性好、保型性好。

3. 试样编织

(1)编织试样:开针120枚;使用添纱纱嘴,加40D尼龙做1×1罗纹20转、平针100转试样一块。

(2)手感整理:本例为天丝/丝光毛混纺纱线,无需缩绒整理。采用洗水工艺:浴比1:30;水温35℃;加柔软剂,用量3%;时间:浸泡15min,反底洗1min;放水、清水洗净、脱水,烘干。按成衣要求顺纹路整烫平整,熨斗轻拂。

(3)手感试样确定:观察纹理松紧效果,手感的柔软程度,确定试样整体效果。

(4)工艺参数测定:

① 大身纬平针横密:测量试样横密为6.7针/cm,10支拉密为3.35cm。

② 大身纵密:测量试样纵密为:4.7转/cm。1×1罗纹纵密为5.16转/cm。

③ 领子采用满针罗纹,按拉开效果(拉长15%~20%)测密度:横密为5针/cm,纵密为5.2转/cm。

四、成衣缝制工艺设计

根据成衣效果图、平面款式图进行缝制工艺设计。

1. 结构分解

根据平面款式图,款式为 V 领斜肩斜袖型(插肩袖)。成衣衣片分解为:衣片由前片、后片、袖片两片、领条组成。其中左、右袖片为对称片,分左右袖子编织(图 5-3-3)。

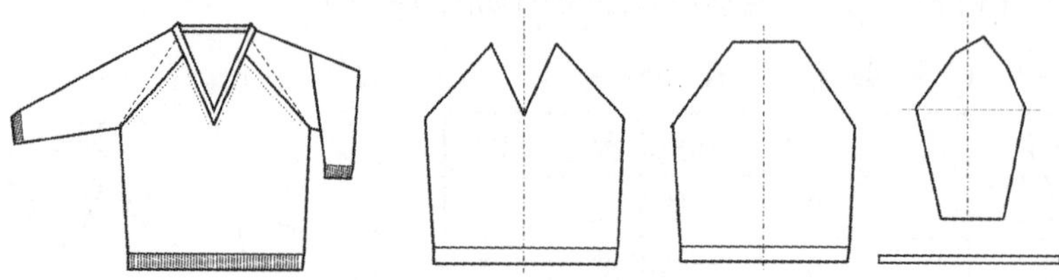

图 5-3-3 V 领女套衫衣片分解图

2. 套缝工艺设计

(1)套缝工艺流程:袖山头、后片领口封口→上左、右袖子→手缝接领→上领条→合肋缝→钉商标、洗标→钩针藏线头、固定→套检。

(2)衣片缝制时定位点设计:

① 定位点:衣片各部位直接拼缝,不需要定位点。

② 领条记号:领条较长,需要设置定位点。领条上设置左前片拼缝点 B、左后侧拼缝点 C、右后侧拼缝点 D、右前片拼缝点 E,领尖点 A、F 上领后在前领中心对接做成 V 型领尖。如图 5-3-4 所示 B、C、D、E 分别对位挑孔记号。

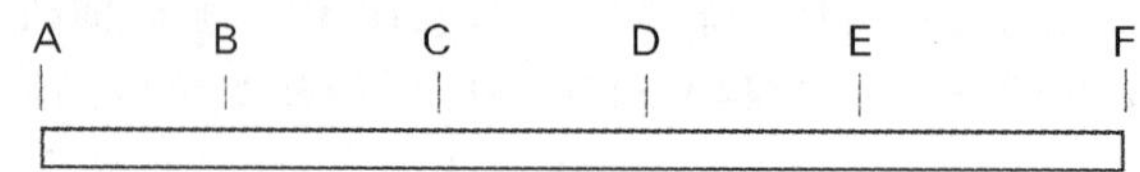

图 5-3-4 领条定位点示意图

五、衣片编织工艺设计

设计:本款为圆领女套衫,设计后折宽为 1cm;成衣缝耗每边为 2 针;衣长回缩量为 1cm。挂肩高为袖窿点到内肩点的垂直距离,设为 24cm。

1. 后片编织工艺设计(表 5-3-2)

表 5-3-2 后片编织工艺设计过程表

序号	部位名称	工艺计算过程	结果
1	后片胸宽针数	$=(47.5-1)\times6.7+2\times2=315.55$	取 315 针
2	后片下摆针数	$=(44-1)\times6.7+2\times2=292.1$	取 293 针
3	领宽针数	$=(18+2\times2-2\times2.5)\times95\%\times6.7+2\times2$	取 117 针
4	后衣长总转数	$=(58-6-2.5+1)\times4.7+1=238.35$	取 239 转
5	下摆罗纹编织	$=6\times5.16=30.96$	31 转,元空 1.5 转
6	挂肩高转数	$=(24-2.5)\times4.7=101.05$	取 101 转
7	挂肩以下转数	$=239-(24-2.5)\times4.7-1=137$	137 转
8	挂肩以下平摇	平摇高度×纵密 $=3\times4.7=14.1$	取 14 转

（续表）

序号	部位名称		工艺计算过程	结果
9	挂肩以下放针针数		=(315－293)÷2=11	11针
10	挂肩以下放针转数		=137－14=123	123转
11	挂肩以下放针设计		1+1×3(先放),15+1×7,16+1×1	
12	挂肩收针	挂肩平收针	=平收针长度×横密+2=1×6.7+2	取9针
		收针针数	=(后片胸宽针数－后领宽针数)÷2 =(315－117)÷2=99	9针
		斜收针数	=收针针数－平收针数=99－9=90	90针
		收针转数	=挂肩高转数－缝耗=101－1=100	100转
		收针规律	3－2×8,2－2×37,平3转	

说明:(1)第6步骤中2.5为插肩袖后分配值。
(2)袖窿按夹4支收针。

2. 前片编织工艺设计(表5-3-3)

表5－3－3 前片编织工艺设计过程表

序号	部位名称		工艺计算过程	结果
1	前片胸宽针数		=(47.5+1)×6.7+2×2=328.95	取329针
2	前片下摆针数		=(44+1)×6.7+2×2=305.5	取305针
3	前领宽针数		=(18+2×2－2×2)×0.95×6.7=114.57	取115针
4	前衣长总转数		=(58－6－5+1)×4.7+1=226.6	227转
5	下摆罗纹编织		=6×5.16=30.96	31转,元空1.5转
6	挂肩高转数		=(24－5)×4.7=89.3	取89转
7	挂肩以下转数		=227－(24－5)×4.7－1 = 137	137转
8	挂肩以下平摇		平摇高度×纵密=3×4.7=14.1	取14转
9	挂肩以下放针针数		=(329－305)÷2=12	12针
10	挂肩以下放针转数		=137－14=123	123转
11	挂肩以下放针设计		1+1×3(先放),13+1×5,14+1×4	
12	挂肩收针	挂肩平收针	=平收针长度×横密+2=1×6.7+2	取9针
		收针针数	=(前片的胸宽针数－前领宽针数)÷2 =(329－115)÷2=107	107针
		斜收针数	=收针针数－平收针数=107－9	98针
		收针转数	=前挂肩高转数－缝耗=89－1=88	88转
		收针规律	2－2×36,1－2×13,平3转	

（续表）

序号	部位名称		工艺计算过程	结果
13	前开领	前领深转数	= 前领深 × 纵密 = (20 + 2.5 − 5) × 4.7 + 1	83 转
		开领点	= 227 − 83 = 144	144 转
		单侧斜收针数	= 前领宽针数 ÷ 2 = 115 ÷ 2 = 57.5	57 针，中落 1 针
		收领规律	1 − 1 × 57，2 − 1 × 26，平 2 转	

说明：(1)第 3 步骤中取前领宽内移 2cm。

(2)第 6 步骤中 5 为前袖分配值。

(3)袖窿、前领圈按夹 4 支收针。

3. 袖片编织工艺设计

按横紧直松的原理袖身横密取值为 6.9 针/cm，袖纵密取值为 4.5 转/cm。工艺设计过程见表 5−3−4。

表 5−3−4　袖片编织工艺设计过程表

序号	部位名称		工艺计算过程	结果
1	袖宽针数		= 15 × 2 × 6.9 + 2 × 2 = 211	211 针
2	袖山头针数		= (2.2 + 5) × 6.9 + 2 × 2 = 55.75	55 针
3	袖口针数		= 10 × 2 × 6.9 + 2 × 2 = 142	141 针
4	袖长总转数		= (62 − 5) × 4.5 + 1 = 257.5	257 转
5	前袖山高转数		= 前片挂肩高 × 4.5 = 19 × 4.5 = 85.5	85 转
6	后袖山高转数		= 后片挂肩高 × 4.5 = 21.5 × 4.5	97 转
7	袖挂肩以下转数		= 257 − 85 − (97 − 85) × 5 ÷ 7.5 − 1	163 转
8	袖口编织设计	袖口开针数		141 针
		袖口罗纹转数	= 5 × 5.16 = 25.8	26 转
		罗纹组织结构	1 × 1 罗纹，面包里排针，元空 1.5 转	
9	袖身放针设计	袖身放针针数	= (211 − 141) ÷ 2 = 35	35 针
		袖挂肩以下平摇转数	= 5 × 4.5 = 22.5	22 转
		袖身放针转数	= 163 − 22 = 141	141 转
		袖身放针规律	1 + 1 × 3(先放)，4 + 1 × 21，5 + 1 × 11	
10	袖山收针规律设计	前袖山收针针数	= 10 × 6.9 = 69	69 针
		后袖山收针针数	= 12.5 × 6.9 = 86.25	87 针
		平收针数	与大身平收针数对应	9 针
		前、后袖山斜收针数	前 = 69 − 9 = 60，后 = 87 − 9 = 78	前 60 /后 78 针
		袖山收针转数	袖山高转数	前 85/后 97 转
		前袖山收针规律	平收 9 针，3 − 2 × 22，2 − 2 × 8，平 2 转	
		后袖山收针规律	平收 9 针，3 − 2 × 16，2 − 2 × 23，平 2 转	

（续表）

序号	部位名称		工艺计算过程	结果
11	袖山头收针	前后袖山高度差转数	=97 −85 =12	12 转
		袖山头针数		55 针
		袖山头收针规律	1 −4 ×5,1 −5 ×7,平 1 转	

说明:(1)第 2 步骤中袖山头宽度为插肩袖前后分配值总和。

(2)第 5、6 步骤中前后袖山高各对应于前后身片的挂肩高。

(3)袖山按夹 4 支收针。

六、领子编织工艺设计(表 5-3-5)

表 5 –3 –5　领子编织工艺设计过程表

序号	部位名称	计算过程	结果
1	领子、门襟密度	横密 =5 针/cm,纵密 =5.2/cm	
2	V 领前领圈长	= ×2 =50	50cm
3	后领长	=18 +2 ×2 =22	22cm
4	领子总长度	=50 +22	72cm
5	领子开针数	= 领子长 × 领罗纹横密 =72 ×5	360 针
6	领子高度	= 领高 × 纵密 =2 ×5.2 =10.4	10.5 转

七、套口与后整理工艺

1. 套缝工艺流程

衣片封口→上袖→上领→合肋→手缝→加固→钉标→检验→洗水→整烫→成品检验→包装

2. 套缝各工序工艺设计

(1)封口:将后领、袖山等处进行套口封口处理,防止漏缝。

(2)上袖:将袖子与大身片对应缝合,套在边内第二针上。废纱下第二个横列起套口。

(3)上领子:先将领子光边朝上、正面朝里套上,大身前片正面朝里、正中领尖处起套,按定位点标记(图 5-3-5)依次对位均匀套上。注意领子各处松紧匀称,控制缝线松紧。

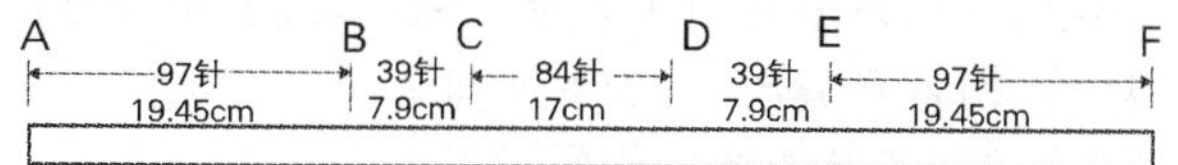

图 5-3-5　领条定位点制作示意图

(4)合肋:将衣片的前后两大部分从袖口到下摆,按设计的缝耗准确对位均匀的进行套口缝合,松紧合适(拉伸伸长不小于 120%)。

(5)手缝、藏线头:领子手缝制作尖领,内缝 11 针做斜角缝。肋缝两端、袖口、下摆等无法套口处,用大身同色线,将各部位用手缝缝接加固。用钩针将各处线头藏于织物内。

(6)钉标:用平车将商标、洗标、装饰物缝制在衣片上。

(7)套检:用照衫灯进行缝接、编织的漏缝、漏针、结头等疵点检验。

3. 洗水工艺

浴比1∶30;水温35°~38°;加柔软剂(各企业自定,如硅油2027、A6等),用量3%;时间:浸泡15min,清洗1min;放水、清水洗净、脱水,烘干。

4. 整烫

按规格套烫板,用蒸汽熨。熨烫温度100~120℃,注意成品造型和规格。

5. 成品检验

检验成品各部位的规格尺寸、整烫、洗水效果,成品瑕疵检验等。

6. 包装

按要求进行折叠包装,一件装一个胶袋。按要求配码、配色装箱。

八、毛衫生产

1. 试制中样

依据首样的工艺参数,安排全尺码各5件的样品试织,便于修正工艺。确定每件毛衫的平均重量和生产工时、辅料、外加工费用等数据资料。

2. 生产组织

根据毛衫的件重,按损耗2%计算,安排外购毛纱。定购辅料:按计划定购弹力线、织标(商标)、洗标、吊牌、胶袋、纸箱等。制定工艺单、技术文件。召开生产会议,安排生产时间、交货时间。

3. 生产安排

(1)纱线准备:对纱线进行络纱,确定络纱张力参数,上蜡方式(固体蜡)。

(2)编织衣片

① 安排机位进行生产前横机密度调试准备,拉密达到规定的要求:大身10支拉密3.35cm,罗纹5坑拉密2.3cm。领罗纹5坑拉密1.95cm。

② 召集生产会议,对参与本品种生产的有关人员进行工艺单发放、编织方法说明、织片片长控制说明,做到人人清楚明白。

③ 按筒纱重量领取纱线:称重、登记、回收。

(3)衣片检验:对刚下机的衣片进行编织工艺检验、织片长度检验,及时调整问题机台的密度,使所有机台工艺一致。重点检验吃漏针、竖道、横道、身袖色差等编织工艺问题。

(4)套缝:召集套口小组人员,发放套口工艺单,讲解套缝要求和方法。

(5)套检:采用套衫灯检,检查套缝质量、衣片质量。

(6)拆纱、手缝、钩线头:通知各部位的操作要求。

(7)缩绒:发放缩绒洗水工艺单,按工艺单要求备料。

(8)整理:制作各规格尺寸的烫板,各部位按样品要求熨烫。

(9)钉标:说明用标类别、钉标的方法、位置、流程。

4. 样衣各部位编织效果(图 5-3-6、图 5-3-7)。

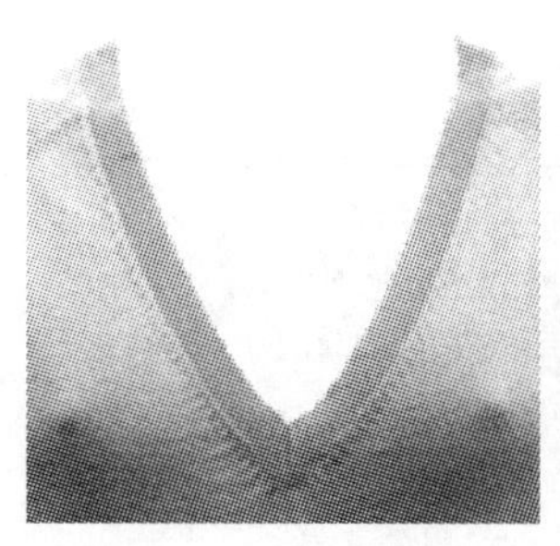
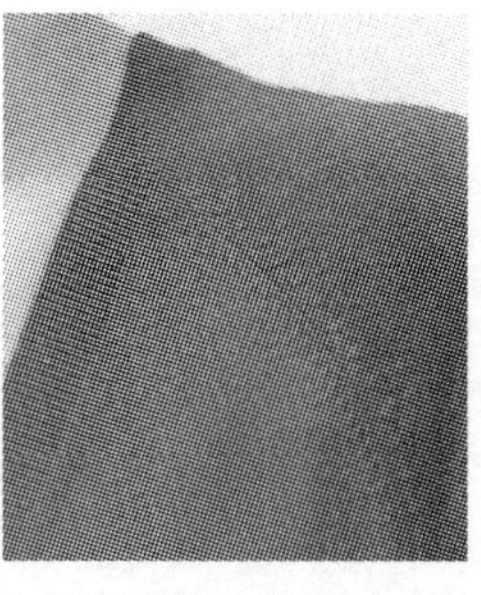

图 5-3-6 领子与袖窿收针效果图

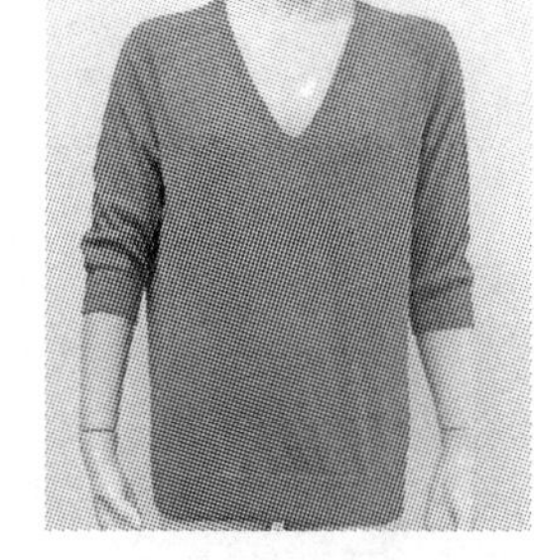

图 5-3-7 成衣效果图

5. 试样工艺技术文件(图 5-3-8)

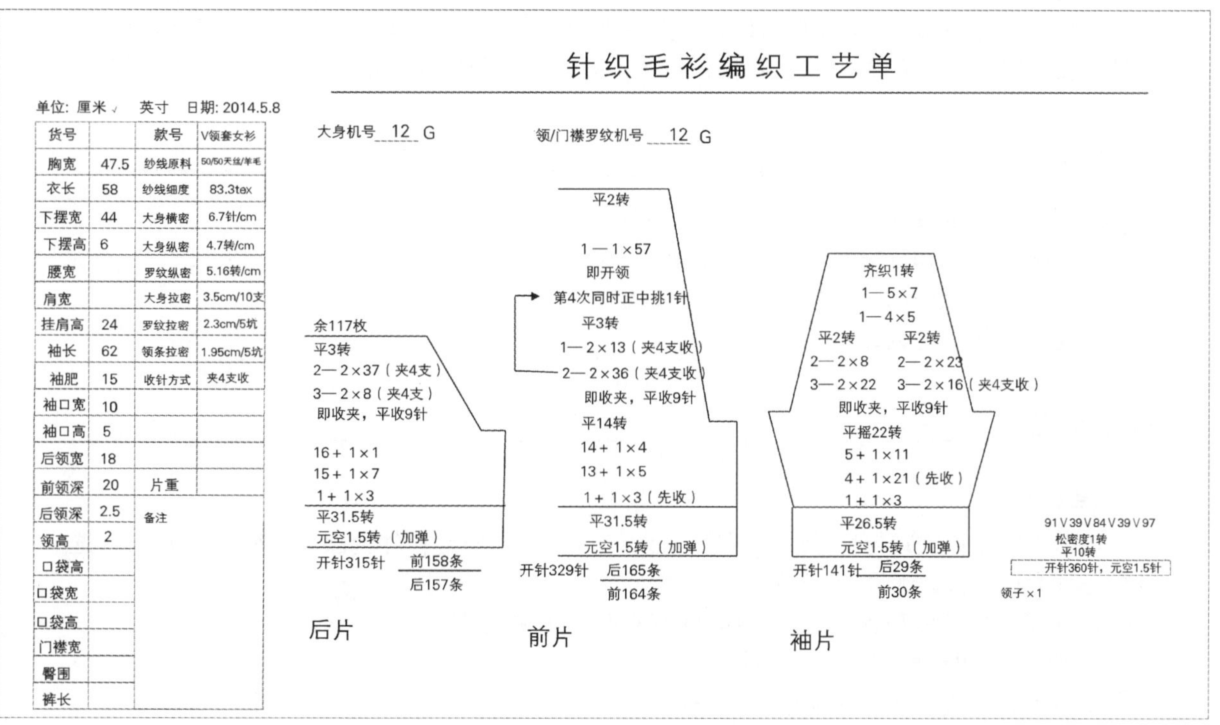

针 织 毛 衫 编 织 工 艺 单

单位：厘米 √ 英寸 日期：2014.5.8

货号		款号	V领套女衫
胸宽	47.5	纱线原料	50/50天丝/羊毛
衣长	58	纱线细度	83.3tex
下摆宽	44	大身横密	6.7针/cm
下摆高	6	大身纵密	4.7转/cm
腰宽		罗纹纵密	5.16转/cm
肩宽		大身拉密	3.5cm/10支
挂肩高	24	罗纹拉密	2.3cm/5坑
袖长	62	领条拉密	1.95cm/5坑
袖肥	15	收针方式	夹4支收
袖口宽	10		
袖口高	5		
后领宽	18		
前领深	20	片重	
后领深	2.5	备注	
领高	2		
口袋高			
口袋宽			
口袋高			
门襟宽			
臀围			
裤长			

大身机号 12 G　　领/门襟罗纹机号 12 G

后片：
余117枚
平3转
2—2×37（夹4支）
3—2×8（夹4支）
即收夹，平收9针
16+1×1
15+1×7
1+1×3
平31.5转
元空1.5转（加弹）
开针315针 前158条/后157条

前片：
平2转
1—1×57
即开领
第4次同时正中挑1针
平3转
1—2×13（夹4支收）
2—2×36（夹4支收）
即收夹，平收9针
平14转
14+1×4
13+1×5
1+1×3（先收）
平31.5转
元空1.5转（加弹）
开针329针 后165条/前164条

袖片：
齐织1转
1—5×7
1—4×5
平2转　平2转
2—2×8　2—2×23
3—2×22　3—2×16（夹4支收）
即收夹，平收9针
平摇22转
5+1×11
4+1×21（先收）
1+1×3
平26.5转
元空1.5转（加弹）
开针141针 后29条/前30条

91 V 39 V 84 V 39 V 97
松密度1转
平10转
开针360针，元空1.5针
领子×1

图 5-3-8 V领女套衫编织工艺单

任务4 桂花针女开衫外套的设计与生产

学习目标

1. 掌握毛衫外套款式设计方法，学会外套式毛衫进行款式效果绘制。
2. 掌握毛衫外套的尺寸放量方法，学会外套式毛衫的规格尺寸设计。
3. 了解粗针毛衫风格效果的确定方法，学会粗针织物的编织工艺参数设计。
4. 了解毛衫外套的编织工艺设计方法，学会翻领毛衫的编织工艺设计。

任务描述

给定毛衫外套的设计要求，对粗针女开衫进行款式设计、组织设计与配合、效果图和平面款式图绘制、结构分解、服装制图、纱线选用、手感试样编织、编织工艺参数的确定和编织工艺设计、套缝工艺设计、后整理工艺设计，进行生产技术文件制定并安排生产。

知识准备

1. 毛衫服装的款式设计与规格尺寸设计。
2. 毛衫服装结构分解与套缝工艺设计。
3. 毛衫手感试样的编织与工艺参数的确定。
4. 毛衫编织工艺设计。

任务实施

一、任务设定

依据当前毛衫款式与色彩的流行趋势，设计一个系列的毛衫外套服装，该系列为5款，选其中一款为例进行详细设计，要求：

1. 领子为翻领领型，门襟组织结构与领子相同，风格粗犷。
2. 大身、袖组织要有一定的立体感。
3. 外套的长度不小于大腿中部，长袖。
4. 销售对象为时尚群体，年龄段为20~35岁。

二、服装效果图设计

1. 初步设计

根据题意，本设计采用大翻领、宽门襟设计，具体表现为：

(1)领、门襟采用2×2罗纹。大翻领领型、宽门襟。

(2)前片采用双桂花针组织设计，使衣片具有一定的立体感。

(3)后片在双桂花针基础上，正中采用织带编绞形式式，增加立体感。两侧各采用一条绞花，辅以罗纹衬托，或加穿 2cm 宽的丝带，增加怀旧感。

(4)袖片正中采用一条绞花设计，加穿 2cm 宽的丝带。

(5)色彩采用浅灰、浅紫、浅蓝为主色调。

2. 效果图绘制

按比例勾画人模，构思系列服装共 5 套服装，系列名称为“冬之魅力”。以系列图 5-4-1 中左起款 2 为例进行设计说明。平面款式图与结构示意图见图 5-4-2。

(1)衣领、门襟、袖口用纹理方向的线条表示罗纹效果，用细实线描绘。

(2)在袖中画曲线条，表示绞花效果。

(3)在后背正中画辫子效果，表示用织带进行绞编，形成完全立体的绞花效果。

(4)在后背正中两侧画绞花效果。

(5)袖口为翻袖，袖口画双层效果。

图 5-4-1 “冬之魅力”毛衫系列效果图

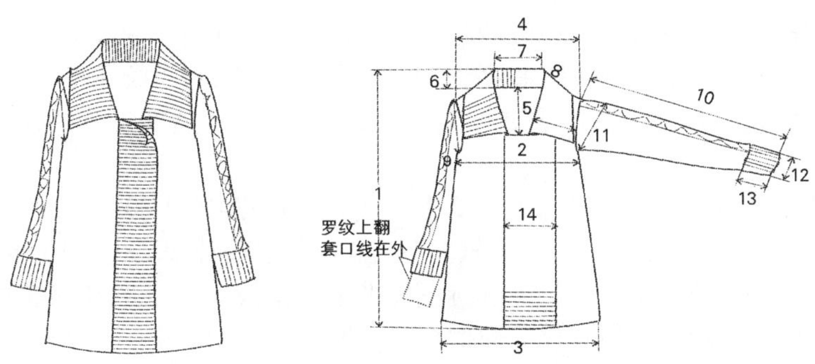

图 5-4-2 桂花针女开衫外套平面款式图与结构示意图

三、规格尺寸设计

规格尺寸详细设计参照项目四任务 2 中的设计方法，列入表 5-4-1。

表 5-4-1 粗针女开衫规格尺寸表 单位：cm

序号	毛衫部位	成衣	序号	毛衫部位	成衣
1	衣长	85	9	袖窿	22
2	胸围/2	46	10	袖长(总长)	66
3	下摆	55	11	袖肥(1/2)	16

（续表）

序号	毛衫部位	成衣	序号	毛衫部位	成衣
4	肩宽	36	12	袖口大(1/2)	12
5	前领深(线至线)	9	13	袖脚高(卷起)	15
6	后领深(线至线)	3	14	门襟宽	12
7	横领宽(线至线)	20	15	丝带长	22
8	领高	18			

三、工艺参数设计

1. 纱线原料选用与规格设计

根据题意与毛衫穿衣效果，本产品拟采用16*N*m 80%羊毛/20%羊绒纱线。

2. 织物组织设计

大身组织设计为双桂花针；下摆无罗纹结构，领条、门襟、袖口罗纹为2×2罗纹；后片正中是宽14cm的2×2罗纹，在后片正中罗纹处订一宽1cm的四平条用于穿织带辫子。两侧各紧贴一条3×3绞花；袖子正中为1条3×3绞花，袖口罗纹上翻。

3. 编织机机号的选择

根据题意，本产品采用3G横机进行编织生产。K取值为9000，按公式$G=\sqrt{K\div \mathrm{Tt}}$得：

$\mathrm{Tt}=9000\div 9=1000\mathrm{tex}$　$N=1000\div 1000=1N\mathrm{m}$，采用8根单纱合并进行编织。

4. 试样编织

（1）纱线准备：取62.5tex（1/16*N*m）混纺纱线，进行上蜡处理，卷绕到圆锥形筒子上。处理纺纱疵点和接头。

（2）编织试样：开针100枚，单边废纱起口；编织桂花针30转一块；2×2罗纹与3×3绞花30转一块：正中2×2罗纹约14cm用来做手工编绞花样，两侧3×3绞花。

（3）手感整理：按后整理工艺要求进行全工艺处理，让试样达到充分的回缩，模拟穿着时的感觉和线圈状态。

本例后整理工艺为：浴比1∶30；水温35℃～40℃；加净洗剂209，用量3%；时间：浸泡15min，反底洗1min；放水、清水洗净。柔软整理：40℃水加硅油2027或A6浸15min，2%～5%，根据手感（绒感）调整时间，清水洗净、脱水，烘干。按成衣要求顺纹路整烫平整，熨烫时注意熨斗切勿重压。记录各参数提供后面做产品参考。

（4）手感试样确定：观察纹理效果、手感的硬挺或柔软程度，感知试样的整体情况。如果没有经验，可编织不同密度的多块试样进行比较，得出相对风格较好且易于编织的试样。

（5）工艺参数测定

① 大身桂花针横密：测量试样小样横向宽度，除以针数为横密为1.9针/cm。3×3绞花花样和2×2罗纹密度测算：将试样小样平铺在光滑的桌面上，横向用直尺测量即可得知：3×3绞花横密：10针/3.5cm，2×2罗纹横密：41针/14cm。

② 大身纵密：将试样小样纵向测量长度，得1.5转/cm；

③ 袖密度：袖子的成品横密比大身横密大3%，则袖横密为1.957针/cm。袖纵密比大身纵密小5%，因此袖纵密为1.425转/cm。测得袖口罗纹纵密=1.67转/cm。

④ 领子、门襟2×2罗纹（采用7G机）密度：横密为3.76针/cm，纵密为2.53转/cm。

⑤ 拉密测量:大身(桂花针)10 支拉密 =7.8cm,2×2 罗纹 5 坑拉密 9.2cm。

四、套缝缝制工艺设计

1. 结构分解

根据穿着效果和平面款式图分析,此款式为 V 领翻领、斜肩、平袖型。成衣衣片分解为:前片、后片、左右袖片、领子、左右门襟组成,其中左右袖片为对称片(图 5-4-3)。结构分解示意图与样板图见图 5-4-3、图 5-4-4。

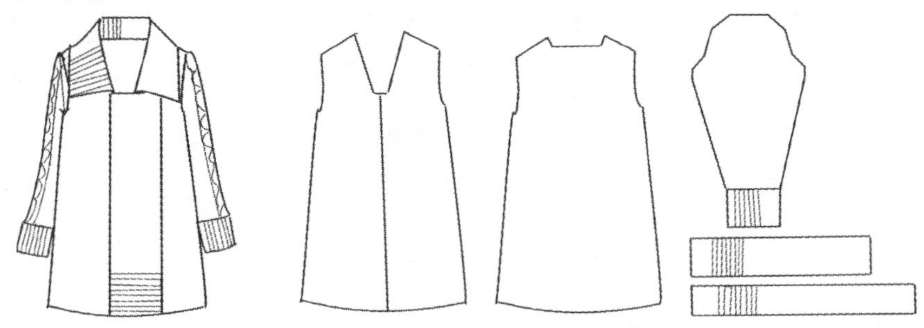

图 5-4-3 桂花针女外套结构分解示意图

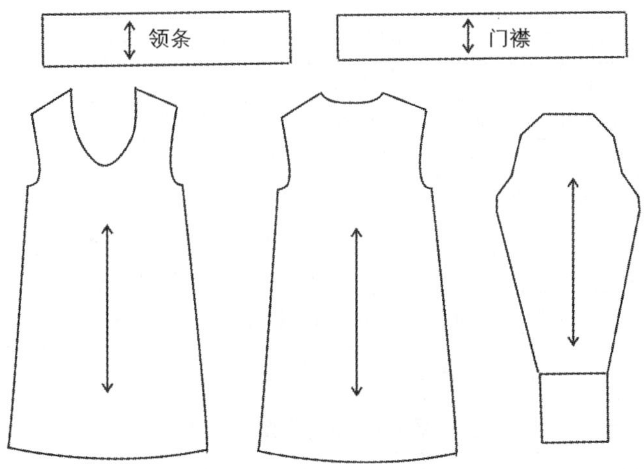

图 5-4-4 桂花针女外套样板图

2. 套缝工艺设计

(1)套缝工艺流程:袖山、后片、领口封口→前、后片合肩→上袖→上门襟→上领子→手缝接领→钉商标→固定缝头

(2)衣片缝制定位点设计:

① 前片挂肩对袖定位点做交叉(或拉线)记号。

② 后片挂肩对袖定位点做交叉(或拉线)记号。

③ 袖片袖山与肩缝对位点定位点(或拉线)记号。

五、衣片编织工艺设计

设计：本设计为桂花针开衫，后折宽设为 1cm；成衣缝耗每边为 2 针。后片正中为绞花、罗纹、装饰条的花样区域，根据试样测试中确定花样针数为 60 针。

1. 后片编织工艺设计（表 5-4-2）

表 5-4-2 后片编织工艺设计表

<table>
<tr><th>序号</th><th colspan="2">部位名称</th><th>工艺计算过程</th><th>结果</th></tr>
<tr><td>1</td><td colspan="2">后片胸宽针数</td><td>=(46-1-21)×1.9+4+60=109.6</td><td>110 针</td></tr>
<tr><td>2</td><td colspan="2">后片下摆针数</td><td>=(55-1-21)×1.9+2×2+60=126.7</td><td>126 针</td></tr>
<tr><td>3</td><td colspan="2">肩宽针数</td><td>=(36-21)×92%×1.9+2×2+60
=91.075</td><td>90 针</td></tr>
<tr><td>4</td><td colspan="2">领宽针数</td><td>=41+(20-14)×(10÷3.5)-2×2=54.14</td><td>54 针</td></tr>
<tr><td>5</td><td colspan="2">衣长总转数</td><td>=(85-0+0)×1.5+1=128.5</td><td>129 转</td></tr>
<tr><td>6</td><td colspan="2">下摆罗纹编织</td><td colspan="2">开针 126 针，满针罗纹起底，元空 1.5 转后翻针编织大身</td></tr>
<tr><td>7</td><td colspan="2">下摆平摇</td><td>=下摆平摇高度×纵密=3×1.5</td><td>5 转</td></tr>
<tr><td>8</td><td rowspan="3">腰节以下收针</td><td>下摆以上收针针数</td><td>=下摆针数-胸宽针数=126-110=16</td><td>每边收 8 针</td></tr>
<tr><td>9</td><td>下摆以上挂肩以下收针转数</td><td>=下摆以上高度×纵密-缝耗=55×1.5-1
=81.5</td><td>82 转</td></tr>
<tr><td>10</td><td>收针规律</td><td>12-1×6(先收)，11-1×2</td><td></td></tr>
<tr><td>11</td><td colspan="2">挂肩以下平摇</td><td>平摇高度×纵密=3×1.5</td><td>取 4 转</td></tr>
<tr><td rowspan="5">12</td><td rowspan="5">挂肩收针</td><td>挂肩平收针</td><td>收针 1.5cm，取 3 针，加缝耗 2 针</td><td>5 针</td></tr>
<tr><td>收针针数</td><td>=(110-90)÷2=10 针</td><td>10 针</td></tr>
<tr><td>斜收针数</td><td>=10-5=5</td><td>5 针</td></tr>
<tr><td>收针转数</td><td>=7×1.5=10.5 转，取 11 转</td><td>11 转</td></tr>
<tr><td>收针规律</td><td colspan="2">平收 5 针，1-1×1，2-1×2，3-1×2</td></tr>
<tr><td>13</td><td colspan="2">挂肩以上平摇</td><td>=(21-7)×1.5=21 转</td><td>21 转</td></tr>
<tr><td>14</td><td colspan="2">记号点位置</td><td>三分设计法</td><td>10.5 转</td></tr>
<tr><td rowspan="3">15</td><td rowspan="3">后片收肩</td><td>肩斜高转数</td><td>单肩宽×0.375×纵密=2.96×1.5=4.44</td><td>5 转</td></tr>
<tr><td>收针针数</td><td>(肩宽针数-领宽针数)÷2=(90-54)÷2</td><td>18 针</td></tr>
<tr><td>收肩规律</td><td colspan="2">1-3×2(先收)，1-4×3，平 1 转</td></tr>
<tr><td>16</td><td colspan="2">缝耗</td><td></td><td>1 转</td></tr>
<tr><td rowspan="5">17</td><td rowspan="5">后开领</td><td>后领深转数</td><td>后领深×纵密=3×1.5=5</td><td>5 转</td></tr>
<tr><td>斜收针数</td><td>收针宽度×横密=3×1.9≈6</td><td>6 针</td></tr>
<tr><td>后领平收针数</td><td>后领宽针数-斜收针数×2=55-6×2=43</td><td>43 针</td></tr>
<tr><td>后开领转数</td><td>129-5-缝耗 1</td><td>123 转</td></tr>
<tr><td>收领规律</td><td colspan="2">1-2×2，1-1×2，平 1 转</td></tr>
</table>

后片编织操作说明：

（1）下摆编织：开针126针，满针罗纹起底，元空1.5转，满针罗纹平0.5转，翻针。

（2）组织编织：翻针后左右边缘3针为正平针，4～30针为双桂花针，正中60针为花样。花样排针：罗纹4针、3×3绞花6针、罗纹48、3×3绞花6针、罗纹4针。如图5-4-5所示。

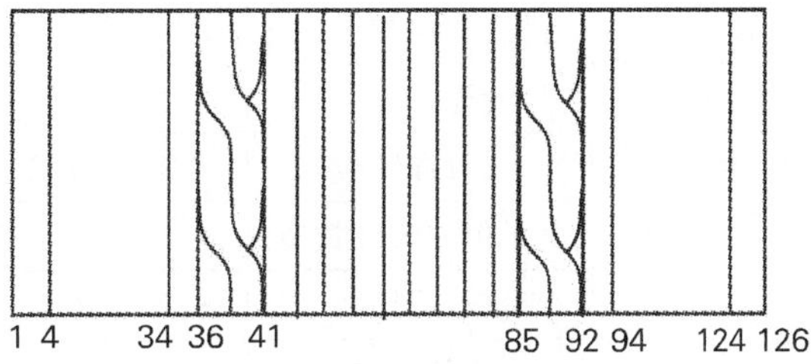

图5-4-5　后片排针图

（3）双桂花针说明：图中所示翻针后第1、2横列的1～3为正针，4、5、8、9，…30、31为反针，6、7～28、29为正针。32、33为正针。花样中34、35为反针，36～41为3×3绞花，42、43～84、85为2×2罗纹，86～91为为3×3绞花，92、93为反针。右边与左侧对应的双桂花针。编织2行后4～31和95～123针位前后床相互翻针。即2正2反。绞花为9转绞转一次，右压左。遇收针部位时提前1转改为平针。

2. 前片编织工艺设计（表5-4-3）

表5-4-3　前片编织工艺设计表

序号	部位名称		工艺计算过程	结果
1	前片胸宽针数		=(46+1—6)×1.9+2×2×2=85.9	85针
2	前片下摆针数		=(55+1-6)×1.9+2×2=103	103针
3	肩宽针数		=(36-6)×1.9×0.95+2×2=58.15	59针
4	领宽针数		=(20-6)×1.9-2×2=30.6	31针
5	衣长总转数			129转
6	下摆罗纹编织转数		开针103针，满针罗纹起底，元空1.5转后翻针编织大身	
7	下摆平摇		=下摆平摇高度×纵密= =3×1.5=4.5	5转
8	下摆以上收针设计	收针针数	=(103-85)÷2=9	每边9针
9		收针转数	同后片	82转
10		收针规律	11-1×3(先收)，10-1×6	
11	挂肩以下平摇		=平摇高度×纵密=3×1.5	取4转
12	挂肩收针	挂肩平收针	同后片	5针
		收针针数	=(85-59)÷2	13针
		斜收针数	=13-5	8针
		收针转数	同后片	11转
		收针规律	平收5针，1-1×4，2-1×3，3-1×1	
13	挂肩以上平摇			19转
14	记号点位置		三分设计法	8.5转
15	后片收肩	肩斜高转数	单肩宽×0.375×纵密=2.96×1.5=4.44	5转
		收针针数	(肩宽针数-领宽针数)÷2=(90-54)÷2	18针
		收肩规律	1-3×2(先收)，1-4×3，平1转	

（续表）

序号	部位名称		工艺计算过程	结果
16	缝耗			1 转
17	前开领	前领深转数	=15－3=12	12 转
		单侧斜收针数	=31÷2=15.5	15 针
		前开领转数	=129－15	114 转
		收领规律	1－2×3，1－1×9，平 3 转	

前片编织说明

(1)前后正中一枚针退出编织，正中形成 1 针浮线，便于开剪。

(2)正中浮线两侧各 2 针为正针，左、右边缘 3 针为正针，其他按双桂花对称排列。

(3)遇收针时提前一转改为正针编织，便于收针。

3. 袖片编织工艺设计(表 5-4-4)

表 5－4－4 袖片编织工艺设计表

序号	部位名称		工艺计算过程	结果
1	袖宽针数		=(袖肥×2－花纹宽)×横密+缝耗×2+花纹针数=69.77	70 针
2	袖山头针数		=[(12.5+10.5)÷1.5－3.5]×1.957+10=33.15 针	34 针
3	袖口针数		=(12×2－3.5)×1.957+10+2×2=54.11 针，取 52 针(4 的倍数)	52 针
4	袖长总转数		=(66－15)×1.425	74 转
5	袖山高转数		$=\sqrt{22^2-16^2}\times1.425=21.5$	22 转
6	袖身放针转数		=(74－1)－22－7=44	44 转
7	袖口编织设计	袖口开针数	=袖口针数=52	52 针
8		袖口罗纹转数	=30×1.67=50.1	50 转
9		罗纹组织结构	2×2 罗纹，面包里排针，元空 1.5 转	
10	袖身放针设计	袖身放针针数	=(70－52)÷2=18÷2=9	9 针
		袖身放针转数	=(74－1)－22－7=44	44 转
		袖身放针规律	5+1×5(先放)，6+1×4	
11	挂肩以下平摇转数		5×1.425=7.125 转，取 7 转	7 转
12	袖山收针规律设计	袖山收针针数	=(70－34)÷2=18	18 针
		平收针数	与大身平收针数对应	5 针
		斜收针数	=每侧收针数－平收针数=65－11	13 针
		袖山收针转数	袖山高针数	22 转
		收针规律	1－1×4，2－1×1，3－1×2，2－1×3，1－1×3，平 1 转	

袖子编织说明

(1)袖子排针正中为3×3绞花,两侧为反针、正针各2枚。排双桂花针,左、右侧边缘各3针为正针。遇收针时提前一转改为正针编织,便于收针。

(2)3×3绞花每9转绞转一次。

4. 领子、门襟与四平织带编织工艺设计(表5-4-5)

表5-4-5

序号	部位名称	工艺计算过程	结果
1	领子开针数	=42.8×3.76=160.928	161针
2	领罗纹转数	=领高×领纵密=18×2.53=45.54	46转
3	四平织带	开针4针,满针罗纹,平摇256转	织2条
4	门襟开针数	=76×3.76=285.76	285针
5	门襟平摇转数	=12×2.53=30.36	30转

六、成衣套口缝合及后整理设计

1. 套缝工艺流程

衣片封口→合肩→上袖→上领→合肋→开前片→上左右门襟→手缝→加固→钉标→检验→洗水→整烫→成品检验→包装

2. 套缝各工序

(1)封口:将后领、前后肩、袖山等处进行套口封口处理,防止漏缝。

(2)合肩:将前后片肩部按针对针套缝,在肩收针铲针孔下第二个横列起套口,套斜。

(3)上袖:将袖子与大身片对应缝合,套在边内第二针上,注意对花样,尽量使花型在肩缝点处左右对称。袖山挑孔记号点对应肩部缝线位置。

(4)上门襟、领子:门襟朝上针对针套上,再套领子,领子两端各重叠2针于门襟之上,将大身正面朝里,按领子的定位记号点对肩部缝线位置套上,门襟、领子各处松紧匀称(图5-4-6)。

(5)合肋:将衣片的前后两大部分从袖口到下摆,按设计的缝耗准确对位均匀的进行套口缝合,松紧合适,缝合后袖口、下摆采用手针或平缝机打倒针加固。为了美观,袖口罗纹处套口下3/4正面套口,上1/4反面套口。翻袖后缝缝美观。

(6)手缝、藏线头:袖口、下摆等无法套口处,用大身同色线,将各部位用手缝缝接,尽量与大身组织相同,无痕迹。用钩针将各处线头藏于织物内。成衣效果如图5-4-7所示。

图5-4-6 领子套缝效果图

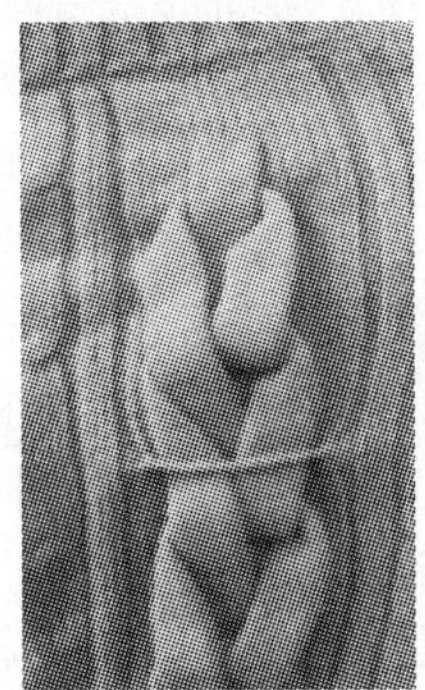

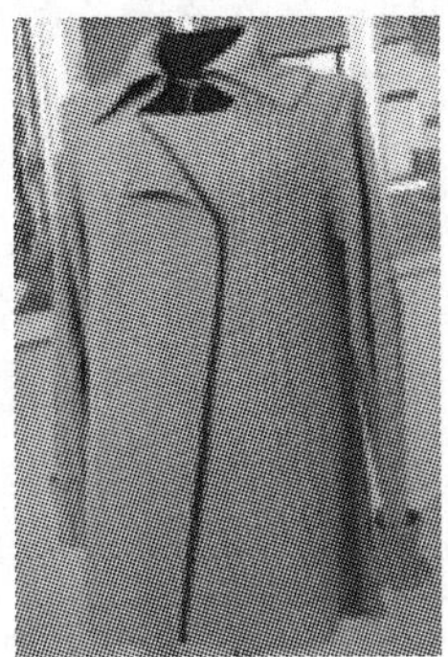

图5-4-7 成衣与后背装饰效果图

(7)钉标:用平车将商标、洗标、装饰物缝制在衣片上。

(8)装饰:将织带按图中的效果手针固定上下端,中间均匀手工编链线共四道。

(9)套检:用照衫灯进行缝接、编织的漏缝、漏针等得检验。

(10)缩绒:工艺,浴比1:30;水温35℃~40℃;加净洗剂209,用量3%;时间:浸泡15min,反底洗1min;放水、清水洗净。柔软整理:40℃水加硅油2027、A6,用量5%,浸15min;清水洗净、脱水,烘干。

(11)整烫:按规格套烫板,用蒸汽熨。熨烫温度100~120℃,注意成品造型和规格。

(12)成品检验:检验成品各部位的规格尺寸、整烫、洗水效果,成品瑕疵检验等。

(13)包装:按设计要求进行折叠包装,一般一件装一个胶袋。按设计要求配码、配色装箱。

八、毛衫生产

1. 试制中样

依据首样的工艺参数,安排全尺码各5件的样品试织,便于修正工艺。确定每件毛衫的平均重量和生产工时、辅料、外加工费用等数据资料。

2. 生产组织

(1)毛衫用纱量:将样衣进行称重,得809.5g/件。根据毛衫的件重,按损耗2%计算,安排外购1/16*N*m的羊毛/羊绒纱线。

(2)定购辅料:按设计文件定制弹力线、织标(商标)、洗标、吊牌、胶袋、纸箱等。

(3)制定工艺单、技术文件。

(4)召开生产会议,安排生产时间、交货时间,统一质量标准。

3. 生产安排

(1)原料购入:按照生产要求,按规定的规格质量和颜色要求购入相应的毛纱。

(2)原料检验:抽取5%毛衫头数进行原料含量、纱支规格、毛纱强力、色牢度等主要指标进行检验。(视各企业自行规定)

(3)纱线准备:对纱线进行络纱,上固体蜡。

(4)编织衣片:安排机位进行生产前横机密度调试准备,拉密达到规定的要求。召集生产会议,对参与本品种生产的有关人员进行工艺单发放、编织方法说明、织片片长控制说明,做到人人清楚明白。发放2隔2翻针板。按筒纱重量领取纱线:称重、登记。

(5)衣片检验:对刚下机的衣片进行编织工艺检验、织片长度检验,及时调整问题机台的密度,使所有机台工艺一致。中点检验吃单纱、错花样、断单纱、工艺等。

(6)套缝:召集套口小组人员,发放套口工艺单,讲解套缝要求和方法。

(7)套检:采用套衫灯检,检查套缝质量、衣片质量。

(8)拆纱、手缝、钩线头:通知各部位的操作要求。

(9)洗水:发放洗水工艺单,按工艺单要求备料。

(10)整理:制作各规格尺寸的烫板。

(11)钉标:说明用标类别、钉标的方法、位置、流程。

4. 试样工艺技术文件(图5-4-8~图5-4-10)

2013	款式设计图		
编号	PSSJ 20	纱线	16Nm 80%羊毛20%羊绒
品名	粗针外套		
系列	冬的魅力		
上货日期			
设计师	NIKI		
设计总监	KAWN		
色卡		颜色 色号	灰　紫　兰

2×2罗纹

宽14cm 2×2罗纹

3×3绞花

宽2cm四平条

桂花针

罗纹上翻 套口线在外

绞花中间穿 配色乔其条

用织带编绞

女开衫外套	首样日期		中样日期		大货尺寸表			
	样衣	首样	修正1	修正2	S	M	L	XL
衣长	85				81	83	85	85
胸宽	46				40	43	46	49
下摆宽	55				49	52	55	58
肩宽	36				31	34	36	38
前领深	9				8	9	9	10
后领深	3				3	3	3	3
领横宽	20				19	19	20	20
领高	18				16	18	18	18
夹圈	22				20	21	22	20
袖长	66				62	64	66	68
袖肥	16				14	15	16	17
袖口宽	12				10	11	12	13
袖口罗纹高	15				14	15	15	15
门襟宽	12				11	12	12	12

图5-4-8　设计文件1

款号	PSSJ20	纱线	
品号	外套		
系列	冬的魅力	唛头 主唛在后领正中领线处，两边暗订 as L	洗标按图示车缝在左侧里缝下摆上方25cm 洗唛 25cm
上货日期			
设计师	NIKI		
设计总监			
色卡			

主色	配料	珠片	织带

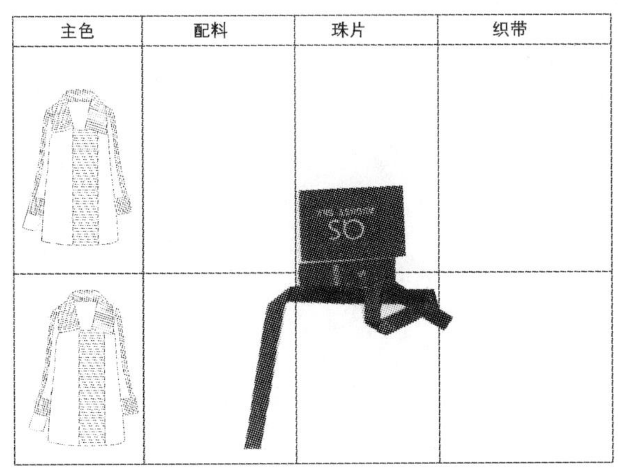

成衣效果图

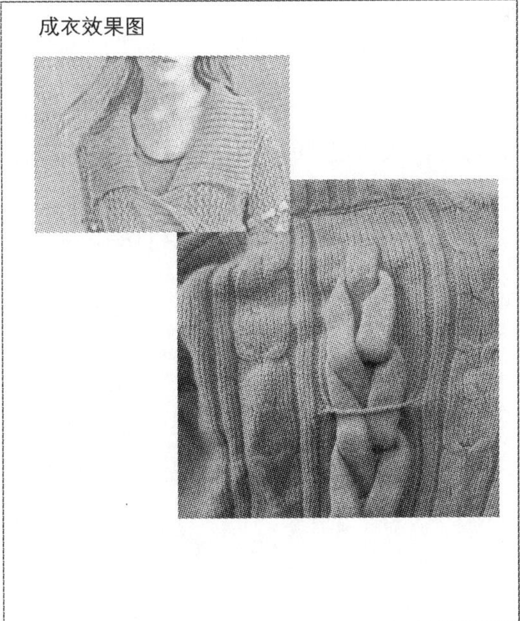

图5-4-9　设计文件2

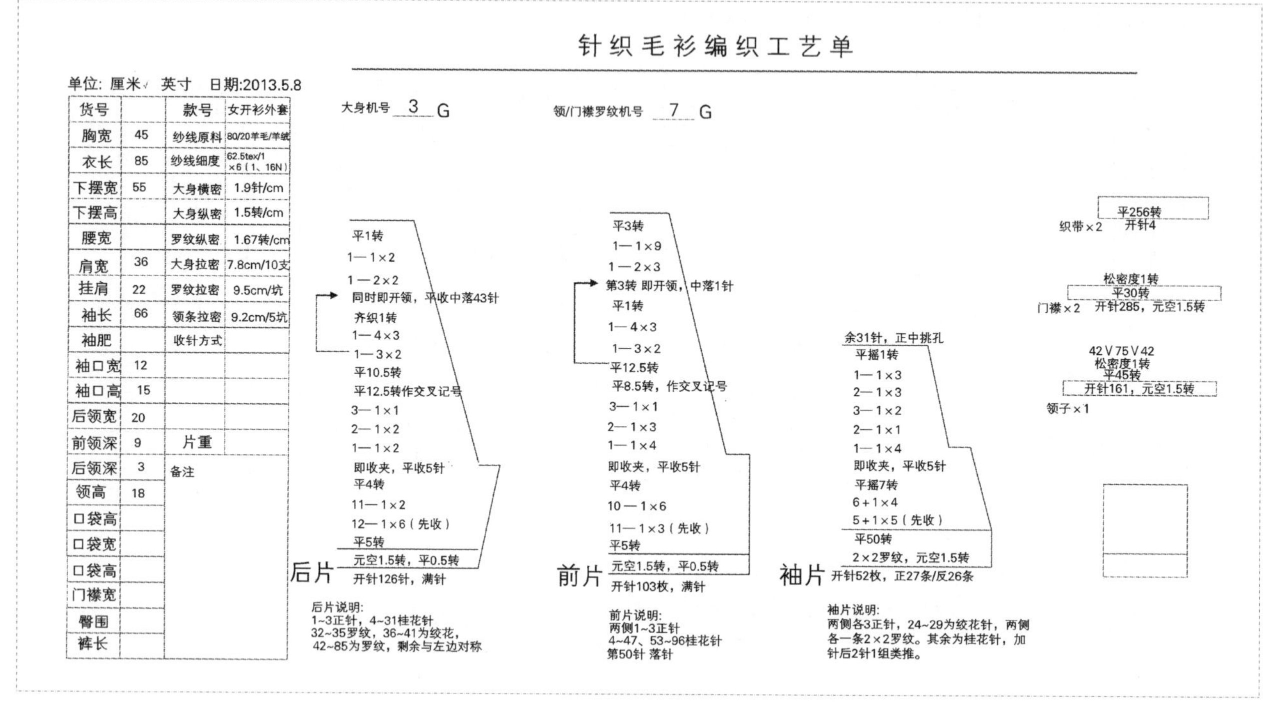

针织毛衫编织工艺单

单位: 厘米√ 英寸 日期:2013.5.8

货号		款号	女开衫外套
胸宽	45	纱线原料	80/20羊毛/羊绒
衣长	85	纱线细度	62.5tex/1 ×6（1、16N）
下摆宽	55	大身横密	1.9针/cm
下摆高		大身纵密	1.5转/cm
腰宽		罗纹纵密	1.67转/cm
肩宽	36	大身拉密	7.8cm/10支
挂肩	22	罗纹拉密	9.5cm/坑
袖长	66	领条拉密	9.2cm/5坑
袖肥		收针方式	
袖口宽	12		
袖口高	15		
后领宽	20		
前领深	9	片重	
后领深	3	备注	
领高	18		
口袋高			
口袋宽			
口袋高			
门襟宽			
臀围			
裤长			

大身机号 3 G

领/门襟罗纹机号 7 G

后片
平1转
1—1×2
1—2×2
同时即开领，平收中落43针
齐织1转
1—4×3
1—3×2
平10.5转
平12.5转作交叉记号
3—1×1
2—1×2
1—1×2
即收夹，平收5针
平4转
11—1×2
12—1×6（先收）
平5转
元空1.5转，平0.5转
开针126针，满针

后片说明:
1~3正针，4~31桂花针
32~35罗纹，36~41为绞花，
42~85为罗纹，剩余与左边对称

前片
平3转
1—1×9
1—2×3
第3转 即开领，中落1针
平1转
1—4×3
1—3×2
平12.5转
平8.5转，作交叉记号
3—1×1
2—1×3
1—1×4
即收夹，平收5针
平4转
10—1×6
11—1×3（先收）
平5转
元空1.5转，平0.5转
开针103枚，满针

前片说明:
两侧1~3正针
4~47、53~96桂花针
第50针 落针

袖片
余31针，正中挑孔
平摇1转
1—1×3
2—1×3
3—1×2
2—1×1
1—1×4
即收夹，平收5针
平摇7转
6+1×4
5+1×5（先收）
平50转
2×2罗纹，元空1.5转
开针52枚，正27条/反26条

袖片说明:
两侧各3正针，24~29为绞花针，两侧各一条2×2罗纹。其余为桂花针，加针后2针1组类推。

织带×2
平256转
开针4

门襟×2
松密度1转
平30转
开针285，元空1.5转

领子×1
42∨75∨42
松密度1转
平45转
开针161，元空1.5转

图5-4-10　编织工艺单

思考题

1. 设计一套时尚款毛衫，以160/84为模型。要求：具有外套、内搭、下装。外套为开衫、有袖；内搭款式自定，可以是吊带、背心、连衣裙；下装可设计为裙子或裤子。描绘系列款式效果图，设计规格尺寸表。

2. 对上题中的外套开衫，进行编织工艺编写。

项目六 电脑横机技术

随着我国经济的发展和积累，毛衫行业产业结构发生了重大变化，从业人员的结构也发生了巨大的变化。科技的快速发展，我国的电脑横机制造企业也经历了从仿制到自主创新的转变。自2006年开始，国产电脑横机生产水平有着较明显的提高，中小企业由于用工慌的影响，开始逐步淘汰了编织速度慢、用工多的手摇横机。本项目以慈星电脑横机和杭州恒强科技有限公司的横机电脑制版CAD系统为例，讲述国产电脑横机的使用和编织文件的制版操作方法。

任务1　慈星电脑横机的操作

学习目标

1. 熟悉慈星电脑横机的结构与原理，学会电脑横机的穿纱方法。
2. 熟悉慈星电脑横机显示屏的菜单基本功能，学会制版文件读入、工艺参数设定方法。
3. 熟悉慈星电脑横机的操作方法，学会毛衫试样的编织及常见故障处理方法。

任务描述

通过对慈星电脑横机结构与编织原理的学习，了解和掌握慈星电脑横机的结构、编织控制操作原理，学会慈星电脑横机穿纱操作、控制屏菜单操作、编织工艺参数设置、试样编织的操作方法，进行毛衫试样的编织操作。

知识准备

一、慈星电脑横机的基本特征

1. 基本性能

（1）编织宽度：常用的编织宽度为112～132cm（44～52英寸）。

（2）编织速度：采用AC伺服马达控制，24段速度选择，最高速度1.2m/s。

（3）线圈密度：密度三角由步进电机控制，24段密度选择控制，采用细分技术度目可调范围：0～730，更能准确地控制衣片的编织密度。

（4）针床位移：移针范围±1英寸范围之间，同时具有各种调节功能。

（5）编织系统：单机头，双系统、多机头多系统，具有无虚线嵌花功能。

（6）成形能力：采用沉降片装置，具有有效的、稳定的成型能力。

(7)机号:具有3、5、6、7、9、12、14、15、16针等常用的机型。

(8)选针:利用电磁铁控制选针片,可作全提花选针,每一根织针可受到单独控制。

(9)卷布系统:电脑程式指令,力距马达控制,24段拉力选择。

(10)导纱嘴装置:标配8把导纱嘴,可配16把,嵌花可以根据需要配置更多纱嘴。

(11)起底装置:具有起底板装置可以采用自动起口,稳定性良好;较多采用无起底板方式起口,视具体编织的需要采用其一的起口方式。

(12)编织控制:慈星以及大多国产电脑横机采用杭州恒强公司的电脑制版系统,该系统可以进行毛衫衣片成型编织CAD设计,通过U盘输入电脑横机进行编织。

2. 常用机型介绍与识别

慈星电脑横机的常用机型有:GE2-45S、GE2-52S、GE3-45S、GE3-52S、GE3-45C、GE3-52C、GE1-60S 3G等。机型常用标识识别如下,例如机器型号GE2-52C:

其中:GE为慈星公司电脑横机产品代号;2表示双系统(1或3则表示单系统和3系统);52表示编织宽度为52英寸;最后一位字母S表示无起底板卷布,C表示有起底板卷布系统。

3. 慈星电脑横机的主要特点

慈星电脑横机融合了德国STOLL与日本SHIMA SEIKI电脑横机的主要特征,结合中国的制造特点,具有机头轻巧、编织速度快,多针种、固定或隔针距编织功能,平形纱嘴导轨,可配置多把纱嘴编织色泽多样的提花、嵌花图案织物。

二、慈星电脑横机的结构

慈星电脑横机主要结构如图6-1-1所示,分为:给纱机构、编织机构、牵拉卷取机构、控制机构、传动机构、机架和辅助装置等组成。

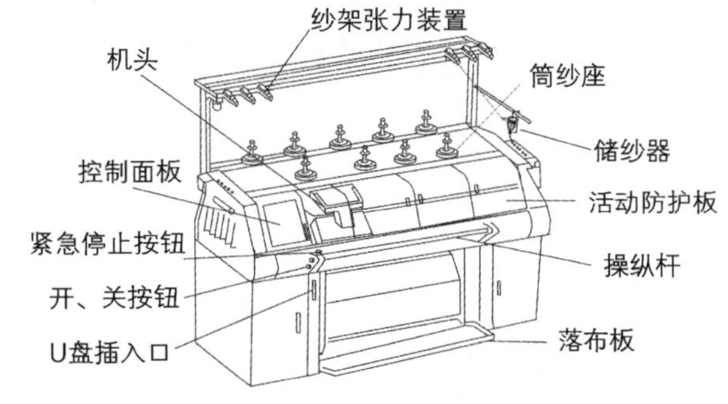

图6-1-1 慈星电脑横机示意图

1. 给纱装置

给纱装置位于机器上部与侧面,由纱架、筒座、筒纱、纱架张力装置、储纱装置、侧面张力导纱钩等主要装置和构件组成。其功能为保障纱线高速、稳定、轻快、顺利的退解并能探测纱结、粗纱节、断头等纱疵,使编织能顺利进行。

(1)纱架张力装置:

纱架张力装置如图6-1-2所示。张力装置具有退解张力控制、清纱、断头自停等三个主要功能。张力装置位于机器上部,其各构件作用为:

① 张力调节器:调整纱线张力,保持纱线平直,防止卷缩、缠绕。

② 断头自停钩:自停钩进行断纱探测,具有断纱自停功能。断头自停钩为上跳式,左面有一个弹性调节旋钮,可以根据不同的状态进行调节弹性力。

③ 缝隙式清纱器:采用探针式。探针与架子之间的缝隙可以由左侧面的一个调节旋钮进行调节。当纱线有粗节、结头通过时,粗结碰到探针,使探针转动,从而停车、报警。处理后结头后须将探针复位。

整个张力装置可以在纱架上左右调节间距、位置,以适应大小筒子的存放间距。

(2)储纱器:

储纱器沿用机织无梭织机上的储纬器的原理。如图6-1-2所示,储纬器有光电探头进行感知,采用独立电机带着储纱圆筒回转,将筒子上的纱线拉出卷绕到储纱圆筒上。退解时,纱线沿着圆筒的轴心向下,退解的张力较小。储纱圆筒的表面有压纱套,可以根据纱线的张力情况采用一个或二个压纱套。储纱器安装在左右两侧,原装为6套,可根据需要使用。

(3)侧面张力导纱钩:

纱线从储纱器引入,如图6-1-3所示,为了穿纱方便,控制屏可以左右移动,露出穿纱空间。侧面张力导纱钩的作用是当纱线断头时,张力钩向上跳起,碰到自停器,机器立即停车。

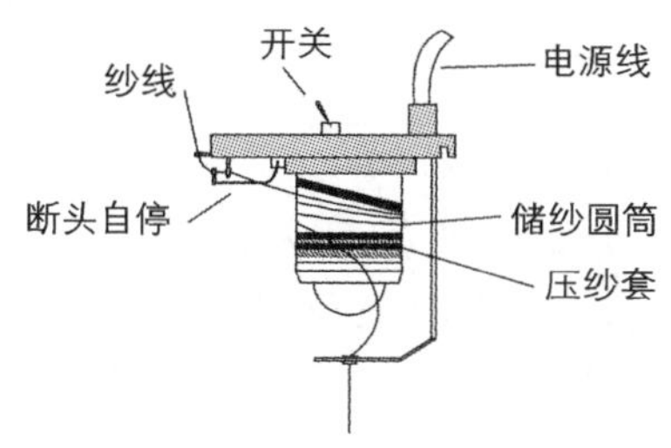

图6-1-2 储纱器示意图

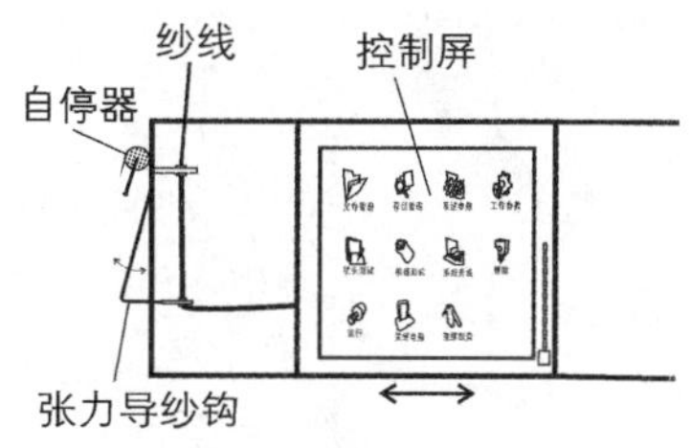

图6-1-3 侧边张力导纱钩示意图

2. 编织机构

编织机构主要由导纱装置、三角及选针系统、针床及织针系统等装置组成,如图6-1-4所示。

(1)导纱装置:

导纱装置由导轨、导纱器组成。四根导轨固装在机架上为平型导轨。每根导轨的前、后两侧,分别装有导纱器,因此四根导轨上具有8条导纱器运动的轨道,机器左侧为机头运动的起始点。为了方便编织管理,导纱器有一个规定的编号,由左侧机前向机后,编号为1、2、3、4、5、6、7、8号。机头作左右往复运动时,可以带动选定的导纱器(简称纱嘴)随机头在导轨上作导纱运动;当编织复杂花色组织时,右侧可配装8把导纱器提供使用。

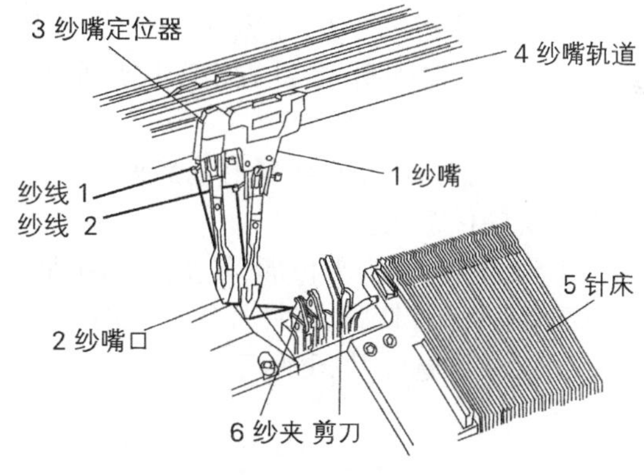

图6-1-4 编织机构构件示意图

(2)三角及选针系统:

机头由三角系统、选针机构、行走机构、导纱器控制机构、压脚等辅助机构组成。

① 三角系统:机头内具有编织和集圈、分针、翻针和接圈、复位多个三角系统,编织三角用来控制每枚织针作周期性的升降的编织运动,使织针上升钩取纱线,下降编织成圈从而完成成圈或集圈过程,即控制织针完成编织、集圈、不编织三个基本动作。翻针和接圈三角可以控制前、后针床的织针完成翻针动作。复位三角可以使选针系统复原等待下次选针动作。

② 选针机构:选针机构是通过电脑指令的电子信号控制电磁铁动作,作用于每枚选针片;选针片与织针一一对应,通过选针器的作用使选针片上升或者不动,从而使织针进入集圈或不编织位置;在集圈位置的织针进行第二次的选针使织针分成编织或集圈位置,使织针完成成圈或集圈编织。

③ 行走机构：通过数控信号控制步进电机旋转运动，再由数控步进电机通过齿形皮带传动给机头，使机头在针床之上作水平往复运动。

④ 导纱器控制机构：导纱器控制机构是由控制系统、机头上电磁铁、导纱器、导轨组成。由控制装置发出信号指令，机头上的电磁铁动作将卡块在对应的导纱器上方释放，卡进导纱器的凹槽上，机头运动便可带动导纱器在导轨上同步运动。

⑤ 辅助机构：如图 6-1-5 所示为沉降片，慈星电脑横机配有沉降片系统，在编织时可以起辅助退圈的作用，可有效防止布片浮起。沉降片由沉降片三角控制，沉降片三角的作用度可以通过控制值来进行调节。

图 6-1-5　慈星电脑横机沉降片装置

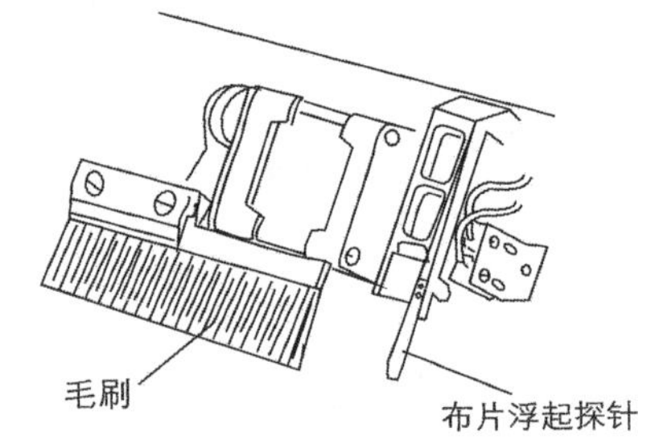

图 6-1-6　毛刷装置

b. 毛刷：如图 6-1-6 所示，毛刷的作用其一是辅助织针打开针舌；在空针上执行编织时，针舌有的打开有的关闭，当织针上升时毛刷可将关闭的针舌打开。其二保持针舌打开的状态；当线圈从针上脱圈瞬间，针舌由于反弹作用会使针舌闭合，毛刷起阻挡作用。

(3) 针床及织针系统：

慈星电脑横机的针床具有前后两个针床系统，由针床、针床横移系统、织针系统、沉降片系统等主要构件组成。

① 针床：针床为平板形，其上加工有固定间距较高精度的针槽片。针槽中插有织针、沉降片、底脚针、选针针脚、选针片等。如图 6-1-7 所示。图中：1 为织针，2 为推片（底脚针），3 为选针针脚，4 为选针片，6 为沉降片。

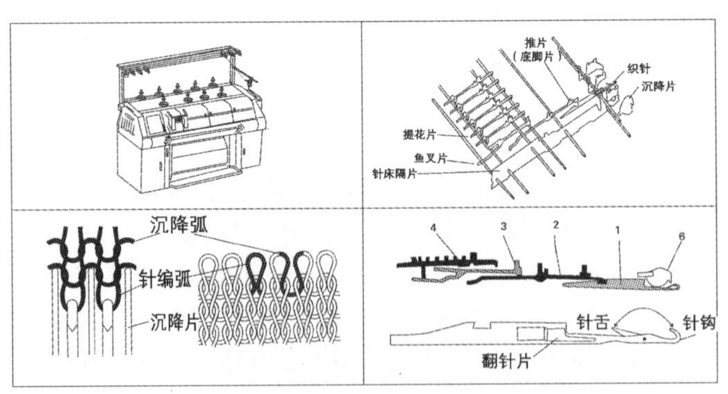

图 6-1-7　针床与织针系统

② 织针：慈星电脑横机所用织针主要为无针锺舌针。

(4) 控制及辅助机构：

控制机构由控制面板、控制系统及各种辅助机构组成。

① 控制面板：在机器的左边安装有一个较大液晶屏，其为电阻触屏，来进行控制横机的各种动作。显示屏上显示各种信息，通过触摸控制可以进行人机交互，控制机器的正常运行。

② 控制系统：在机器侧后下方的机箱内有电子控制系统，通过接受文件和控制面板的信息进行处理后给机头上的导纱装置、选针系统、三角系统、针床的横动系统及行走机构发出电子控制信号。

③ 辅助机构：辅助机构主要有夹纱与剪刀装置。根据机型不同分为单侧与双侧纱、剪装置。

a. 纱夹装置：纱夹装置由一对夹子组成，如图 6-1-8 所示，安装于针床的左右两侧。此装置用来夹住编织用纱、起底纱及抽纱。纱夹的排列由左至右称 1、2、3、4 号纱夹。

b. 纱剪：剪刀左边为 1 号，右边为 2 号。操作纱夹前，请先确认纱剪附近没有多余的纱线。如果有，请先将纱线移除后再操作。多余的纱线可能会使纱夹及纱剪卡住而无法动作。

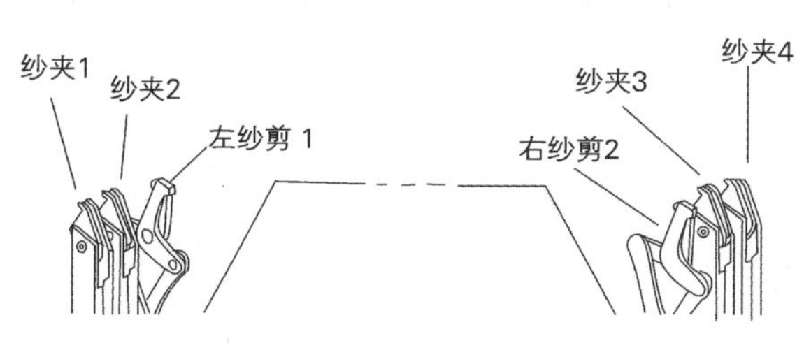

图6-1-8 纱夹与边剪装置

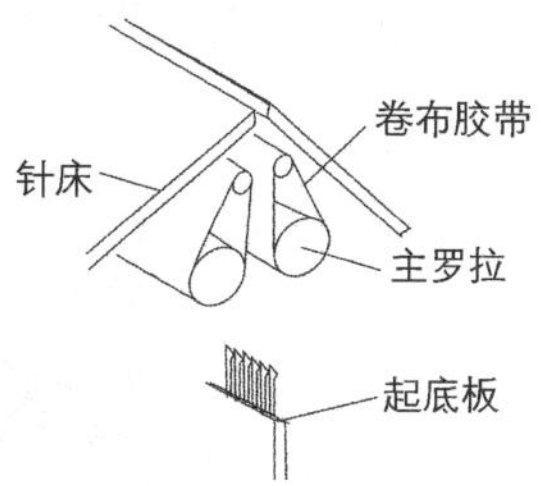

图6-1-9 卷布机构

3. 牵拉卷取机构

为了将编织完成的线圈横列及时拉离织口位置，电脑横机一般采用罗拉式牵拉卷取机构。该型机安装了三主罗拉胶皮卷取装置。如图 6-1-9 所示。

(1)卷布机构构件的作用

在针床下安装一对胶皮罗拉，每个胶皮罗拉中上小下大。罗拉可以开、合。利用罗拉的旋转，胶皮夹持布片向下旋转卷布。

(2)起底板

起底板为一个板状上有梳状舌针针钩的构件，用于勾住起口横列的装置。国产电脑横机编织起口时一般有两种方式：有起底板方式和无起底板方式。

① 有起底板编织方式：慈星电脑横机一般采用起底板起口方式，类似于手摇横机在编织起底横列后挂起针板一样。这种做法的优点是拉力稳定，织物变形小，编织质量好。

② 无起底板编织：无起底板编织是指不采用起底板的编织方式。编织开始时布片处于无拉力的状态会造成成型不良，因此一般编织前需要编织一定长度的织物（起口为双罗纹组织），直到卷取罗拉拉住整幅织物后方可进行正式编织，此方法较适合连续织片编织的情况。在编织毛衫织片时由于两片织片幅宽变化较大，连接较为困难，通常需要特殊处理。如果编织织片的幅宽变化不大时则此编织方式具有较高的编织效率。

4. 控制机构

控制机构安装在机箱内，由控制主板、电源和控制组件、控制屏组成。主要功能是读入编织文件、分解信息、根据源代码发出控制信号。

5. 传动机构

由主电机、摇床电机等组成，电机采用高精度的数控步进电机通过齿型皮带进行带动机头运动和针床的移动。

三、慈星电脑横机基本横机操作

慈星电脑横机的基本操作包括：开关机、纱线准备、文件读入、工艺参数设定、夹纱、放布编织、试样编织和常见故障排除等基本内容。

1. 开、关机

(1)开机：

① 横机的总开关位于机器的背面，打开机器开关，向上为开，机内灯光亮起。

② 接着打开机器操纵杆左侧下方按钮开关，绿色按钮为开，红色按钮为关。

③ 此时控制面板开始显示自检，结束后显示图标。

④ 机头运转：操纵杆向外转动为开车，向内转时为停车；向外连续转动两次则转换为快速。

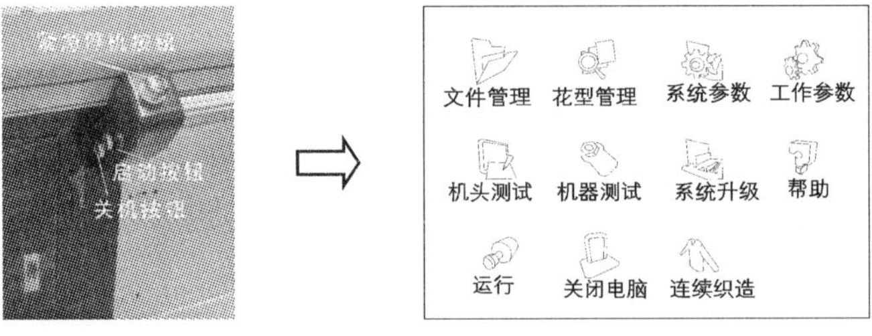

图 6-1-10　开机过程

(2)关机：

① 将机头回复至针床左侧，导纱器回复初始的左侧位置，纱夹夹住全部纱线。

② 控制屏中退出运行，显示原始菜单后按机器左侧下方关机按钮。

③ 屏幕关闭后，在机器背面关闭总电源开关。

2. 纱线准备

纱线准备包括络纱、穿纱。

(1)纱线络纱：

通过络纱使纱线能接续断头、去除纱线上粗结和大结头和上蜡，具有较大的卷装容量、表面光滑、连续度好的纱线，电脑横机编织速度快、效率高。

(2)电脑横机的穿纱：

编织前纱线要按照机器编织要求所规定的路线依次穿过各个导纱器件。在慈星电脑横机中有使用多种类别不同的纱线，分别为起底纱(弹性纱线)、废纱、正式纱等。机器的上方有一个平台，称为纱架，其上可以放置筒装纱线。

① 起底纱及穿法：起底纱一般采用弹性纤维，最好采用氨纶包覆纱，强力较大弹性好，能承受起底板的拉力，但成本较高。工厂也可以采用高弹涤纶长丝，一般 14 针采用 16.67tex(150D)高弹涤纶长丝，7 针采用 27.78tex(250D)高弹涤纶长丝作为起底纱线。起底纱一般放在纱架的后左方筒座上，纱线穿在最左边的张力装置上。如图 6-1-11 所示。穿到 8 号纱

嘴中。

② 废纱及穿法：废纱是起口、封口段所使用的纱线，为了使织片的下边缘织物均匀稳定，常先织一定的横列数的平针织物再通过抽纱与织片相连。此段织物拆解后不能回收因此宜采用低成本的纱线，通称为废纱。一般采用强力、细度与编织织物相适应的次品纱线或低价的化学纤维纱线。废纱一般穿在左边起第二个上张力装置上，与起底纱相邻，穿到 1 或 7 号导纱嘴中。

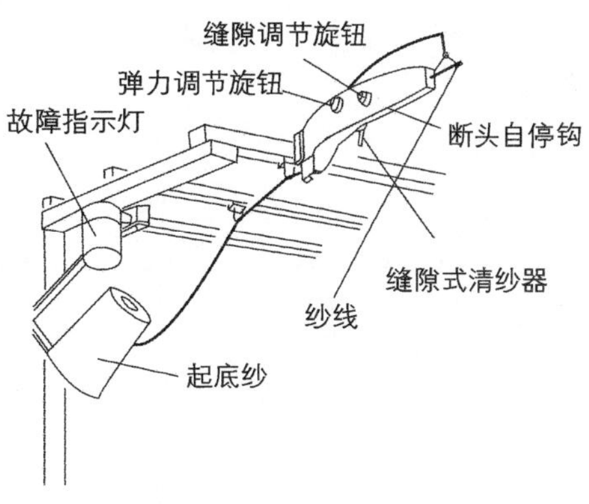

图 6–1–11　穿纱线架图

③ 正式纱穿法：是指编织产品所使用的纱线，按工艺要求进行选用或定制的纱线。正式纱线一般穿在左边的张力装置和左边纱嘴上，编织复杂提花组织时根据编织的需要可以左右同穿。合理安排筒子架上筒子的位置编排，方便换筒、防止纱线编织中发生缠绕，影响正常编织。编织频率高的纱线优先穿到 4、5 纱嘴中。

④ 穿纱路线：纱线的穿纱路线为：纱架放置的筒子引出→向上穿过导纱钩→张力器夹片式张力装置→缝隙式清纱器→断头自停钩→储纱器→侧面导纱孔→侧张力挑线杆导纱孔→侧板导纱孔→分纱器导纱孔→导纱器耳纱孔→纱嘴。

a. 纱线的引出：纱线引出垂直向上穿过导纱钩，导纱钩位于筒芯的正上方，移动筒子对正导纱钩，使纱线退解顺利、张力稳定。

b. 张力装置穿纱：如图 6–1–12 所示。纱线从导纱钩穿入纱架张力器、清纱器，并适当调节张力及清纱器的缝隙。

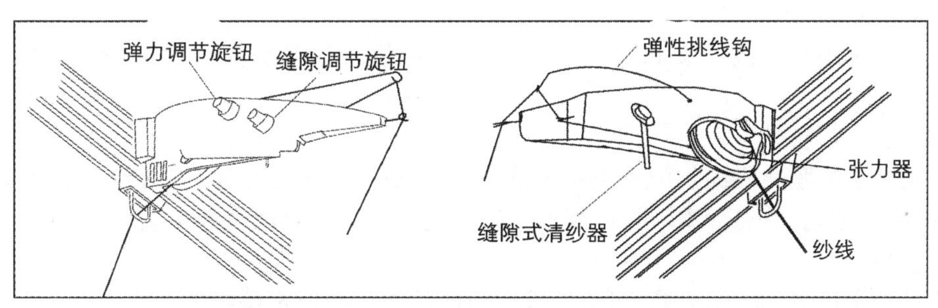

图 6–1–12　上张力装置左右侧面视图

c. 纱线张力调整：张力调节旋钮顺时针旋转弹簧压缩大，夹片的压力大，纱线的张力越大，反之越小。保持正常退解、不发生卷缩、缠绕，挑线钩能起良好作用为前提，尽可能小为好。

d. 清纱器缝隙的调节：旋钮顺时针旋转缝隙增大，逆时针旋转则缝隙减少。缝隙大小一般调节为纱线直径的 1.5 ~2.0 倍。

3. 控制面板认知与使用

电脑横机主要通过控制面板上的功能菜单进行编织文件读入、编织工艺参数调整、机器动作参数的调整等。因此显示屏的操作是电脑横机操作的主要内容。

(1)显示屏：

显示屏位于机器左侧，可显示所有编织、控制功能，初始时显示屏上显示的主菜单有 11 个

图标，分别为：文件管理、花型管理、系统参数、工作参数、机头测试、机器测试、系统升级、帮助、运行、关闭电源和连续织造。每个图标内有多层子菜单可进行相应的操作，如图 6-1-13 所示。

图 6-1-13 控制面板示意图

图 6-1-14 文件管理菜单画面

(2)文件管理菜单：

如图 6-1-14 所示，"文件管理"菜单是用来读取、输入、输出、复制、删除编织文件、编织工艺参数资料等功能。新文件制版后，用 U 盘通过"文件管理"菜单，进行读入。

(3)系统参数：

是指对控制系统进行各项初设的参数进行设置，只限于调试机器时使用，一般情况下不可更改，需要输入密码才能进入。

(4)工作参数：

此功能是用来调整编织的一些参数，比如起针点、起底板的关闭与起用等。

(5)机头测试：

通过此菜单用来测试机头上的各个三角、纱嘴磁铁等控制机件的动作，便于找出故障的部位。

(6)运行：

运行菜单是电脑横机编织的主控制菜单，其上集成了机头复位、编织锁定、速度控制、报警控制、纱嘴磁铁控制、纱夹纱剪动作控制及编织工艺的各项参数调整等功能。

(7)连续织造：

此菜单设定机器的编织方式，可连续编织不同的文件和设定编织的片数。

4. 编织文件读入操作

编织文件在制版系统中编译成横机可识别的文件后，用 U 盘通过"文件管理"菜单读入横机的机内存储器中。

(1)文件读入：

插入 U 盘，点击"文件管理"菜单，弹出如图 6-1-14 画面。点击"检查 U 盘"按钮，在左侧框里出现 U 盘中的所有编织文件或文件夹，点击需要编织的文件名→点击画面最上方的"> > > > > >"按钮→文件从 U 盘输入到横机内存并在右侧显示为红色字体。如果想把内存中的文件复制到 U 盘，则点击"< < < < < <"按钮。

(2)设置当前编织文件：

选定某文件进行编织时，在右侧显示框中点击该文件名，该文件名的字体变为红色→点击

中间的“选定花型”按钮→确定

（3）删除文件：

横机的内存容量有限，如果内存满后再读取文件时，则文件名的后面数值显示为“－1”，这种文件不能编织。因此应该经常删除电脑横机内存中不用的文件以便释出内存空间。操作为：点击文件名（使之变为红色）→点击“删除→”键，则可删除文件。当需要删除U盘中的文件时，则点击“←删除”按钮。

（4）花样总清：

点击“花样总清按钮”则可以快速删除内存中的所有文件。

5. 编织工艺参数调整操作

编织文件读入后，需要进行工艺参数设置，如：毛衫衣片上各部位的密度、卷布拉力、编织速度等，在“运行”菜单中设定。编织工艺参数是控制电脑横机正确运转的关键要素。在本菜单中包括：度目（密度）、卷布拉力、速度等主要内容。

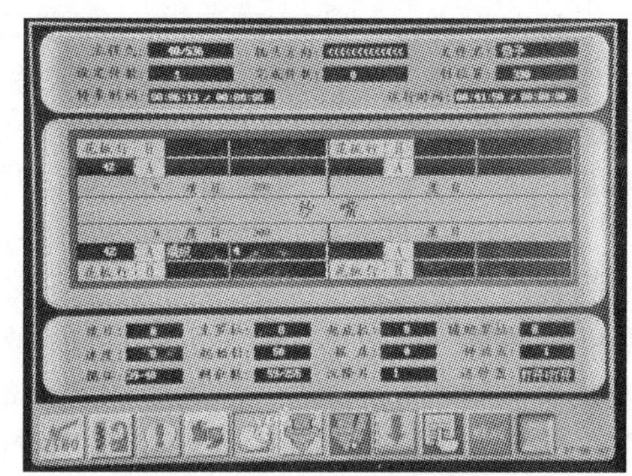

图6-1-15 “运行”菜单画面

编织文件读入横机内存后即可进行编织，点击运行图标，显示运行画面。

如图6-1-15所示，画面的结构分为四个部分。

（1）基本信息区：最上面部分为基本信息显示区。显示主程式、机头运动方向、文件名、设定件数、完成件数、针位置、停车时间、运行时间等信息。

① 显示主程式：主程式显示当前所编织的横列序号和主控制行号。

② 机头运动方向：显示当前编织行的机头运动方向，便于操作者识别。

③ 文件名：显示当前编织的文件名，文件名可以用中文、英文等字符命名。

④ 设定件数：可以根据要求设定本次需要编织的件数，电脑横机在编织完成设定的件数后自动停机。

⑤ 完成件数：显示当前编织的织片为设定总件数的序号。

⑥ 针位置：显示当前机头编织的位置，在针床上选针的针位。

⑦ 停车时间：当前班编织过程中的停车累计时间，便于统计编织效率。

⑧ 运行时间：当前班正常编织运行的时间，便于统计编织效率。

（2）花板信息显示区：显示花板序号、该控制花板的编织符号、系统情况信息。

（3）工艺参数显示区：显示编织工艺参数，主要有度目（编织密度）、速度、循环、主罗拉的卷布拉力、起始针位、起底板、摇床、沉降片、辅助罗拉、纱嘴停放点、送纱器等信息。

① 度目（编织密度）：显示的数值为当前的度目设定段，点击数值框可以进入调节度目值，如图6-1-16所示，度目值的区间为：0～730。如图6-1-17所示，度目值是指弯纱深度，即针钩与沉降片成圈的最大距离为730数值。常用各种组织的度目具体参考值为：

满针罗纹：100～150；1×1、双罗纹：150～200；2×1罗纹：180～220；2×2罗纹220～260纬平针、圆筒、挑孔：280～360，绞花：300～450。

	右行使用				左行使用						
	1	3	5	7	2	4	6	8	快捷设置	[illegible]	[illegible]
1	180	180	180	180	180	180	180	180	180	0	0
2	100	100	100	100	100	100	100	100	100	0	0
3	300	300	300	300	300	300	300	300	300	0	0
4	100	100	100	100	50	50	50	50		0	0
5	200	200	200	200	200	200	200	200	200	0	0
6	220	220	220	220	220	220	220	220	220	0	0
7	300	300	300	300	300	300	300	300	300	0	0
8	320	320	320	320	320	320	320	320	320	0	0
9	240	240	240	240	300	300	300	300		0	0
10	320	320	320	320	320	320	320	320	320	0	0
11	320	320	320	320	320	320	320	320	320	0	0
12	320	320	320	320	320	320	320	320	320	0	0

工作度目设置

翻页　退出

图6-1-16　度目调整画面

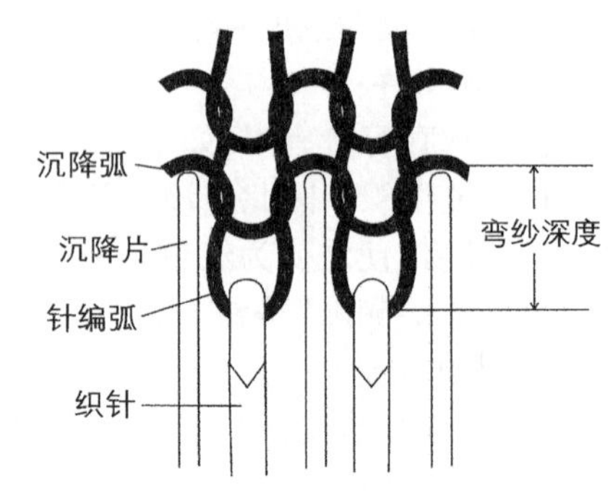

图6-1-17　度目值输入原理

调节方法:点击相应段号行的“快捷设置”输入框,弹出输入对话框,按数字键进行输入,点“确定”后,同一行的数值会全部变成输入值。如果需要更改前床或后床的的数值,则在5、7、6、8(前床)或1、3、2、4(后床)下相应的输入框中输入。按设计的段号分别输入后,点确定键结束。每个段号代表不同部位的密度,制版时将段号对应的编织段设定。

② 编织文件与织物编织的关系

对应调整工艺参数,必须了解编织文件与织物编织的关系。如图6-1-18所示为编织的织物组织与编织控制的关系,图中左侧为织物编织意匠图。图的右侧为编织控制的功能线,每条功能线代表不同的功能。功能线用代号表示。

例如:207功能线为度目控制段,编织过程中根据意匠图中的各段组织结构和翻针的要求进行编设度目段。如209速度功能线控制该行的编织速度、210卷布功能线控制不同区段编织时的卷布拉力等。

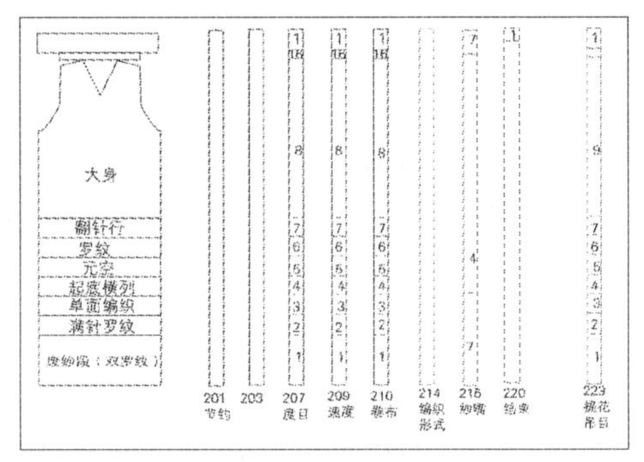

图6-1-18　编织控制各功能线段号示意图

③ 速度:点击速度输入框,可以输入速度值。速度值的范围为0~120,对应不同的分段可以设相应的速度值。比如翻针、绞花时可以慢速,正常编织时可以快速。慢速可以设定在20~40,快速可以设定为:60~90或更快。如图所示为速度输入框。

④ 循环:在功能线上做循环的标志,则编织时可以按照该循环的段号进行循环两行或多行进行设置循环数,也可以在编织中进行更改。输入界面如图6-1-20所示。

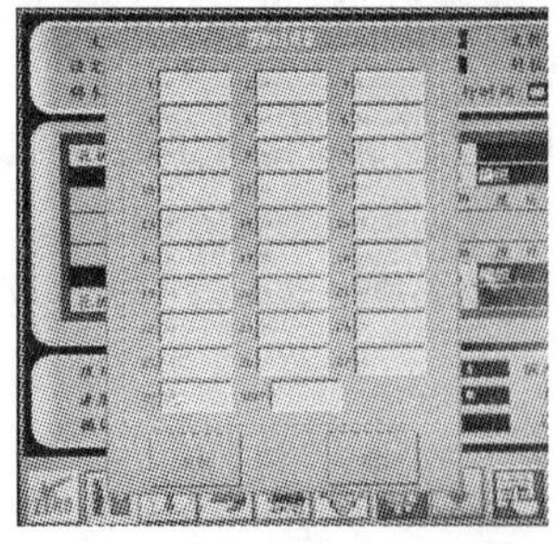

图6-1-19　速度输入示意图

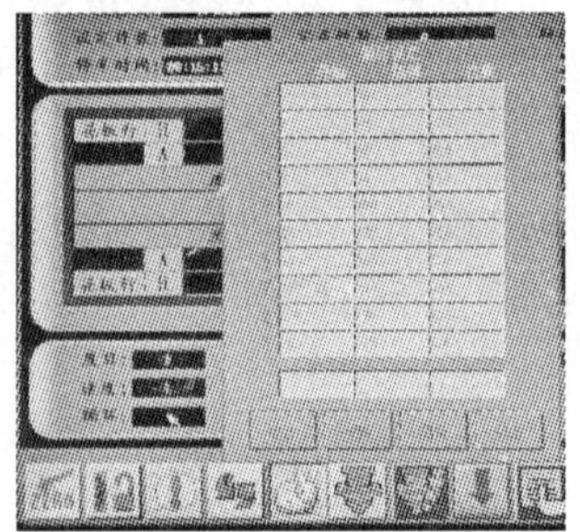

图6-1-20　循环输入示意图

⑤ 主罗拉的卷布拉力：设定该段的拉力的大小。罗拉使用旋转的速度来表达卷布的拉力，输入值的范围：-100～100，负数表示倒卷，正数表示向下正卷。输入值的大小要与度目值相配合，度目值大，编织的线圈长，则卷布罗拉的转速应该加快即数值大。在度目值为320～350时，相应的主罗拉输入值为30～35，根据不同的品种具体而定，其原则是：线圈成型良好的前提下拉力越小越好。点击速度输入框，弹出如图6-1-21所示界面，可以输入数值。

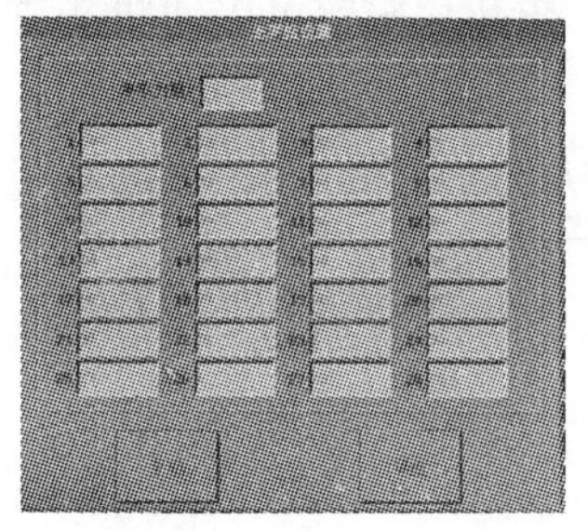

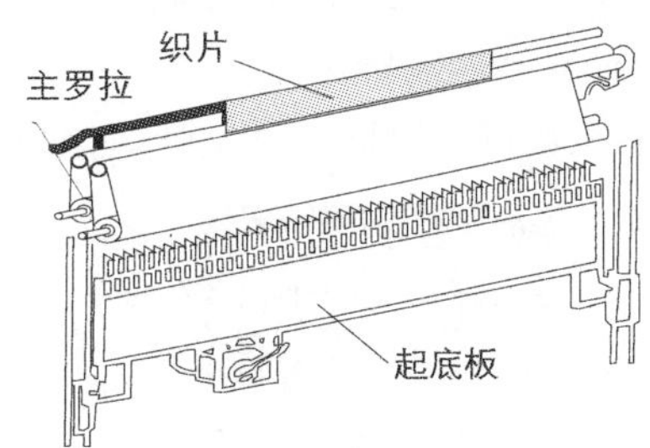

图6-1-21 主罗拉输入示意图

⑥ 起始针位：显示编织的起针点的位置针数数值，可以在“工作参数”菜单中调整。

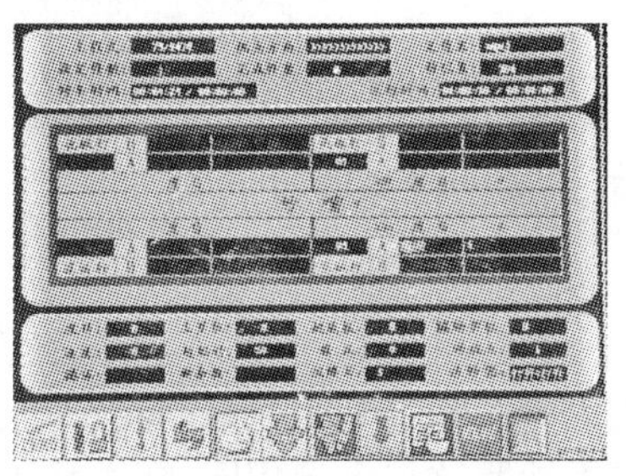

图6-1-22 起始针位示意图

(4)运转控制按钮区

画面最下一行显示了多个按钮，为机器运转的控制按钮。从左到右分别为：机头复位键、行锁定键、报警锁定键、连续编织锁定键、速度转换键、纱嘴休止键、嵌花纱嘴停放、主罗拉旋转键、跳行键、MEMU菜单键、主菜单键。如图6-1-15所示。

① 机头复位键：当编织过程中想中止编织，按此键后转动操纵杆，机头会退出编织回到左侧原点位置并检测机头上的各个机构。编织文件被刷新，重新开始编织。

② 行锁定键：一般无起底板方式编织时，需要按下此键，锁定编织意匠图上的第一和第二行，机头往复编织第1、2行，直到解锁为止。其作用是使横机重复编织双罗纹的第1、2行，直到卷布罗拉卷到织物形成一定的拉力，便于正式纱开始编织。

③ 报警锁定键：当在处理故障或调试机器时，横机的报警系统工作发出报警声音，机器不能由操纵杆控制，按下此键后取消报警，可以开车，方便维修调试机器。

④ 连续编织锁定键：正常时可以按照设定编织片数进行连续编织，按下此键则取消连续编织，每编织完成一片后会报警提示。编织试样时一般按下此键锁定连续编织。

⑤ 速度转换键：此图标有两种显示方式：龟和兔子，按下图标出现龟的图形，则机器为慢速编织状态，按一下图标出现兔子时则机头会转成快速编织。同时操纵杆也可以控制车速，向外转动为开车，向内转时为停车；向外连续转动两次则自动转换为快速运行。

⑥ 导纱器休止键：当编织过程中出现如断纱的故障时，机头停在编织区域中，导纱器也在机头内侧下方，不方便接纱，此时按下此键，控制导纱器的电磁铁会跳起，便于拿出导纱器，接好纱线后，将导纱器放回原处，再按下此键，电磁铁恢复，可以继续编织。

⑦ 主罗拉旋转键：按下此键时，会使主罗拉正、反向旋转。反向旋转则使织物拉力变松，正向旋转则拉力变大，织物拉得更紧。

⑧ 跳行键:按下此键可以使横机从当前编织行跳转到其他任意编织行,按下键后会跳出输入框,输入奇数行行号,转动操纵杆后机头会进行复位,需要将导纱器放置在左侧边缘的位置,再开动机器，则自动从跳转行开始编织。如图 6-1-23 所示。

⑨ MEMU 菜单键:按下此键,跳出菜单对话框,如图 6-1-24 所示。此菜单中的各个按钮可以完成多项任务。按不同的夹纱按钮可以控制 1、2、3、4 个纱夹进行夹纱,纱夹的编号顺序为:机器左侧两个为 1、2 号纱夹,右侧两个为 3、4 号纱夹。按卸片按钮可以使机头进行不带纱嘴的卸片编织,使布片脱离针床。

⑩ 退出键:按此键可以推出运行画面,回到主菜单状态。

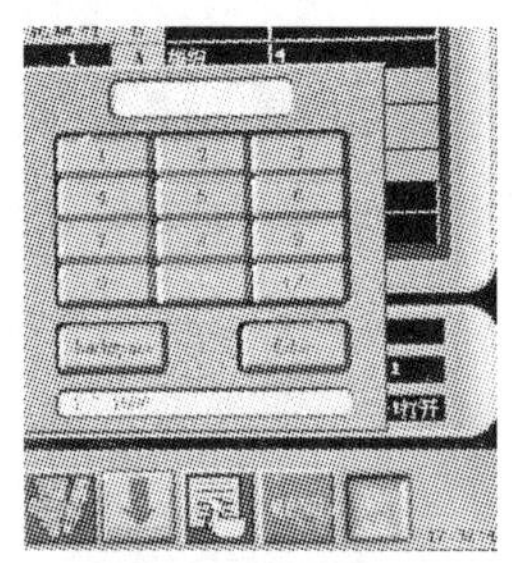

图 6-1-23 跳行输入示意图

图 6-1-24 MEMU 菜单示意图

四、毛衫试样的编织

1. 试样织物要求

在慈星 GE2 - 52C 12G 电脑横机上进行一个试样织物的编织,文件名为“试样 1”,编织纱线为 26N/2 ×1,设:该试样下摆为 1×1 罗纹、纬平针大身、废纱封口为平针;纱嘴使用:试样编织用纱罗纹与大身相同,穿 4 号纱嘴。第 1 段起口废纱编织双罗纹组织,度目值为 180;第 2 段废纱编织,度目值为 300;第 3 段满针罗纹,度目数值为 200;第 4 段为起底横列,度目数值 100;第 5 段元空,度目数值为 200,第 6 段罗纹编织,度目数值为 220;第 7 段编织平针,度目第为 300。卷布拉力值均设为 35。

2. 基本操作流程为

编织文件读入→穿纱→工艺参数设定→编织→成品

3. 试样操作步骤

(1)编织文件输入

编织文件输入是指将电脑制版软件制作完成的编织文件“试样 1”输入到电脑横机中。输入步骤为:U 盘插入→控制屏主菜单→点击“文件管理”→点击“U 盘检查”→在左侧框中点击“试样 1”文件名→点击“ > > > > > > ”键→右侧框中出现红色的“试样 1”文件名→点击“选定花型”→回到主菜单界面。

(2)工艺参数调整

工艺参数最基本的是指编织密度、卷布拉力、速度、纱嘴设定等项目数据。根据不同的织物和编织效果要求在变更编织对象时需要及时更改。在文件读取完毕后,本机当前编织文件已变更为“试样 1”文件,必须进行工艺参数的设定。点击“运行”菜单按钮,进入运行界面。

① 编织密度的设定:点击度目数值输入框,弹出度目输入对话框。

a. 在第 1 段的“快捷设置”框中输入 180,点击“确定”。

b. 在第 2 段的“快捷设置”框中输入 300,点击“确定”。……依次输入各项度目。

c. 在第23段，为翻针度目，“快捷设置”框中输入280，点击“确定”。

② 卷布拉力设定：在“运行”界面中主罗拉输入框中点击弹出输入框，按照制版中设定的卷布拉力段号相应地输入合适的数值。举例如表6-1-1所示。

表6-1-1 度目与主罗拉输入数值对照举例

段号	1	2	3	4	5	6	7	8	16	23
组织结构	双罗纹	满针罗纹	废纱平针	起底横列	元空	1×1罗纹	翻针行	纬平针	废纱编织	翻针
度目值	180	100	320	前50 后100	200	220	280	300	320	280
主罗拉值	35	30	38	30	35	38	35	40	42	32

在主罗拉的拉力设定中，不同的纱线原料、纱支细度、度目大小会有所不同，在线圈成型良好的前提下，拉力小一些为好，拉力小机器的负荷小，编织轻快，在编织中可以随时检查拉力的情况。检查的方法是：将机头停在侧边，将织针向上推，根据线圈拉织针的情况来判断卷布的拉力大小来调整输入值。拉力过大，则造成密度偏小且使卷布罗拉的磨损加快；拉力偏小则会产生线圈成型不良或布片浮起。

(3)穿纱

按照编织文件上215纱嘴设定功能线上所对应的纱嘴安排穿纱。一般起底纱穿在8号纱嘴，废纱穿在7号纱嘴，大身纱穿在1~6号，最常用的是4、5、3号纱嘴。

① 穿纱：弹性起底纱放在纱架的左侧，穿最左边的导纱张力装置上，穿8号纱嘴。正式纱放在纱架左侧或右侧部位，依次向右排列且前后相错。编织几率最多的一般优先靠左(右)两侧，方便穿纱，减少穿纱长度。各种纱线按穿纱路线依次穿过各个相应的导纱钩、张力装置、纱线清纱器、断头自停装置、储纬器、弹性挑线钩等。本例正式纱线穿入4号纱嘴。穿纱后调整侧边挑线簧，使之处于张紧状态。

② 夹纱：将穿过纱嘴的纱线用纱夹夹住，便于编织。夹纱操作如下：

从纱嘴拉出全部纱线，手指放到针床左侧边上→左手点击“MEMU”按钮→选择“纱夹1”→纱夹伸出夹纱并剪刀作用剪线。

注意：左侧夹纱选择执行此动作前，请将您的手指，脸及衣物远离夹子和剪刀装置。

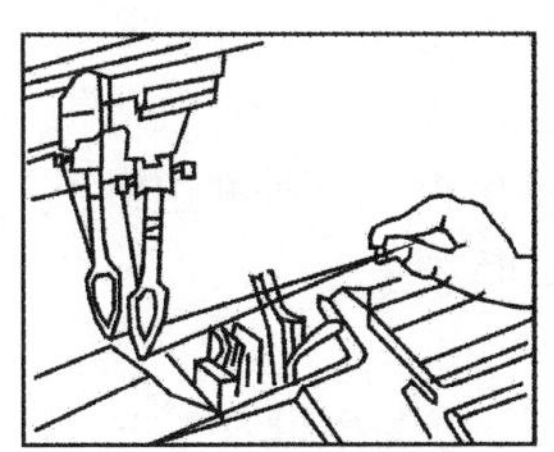
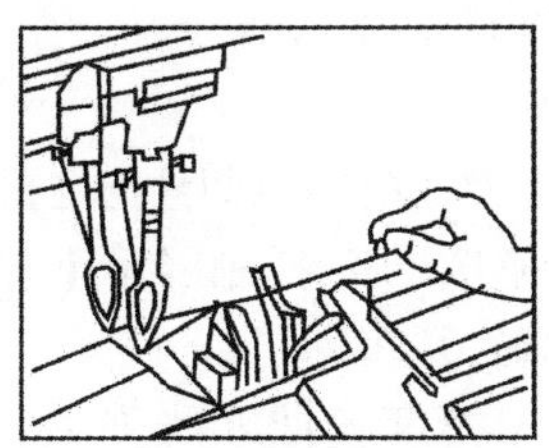
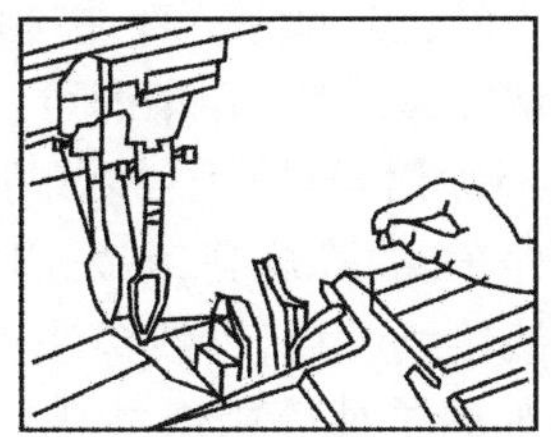

图6-1-25 编织前夹纱与操作画面

③ 速度设定：点击速度输入框，弹出对输入话框。在相应的速度段输入数值，设本例的速度值为30，在1号框内输入“30”，点击“复制”按钮，所有框内均为“30”。

(4)编织操作：上述工作准备之后，确定穿纱正确，进行“无起底板”的方式编织，具体操作步骤为：

点击"复位"键→点击"行锁定"键→点击"编织锁定",锁定一片编织→将所有纱嘴用手移到"针床左侧旁边,距离针床2~5cm"→转动操纵杆开车,废纱编织→观察编织情况→主罗拉全部拉住废纱织物→点击"行锁定"键,行解锁→开车正常编织。

① 点击"复位"键:点击"复位"键 ,转动操纵杆,机头会发生移动,到左侧原点后会发出"咔咔"声,自动检测各机件的运动状态。

② 点击"行锁定":由于"无起底板编织"形式,织物起始编织时没有起底板的拉力作用,因此需要将织物编织到主罗拉拉住后才能进行正式编织。点击"行锁定"键 后,系统自动锁住第1、2编织行进行重复编织,直到主罗拉拉住织物为止。

③ 移动纱嘴:将所有纱嘴用手移到针床左侧旁边,距离针床2~5cm位置上。纱嘴相错,不可重叠。

④ 废纱编织:转动操纵杆,机头开始运动,空转1转后开始带7号纱嘴编织。

⑤ 观察主罗拉卷布情况:编织开始后约40转左右,主罗拉开始卷到织物,一直将整个幅宽都露出主罗拉后,可以进行正式编织。

⑥ 连续编织锁定:点击连续编织锁定键,使之编织一片后停车。

⑦ 解锁:点击 键解锁,转动操纵杆进行开车,进入正常编织。

⑧ 卸片:试样编织结束后机头停止,发出报警及提示。点击"MEMU"键,选择"卸片"按钮,转动操纵杆,机头不带纱嘴编织,织片落下。

⑨ 机头复位:点击"复位"键,转动操纵杆,机头回到左侧原点位置。用手将纱嘴推回到左侧位置,夹纱。便于下次编织。

五、操作中常见故障及操作处理

在编织操作中会碰到很多问题,常见的操作举例如下。机器会因故障自动停车,指示灯由绿色变成黄色,控制屏幕上会显示故障信号,碰到问题时要先看控制屏幕的信息,再进行操作处理。

1. 断纱的处理方法

(1)断头自停钩(挑线钩):原因:纱架上纱线如遇到有断头、纱线用完,则自停钩下落,机器自动停车,故障灯亮,并发出"嘀嘀"声,控制屏幕上显示断纱。

处理:用织布结方法接续纱线,开车即可。

(2)侧边张力装置断纱信号:原因:纱线在送纱罗拉到纱嘴孔之间发生断头,则侧边纱线跳线钩弹起,机器自动停车,故障灯亮,并发出"嘀嘀"声,控制屏幕上显示断纱。

处理:用织布结方法接续纱线,纱线穿法正确,开车即可。

(3)易断纱:原因:如遇羊绒等粗纺纱线由于捻度较低纱线强力较低,易发生断头。这是由于依靠织针的拉力将纱线从筒子上拉出,纱线线路较长,摩擦阻力大易发生断头。

处理:将纱线穿在侧边上方的主动送纱储纱器上,打开储纱器开关,纱线在储纱圆筒上缠绕10~20圈,增加储纱量。之后纱线以轴向进行退解,退解张力很小,因此减轻了织针对纱线的拉力,使纱线的总拉力减小,可有效的减少纱线的断头率。

(4)清纱器报警:原因:纱架上纱线如到有粗节、大结头等,则缝隙式清纱器会跳起,或会将纱线拉断,机器自动停车,故障灯亮,并发出"嘀嘀"声,控制屏幕上显示断纱信息。

处理:恢复清纱器位置,去掉大结头用织布结方法接续纱线,开车即可。缝隙的大小一般调节位纱线直径的 2 倍左右。

2. 放布编织

如果遇到不可挽救的编织故障,则可以中止编织。操作方法为:停车→点击“MEMU”按钮→选择“卸布”→旋转操纵杆开车→卸下布片→点击“复位”键→进行重新编织。

3. 布片浮起

原因:由于卷布拉力偏小,织物未能及时拉离织口或坏针造成布片浮起,此时机头上的探针会被碰歪,机器自动停车,故障灯亮,并发出“嘀嘀”声,控制屏幕上显示“布片浮起”。

处理:用压纱板进行向下压布,重新调整卷布拉力数值,将探针复位,开车即可。其他原因:

① 卷布拉力小:编织时为及时调整或调整不当引起卷布拉力偏小造成织口未及时下拉造成探针被碰歪。处理方法:根据度目值调整为合适的卷布拉力,复位探针。

② 织物破损:在编织过程中由于组织及纱线的原因会造成织物局部破损,造成纱圈浮起。处理方法:根据情况及时进行修补或卸布编织处理,中止编织。调整工艺参数。

4. 机头撞针

原因:由于度目紧、卷布拉力不正常、布片浮起等因素影响都会发生机头撞针,机器自动停车,故障灯亮,并发出“嘀嘀”声,控制屏幕上显示“布片浮起”。

处理:设定低速将机头转出,检查织针情况,重新调整工艺参数,将探针探头复位,开车即可。有织针损坏,请及时换针。

5. 起底板异常

(1)原因 1:由于起底纱、废纱与抽纱断纱会造成拉力异常,织物未能及时拉离织口,造成布片浮起等异常情况,机器自动停车,故障灯亮,并发出“嘀嘀”声,屏幕上显示“起底板故障”。处理:执行放布编织,重新进行编织。

(2)原因 2:由于机器原因,有时起底板未按正常程序下落归位,造成布片卷进罗拉棍中。处理方法:停机→掏出布片(如果发生缠绕时,则小心将布片拉出)。

6. 更换织针

当使用的纱线过粗、拉力过大、织针上的线圈过多等都会造成织损坏。更换织针方法为:

(1)退下压针条挡板:将针床左或右边缘黑色的挡板向下推,使压针条可以抽出。

(2)抽出压针条:用专用推拉构将压针条推出(只要空出坏针位置即可)。

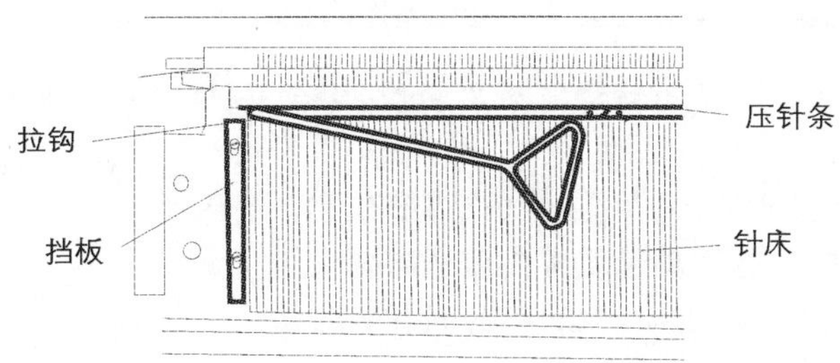

图 6-1-26　抽压针铁条与换针

(3)更换织针:用手将坏针的推片(底脚片)的针踵向上推至最高点,左手扶住织针并抽出,将新针套上,轻巧插入回位。

(4)更换推片(底脚片):如果推片的针踵撞坏,则用换针的同样方法将推片拔出,换新片插入,再将压针条推回原位,推上挡板。

任务实施

一、教学设备

投影仪、电脑、慈星电脑横机等。

二、实施步骤

1. 电脑横机开、关机操作

按要求进行开关机、安全操作练习。

2. 编织工艺调整操作

进行各段的编织度目、主罗拉拉力数值、编织速度参数进行输入、调整操作。

3. 试样编织

(1)电脑横机穿纱操作:依据给定的编织工艺要求,对慈星电脑横机进行起底纱、废纱、大身纱的穿纱操作。

(2)编织文件读入、编织工艺调整操作:依据试样编织文件参数的要求,通过控制屏将编织文件读入,进行各段的编织度目、主罗拉拉力数值、编织速度参数进行调整。

(3)试样编织及工艺参数测定和工艺修正操作:依据要求进行试样编织,对编织后试样的罗纹、单面织物进行拉密、横密、纵密的测定操作,对应要求进行工艺修正。

4. 编织故障处理操作

针对编织中出现的故障,需要进行卸布编织、断纱处理、更换织针等,总结处理方法。

任务2　恒强电脑横机制版CAD系统的操作

学习目标

1. 熟悉恒强电脑横机CAD制版系统的界面结构与菜单功能,学会CAD电脑制版系统的基本操作方法。
2. 熟悉恒强制版系统的各菜单的操作方法,学会横机试样编织文件的描绘方法。
3. 熟悉毛衫常用组织的编织原理,学会电脑横机常用组织的制版方法。
4. 熟悉毛衫大身衣片的编织原理,学会衣片编织文件的制作方法。

任务描述

引入恒强电脑横机CAD制版的概念,通过对慈星电脑横机编织结构与编织原理的学习,了解和掌握慈星电脑横机编织控制的原理,学会使用恒强电脑横机CAD制版系统进行编织文件的制作、控制参数的设定、衣片编织文件制作的方法。

知识准备

杭州恒强科技股份有限公司出品的电脑横机专用制版系统，是国产电脑横机中一个重要组成部分。国产电脑横机大多采用此类系统，如知名的浙江慈星和江苏龙星、盛星品牌。恒强电脑横机制版系统已经广泛应用于国产电脑横机的控制系统，此系统与岛精的 SDS - ONE Knit paint 的制版系统具有高度的相似性和可转换性。该公司还生产内衣机智控系统、袜机制版系统、手套机制版系统。

一、恒强电脑横机制版系统(CAD)的认知

恒强电脑横机制版系统可以进行织物的组织设计、花型设计，将编织意匠图上的各种信息编译成各种控制信号，自动生成控制程序，以控制整个毛衫衣片的编织生产过程。

1. 电脑横机制版系统的特点

该软件具有自动编程功能，自动生成浙江恒强科技有限公司自主研发的横机电控产品的控制数据，其功能包括：花型设计、图像解析、数据传输、自动编译。

其主要功能为：支持多语言（注：中文、英文、土耳其语及其他定制语种）；支持在线升级功能；短信注册功能；向下兼容 Picasso 制版；支持 1 隔 1 织针编织变换；支持反向导入动作；支持一键转后床；支持纱嘴间色填充；强大的小图功能；支持自定义模板；强大的编织动作模拟图功能；支持提花新背台；支持工艺单及其他工艺软件接口；支持 16 把纱嘴；支持自动纱嘴处理。

电脑横机的制版系统由厂家提供安装盘，可以在当前的各种家用电脑上进行安装，可以采用台式机或笔记本电脑。该系统具有安装方便、系统内存小、运行速度快的特点。

2. 软件的安装要求与安装

（1）安装要求：

操作系统：windows XP / vist /win7 简体中文版，Intel Pentium 2G Hz 或 AMD Anthon 2G Hz 以上。1Gs 或以上内存（推荐 ZGs ）、256MB 或以上硬盘空间供软件安装。显示器：17 英寸以上（推荐分辨率为 1280x800 或更高）。计算机具备 USB 接口。

（2）安装：

在恒强公司的下载中心"www. zjhqtech . com"选择下载安装包，解压后得到一个：Setup . exe 的安装文件。运行：Setup. exe ，直到安装完成。运行"数据引擎"，弹出一个对话框，要求输入注册吗，按要求发一个短信注册获取注册码。输入注册码后即可运行。

（3）适用对象：

适用于安装恒强公司生产的电脑横机电控系统，如慈星、龙星、越发等国内多数品牌电脑横机。

二、恒强制版系统界面结构与功能认知

制版软件在微软视窗操作系统上开发的图形操作软件，由下拉式菜单、弹出式菜单、工具栏菜单、主作图区、功能线作图区、指示栏等组成，界面直观、操作方便。双击软件运行图标，进入运行界面，如图所示：

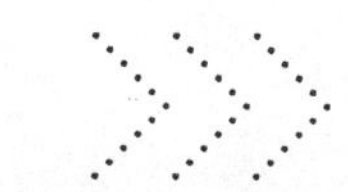

系统界面由标签栏、菜单栏、工具栏、竖向绘图工具栏、色码、主绘图区和功能区六个部分组成。如图6-2-1所示。

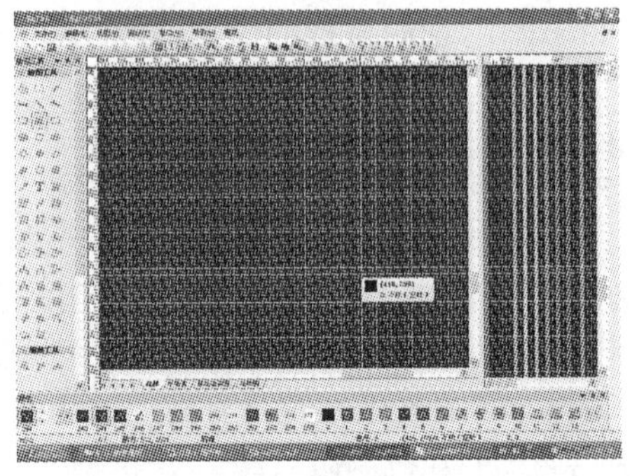

图6-2-1　恒强制版系统操作界面

1. 标签栏

界面最上一栏，显示操作系统名、当前编辑的文件名。右侧为本窗口的最小化、最大化、关闭按钮。

2. 菜单栏

显示文件、编辑、视图、高级、窗口、帮助、横机等主菜单。进行对系统所有功能子菜单的分类集合。

(1)文件：

点击文件菜单，跳出下拉列表，如图6-2-2所示。其中有新建、打开、关闭、导入、导出、保存、另存为、打印、退出等子菜单。

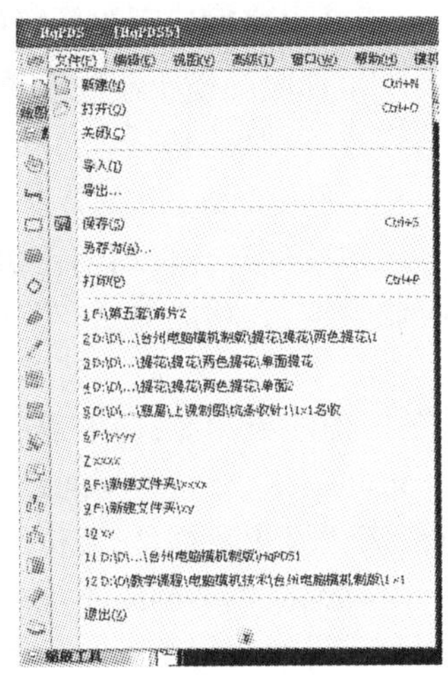

图6-2-2　文件菜单示意图

① 新建：新建一个文件。点击新建菜单，在主操作区直接打开一个新窗口，可以直接编绘一个新的图形，绘制完毕后，点击“另存为”，选择路径、输入文件名即可。

② 打开：点击“打开”菜单，从弹出对话框中选择文件名，即可在当前主绘图区打开。

③ 关闭：点击“关闭”，则关闭当前文件。

④ 导入：点击导入，可以导入图片、文件等。

⑤ 导出：将当前绘制的图形以BMP的格式导出。

⑥ 保存：点击保存，则当前的操作覆盖以往的操作。

⑦ 另存为：将当前编辑的文件另存为到一个新的位置。也可以更改文件名。

⑧ 打印：点击打印，弹出打印文件对话框，可以以图片方式进行打印图形。

图6-2-3　编辑菜单

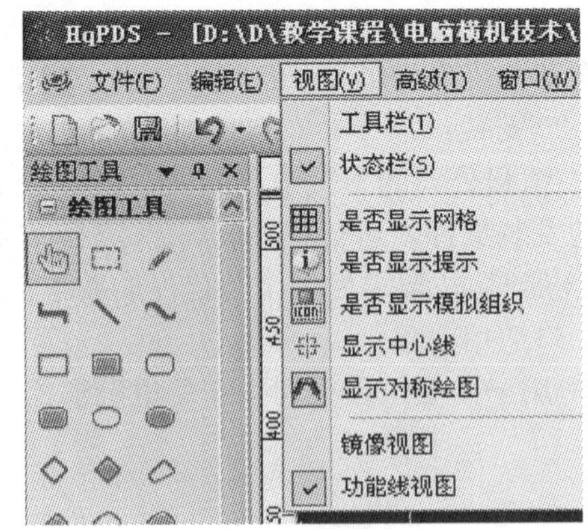

图6-2-4　视图菜单

(2)编辑：

点击编辑菜单，弹出下拉列表：撤销、恢复、对齐、使同样大小、移动、剪切、复制、粘帖、全选、跳转到等子菜单。

① 撤销:撤销本次的操作。

② 恢复:恢复上次操作。

③ 移动:对图层进行上移、下移一层等操作。

④ 使同样大小:可以对不同的图形进行同样高度、同样宽度、同样大小等操作。

⑤ 对齐:可以对不同的图形进行左对齐、右对齐、中心对齐等操作。

⑥ 剪切、复制、粘帖:对于选定的区域中的内容进行的剪切、复制、粘帖操作。

⑦ 全选:点击全选,则把当前文件内的所有内容选定,可以进行各种操作如剪切、复制、粘帖等。

(3)视图:

点击视图菜单,弹出下拉列表如图所示。可以通过各个子菜单进行调整系统界面的显示状态。

① 工具栏:有常规工具栏、颜色、绘图工具、工作区等显示选项,打钩时则在画面中显示。

② 状态栏:勾选则显示最下一行,否则不显示。

③ 是否显示网格、模拟组织、提示、中心线、对称绘 图:点击则进行显示与不显示该图标转换。

④ 镜像视图:勾选则出现另一个画面,同时显示图形。

⑤ 功能线图:勾选则在右边显示功能线,否则不显示。

(4)高级:

高级菜单中主要有:语言、界面风格、设置等子菜单。

① 语言:点击出现下拉列表,可以选择界面的语言文字。

② 界面风格:点击出现界面风格的选项,可以从中选择界面的风格。

③ 设置:点击弹出设置对话框,可以设置绘图、旋转、画笔笔刷、快捷键、高级、横机等项目的参数。

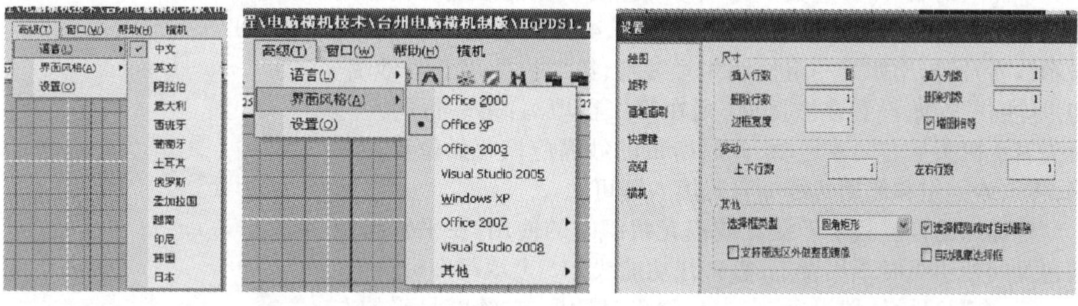

图6-2-5 高级菜单示意图

(5)横机:

在横机菜单中有:机器类型、自动生成动作文件、纱嘴方向、纱嘴系统设置、纱嘴起始位置设置、工艺单、背面提花、使用者巨集、使用者巨集前台、使用者巨集背台、工具、视图复制、模板、保存花样图等子菜单。

① 机器类型:点击“机器类型”,弹出设置对话框。图中可选择机器类型有:H2、H3、H1－1、H1－2、H2－2 等。其中 H2 表示为双系统,H3 表示为三系统电脑横机。根据需要进行本文件编织的机型,注意不能选错,否则编织不成功。

② 自动生成动作文件：当绘图结束，所有的功能线都填写后点击此菜单（也可以为工具栏的按钮），系统自动将意匠图转换生成电脑横机所能识别的编织文件，生成4个花板文件。文件类型有：CNT、PAT、PRM和SET文件。文件保存后生成5个花板文件：BMP、INA、OPT、YSY、PXP文件。其中BMP为位图文件记录编织意匠图信息；INA也是BMP文件，是记录提花后针床的编织信息；OPT记录23条功能线的信息；YSY是纱嘴使用信息文件，记录纱嘴的设置、起始位置等信息；CNT是花板的动作文件，记录花板的动作、摇床、段位、纱嘴及PAT行数，每个花板控制相同动作的编织行信息；PAT文件是花板的花样文件，记录每一个色码的编织过程；PRM文件记录循环行的设置信息，及花样中的节约设置；SET文件为花型展开文件。

③ 纱嘴方向：修改图形的纱嘴配置后点击此菜单会重新显示纱嘴的方向，可以在修图中方便查看。

④ 纱嘴系统设置：点击“横机”菜单，弹出对话框，进行设置纱嘴的使用。

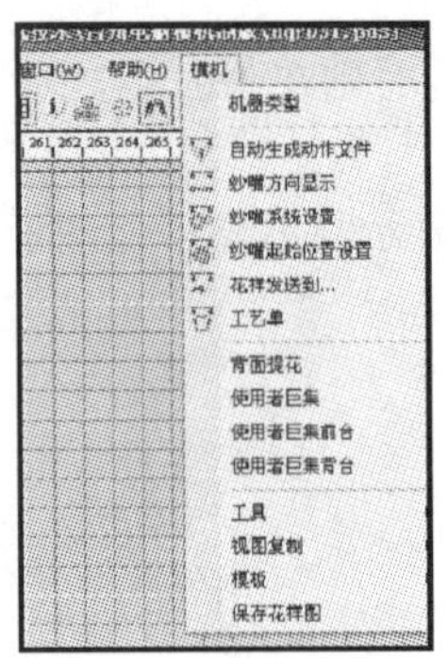

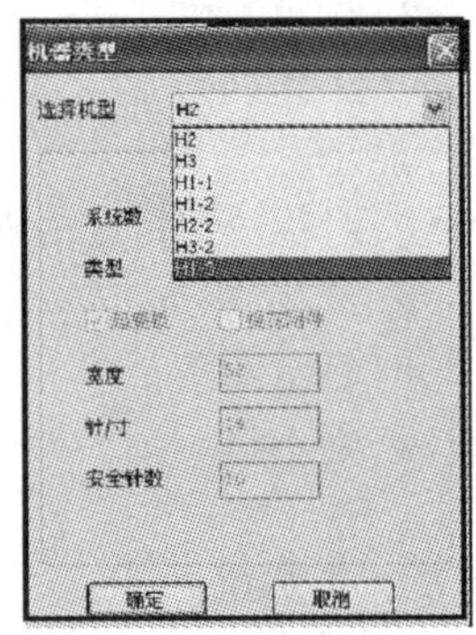

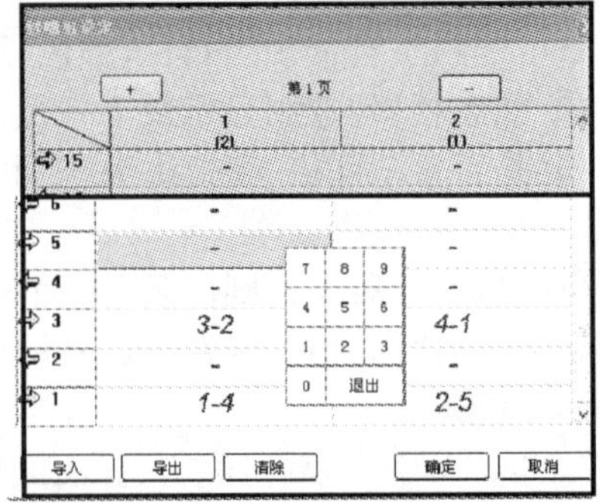

图 6-2-6 横机菜单、机器类型、纱嘴设置对话框

图6-2-6中所示，表示设置4色提花织物编织时：第一行表示机头向右运动，点击“红色 -”左右会弹出输入框输入数字；左边为纱嘴组的编号，右边数值为该纱嘴组所使用的纱嘴号码。图中“—”的左边表示编织时的顺序：1、2、3、4共四色组；“—”右边表示纱嘴号码，比如第一组使用4号纱嘴，第二组使用5号纱嘴。如果纱嘴的初始设置在右侧时，则在第二行填写：第一行的左边箭头表示机头从右向左运动，此时所带的纱嘴应该起始位置在右侧，将该纱嘴组和使用的纱嘴号码填入即可。

纱嘴组的设置只限于提花或嵌花组织时的使用，在平常编织素色及间色组织时不用设定，直接在功能线215上填写即可。

⑤ 纱嘴起始位置设置：点击后弹出对话框，在纱嘴号码的左边或右边勾选，勾选后表明编织前纱嘴的位置所在。

图 6-2-7 纱嘴起始位置设定

⑥ 工艺单：点击工艺单菜单后弹出对话框如下，按照编织工艺单进行输入直接得出衣片图形。

如图6-2-8中，在中间输入框中按照大身的编织步序进行输入。1表示第1编织步骤，转、针、次表示每步骤规律所编织的转数、针数与循环的次数；边表示加几支边收针；偷吃表示袖窿收针时做几针的偷吃处理。其他表示有其他选项，如夹边、棉纱、编织等，选夹边指袖窿平收针。

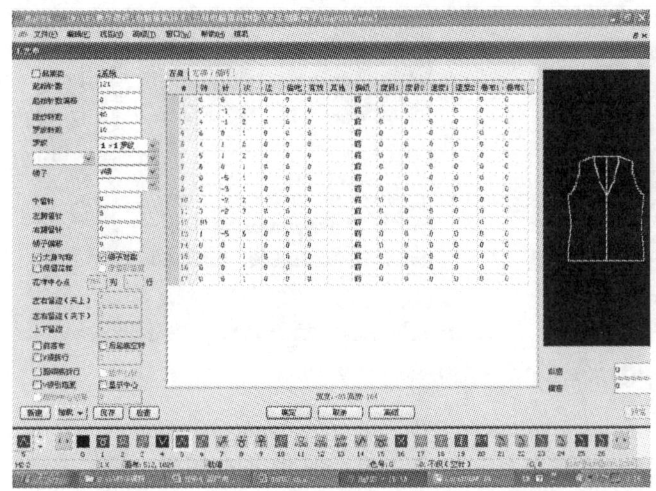

图6-2-8　编织工艺单输入对话框示意图

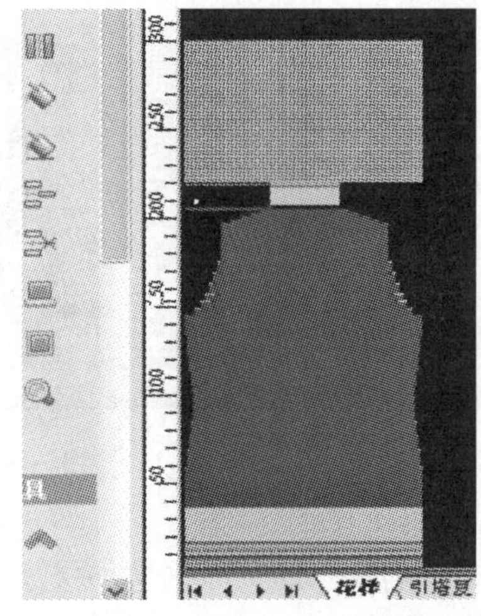

图6-2-9　自动生成衣片图形

图的左侧可以选择：起底板编织方式，勾选则采用起底板方式编织，不选则采用无起底板的编织方式。选择编织系统数：点击系统则弹出对话框选择。起始针数：即为开针针数，指该衣片的起始编织针数。废纱转数：是指编织结束后与下一个衣片相连时中间的废纱编织转数。罗纹转数与罗纹选项：是指下摆罗纹的编织转数和罗纹的种类，有1×1、2×1、2×2、圆筒、3×3等多种方式供选择。其他还有多种选项。

按照工艺单输入以及选择必要的选项后，点击确定，则在主绘图区自动生成衣片的图形。图形离左侧一格（自绘图形可以空出多格），下部与底部无空行。

⑦ 背面提花：可以根据需要自己设计提花织物的背面组织。

⑧ 使用者巨集：可以根据需要自设计120～183号色码的功能。

⑨ 工具：可以进行设置纱嘴分离、纱嘴与编织形式、纱嘴间色填充、成型设定、1×1隔针编织变换、收针分离、分别翻针等编织设定。

⑩ 视图复制：将意匠图中的花型进行复制到嵌花、提花组织以及反向复制，便于方便进行意匠花样的描绘。

其他还有：使用者巨集前台、使用者巨集背台、模板、保存花样图等工具，在以后的使用中再进行介绍。

3. 工具栏

显示新建、打开、保存、操作回复和撤销、剪切、复制、粘贴、网格、提示、模拟组织、中心线、对称绘图、颜色选择、颜色屏蔽、颜色查找、当前颜色、非当前颜色、所有颜色、计算器、画图、文件夹、自动生成文件、纱嘴方向、纱嘴系统设置、纱嘴起始位置设置、花样发送到、工艺单等快捷工具按钮。

工具栏中的工具按钮与菜单栏中的子菜单功能是相同的，上述菜单栏中已经做过介绍，是菜单中常用子菜单在界面中的快捷按钮，方便使用。其中网格、提示、模拟组织、中心线、对称绘图按钮可以直接点击按钮进行启用/停止使用的转换。

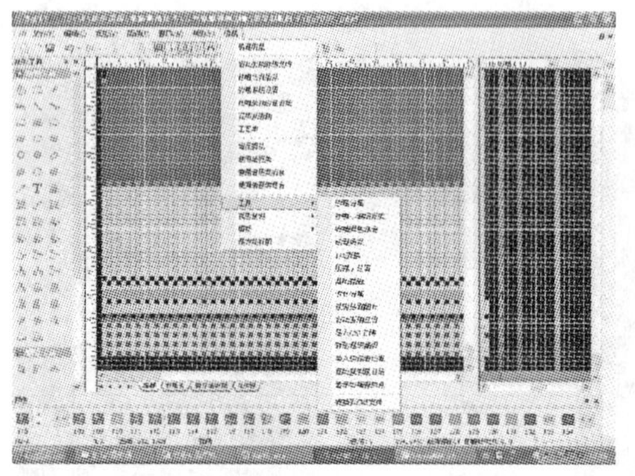

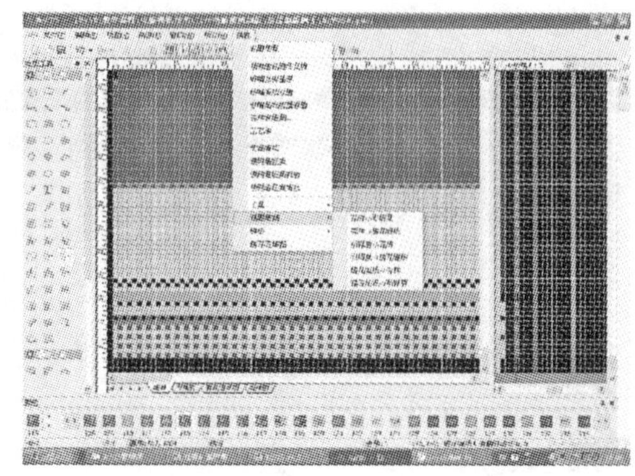

图 6-2-10　横机菜单中工具及视图复制示意图

4. 快捷工具栏

快捷工具栏中分为三个区，绘图工具、缩放工具和横机工具。其中各有相应的工具按钮。

(1)绘图工具：是用来进行意匠图绘制的一些基本工具，主要有移动、选择(框选)、画笔、折线、直线、曲线、矩形、填充矩形、圆角矩形、填充圆角矩形、椭圆、填充椭圆、菱形、填充菱形、多义线、填充多义线、闭合曲线、填充闭合曲线、取色、文字、线形复制、阵列复制、多重复制、水平镜像、垂直镜像、填充、填充复制区、换色、填充行、调整大小、插入行、插入空行、插入列、插入空列、删除行、删除列、上边框、下边框、左边框、右边框、边框、擦除、旋转、拉伸、阴影、清除色块等。

在绘图工具栏中，列出了四十七个常用工具，如图 6-2-11 所示。为了方便操作，在键盘上对应的设置了快捷键，方便使用者左右手配合操作，提高绘图速度。

① 移动：点击手型图标，用鼠标或光标方向键进行快速移动画面。

② 框选：对图形局部进行选定，便于进行绘图。点击图标 用鼠标做两点拖动后出现方框形圈线框，表示选定范围。

③ 图形类工具：画点、直线、曲线、矩形、圆形等。

(a)画笔：点击笔形图标或快捷键“I”，鼠标直接变成单点画笔，进行局部点描绘。

图6-2-11 绘图工具

(b)折线：点击折线图标或快捷键“S”，鼠标直接变成折线画笔，进行折线描绘。

(c)直线：点击直线图标或快捷键“L”，鼠标直接变成直线画笔，点击直线两端的两点可以描绘直线，在直线图标上点击右键，则弹出对话框，可以设置线型。如图 6-2-12 所示。

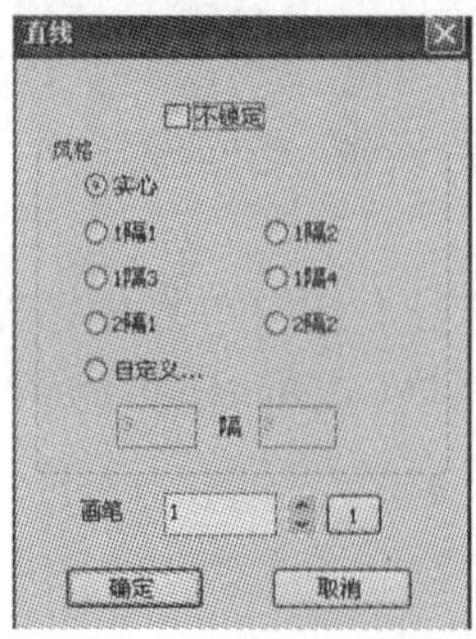

图 6-2-12　直线属性

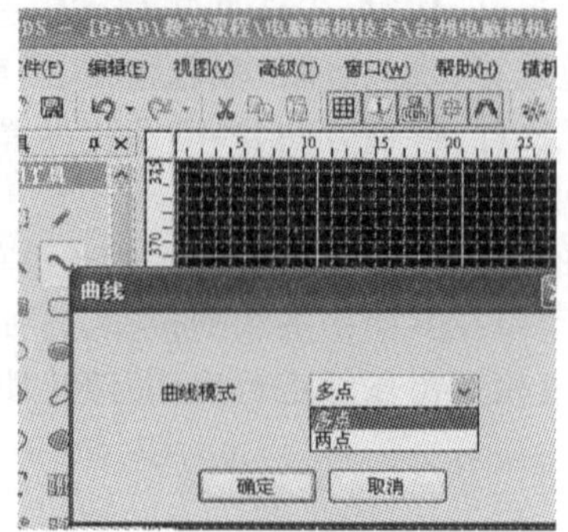

图 6-2-13　曲线属性

(d)曲线:点击曲线图标或快捷键“C”,鼠标直接变成曲线画笔,点击曲线的各个点系统会自动生产光滑的曲线,在曲线图标上点击右键,则弹出对话框,可以设置画曲线的方式,多点式是用鼠标连续点击各点,而两点则是点击起点和终点,用光标拖动后调整曲线的形状。如图6-2-13所示。

(e)矩形:点击矩形图标或快捷键“J”,鼠标变成矩形画笔;在图标上点击右键,则弹出对话框,可以设置画矩形的属性。左边则显示矩形的长和高的方格数。如图6-2-14所示。

(f)填充矩形:点击矩形图标或快捷键“R”,鼠标直接变成矩形画笔,在图标上点击右键,则弹出与矩形相同的对话框,用鼠标点击色码再点击起点和终点,可以描绘出色方块。

(g)圆角矩形:点击圆角矩形图标或快捷键“Z”,鼠标直接变成圆角矩形画笔,在图标上点击右键,则弹出与矩形相同的对话框,用鼠标点击色码再点击起点和终点,可以描绘出色圆角矩形框。

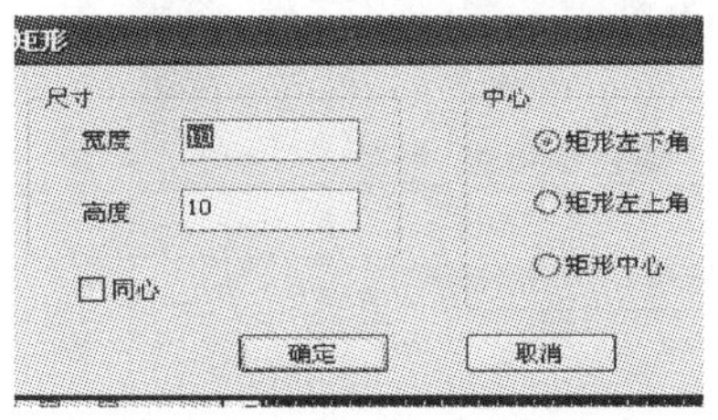

图6-2-14 矩形属性

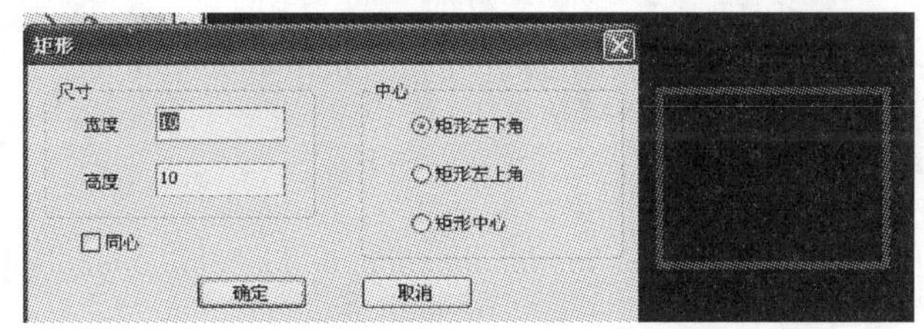

图6-2-15 矩形的设置

(h)填充圆角矩形:点击圆角矩形图标或快捷键“Y”,鼠标直接变成圆角矩形画笔,在图标上点击右键,则弹出与矩形相同的对话框,用鼠标点击色码再点击起点和终点,可以描绘出色圆角矩形。

(i)椭圆:点击椭圆图标或快捷键“H”,鼠标直接变成椭圆画笔,在图标上点击右键,则弹出对话框同矩形,用鼠标点击色码再点击起点和终点,可以描绘出色椭圆框。

(j)填充椭圆:点击填充椭圆图标或快捷键“E”,鼠标直接变成填充椭圆画笔,在图标上点击右键,则弹出与矩形相同的对话框,用鼠标点击色码再点击起点和终点,可以描绘出色填充椭圆。

(k)菱形:点击菱形图标或快捷键“G”,鼠标直接变成菱形画笔,在图标上点击右键,则弹出对话框同矩形,用鼠标点击色码再点击起点和终点,可以描绘出色菱形框。

(l)填充菱形:点击填充菱形图标或快捷键“D”,鼠标直接变成填充菱形画笔,在图标上点击右键,则弹出与矩形相同的对话框,用鼠标点击色码再点击起点和终点,可以描绘出色填充菱形。

(m)多义线:点击多义线图标,鼠标变成多义线画笔,用鼠标点击色码再点击起点、中间点和终点,可以描绘出多边形、变化多边形的框形线条图。如图6-2-16所示。

图6-2-16 多义线与填充多义线示意图

(n)填充多义线:点击多义线图标,鼠标变成多义线画笔,点击色码再点击起点、中间点和终点,可以描绘出多边形、变化多边形的框形线条图。

(P)闭合曲线:与多义线画法相同,两者的区别为直线与曲线线形。

(q)填充闭合曲线:与填充多义线画法相同,两者的区别为直线与曲线线形。

④ 取色与换色

(a)取色:点击滴管取色图标,鼠标变为滴管形状,在图形中点击需要的色码,则画笔色即为该色码色。

(b)换色:在描绘过程中,经常需要将某个色块内的一种色码更换成另一种色码,用手工更改显得很繁复,使用换色功能就很简单。选定需要换色的区域→点击换色图标(或按快捷键 Q)→点击换色框内→弹出对话框→选择需要更改的色码后面"替换色码"的在输入框中点击→输入新色码号→点击确定,更换成功。如图 6-2-17 所示。

⑤ 文字:点击"T"型图标,点击色码和画面中所需要输入法位置,弹出对话框,如图 6-2-18 所示。点击"设置"可以设置文字的字体、字号等,在输入框中输入文字,点击"确定"后在点击处的右下出现文字。

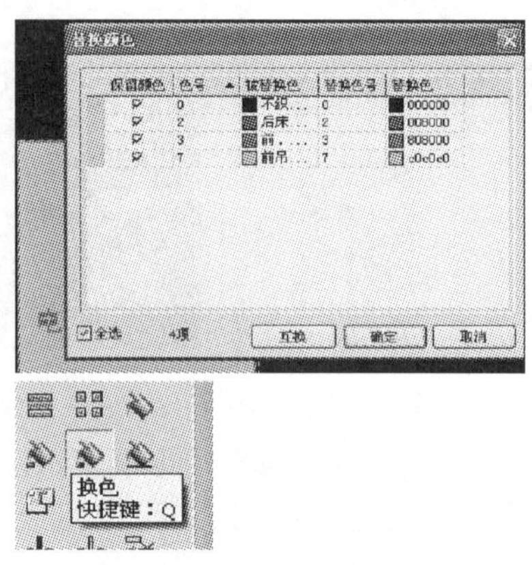

图 6-2-17 换色示意图

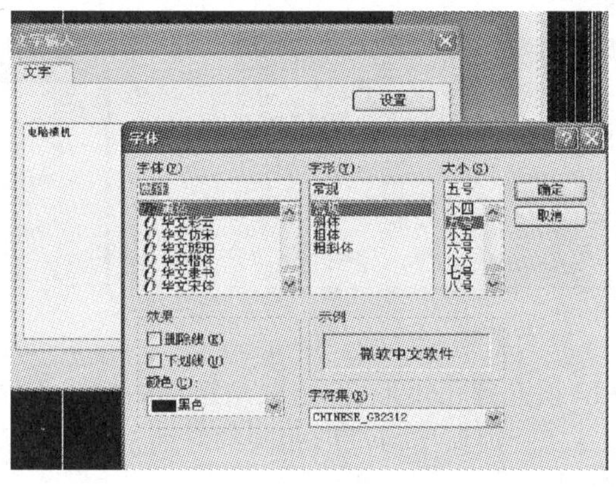

图 6-2-18 文字输入示意图

⑥ 功能复制:功能复制是指快速多种类型的复制方式,如线形复制、阵列复制、多重复制、水平镜像、垂直镜像、填充、填充复制区等。

(a)线形复制:功能为将选定的内容进行直线复制,可以上下左右或斜向直线复制。操作:选定复制范围→点击线形复制图标(快捷键 B)→点击选定框→鼠标拖动→点击终点确定。如图 6-2-19 所示。

(b)阵列复制:功能为将选定的内容进行拖动矩形区域内复制,可以上下左右或斜向复制。如图 6-2-20 所示。操作:选定复制范围→点击阵列复制图标(快捷键 K)→点击选定框→鼠标拖动→点击终点确定。

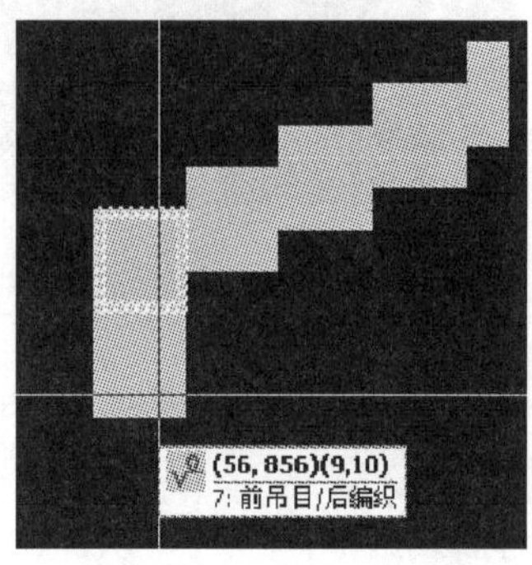

图 6-2-19 线形复制

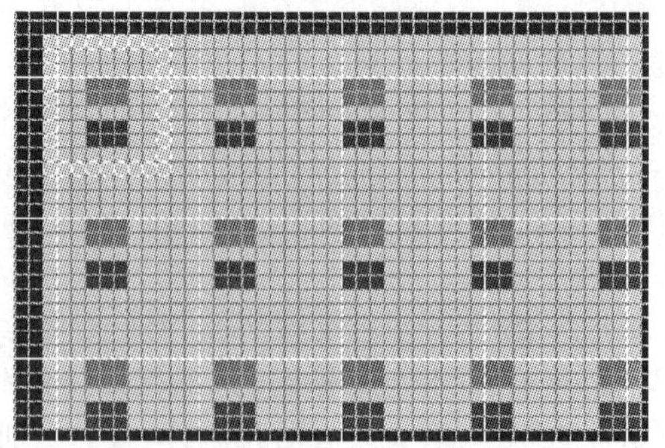

图 6-2-20 阵列复制

(c)多重复制:将选定的内容进行单独多次复制。操作:选定复制范围→点击多重复制图标(快捷键 N)→点击选定内容→鼠标拖放→点击多次多地拖放。如图 6-2-21 所示。

(d)水平镜像:功能为将选定的内容进行水平镜像复制。操作:选定复制范围→点击水平镜像复制图标(或按快捷键 X)→点击选定内容→鼠标拖放(图形水平镜像)→点击多次多地拖放。如图 6-2-22 所示。

(e)垂直镜像:功能为将选定的内容进行垂直镜像复制。操作:选定复制范围→点击垂直镜像复制图标→点击选定内容→鼠标拖放(图形垂直对称)→点击多次多地拖放。

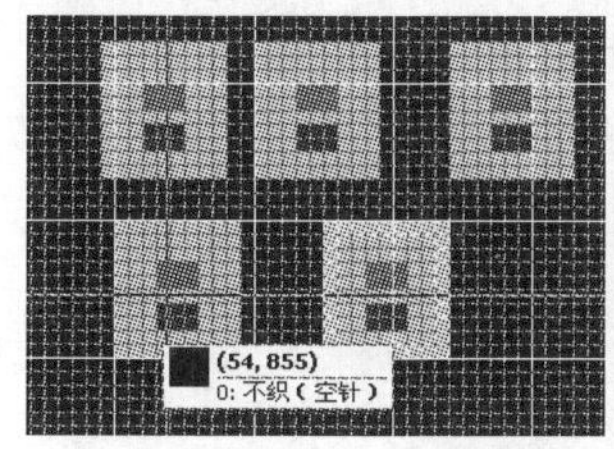

图 6-2-21 多重复制

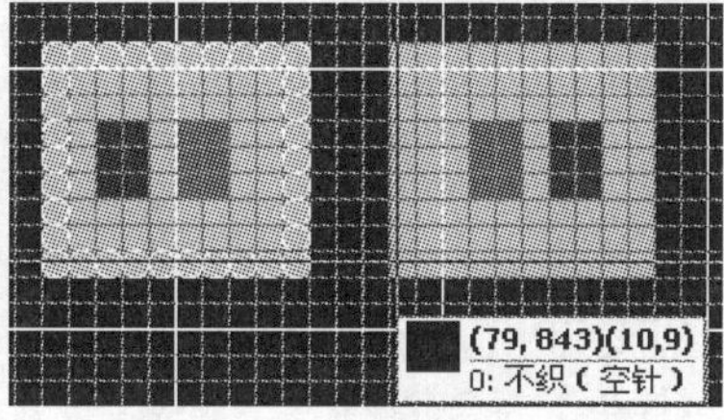

图 6-2-22 水平镜像

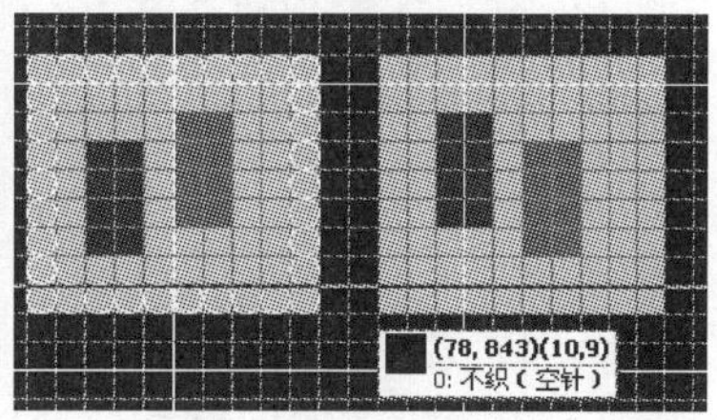

图 6-2-23 垂直镜像

⑦ 功能填充:功能填充包括填充、填充复制区、填充行等功能。

(a)填充:功能为将选定的封闭区域进行某色码的填充 。操作:选定复制范围→点击填充图标(快捷键 F)→点击选定封闭区域→填色。如图 6-2-24 所示。

(b)填充复制区:功能为将选定的较小的花型循环图形填充到选定的指导色区域内。操作:选定复制范围→点击编辑:复制→框选填充区域→点击填充复制区图标→点击填色。

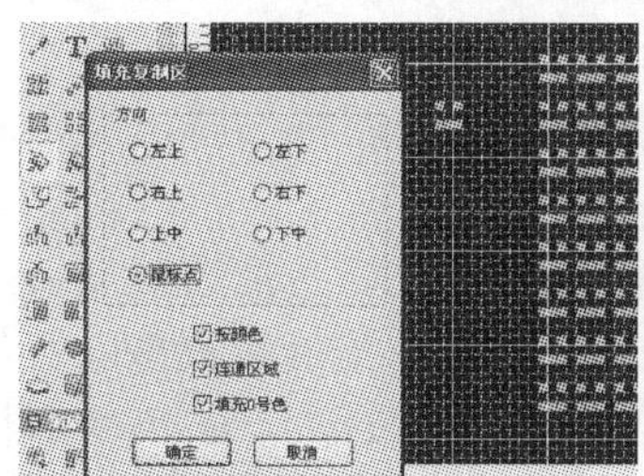

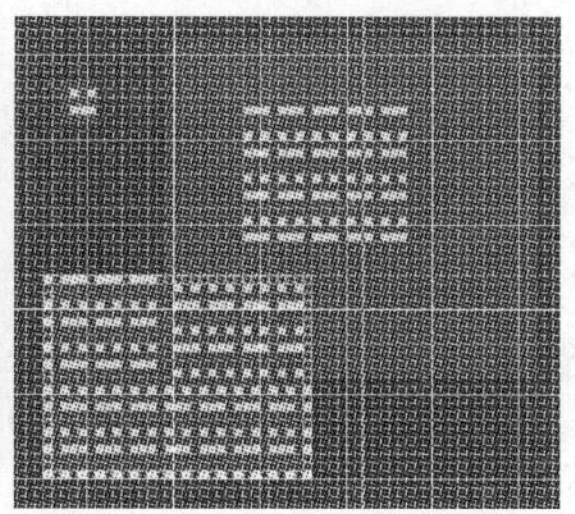

图 6-2-24 填充复制

图 6-2-25 填充行示意图

(c)填充行:功能为填充一行为某色码。操作:右键点击填充行图标→选定填充选项→点击选择色码→框选填充区域(或整行)→点击填色。如图 6-2-25 所示。

⑧ 插入与删除:插入与删除包括调整大小、插入行和列、删除行和列等工具。

(a)调整大小:功能为在主描绘区插入 N 行或 N 列,以弥补显示区域不足。操作:右键点击“调整大小”图标→弹出输入框→输入增加的行数和列数或直接选择显示的区域尺寸→点击画面→显示尺寸调整。

(b)插入行(快捷键 W):功能为在需要处插入重复的一行或多行。操作:右键点击插入行图标→弹出设定对话框→设定插入的参数→点击插入区域→局部或整行插入重复行

如图 6-2-26 所示:可选“局部拆分”或“拆分功能线”,不选则默认为画面整行插入。插入方式很多如 1 隔 1 插入,用于开领拆分;其他根据不同用途可选 1 隔 2、2 隔 2、2 隔 1 等。

(c)插入空行(快捷键 U):功能为在需要处插入一行或列对话框或多行空行。操作:右键点击插入空行图标→弹出设定对话框→设定插入的参数→点击插入区域→局部或整行插入

空行。

(d)插入列:功能为在需要处插入重复的一列或多列。操作:右键点击插入列图标→弹出设定对话框→设定插入的参数→点击插入区域→局部或整行插入重复列。

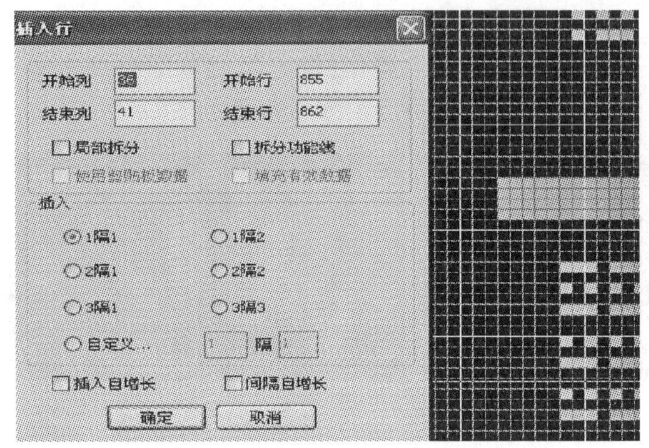

图 6-2-26 插入行示意图

图 6-2-27 删除行或对话框

(e)插入空列:功能为在需要处插入一列或多列空列。操作:右键点击插入空列图标→弹出设定对话框→设定插入的参数→点击插入区域→局部或整行插入空列。

(f)删除行(快捷键 O):功能为在需要处删除入一行或多行。操作:右键点击删除行图标→弹出设定对话框→设定删除的参数→点击删除区域→删除行。如图 6-2-27 所示。

(g)删除列:功能为在需要处删除一列或多列。操作:右键点击删除列图标→弹出设定对话框→设定删除的参数→点击删除区域→删除列。如图 6-2-27 所示。

⑨ 擦除、清除色块工具:擦除功能为可以进行区域或全部擦除。区域擦除:框选区域→点击擦除图标→点击框内→擦除框内色码。全部擦除:点击主描绘区,所有的描绘将被擦除。如图 6-2-28 所示。清除色块功能为快速清除整个色块。点击"清除色块"图标、点击色块即被清除。

⑩ 旋转、拉伸:如图 6-2-29、图 6-2-30 所示。

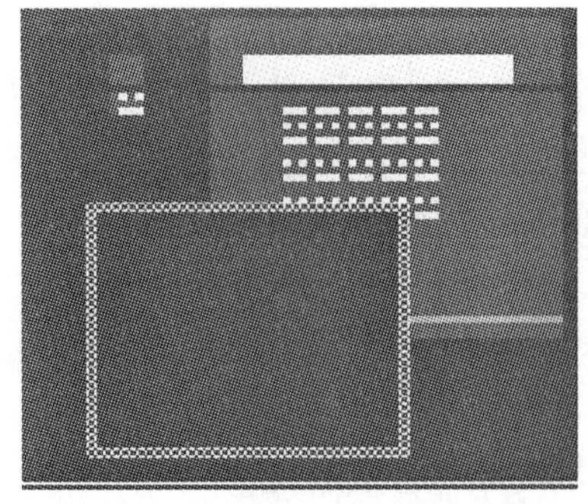

图 6-2-28 擦除局部示意图

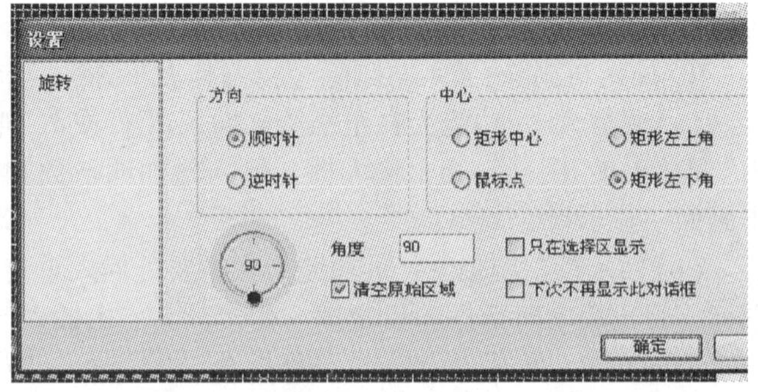

图 6-2-29 旋转对话框

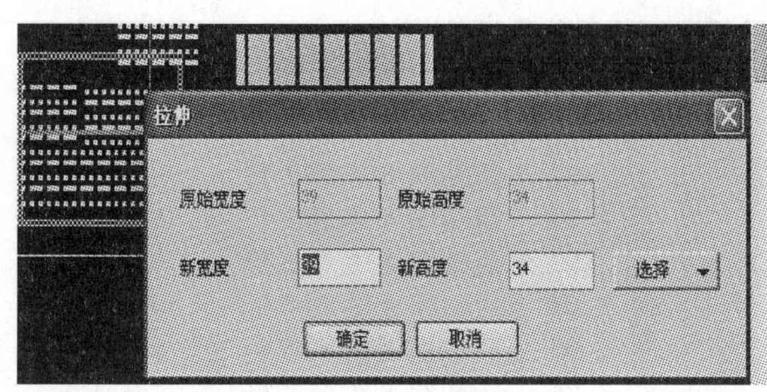

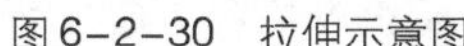
图6-2-30　拉伸示意图

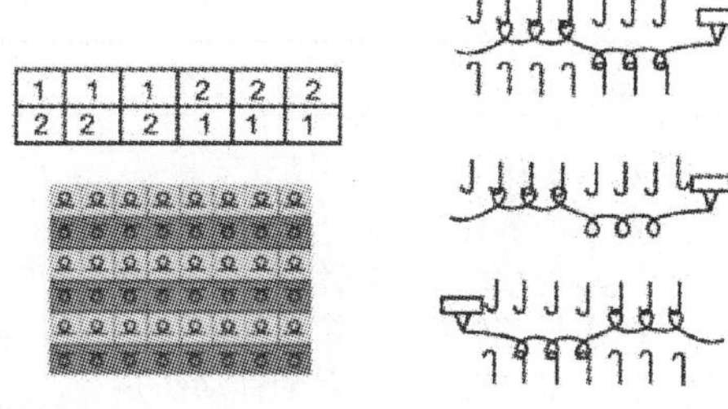

图6-2-31　正、反针衔接编织画面

旋转功能为将选定的框内图形进行做一定角度的旋转。根据对话框中的选项进行设定。

拉伸功能为把选定的图形进行左右、上下的拉伸效果处理。操作:框选区域→点击“拉伸”图标→弹出对话框→输入拉伸的数值→点击确定。

5. 色码

色码区显示编织意匠图描绘使用的各种颜色代码。共有 256 种。

电脑横机使用下列 6 种编织技术编织各种各样的花样。分别为:编织、集圈(吊目)、不编织、翻针、接圈、摇床六种基本编织方法。为了方便花型花样、组织结构的画法,制版系统规定采用颜色符号来进行表示编织动作,这些符号可以用于电脑的自动识别,控制机器自动进行编织。

制版系统以 6 种基本编织动作为基础,编制了 120 个颜色代码,色码从 0 ~ 255 共 256 个,设计系统使用了从 0 ~ 119 共 120 个,使用者巨集使用了从 120 ~ 183 共 64 个,从 184 ~ 255 未使用。代码分为几大类,如表 6-2-1 所示。

(1)编织:代码 1、2、8、9 及 3、10 表示为编织。

① 色码 1(正针编织):表示前针床编织,有衔接、具有翻针功能。

② 色码 2(反针编织):表示后针床编织,有衔接、具有翻针功能。

色码 1 与色码 2 在纵行方向有交替描绘时自动进行翻针。此翻针称为衔接处理。3 号色编织后若为 1 或 2 色码,则也会翻针至前或者至后。

如图 6-2-31 所示,1、2 色码在编织过程是如果是纵向相连接是编织动作为 1 号在前针床编织,如果下一个横列是 2 号则将线圈翻针导后针床后再编织,得到的组织是正、反、正、反. 线圈,即为双反面组织。

③ 色码 8(正针编织):表示前针床编织,无衔接。

④ 色码 9(反针编织):表示前针床编织,无衔接。

代码 8、9 同 1、2 代码一样是分别是前、后针床编织得到的是平针的正面与反面,但与 1、2 代码不同的是无衔接功能。即 8 号的下一个横列是 9 号时不会翻针到后针床,而是单独编织。编织得到的组织织物为圆筒织物。如图 6-2-32 所示。

表 6－2－1 恒强电脑横机制版系统色码表

	颜色	内容		色码	内容
编织	0	不织	编织&线圈移动	91	后编织 & 右移 1 针
	16	不选针		92	后编织 & 右移 2 针
	1	前编织(有翻针动作)		93	后编织 & 右移 3 针
	2	后编织(有翻针动作)		94	后编织 & 右移 4 针
	3	前床后编织(有翻针动作)		95	后编织 & 右移 5 针
	8	前编织，无翻针动作		96	后编织 & 右移 6 针
	9	后编织，无翻针动作		97	后编织 & 右移 7 针
集圈	4	前床集圈	编辑&线圈移动	20	前编织，翻针至后
	5	后床集圈		30	前编织，翻针至前
	6	前编织后床集圈		40	后编织，翻针至前
	7	前床集圈后编织		50	后编织，翻针至后
	14	前后集圈		60	前编织，翻针至后且翻针至后
第二密度	11	松第 2 密度前编织(正常 密度)		70	翻针至前，前编织
	12	松第 2 密度后编织(正常 密度)		78	翻针至后，前后编织
	13	松第 2 密度前－后编织(正常 密度)		79	翻针至前，前后编织
落布翻针	15	前落布		80	后编织，翻针至前且翻针至后
	17	后落布		88	前织，翻针至后右移 1 针翻前
	100	翻针至后，无编织		89	前织，翻针至后右移 2 针翻前
	110	翻针至前，无编织		90	翻针至后，且后编织
				98	前织，翻针至后右移 3 针翻前
				99	前织，翻针至后右移 4 针翻前
编辑&绞花	18	下索骨(1)拐花与 29 配合。翻针至后，不织		21	前编织，翻针至后右移圈 1 针
	19	下索骨(2)拐花与 49 配合。翻针至后，不织		22	前编织，翻针至后右移圈 2 针
	28	前编织，下索骨(1)，前织翻后再翻前移 N 针		23	前编织，翻针至后右移圈 3 针
	29	前编织，上索骨(1)，前织翻后再翻前移 N 针		24	前编织，翻针至后右移圈 4 针
	38	后编织，下索骨(1)		25	前编织，翻针至后右移圈 5 针
	39	上索骨(1)，38、39 配合使用		25	前编织，翻针至后右移圈 6 针
	48	前编织下索骨(2)先编织翻后再翻前移 N 针		27	前编织，翻针至后右移圈 7 针
	49	前编织上索骨(2)先编织翻后再翻前移 N 针			
	58	后编织，下索骨(2)			
	59	上索骨(2)，58、59 配合使用			
编织&线圈移动	61	前编织，翻针至后，且翻针至前右移 1 针		31	前编织，翻针至后左移圈 1 针
	62	前编织，翻针至后，且翻针至前右移 2 针		32	前编织，翻针至后左移圈 2 针
	63	前编织，翻针至后，且翻针至前右移 3 针		33	前编织，翻针至后左移圈 3 针
	64	前编织，翻针至后，且翻针至前右移 4 针		34	前编织，翻针至后左移圈 4 针
	65	前编织，翻针至后，且翻针至前右移 5 针		35	前编织，翻针至后左移圈 5 针
	66	前编织，翻针至后，且翻针至前右移 6 针		36	前编织，翻针至后左移圈 6 针
	67	前编织，翻针至后，且翻针至前右移 7 针		37	前编织，翻针至后左移圈 7 针

（续表）

	颜色	内容		色码	内容
编织&线圈移动	71	前编织,翻针至后,且翻针至前左移 1 针	编辑&线圈移动	41	后编织,翻针至前左移圈 1 针
	72	前编织,翻针至后,且翻针至前左移 2 针		42	后编织,翻针至前左移圈 2 针
	73	前编织,翻针至后,且翻针至前左移 3 针		43	后编织,翻针至前左移圈 3 针
	74	前编织,翻针至后,且翻针至前左移 4 针		44	后编织,翻针至前左移圈 4 针
	75	前编织,翻针至后,且翻针至前左移 5 针		45	后编织,翻针至前左移圈 5 针
	76	前编织,翻针至后,且翻针至前左移 6 针		46	后编织,翻针至前左移圈 6 针
	77	前编织,翻针至后,且翻针至前左移 7 针		47	后编织,翻针至前左移圈 7 针
	81	后编织,翻针至前,且翻针至后左移 1 针		51	后编织,翻针至前右移圈 1 针
	82	后编织,翻针至前,且翻针至后左移 2 针		52	后编织,翻针至前右移圈 2 针
	86	后编织,翻针至前,且翻针至后左移 3 针		53	后编织,翻针至前右移圈 3 针
	84	后编织,翻针至前,且翻针至后左移 4 针		54	后编织,翻针至前右移圈 4 针
	85	后编织,翻针至前,且翻针至后左移 5 针		55	后编织,翻针至前右移圈 5 针
	86	后编织,翻针至前,且翻针至后左移 6 针		56	后编织,翻针至前右移圈 6 针
	87	后编织,翻针至前,且翻针至后左移 7 针		57	后编织,翻针至前右移圈 7 针
	111	前度目增加(前挑半目)		117	前度目增加(右移 1 针)前挑半目过前左移 1 针
	112	后度目增加(后挑半目)		118	后度目增加(右移 1 针)后挑半目过后右移 1 针
	116	前度目增加(右移 1 针)前挑半目过前左移 1 针			

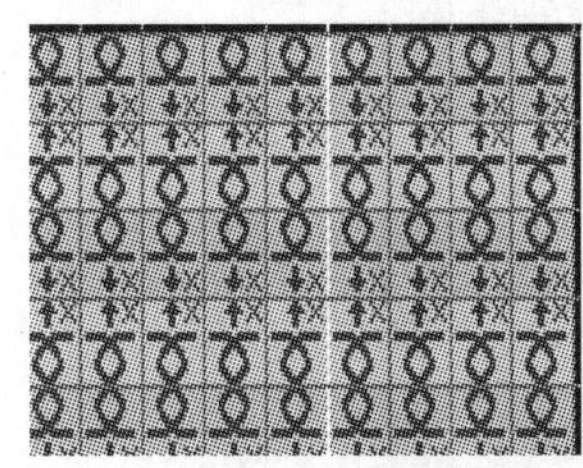

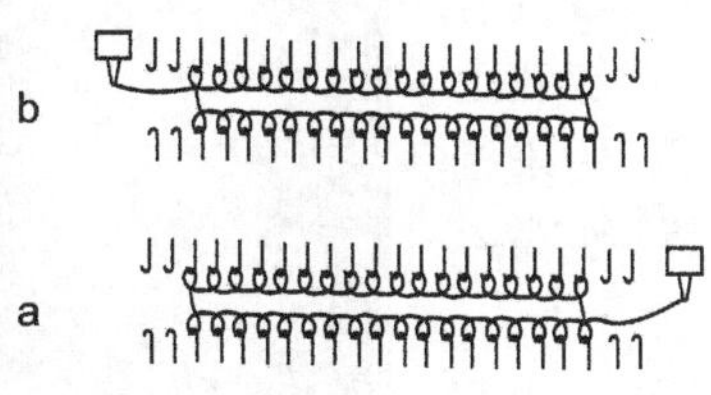

图 6-2-32　圆筒编织代码与原理示意图

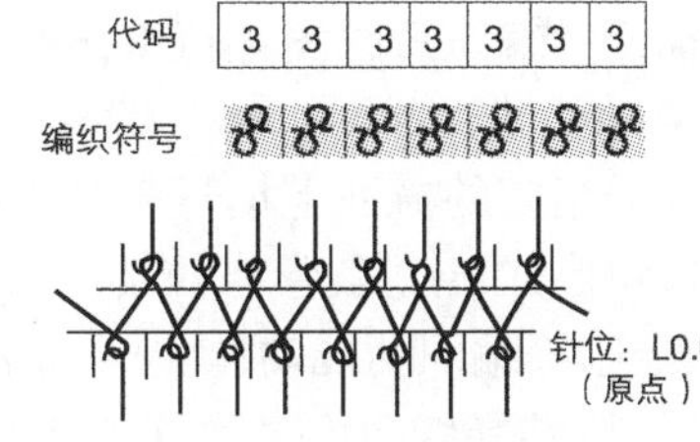

图 6-2-33　满针罗纹编织代码与原理图

⑤ 色码 3(四平编织):表示前、后针床满针同时编织。3 色码代码用来编织满针罗纹(四平),编织时前后针床满针编织。如图 6-2-33 所示。

色码 3 同 1、2 一样有翻针功能。如果 3 后面为 1,则自动将后针床线圈翻针至前床。

(2)不编织:不编织的代码有 0 和 16 号,色码 0(不织)机头无动作,一般用于布身以外。16 为不出针,机头有动作,描绘在编织区域内。

(3)集圈(吊目):集圈主要有 4、5、6、7、14 等色码,表示单面或双面集圈。

(4)移圈:移圈是指将某个或多个线圈向左或向右移动一个或多个线圈位置,在原位置形成一个空位、在移动终点出现重叠线圈的编织效果。分为单向移圈(挑空)和双向移圈。

① 单向移圈:色码 61 ~ 67 为前床编织 + 左右移 N 针,色码 71 ~ 77 为前床编织 + 右移 N 针;色码 81 ~ 87 为后床编织 + 左移 N 针;色码 91 ~ 97 为后床编织 + 右移 N 针。其他还有前针床编织向后针床斜翻 N 针、后针床编织向前针床斜翻 N 针的代码。

② 双向移圈:色码 18、29 和 19、49 及 28、48 等来表示。绞花将左右相邻一个或多个线圈

进行位置交换,使交换的线圈形成交叉状态。交叉的状态有两种形态:左边线圈在上右侧线圈在下、左边线圈在下右侧线圈在上。绞花也称为麻花、扭绳。

6. 主绘图区

在中心黑色区域,分为左右两部分。左边部分为花样图形描绘区,右边部分为功能线描绘区。如图 6-2-31 所示。

花样描绘区可以放大到显示出方格,每个方格表示一个编织单元,用色码使用绘图工具可以进行描绘,色码可以表示为花型意匠图或编织意匠图。为了描绘方便,画面中设置了大方格,每个大方格分为 10×10 小格。主绘图区下方有花样、引塔夏、提花组织、花样图四个标签页。花样画面可以描绘花样,为主要描绘区;引塔夏画面用来描绘嵌花花样;提花组织用来描绘、设置提花组织。

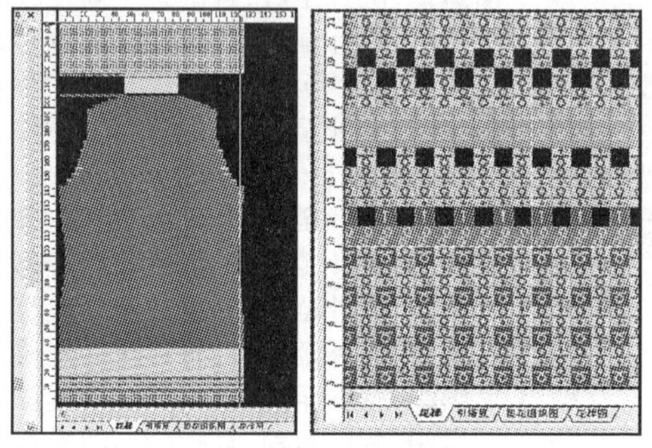

图 6-2-34 主绘图区及局部放大示意图

在主绘图区中,用光标点击左侧的绘图工具按钮,如点、直线、曲线、图形及其他功能按钮,得到描绘的方式;再点击下方的“颜色”色块,得到需要描绘的色码,即可以进行绘画。

色码区的各色码功能如表 6-2-1 所示。

7. 功能区

右侧描绘区为功能线描绘区。对主描绘区所描绘的编织意匠图进行编织控制,该区域具有 23 条功能线,编号为 201 ~223。通过在功能线上与花样相应的横列上填写各种编织参数,用来控制编织形式、密度、卷布拉力、纱嘴配置、纱嘴停放、摇床等编织功能动作。

(1)功能线 201:表示节约或称为循环。当花样的编织行为重复时,可设定循环行,以减少描绘的工作量。较少的行数来表示编织的行数,节约(循环)的画法如图 6-2-35 所示。201 功能线右侧第一列表示为内节约,第二列表示为外节约。内节约可以输入的数值为 1 ~999,即可循环 999 次,如果不够可以在第二列上称为外节约上描画色码。节约的起点行必须为奇数行,结束行必须为偶数行,描绘时色码线必须连续,为一个最小循环行数。

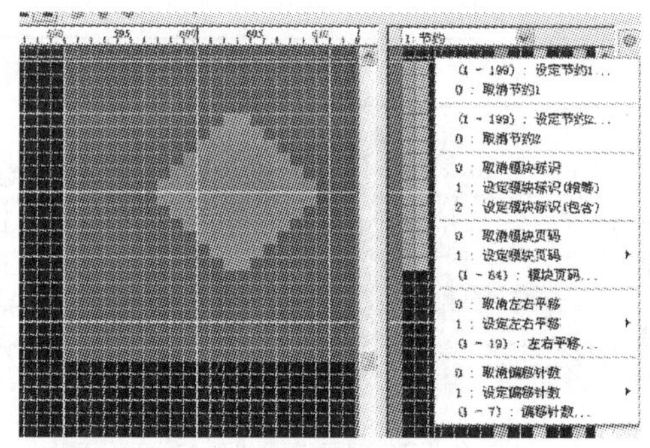

图 6-2-35 节约描绘示意图

(2)功能线 202:表示使用者巨集,是用户自定义前后针床的出针方式,使用的色码是 120 ~199,功能线描绘区填写的数字表示诗云咱巨集的组数——宏。

(3)功能线 203:表示取消编织。填写 1 色码表示取消编织。表示描绘区的当前行中若某色码含有编织 + 翻针的复合功能时,如果取消编织,则该行的动作只翻针无编织;或是是指机头运行但不带纱嘴、织针不编织的一种状态,称为机头空跑。如图 6-2-36 所示。

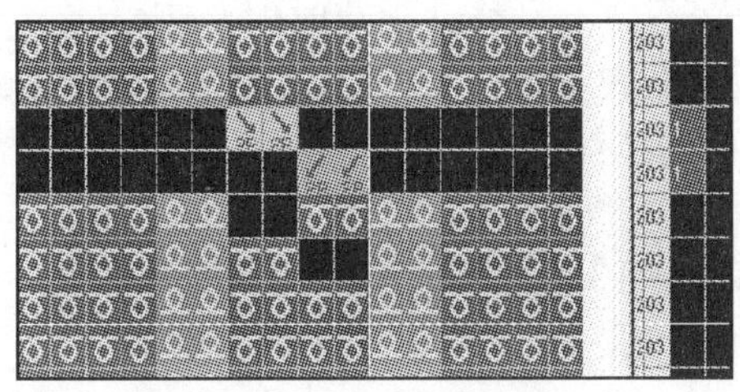

图6-2-36 取消编织描绘示意图

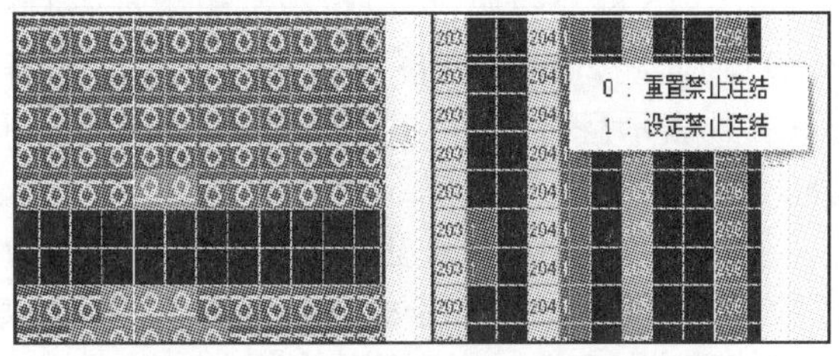

图6-2-37 禁止连接描绘示意图

(4)功能线204:表示禁止连接,是指上下行间取消自动翻针动作。如图6-2-37所示。如当前行是前针床编织,后一行时后针床编织,前后行如果描绘了1与2色码,但又不使之翻针,则描绘1色码禁止其连接。用途:在做双面提花时,收针处要打禁止连接,如果不填写则收完针后会自动翻针。

(5)功能线205:表示空行,即插入无编织行,色码为1号,表示插入空白程序行。

(6)功能线206:表示程序资源,用于插入使用者的自定程序,一般使用8位程序名称,如AVAIL1D. cnt ~ AVAIL8D. cnt,色码是8号。程序可以由机器上的编辑程序或Picasso的CNTWIN. exe完成。

(7)功能线207:度目控制功能线,其中第一列表示编织时度目段号,第二列表示翻针时的段号。度目是指织物当前行的线圈大小,衣片编织时通常将不同的部位分成若干段,并用不同的段位号来表示。段位号最多为24段,上机编织时,在横机"度目"菜单里设定每个段位的数值才可以编织,其他拉力、速度等设定方法相同,分别在各自的菜单里进行设定。如图6-2-38所示。

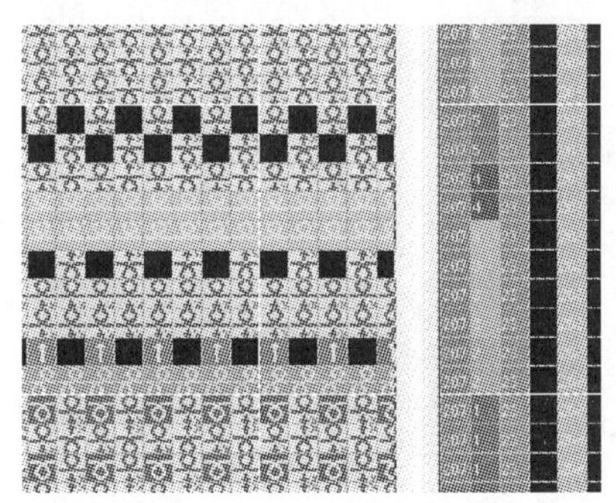

图6-2-38 度目段设定示意图

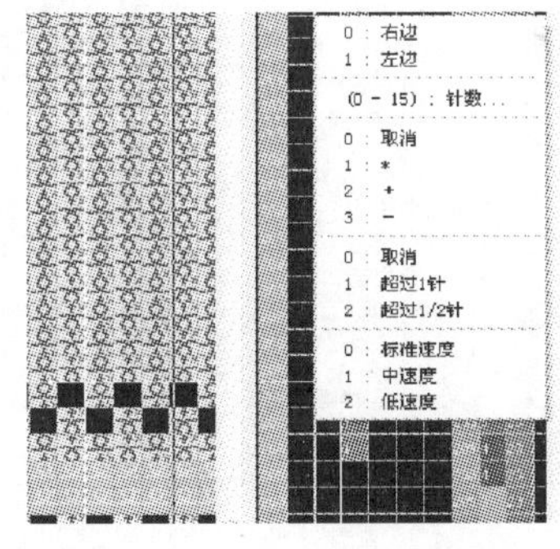

图6-2-39 摇床设定示意图

(8)功能线208:表示摇床功能,如图6-2-39所示。

① 第1列(L1)表示摇床方向:0表示向左摇床、1表示向右摇床。

② 第2列(L2)表示摇床的针数(1~14)。摇床的段数用数字表示;摇动针数范围。

③ 第3列(L3)表示为针位:设定为1表示为RO位即相错位;设定位2表示为ROT位即翻针位。

④ 第4列(L4)表示L针床越位针距之距离。设定为1时表示越位1针;设定为2时表示为M越位1/2针;设定为3时表示为S越位1/4针。

⑤ 第5列(L5)表示摇床速度设定。不设定时为标准值,设定1为A稍慢(0.75)设定为2时为B微慢(0.5)。

以上L1与L2相互配合可以做假移针,L3针床位置设定线圈长等值,有助于编织均匀、质

量提高，L4、L5配合色码，可以组织编织困难或原料韧性不高不易移针拐花时配合使用。

（9）功能线209：用来设定机头运动速度。第一列L1表示编织时使用速度的段数，共24段；第二列表示翻针、吊目、空车使用的速度段。L1、L2设定时不要使用同一色码，否则不能区分。

（10）功能线210：用来设定主罗拉的卷布拉力。第一列L1表示编织时使用卷布段数（设定段数有色码表示，不得超过24段）；第二列L2表示翻针、吊目、空车时使用的段数，L1、L2可以同时使用，横机会自动识别和转换。

（11）功能线211：表示为副卷布。第一列L1表示编织时使用副卷布段数（设定段数有色码表示，不得超过24段）；第二列L2表示翻针、吊目、空车时使用的段数，L1、L2可以同时使用，横机会自动识别和转换。

（12）功能线212：表示为副卷布的开关，平时是禁用的，需要时再打开，有助于编织布幅收缩较大或斜片时使用。

（13）功能线213：表示机头运行出编织区域后回转的距离。设定回转距数据（1～4），定义当前机头回转时，出编织区域的针数。

（14）功能线214：表示编织形式，用于制作提花组织时设定编织形式。

第1列L1设定系统提花色数，如2色提花填色码21号、3色提花填写31号、4色提花填写41号等。如图6-2-40所示。

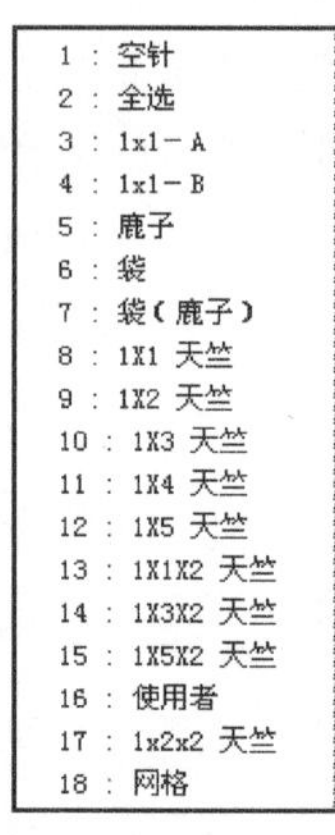

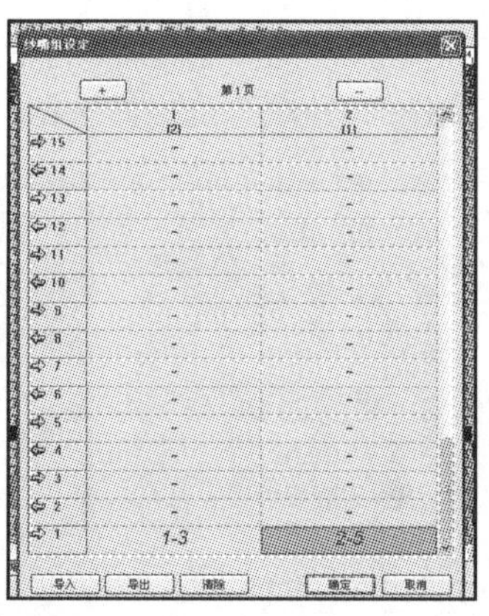

图6-2-40 编织形式设定示意图

第2列L2用来设定提花组织的背面组织，共有16项设定。带有背面组织的提花主要包括有虚线提花、无虚线提花、双面提花、网状提花等类型。

第3列L3用来设定纱嘴组的组数，纱嘴组共32组，设定哪一组相应的执行那一组的指令。例如2色提花需要2个纱嘴为一个系统，3色提花需要3个纱嘴为一个系统。

（15）功能线215：用来设定纱嘴。如图6-2-41所示。机器上两侧各8把纱嘴，在花样描绘时需要为每一个编织行设定至少一把纱嘴供编织使用。在第一列L1上的相应行填写纱嘴号码即色码。如编织提花组织时，系统识别214上设定的纱嘴组，在215上不用填写。

（16）功能线216：也表示纱嘴设置，用于设定双纱嘴的动作。如果同一个系统需要两把纱嘴同时使用时，同215功能线配合。例如：215、216功能线上同时填上纱嘴，如215填4，216上填6，说明系统会同时带4号和6号纱嘴同时编织，可以做添纱编织或双纱编织。在慈星的横机上，纱嘴有两个孔（另一个在纱嘴口侧面，为横向长条形），可穿添纱。

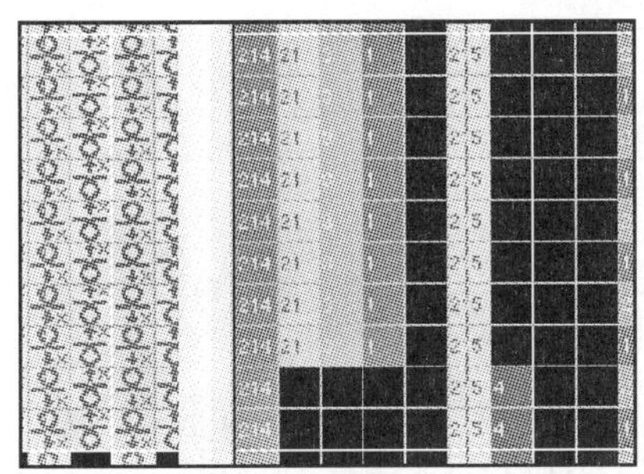
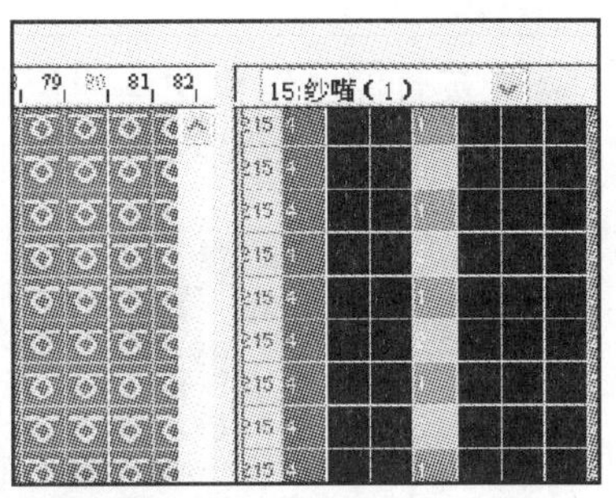

图6-2-41 纱嘴设定示意图

(17)功能线217:用来设定夹线与放线,用来与起底板起口编织相配合。机器一共有4个夹子,左边为1、2号,右边为3、4号。首先编织前是夹住纱线的,编织后过一段就应该放线,否则会拉住布片造成布片歪斜。编织结束后要把纱嘴带到初始位置,并夹住纱线。

第1列为夹线,填写夹线夹子的编号,用色码号填写。第2列为放线,填写放线夹子的编号,用色码号填写。第3列为出纱,用色码号填写。

(18)功能线218:用来设置压脚,当有压脚的机器时,在此设置。

(19)功能线219:用来设置纱嘴停放点。在第一纵行设定为第一组;提花则分组设定,有助于使织物两边更整齐。在多纱嘴编织的情况下,按使用的情况来设置,不常用的纱嘴停留在离布边较远处,按编织频率高低依次靠近布边停放。最近处一般为4~6针距离。

(20)功能线220:用来设定编织结束行。在花样图形的最后一行应该设定编织结束,以便于机器识别。在第一列设定1号色码,表示编织结束,只填写一行。

(21)功能线222:用于设定分别翻针的形式。分别翻针是指1隔1翻针等形式。翻针时多数为满针排列,翻针密度大,造成不稳定。采用隔针翻针,利用多系统机器的功能,使翻针变得更加稳定。如在第1列填写1号色,表示该行进行1隔1交错翻针。

三、毛衫常见花样的制版描绘

1. 平针类花样的描绘

(1)平针、反针:如图6-2-42所示,1号色码表示前床编织称为正针,2号色码为反针。

(2)正、反针自动衔接花样:如图6-2-43所示,利用自动衔接功能设计横条状的正反针花样称为令士,也可以随意的形状进行图案变化如图6-2-44所示。

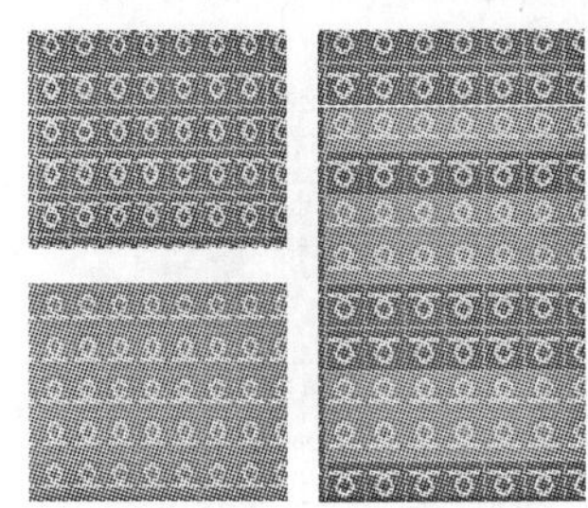

图6-2-42 正针、反针平针描绘

图6-2-43 令士花样描绘

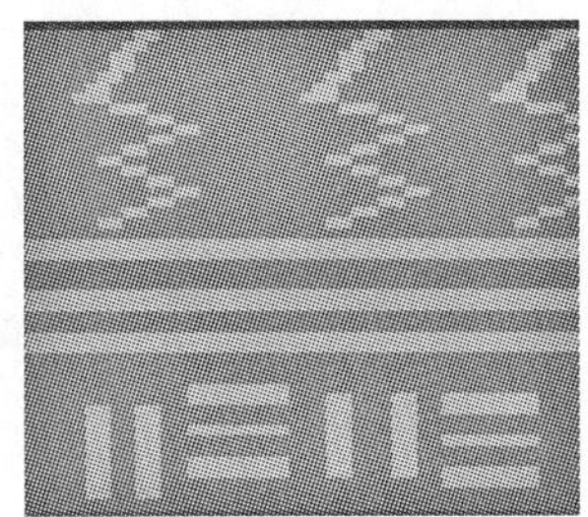

图6-2-44 正反针变化花样描绘

2. 桂花针花样的描绘

桂花针是指正反针凹凸结构花样的称呼。1 正 1 反称为单桂花针,2 正 2 反称为双桂花针。编织后面料正面有凹凸颗粒状的效果。如图 6-2-45 所示。

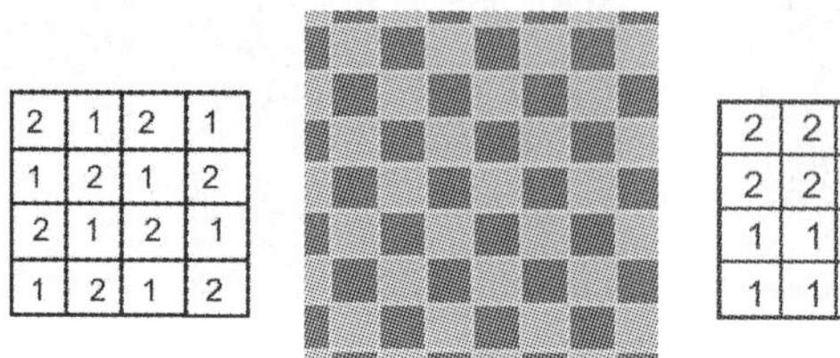

2	1	2	1
1	2	1	2
2	1	2	1
1	2	1	2

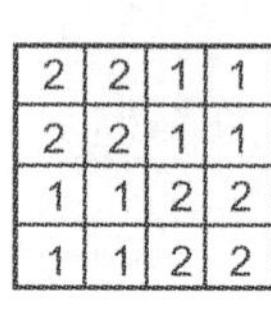

2	2	1	1
2	2	1	1
1	1	2	2
1	1	2	2

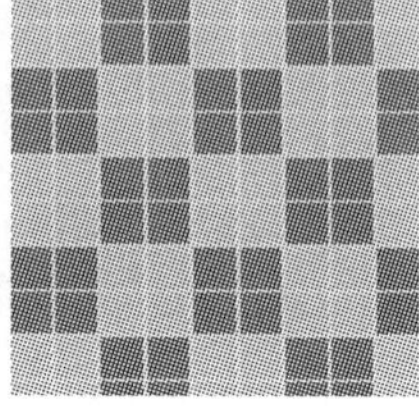

图 6-2-45 单、双桂花针花样的描绘

3. 单、双面集圈组织原图绘制

集圈组织具有单面纬平针、1 ×1 罗纹、满针罗纹等组织的基础上进行编织的多针方法。单面集圈常见的有单针单列集圈、单针两次集圈俗称为单、双珠地网眼布,具有孔眼结构,穿着透气性好。双面组织结构的集圈常见的织物有畦编织物、胖花组织织物,可以在单面集圈或双面集圈,俗称为单、双元宝针,织物较厚,保暖性好,由于花样外观优美,较多应用。描绘时采用 4、5、6、7 和 14 号色码进行描绘,单面集圈最边上一针不要画集圈符号,避免掉边针造成破边。如图 6-2-46、47 所示。

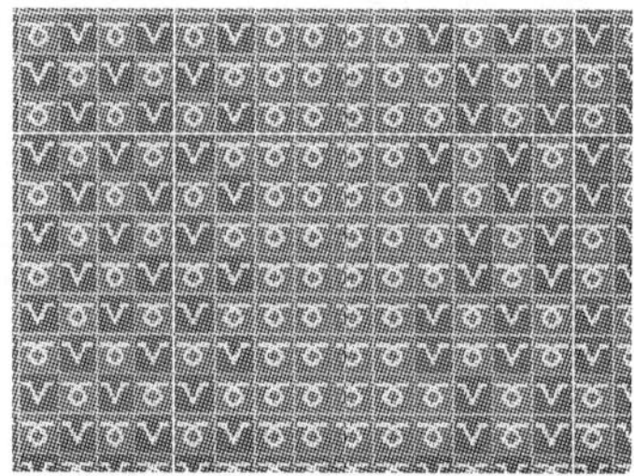

图 6-2-46 单面集圈

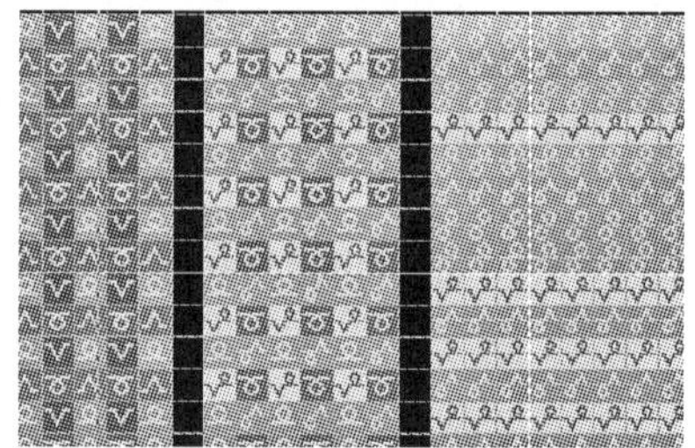

图 6-2-47 双面组织单、双面集圈

4. 罗纹类组织描绘

罗纹类组织主要有 1 ×1、2 ×1、2 ×2、三平、四平、四平空转、双罗纹组织。

(1)1 ×1 罗纹描绘:可以有两种画法:1 与 2,8 与 9 色码。如图 6-2-48 所示。

(2)满针罗纹描绘:俗称为四平组织。用 3 或 10 色码进行描绘。如图 6-2-49 所示。

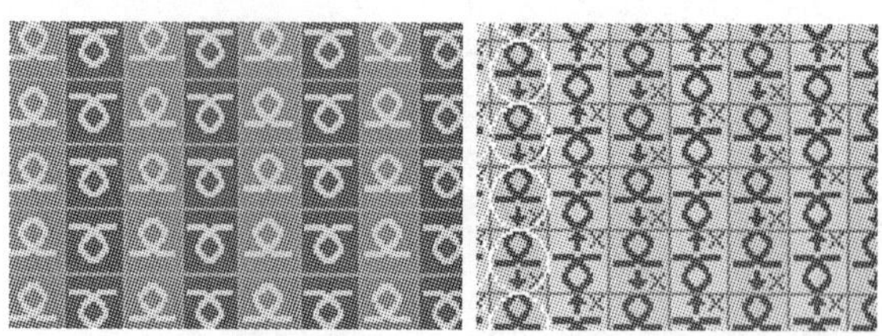

图 6-2-48 1 ×1 罗纹原图

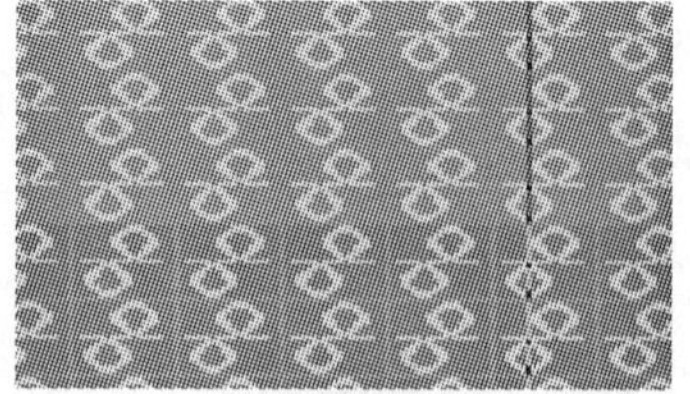

图 6-2-49 满针罗纹(四平)原图

(3)2 ×1、2 ×2 罗纹描绘:2 ×1 罗纹描绘:10、9、8 或 3、2、1 循环。2 ×2 罗纹描绘:88、99 或 22、11 循环。如图 6-2-50 所示为 2 ×1 罗纹,如图 6-2-51 所示为 2 ×2 罗纹。

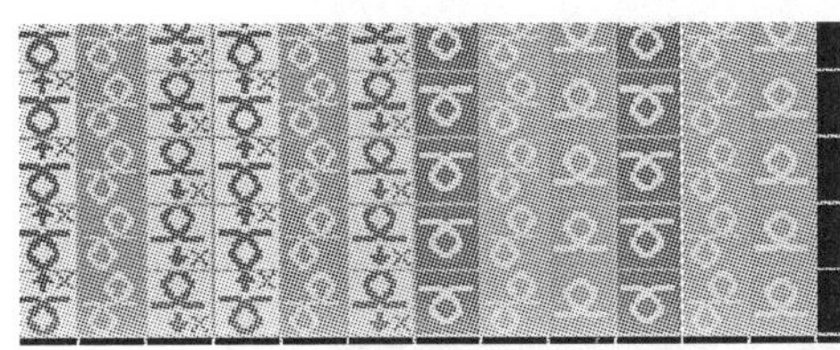
图 6-2-50　2×1 罗纹原图

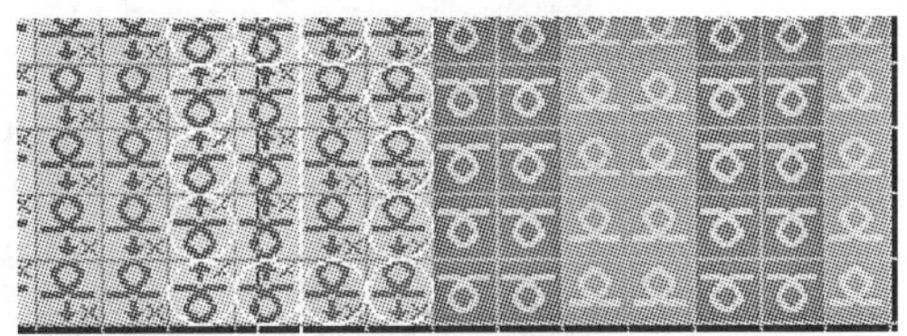
图 6-2-51　2×2 罗纹原图

(4)三平组织描绘:有两种方法:3 与 8 色号配组、3 与 9 色号配组,或 10 与 8、10 与 9 配组,有正反面之分。如图 6-2-52 所示。

(5)罗纹空气层组织描绘:由 3、8、9 或 10、8、9 各 1 行,如图 6-2-53 所示。

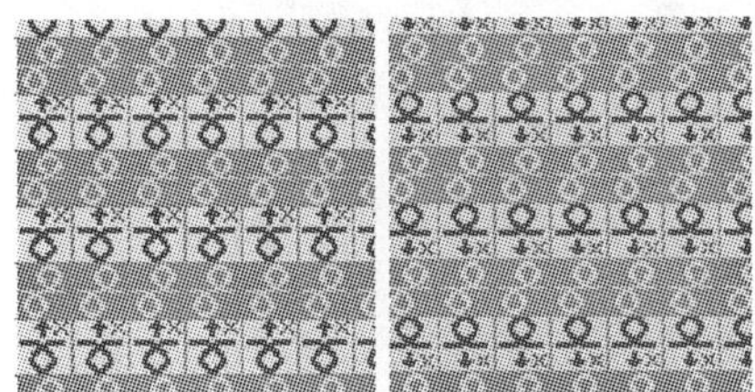
图6-2-52　三平组织原图

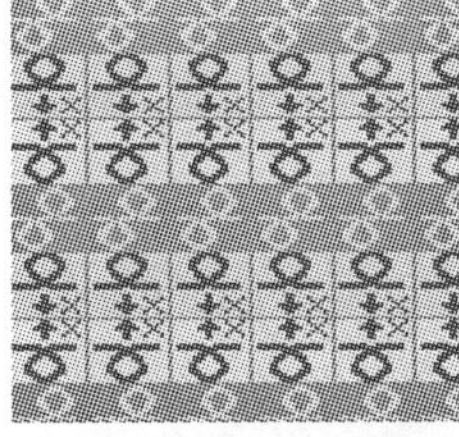
图6-2-53　空气层组织原图

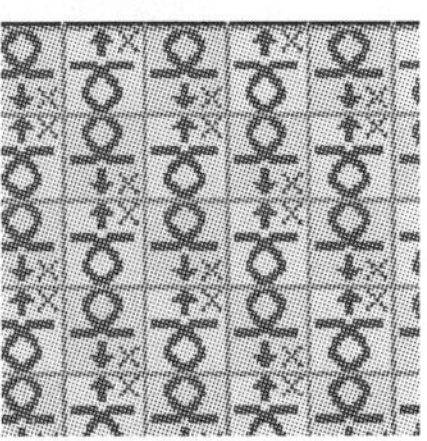
图6-2-54　双罗纹组织原图

(6)双罗纹组织原图描绘:双罗纹组织是由两个罗纹组织叠加在一起,是罗纹的变化组织。双罗纹组织结构紧密、弹性相对较差,厚实、保暖性好,外观平、挺,常用来制作毛衫的大身。如图 6-2-54 所示。

5. 挑孔移圈类组织描绘

挑孔又称挑花,花样繁多,正面编织主要采用 61、71 号色码,可以进行单针、多针、交错等方式组合;反面编织主要采用 81、91 色码描绘。如图 6-2-55 所示。

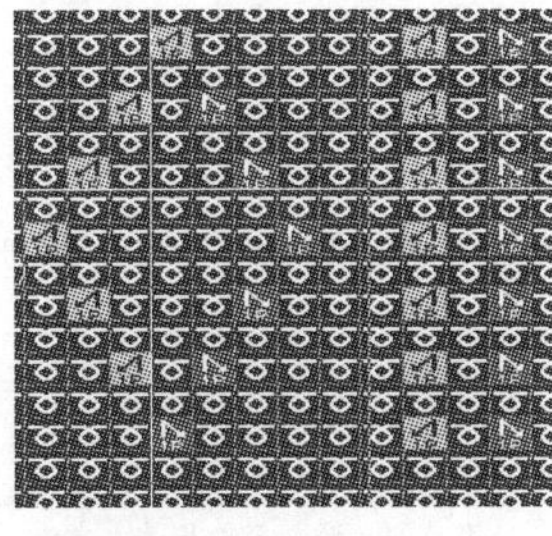
图 6-2-55　菱形挑孔示意图

(1)普通单针移圈挑孔花样,采用单针移圈形成的图案,如图 6-2-56 所示。

(2)复杂挑孔花样,采用多针单向移圈,可以形成纹理的方向变化。如图 6-2-57、图 6-2-58 所示。

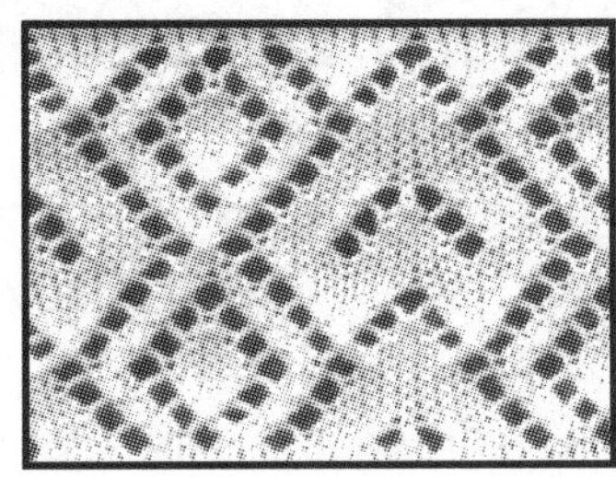
图 6-2-56　菱形挑孔示意图

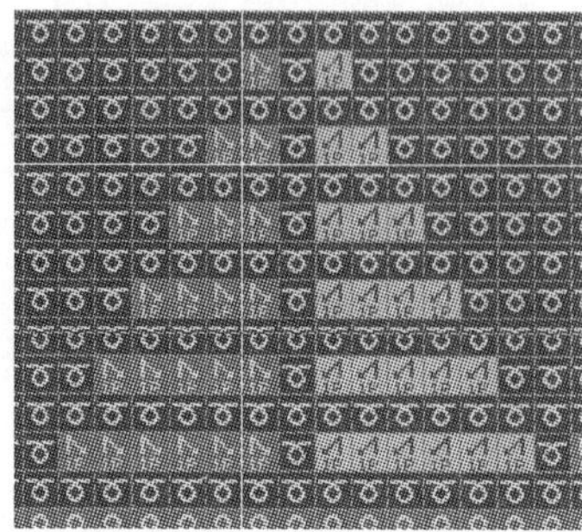
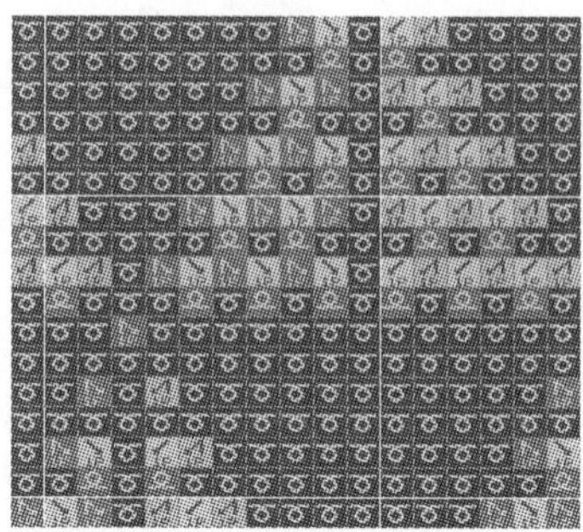

图 6-2-57　多针、交错组合移圈挑孔花样

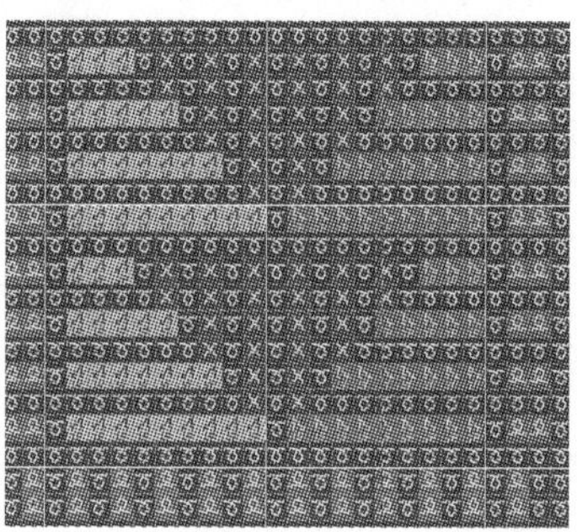

图 6-2-58　孔雀尾实物与挑孔花样原图

6. 绞花花样的描绘(相向移圈)

绞花的描绘色码主要有:18、19;28、29;38、39;48、49;58、59 色码,称为索骨。

(1)全正针 1×1、2×1 绞花:

① 全正针 1×1 绞花:正面单向左绞、右绞花,使用 28、29 和 49、48 色码。当两组绞花在一起时,为了便于区分左右,采用 28、29,49、48 进行组合,两组分离时可以采用 28、29 或 49、48 配对使用。如图 6-2-59 所示。

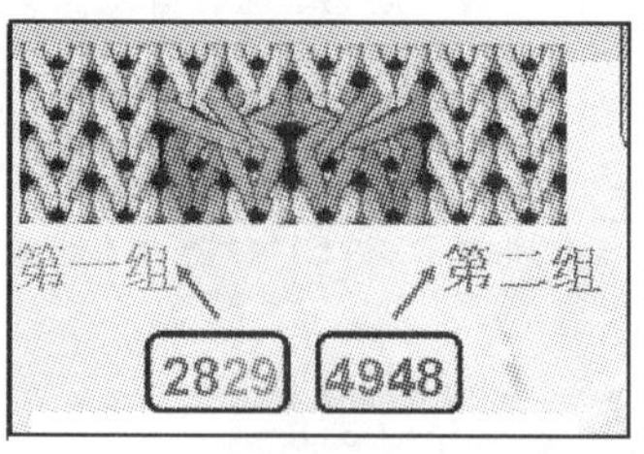

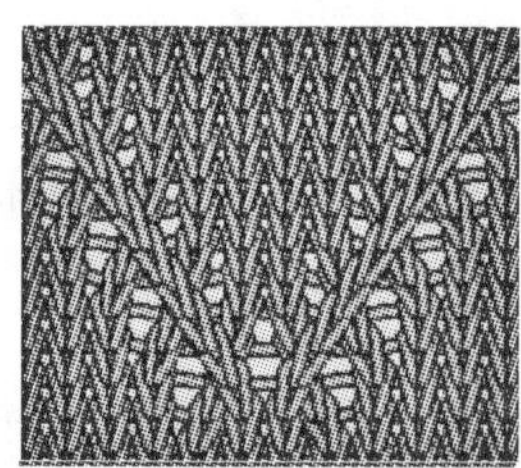
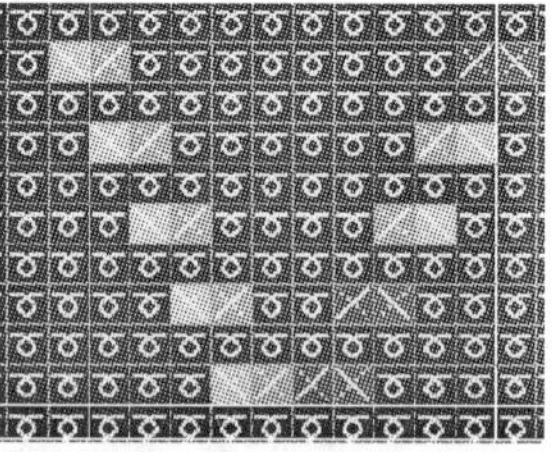

图 6-2-59　全正针 1×1 绞花图

② 全正针 2×1 绞花:正面单向左绞、右绞花,使用 28、29 和 49、48 色码。当两组绞花在一起时,为了便于区分左右,采用 28、29,49、48 进行组合,两组分离时可采用 28、29 或 49、48 配对使用。

注意:如果纱线易断头,则在 28 和 48 色码前加偷吃,即将 28 色码改成 18 号,在 18 号前加 20 号色码;将 48 色码改成 19 号,在 19 号前加 20 号色码;18、19 与 1 号色有自动衔接功能。如图 6-2-60 所示。

(2)2×2 绞花(麻花)描绘:

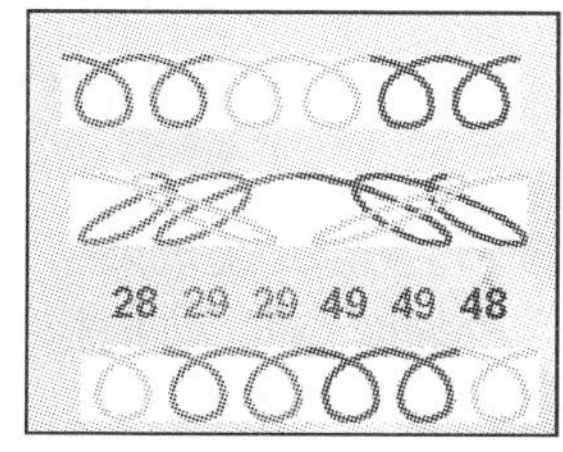

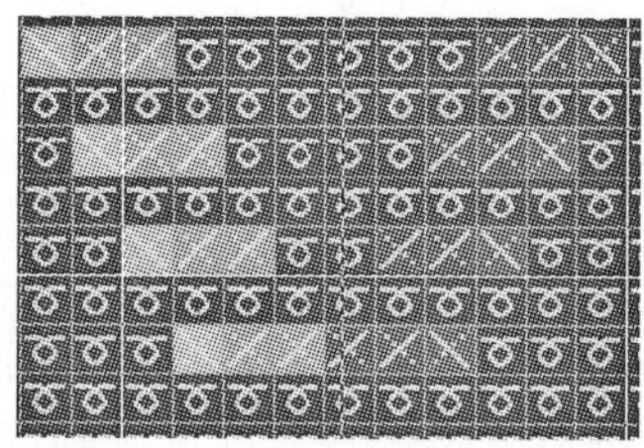
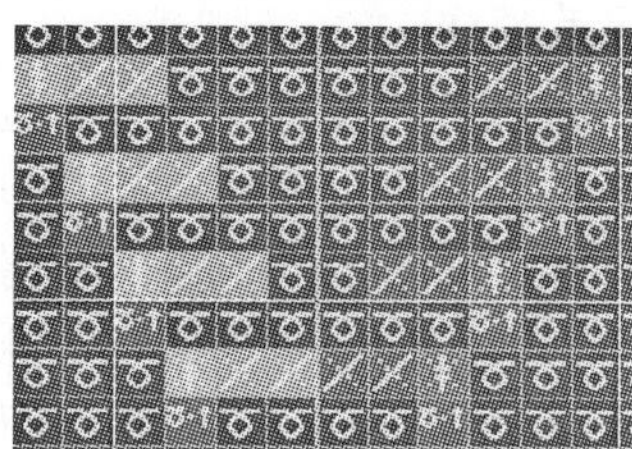

图 6-2-60 全正针 2 ×1 绞花图

18 号和 29 号为正针之间进行交叉时使用。按色号的描绘针数来决定交叉的对象和摇床针数。2 个 18 与 2 个 29 成为 2 ×2 绞花，分为左、右手交叉。18 在左侧称为右手麻花（正绞），29 色码在左侧称为左手麻花。如图 6-2-61 所示。

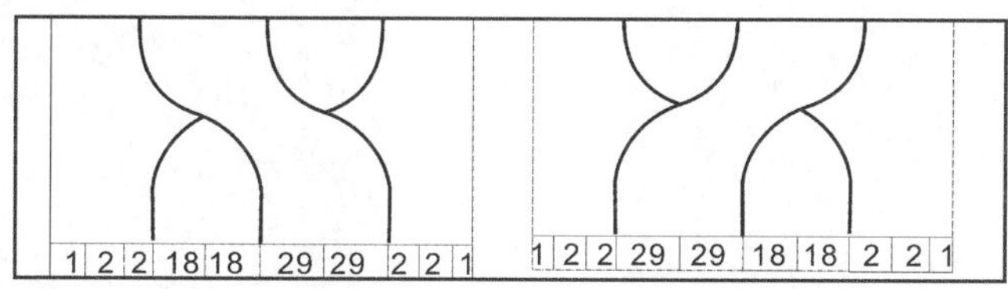

图 6-2-61 2 ×2 绞花示意图

绞花时为了减少断头，在绞花两侧加 2 针的 2 号色码，在密度较紧时在 29 下方加偷吃处理：即在 29 号色码下（前一行）加 16 号或 0 号色码。

（3）多针绞花（3 ×3）多针绞花移圈的数目较多，常常会造成断头，需要做编织处理——偷吃。如图 6-2-62 所示，在粗针机上编织时可以采用偷吃的方法减少断头（左图）；在细针机上进行编织时可以采用右图分方法描绘，可以减少断头。以下两种方法编织结果相同。

同理在描绘其他多针绞花时要特别注意：

① 在多针绞花时，会发生较大的摇床动作，应该将所有后床上的线圈都翻针到前床，避免摇床时拉断后床线圈。绞花后再翻后后床。

② 描绘一行中索骨的色码不能太多，否则会发生编织混乱，最好为两种。

③ 索骨色码（如 18、19、29 等交叉色码）与移圈色码（如 51、61 等）尽量不要放在同一行中使用，避免发生错误。

④ 索骨的色码执行有连接的功能，不是很稳定，尽量手动加一些翻针来进行替代。如图中的 18 色码下面加 20 作为翻针，减少 1 与 18 的衔接翻针关系。

⑤ 以上例子用索骨色码 18、29 组合适合松密度时使用，密度较紧时不能使用，需要使用右图的移圈方法，尤其是 12 针以上的织机编织时。

⑥ 当有两个方向相反的 3 ×3 等多针绞花时需要错行进行描绘。如图 6-2-63 所示。

1	2	2	1	1	1	1	1	1	2	2	1
1	2	2	1	1	1	1	1	1	2	2	1
1	2	2	1	1	1	1	1	1	2	2	1
1	2	2	1	1	1	1	1	1	2	2	1
1	80	80	18	18	18	29	29	29	80	80	1
1	2	2	20	20	20	0	0	0	2	2	1
1	2	2	1	1	1	1	1	1	2	2	1
1	2	2	1	1	1	1	1	1	2	2	1
1	2	2	1	1	1	1	1	1	2	2	1
1	2	2	1	1	1	1	1	1	2	2	1

1	2	2	1	1	1	1	1	1	2	2	1
1	2	2	1	1	1	1	1	1	2	2	1
1	90	90	1	1	1	1	1	1	90	90	1
0	0	0	53	53	53	0	0	0	0	0	0
0	0	0	0	0	0	43	43	43	0	0	0
1	40	40	0	0	0	20	20	20	40	40	1
1	2	2	20	20	20	0	0	0	2	2	1
1	2	2	1	1	1	1	1	1	2	2	1
1	2	2	1	1	1	1	1	1	2	2	1
1	2	2	1	1	1	1	1	1	2	2	1

图 6-2-62 3 ×3 绞花偷吃、分离编织示意图

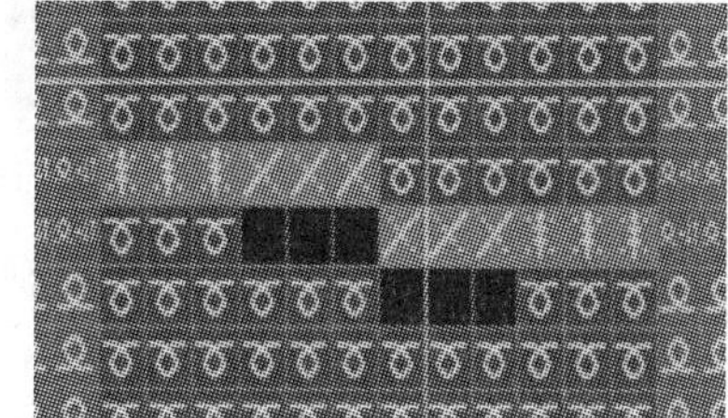

图 6-2-63 方向相反多针绞花错行描绘

7. **沉降片花样**

由于沉降片花样不容易让卷布装置和起底装置起到良好作用，因此要利用可动沉降片压住织片进行编织。利用此功能，可以编织较多花样。

（1）鼓包花样：鼓包花样是指在织物表面产生局部、横向或不规则形状的突起效果所形成的花样。其编织原理是采用前床编织多个横列，后床不动，翻针后形成长度差异，造成横列数多的一面向上突起。图编织双面（色号 10）时，度目段另设一段给紧度目（80～120 左右）。编织前后床（色号 1、8、30）时，度目段的度目比平针稍微紧点（280～300 左右）会容易编织。波浪部分使用双面和平针的平均（中间）度目值。如图 6-2-64 所示。

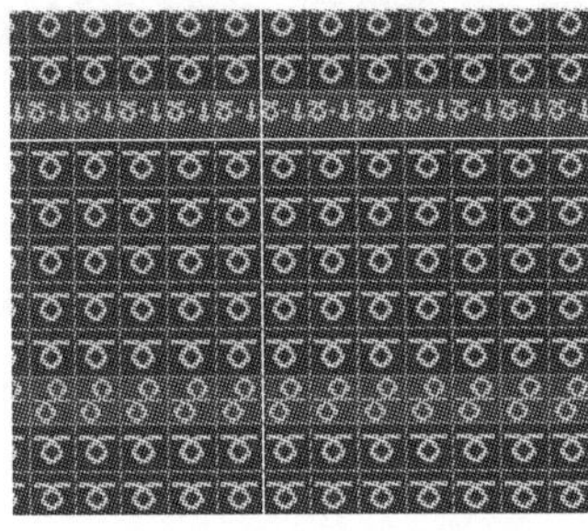

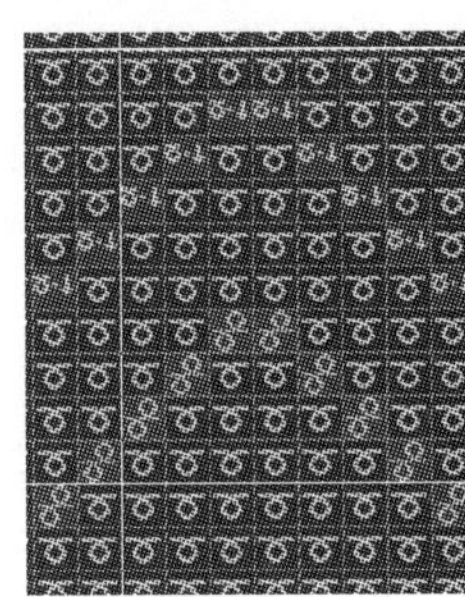

图 6-2-64　横条鼓包、波浪鼓包描绘示意

8. **空起编织（1×1 空针状态下开始编织）**

空起是指在无起口线圈或是空针时进行直接编织，其原理是隔针编织形成相互牵制的线圈且沉降片使线圈脱圈而形成单面编织，利用空起方法可以制作眼皮花样等效果。

空起描绘方法：前床空起采用 8 号与 0 号色码一隔一描绘，相邻两行错开，一般描绘 2 转。后床空起采用 9 号与 0 号色码描绘。如图 6-2-65 所示。

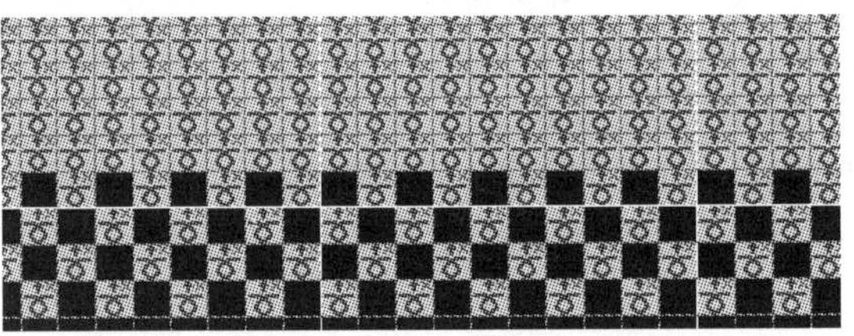

图 6-2-65　空起描绘示意图

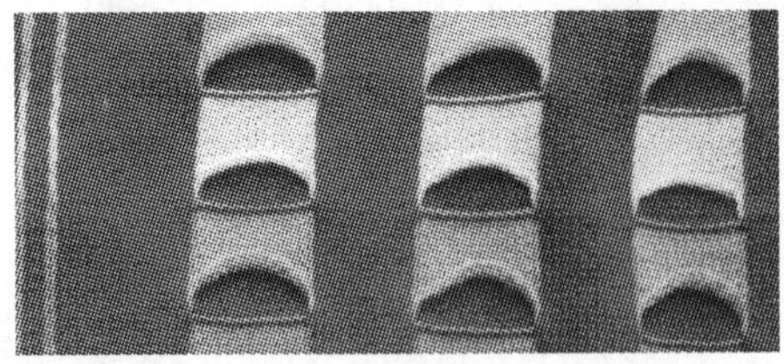

图 6-2-65　空起眼皮花样实物图

四、试样制版

1. **试样制版图案的结构**

试样的编织结构与各工艺参数之间的关系如图 6-2-67 所示。图中各段纵向对应。

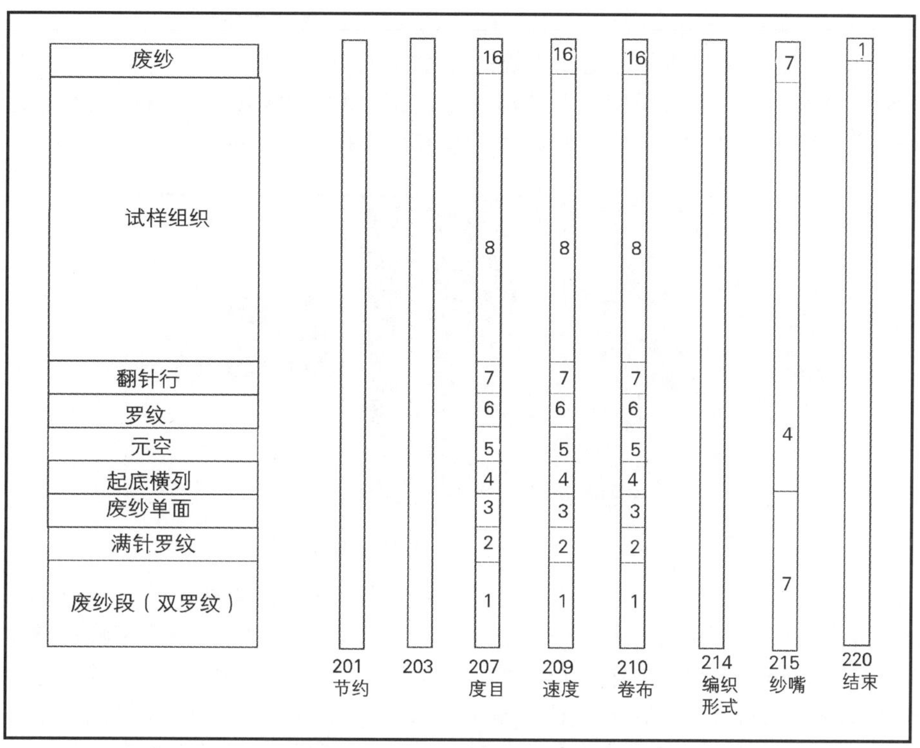

图 6-2-67　试样制版结构示意图

2. 试样描绘

设试样开针 100 针、下摆为 1 ×1 罗纹 20 转，翻针后编织平针 50 转，废纱 10 转封口。

(1)采用自动描绘法、无起底板编织形式

① 点击工艺单输入图标，弹出输入对话框。

② 在对话框中输入以下内容：在左上角起底板项取消勾选。点系统选项，选择双系统 H2(编织机型为 GE2 -52C)。输入框中分别输入：开针 100 针，废纱(指结尾时的废纱)10 转；罗纹选择 1 ×1 罗纹，罗纹 20 转；在落布选项选择前落布；在主输入框中第一行输入大身 50 转、循环一次。如图 6-2-68 所示。

③ 输入完毕，点击“确定”。在新建的描绘区域显示试样图形。试样与左侧空 1 列(也可以多列)，与下方无空行。如图 6-2-69 所示。

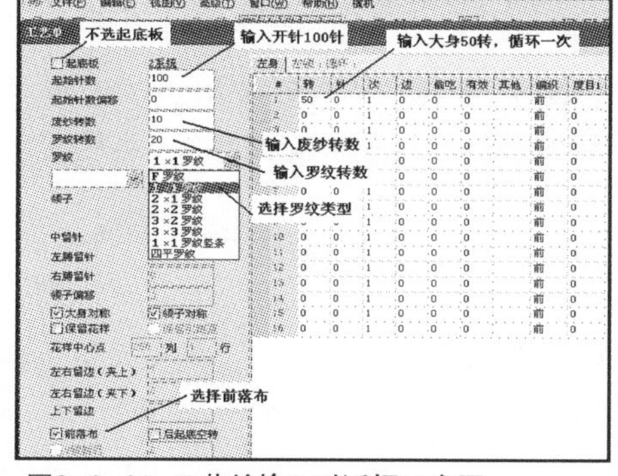

图6-2-68　工艺单输入对话框示意图

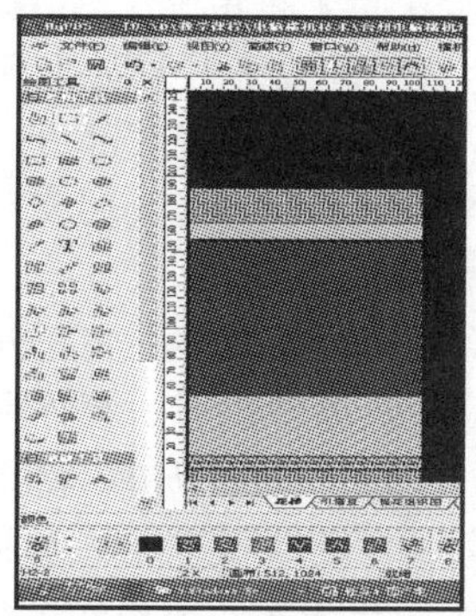

图6-2-69　试样图形示意图

(2)无起底板编织各段编织描绘结构解释,标识如图 6-2-70 所示。

① 第 1 段:为废纱起底部分。无起底板时需要先编织一段废纱,直到卷布主罗拉拉住织物形成一定的拉力为止。废纱采用双罗纹组织起底,双罗纹组织结构紧密、不卷边,适合无起底板编织形式的编织。描绘时采用 8 号和 9 号或者 9 号和 1 号交替进行描绘。

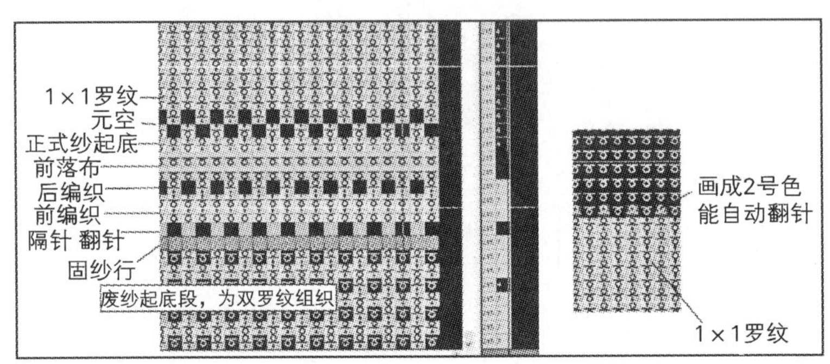

图 6-2-70 无起底板编织各段编织结构示意图

② 第 2 段:固纱行。废纱与正式纱之间需要用分离横列(隔针单面组织)进行连接,便于拆纱分离。分离横列与双罗纹组织之间需要一个过程:满针一个横列→后床隔针翻至前床→前床编织→后床一隔一编织→前床卸布→得到后床一隔一的单面分离横列。因此形成了:后床隔针翻针行、前床编织 2 行、后床一隔一编织一行、前床卸布 2 行的分离横列编织段。其中的固纱行目的是防止前床卸布后线圈向下脱散,采用满针编织,也便于翻针和衔接。

③ 第 3 段:翻针行。便于形成一隔一的分离横列。

④ 第 4 段:前编织 2 行、后编织一行形成分离横列,编织后前床卸布,使形成的分离横列较松,便于拆分。

⑤ 第 5 段:卸单边。将前床的线圈卸掉,形成后床的一隔一横列,拆分时容易抽纱。

⑥ 第 6 段:正式纱起底横列。采用一隔一即 1 ×1 罗纹起底。

⑦ 第 7 段:元空段。按编织要求可以元空 1 转、1 转半或二转、二转半等。

⑧ 第 8 段:罗纹段,编织罗纹可以有多种选择。

⑨ 第 9 段:翻针行。罗纹到大身即双面到单面组织的过渡行,翻针前二行需要松密度,便于翻针。

⑩ 第 10 段:大身组织编织。根据组织结构设定密度。

(3)采用自动描绘法、有起底板编织形式

输入步骤同无起底板式,如图 6-2-71 所示。不同之处是在工艺单输入界面的左上角“起底板”项勾选。各段编织说明如下:

① 第 1 段:为废纱起底部分。有起底板时需要先编织 1 转双罗纹组织的废纱,描绘时采用 8 号和 9 号或者 9 号和 1 号交替进行描绘。目的是使废纱形成交叉编织,然后起底板上升,钩住交叉点,拉住废纱。

② 第 2 段:带正式纱。将正式纱纱嘴带进,放置与编织区域左边。

③ 第 3 段:废纱织边。废纱左边编织 5cm。

④ 第 4 段:正式纱织边。将正式纱在编织区域左边编织 5cm。

⑤ 第 5 段:废纱固边。将正式纱压住,固接。

之后编织与无起底板相同。

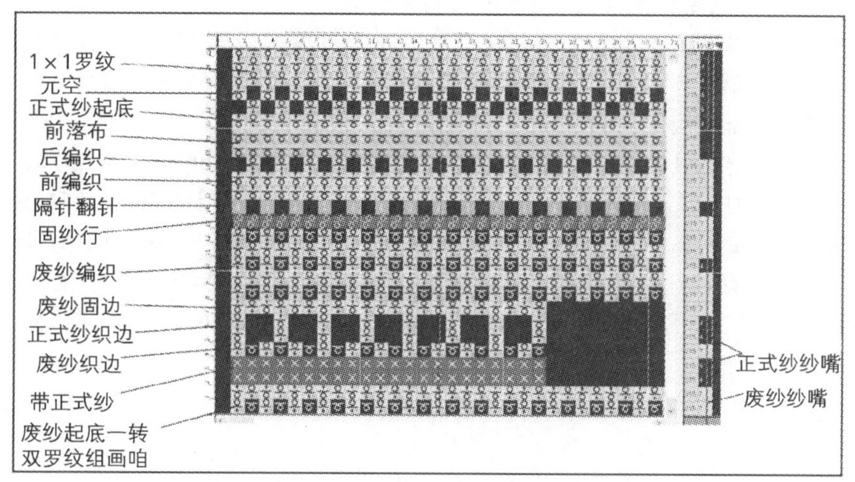

图6-2-71 有起底板编织各段编织结构示意图

3. 功能线设置

点击右边描绘区，点击下拉箭头，选择功能线进行设定。如图 6-2-72 所示。

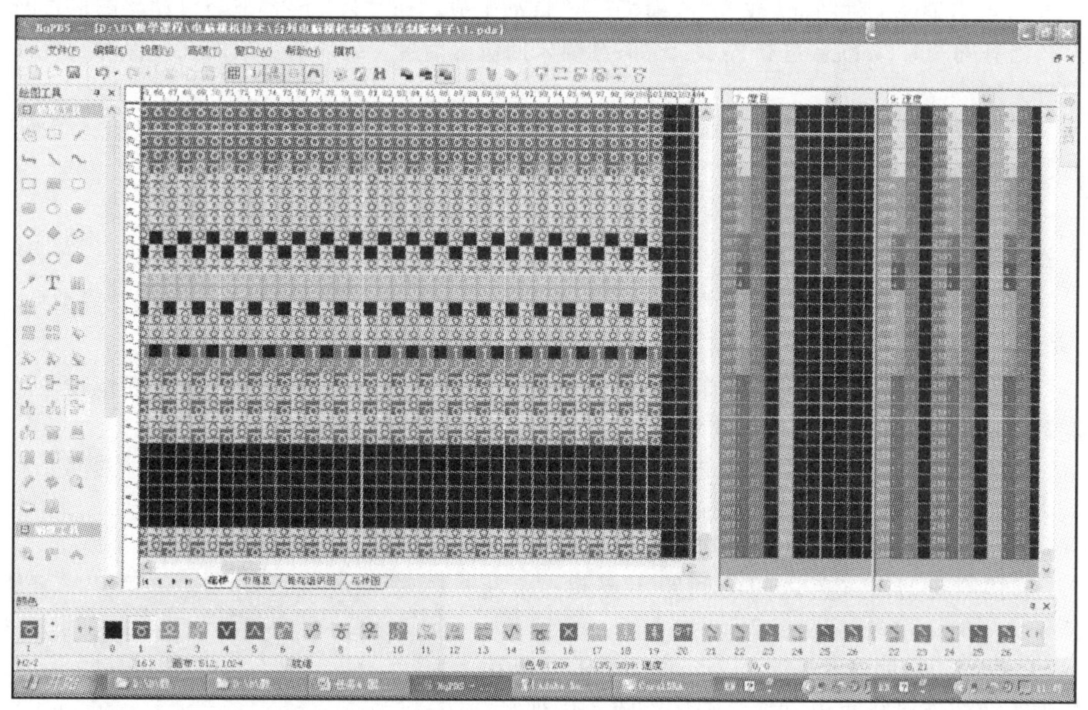

图6-2-72 功能线设置示意图

(1)节约：节约填写在 201 功能线上，根据需要进行填写，本例无节约要求。

(2)度目：自动描绘能生产度目段号，如图所示。自下向上分别以 1、2、3……等数值表示，第 1 段废纱编织，为双罗纹组织；第 2 段为满针罗纹密度，在右侧一列填 23 号色，当遇到翻针时自动默认为第 23 段；废纱平针采用第 3 段，正式纱 1 ×1 罗纹起底使用第 4 段，第 5 段元空，

第6段1×1罗纹编织,翻针第7段,第8段大身平针等。

(4)速度209功能线设定:速度的设定可以参照度目段的设定,在手动描绘时可以复制度目段的编组顺序;做试样时,由于车速应该慢一些,也可以不设定段数(不填写)。

(5)卷布210功能线设定:卷布与度目是相关的,度目值大即表示线圈较长,则卷布随之也要大,以便及时将织物卷离织口,保持织物的卷布拉力恒定。在翻针、卸布、做交叉等动作时由于没有编织,因此卷布拉力应该小一些。因此卷布拉力的段数之间将度目的段数复制过来即可。

(6)纱嘴设定:在215功能线上设定相应的纱嘴号码。一般工厂的习惯:8号纱嘴穿起底纱,起底纱应该使用有较好弹性和强力的纱线;7号纱嘴穿废纱,废纱应该使用短纤维纱线;正式纱穿在剩余的纱嘴上,优先按编织使用的频率依次穿在4、5、3、6、2、1号,需要时,再使用右侧的纱嘴。

(7)结束设定:在220功能线上设定结束点,在整个编织的最后一行设定1号色,表示本次编织结束。

(8)分别翻针:在222功能线上,在翻针行应该设定色码1,表示分别翻针。

4. 编译文件

将描绘、功能线设置正确的图形,进行编译成横机可以识别的PDS、PAT、CNT等文件。

(1)检查以上的设置,确认无误。

(2)点击编译文件图标(或点击"横机"→"自动生成动作文件"),系统会自动将图形进行编译,当有问题时,系统会进行提示,比如:纱嘴未回位等信息。编译后生成的文件保存在文件所在的目录下。

(3)将文件拷贝到U盘中,插到横机上即可以进行读入,按各功能线设定的参数进行设定即可以编织。

五、提花织物的制版

提花组织在电脑横机上编织的种类很多,主要是指单面提花和双面提花以及嵌花等类型。

1. 单面二色提花

单面二色提花是较简单单针床编织的提花组织,需要在正面显示颜色的纱线在织物正面编织,不显示颜色的纱线则在织物背面形成浮线。单面提花制版步骤如下:

(1)描绘试样,在试样基础上进行单面提花描绘与设置。设试样开针100针,下摆罗纹5转,大身编织50转,同上述例子,描绘平针试样。

(2)在试样上描绘花型:描绘单面提花花型主要事项。

① 描绘花型时二色之间的间距不要超过2~2.5cm,比如12G横机合9~12针。

② 在布边两侧需要描绘1、2二色交替的鸟眼花样,便于使纱嘴停在布边以外。确保纱嘴不会撞针。如图6-2-73所示。

③ 描绘花样图案的色码一般用9号以下的色码来画比较方便。

(3)将花型部分框选,复制到"引塔夏"画面。

点击"选择"图标→选择花型区域(纵向只选花

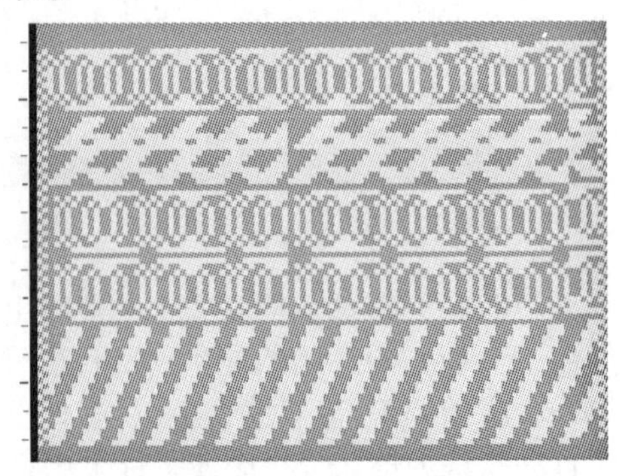

图6-2-73 单面提花花型示意图

型部分，横向全选）→“横机工具”→点击“花样→引塔夏”图标→花样复制完成。

选择花型区域时，要准确。在单面提花时如果选择了部分不提花区域，系统会默认为单色提花，也无大碍。只要不在单色部分织物两边填写鸟眼即可。

（4）花样画面覆盖：

复制后将花样画面的提花部分区域用 1 号色覆盖。覆盖有两种方法：用 1 或 2 号色覆盖。1 号色覆盖表示花样编织在正面，2 号色覆盖表示花样编织在底面。

（5）设定编织形式：

把 215 功能线织提花花型的纱嘴用范围选中，然后点击“横机工具”工具栏里的“纱嘴→编织形式”图标，弹出对话框如图 6-2-74 所示，在“纱嘴→编织形式”对话框里，进行以下设定：

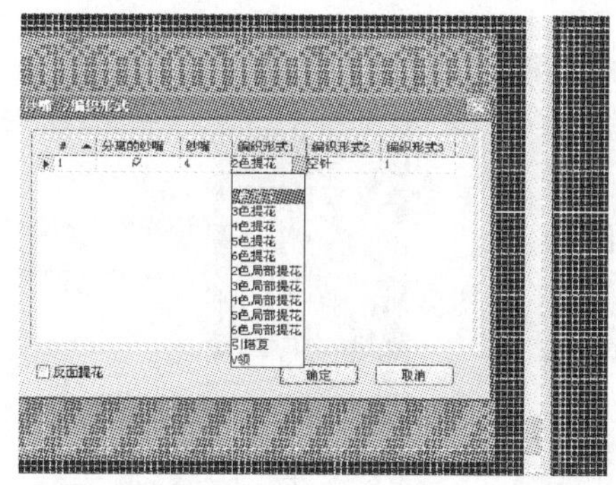

图 6-2-74　单面提花纱嘴分离设定示意图

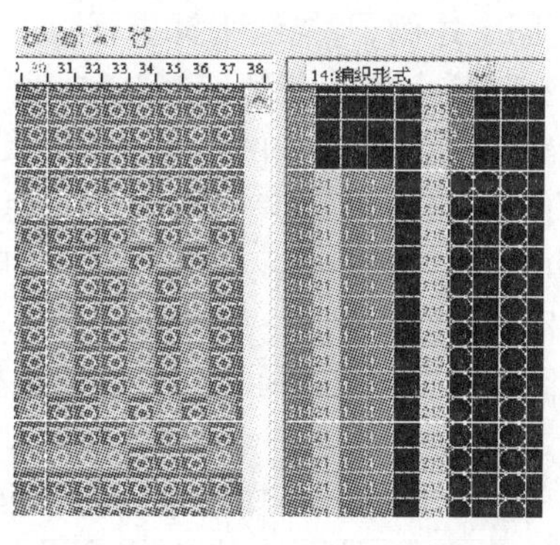

图 6-2-75　“编织形式”设定示意图

① 在“分离的纱嘴”下进行勾选。

② 在“编织形式 1”里选择 2 色提花。

③ 在“编织形式 2”里选择空针，“空针”表示后床无编织即单面编织。

④ 在“编织形式 3”里填写 1，表示采用一组纱嘴进行两色提花。以上填写后，214 功能线就会变成提花形式的纱嘴，在 215 功能线上对应的纱嘴 4 变成 0 号。如图 6-2-75 所示。

⑤ 纱嘴组设定：点击工具栏里的“纱嘴系统设置”，弹出对话框，如图 6-2-76 所示。

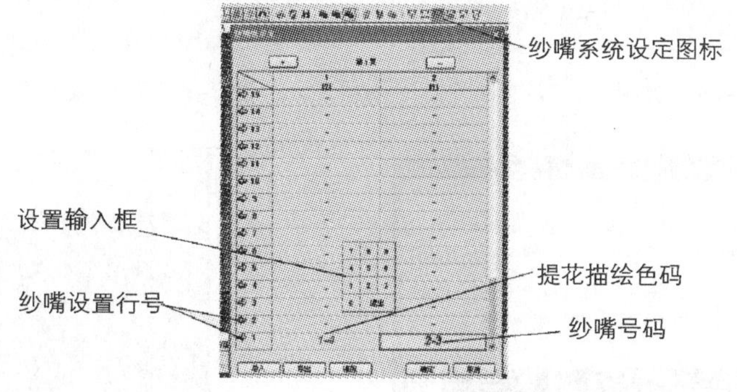

图 6-2-76　“纱嘴组设置”示意图

在对话框的最下一行开始填写，第 1 行箭头向右，表示机头向右运动，则纱嘴起始位置在左侧的填在 1、3、5、7、9 等行，如果纱嘴起始位置在右侧则在 2、4、6、8 等行填写。本例为 2 色提花，

使用3、4 号两把纱嘴，大身底色纱采用4 号纱嘴编织，花色纱采用3 号纱嘴编织，且起始位置均在左侧，因此在对话框中第一行中填写。“引塔夏”标签页中，描绘 1 号色为底色，2 号色表示花色，因此在对话框里输入“1 -4”表示 1 号色对应4 号纱嘴，“2 -3”表示 2 号色对应 3 号纱嘴。

⑥ 设置其他参数：按照试样中的方法设置功能线 207 209 210 211 212 上的段数，另外 221 功能线全部填上 1（不管有没有翻针，最好都填上），处理完毕可以出带上机编织。

2. 双面二色提花

双面二色提花是在前、后双针床编织的提花组织，需要在正面显示颜色的纱线在前针床（正面）编织，不显示颜色的纱线则在后针床编织，在织物背面形成一定的组织。双面 2 色提花织物制版步骤如下：

（1）描绘试样，在试样基础上进行双面提花描绘与设置。设试样开针 100 针，下摆 5 转，编织 50 转，同上述例子，描绘平针试样。

（2）在试样上描绘花型：在试样中输入汉字“电脑横机”和插入一幅图片。

① 输入汉字：点击绘图工具中“T”图标→点击输入位置的左上角→弹出文字输入框→点击设置并设置字体和字号、颜色→确定→输入文字“电脑横机”→点击“确定”→文字生成。如图 6-2-77 所示。

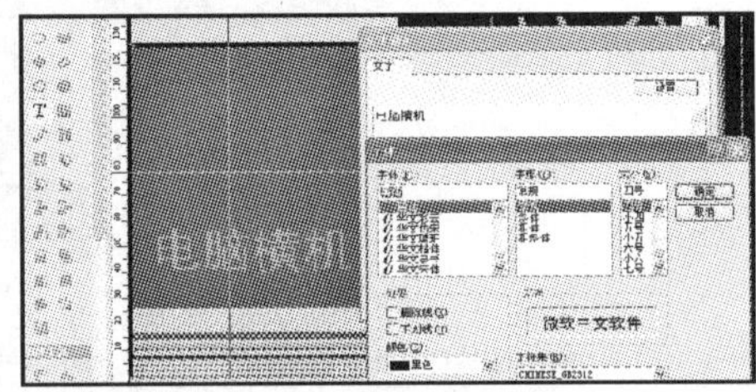

图 6-2-77 “文字输入”示意图

② 插入图片：本软件可以插入 BMP 格式的图片，操作：新建文件→新建一个文件供导入文件→点击“文件菜单”，选择导入→弹出导入对话框→选择插入的图片路径→选择图片→点击“打开”→生成一个图片→根据插入的尺寸进行放大或缩小或旋转等操作→复制到需要插入处。如图 6-2-78 ~ 图 6-2-81 所示。

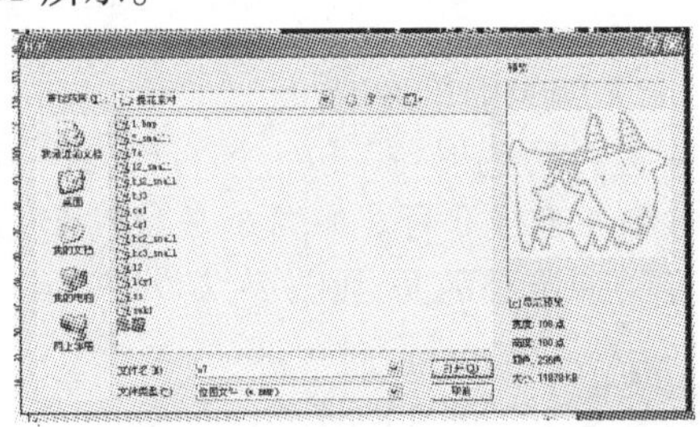

图 6-2-78 “图片插入”示意图

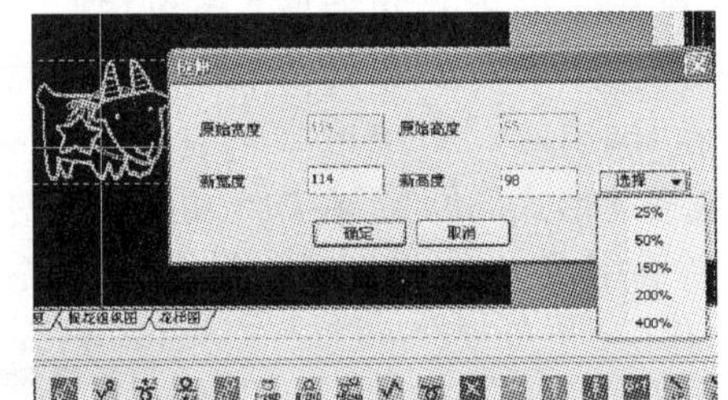

图 6-2-79 对图片进行扩缩处理

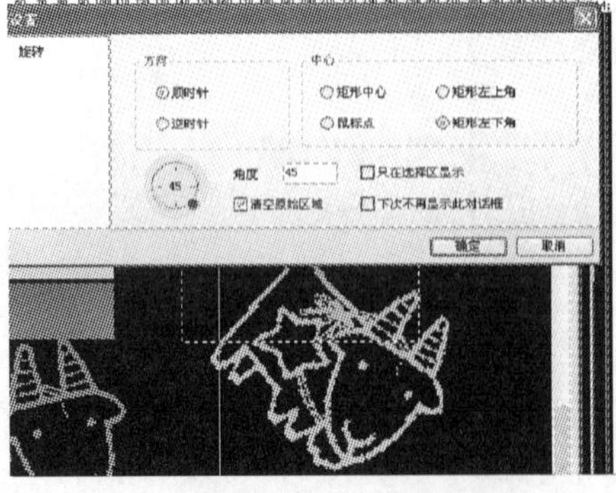

图6-2-80 对图片进行旋转处理

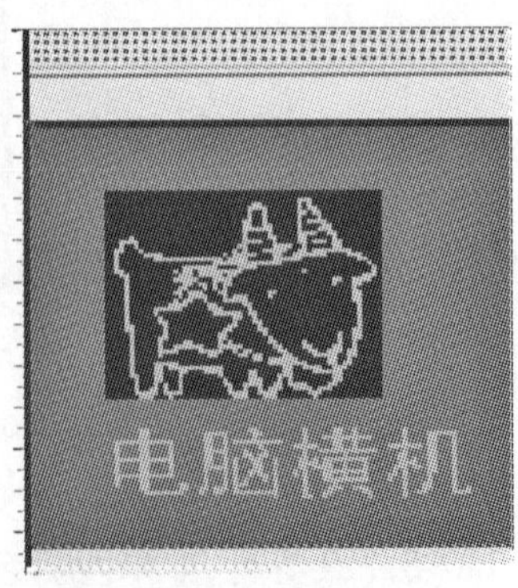

图6-2-81 对图片进行扩缩处理

③ 图片颜色改变,如图 6-2-82 所示:将图中的 0 号色改变为 1 号色:选定需要改变颜色的区域→点击“换色”工具→点击选定的区域内→弹出对话框→在 0 色码后边替换色号选择“1”→点击“确定”。

图 6-2-82 对图片进行换色处理

(3)描绘双面提花花型主要事项:

① 描绘花型时二色之间的间距可以为任意距离。

② 圆筒提花组织需要在布边两侧需要描绘 1、2 二色交替的鸟眼组织,防止边缘分离。

③ 描绘色码一般用 9 号以下的色码来画比较方便,便于设置纱嘴组。

(4)设置提花结构:将花型部分框选,复制到“引塔夏”画面。

点击“选择”图标→选择花型区域(纵向只选花型部分,横向全选)→“横机工具”→点击“花样→引塔夏”图标→花样复制完成。选择花型区域时,要准确,偶数行为好。

(5)花样画面覆盖:

复制后将花样画面的提花部分区域用 1 号色覆盖。覆盖有两种方法:用 1 或 2 号色覆盖。1 号色覆盖表示花样编织在正面,2 号色覆盖表示花样编织在底面。

(6)设定编织形式:

把 215 功能线织提花花型的纱嘴用范围选中,然后点击“横机工具”工具栏里的“纱嘴→编织形式”图标,弹出对话框如下图所示:

如图 6-2-83 所示,在“纱嘴→编织形式”对话框里,进行以下设定:

① 在“分离的纱嘴”下进行勾选。

② 在“编织形式 1”里选择 2 色提花。

③ 在“编织形式 2”里选择袋,“袋”表示圆筒编织、“1×1-A”或“1×1-B”表示为芝麻点的二种形式、“全选”表示为后床全出针编织等等。按要求选一种,如果选择“袋”则要进行修图。将左右边缘一针用两色进行交替描绘进行封边,防止开边。图 6-2-84 所示。

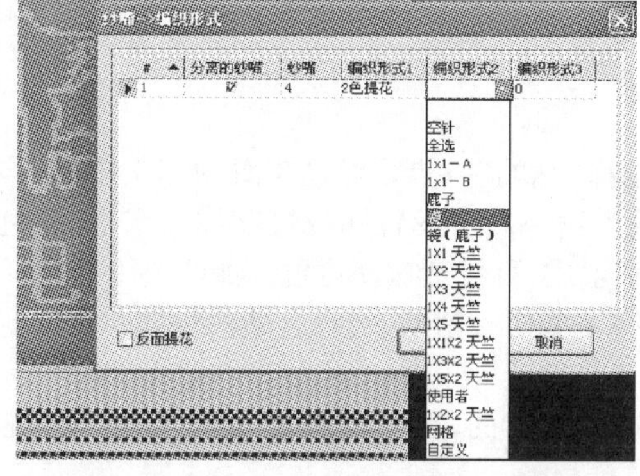

图6-2-83 单面提花纱嘴分离设定示意图

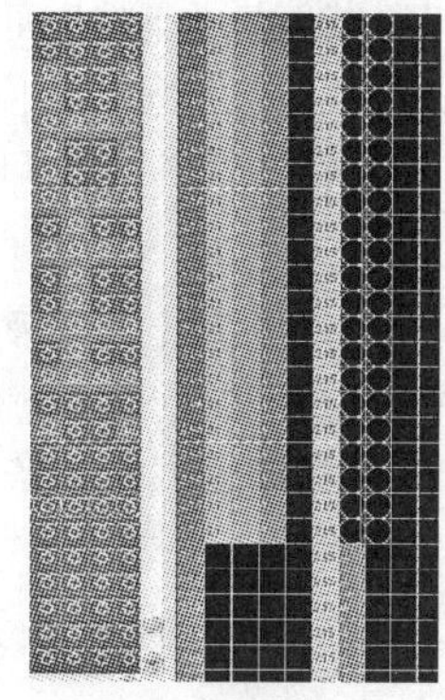

图6-2-84 编织形式与封边处理

④ 在"编织形式 3"里填写 1,表示采用一组纱嘴进行两色提花。以上填写后,214 功能线就会变成提花形式的纱嘴,在 215 功能线上对应的纱嘴 4 变成 0 号。如图所示。

⑤ 纱嘴组设定:点击工具栏里的"纱嘴系统设置",弹出对话框。

在对话框的最下一行开始填写,第 1 行箭头向右,表示机头向右运动,则纱嘴起始位置在左侧的填在 1、3、5、7、9 等行,如果纱嘴起始位置在右侧则在 2、4、6、8 等行填写。本例为 2 色提花,使用 3、4 号两把纱嘴,大身底色纱采用 4 号纱嘴编织,花色纱采用 3 号纱嘴编织,且起始位置均在左侧,因此在对话框中第一行中填写。"引塔夏"标签页中,描绘 1 号色为底色,2 号色表示花色,因此在对话框里输入"1 - 4"表示 1 号色对应 4 号纱嘴,"2 - 3"表示 2 号色对应 3 号纱嘴。

⑥ 设置其他参数:按照试样中的方法设置功能线 207 209 210 211 212 上的段数,另外 221 功能线全部填上 1(不管有没有翻针,最好都填上),处理完毕可以出带上机编织。

任务实施

一、教学设备

投影仪、恒强制版系统、慈星电脑横机、U 盘等。

二、实施步骤

任务 1:编织综合试样

使用 GE2 - 52C 慈星电脑横机编织以下试样:开针 120 针;起针点 51 针;第一段为下摆罗纹 1 × 1 罗纹 5 转;第二段为双面二色背面芝麻点提花织物 20 转,图案花纹为"电脑横机",字体为黑体,字号 12 号;第三段:单面平 3 转后做菱形花样,菱形边用集圈(9 针 9 列),花样横向均匀分布共 3 个花样,纵向二个循环呈 8 字状;菱形中间做局部鼓包(10 针 3 转),纵向共 1 个;第四段:平针 3 转;用挑孔做 S 形花样(大小为:5 针,5 转换一次方向;第五段:做 3 × 3 绞花,形状为麻花形,4 转绞一次,共 3 次,横向共 5 条,两边上均为反针 2 针;第六段:为反针 20 转,其上做阿兰花花样(花形大小 12 针 × 18 列),横向共 3 个均匀分布,纵向两个循环;第七段:共 12 转用挑孔做孔雀尾花样(大小为:23 针,4 转),横向 2 个,纵向共 2 个循环。最后平 5 转;废纱单面封口 10 转。描绘过程如下:

1. 用工艺单方法制作第一、二段共 20 转的试样

点击"工艺单"图标,弹出对话框→起底板去掉"勾选"→选择机型"H2 - 2"→开针 120 针→废纱 10 转→罗纹 5 转→选 1 × 1 罗纹→袖子→在工艺单输入中第一行输入 20 转、循环一次针数 0 针→其他默认→点击"确定",一个无起底板试样图形生成。拖动鼠标到绘图区域,使图形的第一行紧贴最下方。如图 6-2-85 所示。

2. 作二色提花试样

(1)输入文字:右键点击 "T"图标→选择"粘帖"→点击绘图工具中"T"图标→点击 2 号色码→点击输入位置的左上角→弹出文字输入框→点击设置并设置字体和字号、颜色→确定→输入文字"电脑横机"→点击"确定"→文字生成,可任意拖动位置。如图 6-2-86 所示。

如果需要移动时:点击选择→框选文字→剪切→粘贴、选择合适的位置→点击定位。

(2)复制到引塔夏:

点击"选择"图标→选择花型区域:选择 20 转的范围→"横机工具"→点击"花样→引塔

夏”图标→点击引塔夏标签查看→花样复制完成。

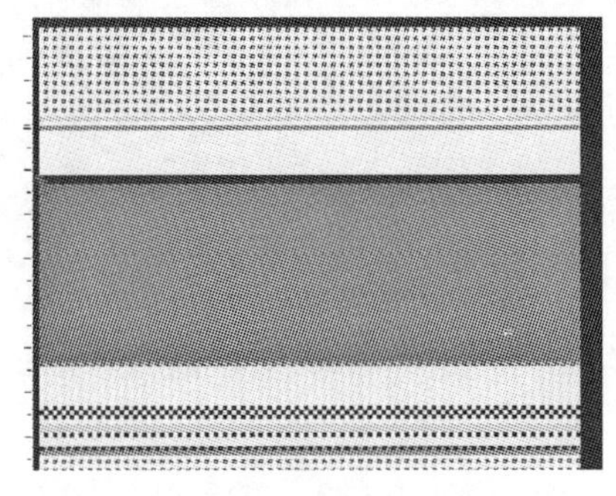

图6-2-85 20 转试样示意图

图6-2-86 文字输入、定位示意图

将头尾颜色去掉:点击 0 色码→点击“填充矩形”→鼠标两点拖动擦去提花的上下部分图形。

(3)花样画面覆盖:

复制后将花样画面的提花部分区域用 1 号色覆盖。覆盖有两种方法:用 1 或 2 号色覆盖。1 号色覆盖表示花样在正面,2 号色覆盖表示花样在底面。

(4)设定编织形式:

把 215 功能线织提花花型的纱嘴用范围选中,然后点击“横机工具”工具栏里的“纱嘴→编织形式”图标,弹出对话框,在“纱嘴→编织形式”对话框里,进行以下设定:

① 在“分离的纱嘴”下进行勾选。

② 在“编织形式 1”里选择 2 色提花。

③ 在“编织形式 2”里选择“1 ×1 – A”表示为芝麻点提花。

④如图 6 – 3 – 5 所示,在“编织形式 3”里填写 1,表示采用一组纱嘴进行两色提花。以上填写后,214 功能线就会变成提花形式的纱嘴,在 215 功能线上对应的纱嘴 4 变成 0 号。

⑤ 纱嘴组设定:点击工具栏里的“纱嘴系统设置”,在对话框里输入“1 – 4”表示 1 号色对应 4 号纱嘴,“2 – 3”表示 2 号色对应 3 号纱嘴。

3. 第三段描绘

平 3 转后做菱形花样,菱形边用集圈(9 针 9 列),花样横向均匀分布共 3 个花样,纵向二个循环呈 8 字状;菱形之间做局部鼓包(10 针 3 转),本段共 3 +9 = 12 转。

(1)插入 12 转平针:点击“高级”菜单→“设置”→点击“绘图”→输入插入 24 行→点击“绘图工具”中的插入行→点击插入点:提花矩形的上边缘行→插入 24 行。

(2)画集圈边菱形:用 4 号色画 9 针 9 列的菱形,两个叠加在一起形成 8 字状,框选 8 字菱形,鼠标拖动分别放置在左中右的均匀位置。

(3)画局部鼓包:在两个 8 字菱形正中间用 10 号色码画 10 针,上方画 5 行 8 号色,最上一行画 30 号色码,组成局部鼓包;框选鼓包图形,复制到其他位置。如图 6–2–87 所示。

4. 第四段描绘

平针 3 转;用挑孔做 S 形花样(大小为:5 针,5 转换一次方向),横向均匀分布共 5 个,本段共 3 + 15 = 18 转。如图 6–2–88 所示:

插入 18 转,操作方法同上段。画 S 形挑孔花样:用 71 号色码横向画 5 针,隔一行,向右错一列再画五针,重复 4 次,共 5 针 5 转;换向向左,用 61 号色画 5 针 5 列,再换向向右用 71 号色画 5 针 5 列。在两侧用 2 号色码画两个纵行。复制 5 个,横向均匀分布。

图 6-2-87　菱形与局部鼓包描绘示意图

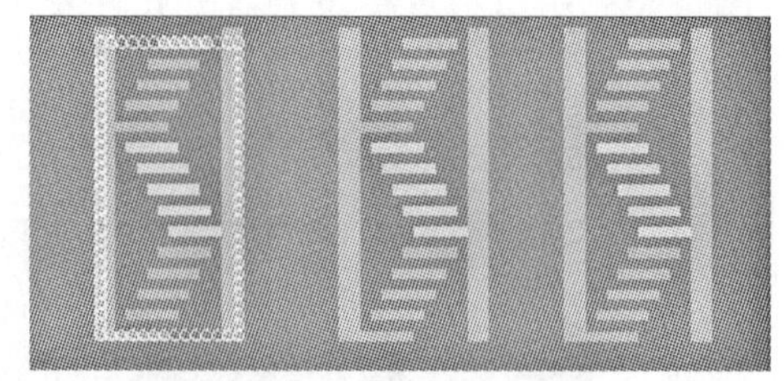

图 6-2-88　S 形挑孔花样描绘示意图

5. 第五段

做 3×3 绞花，形状为麻花形，4 转绞一次，共 3 次，横向共 5 条，两边上均为反针 2 针。本段共设计 18 转。插入 18 转，操作方法同上段。画 3×3 绞花：画 18 与 29 色码三组纵向隔 4 转。如果易断纱则进行分离编织。如图 6-2-89 所示。

6. 第六段

为反针 20 转，其上做阿兰花花样（花形大小 12 针×18 列），横向共 3 个均匀分布，纵向两个循环。插入 20 转，操作方法同上段。画阿兰花花样：画 18 与 29、49 与 19 各为一组色码，向左右移圈，如图 6-2-90 所示。

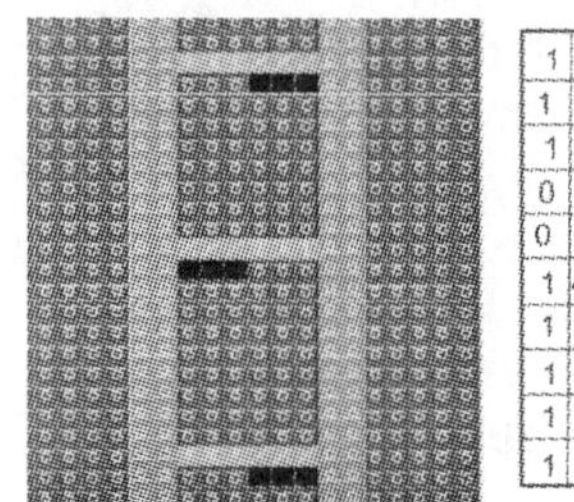

1	2	2	1	1	1	1	1	1	2	2	1
1	2	2	1	1	1	1	1	1	2	2	1
1	90	90	1	1	1	1	1	1	90	90	1
0	0	0	53	53	53	0	0	0	0	0	0
0	0	0	0	0	0	43	43	43	0	0	0
1	40	40	0	0	0	20	20	20	40	40	1
1	2	2	20	20	20	0	0	0	2	2	1
1	2	2	1	1	1	1	1	1	2	2	1
1	2	2	1	1	1	1	1	1	2	2	1
1	2	2	1	1	1	1	1	1	2	2	1

图 6-2-89　3×3 绞花描绘示意图

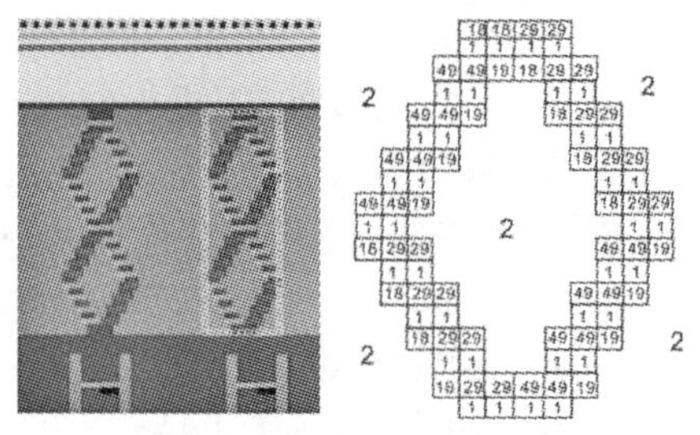

图 6-2-90　阿兰花描绘示意图

7. 第七段

共 12 转用挑孔做孔雀尾花样（大小为：23 针，4 转），横向 2 个，纵向共 2 个循环。插入 14 转，操作方法同上段。画孔雀尾花样：画 18 与 29、49 与 19 各为一组色码，向左右移圈，如图 6-2-91 所示。

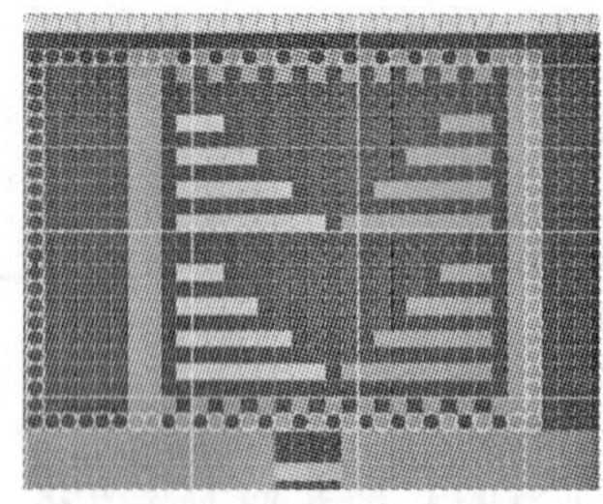

1	2	2	1	1	1	1	1	1	1	1	1	1	1	1	1	1	1	1	1	1	1	1	1
1	2	2	1	1	1	16	1	16	1	16	1	16	1	16	1	16	1	16	1	16	1	1	1
1	2	2	1	61	61	61	1	16	1	16	1	16	1	16	1	16	1	16	1	71	71	71	1
1	2	2	1	1	1	1	1	16	1	16	1	16	1	16	1	16	1	16	1	1	1	1	1
1	2	2	1	61	61	61	61	61	1	16	1	16	1	16	1	16	1	71	71	71	71	71	1
1	2	2	1	1	1	1	1	1	1	16	1	16	1	16	1	16	1	1	1	1	1	1	1
1	2	2	1	61	61	61	61	61	61	61	1	16	1	16	1	71	71	71	71	71	71	71	1
1	2	2	1	1	1	1	1	1	1	1	1	16	1	16	1	1	1	1	1	1	1	1	1
1	2	2	1	61	61	61	61	61	61	61	61	61	1	71	71	71	71	71	71	71	71	71	1
1	2	2	1	1	1	1	1	1	1	1	1	1	1	1	1	1	1	1	1	1	1	1	1
1	2	2	1	2	1	2	1	2	1	2	1	2	1	2	1	2	1	2	1	2	1	2	1

图 6-2-91　孔雀尾描绘示意图

8. 第八段

平 5 转；废纱单面封口 10 转结束。插入 5 转，废纱调成 10 转。

9. 设置功能线

(1)节约:本例节约未使用。

(2)纱嘴设置:第 2 段提花使用自动设置。第 3 ~7 段设置成 4 号纱嘴;第 8 段为眼皮编织,使用 3、4 号纱嘴。废纱使用 7 号纱嘴。

(3)度目设置:按上例模式进行设置。废纱双罗纹使用第 1 段;废纱单面使用第 3 段;翻针填第 23 段;满针罗纹使用第 2 段;正式纱起底使用第 4 段;元空使用第 5 段;1 +1 罗纹使用第 6 段;罗纹与芝麻点提花之间使用两行双罗纹过渡,使用第 7 段;二色提花使用第 8 段;集圈、挑孔、单面等使用第 9 段;绞花使用第 10 段。具体度目值如表 6-3-1 所示:

表 6-3-1 度目、卷布拉力设置表

段号	度目参考值	卷布拉力	段号	度目参考值	卷布拉力
1	180	35	7	200	32
2	100	30	8	260	35
3	340	35	9	300	38
4	前 80 后 150	30	10	340	38
5	200	30	16	360	40
6	240	30	23	260	30

(4)主罗拉卷布设置:按度目模式进行设置。废纱双罗纹使用第 1 段;废纱单面使用第 3 段;翻针填第 23 段;满针罗纹使用第 2 段;正式纱起底使用第 4 段;元空使用第 5 段;1 +1 罗纹使用第 6 段;罗纹与芝麻点提花之间使用两行双罗纹过渡,使用第 7 段;二色提花使用第 8 段;集圈、挑孔、单面等使用第 9 段;绞花使用第 10 段。具体度目值如下:

(5)速度:本例试样编织速度可以设定为慢速,在整段编织中,绞花、翻针行速度要低一些。起口编织也适当的低一点。

任务 2:编织 V 领毛衫前片

某前片工艺单如下:开针 131 针,起针点为第 91 针。1 +1 罗纹下摆 8 转;大身:平 10 转,4 -1 ×4,平 12 转,4 +1 ×4,平 10 转,平收 7 针,收袖窿夹 4 支收,1 -2 ×5;2 -2 ×3,3 -1 ×1,平 18 转;收肩:1 -5 ×6,平 1 转。开 V 领:开领点第 71 转,收领 1 -1 ×1,2 -3 ×4,3 -2 ×1,平 7 转。废纱 5 转封口。

操作步骤:输入工艺单→手动修图→功能线设置→编译文件

1. 输入工艺单

点击工艺单图标,弹出对话框。如图 6-2-92 所示。

(1)起底板:勾选,则该编织文件执行起底板方式编织;不选,则采用无起底板编织方式。

(2)系统选择:可以根据编织机的功能选择:双系统、三系统等。H2 表示有起底板的双系统,H2 -2 表示无起底板的双系统编织机。

(3)起始针数:表示该织片开始编织的针数,即为开针数。

(4)废纱转数:指衣片编织后连接的废纱转数,是连接下一片的部段。

(5)罗纹转数:指衣片起始编织的罗纹转数。可以直接填入,也可以使用节约。

(6)罗纹:是指下摆罗纹的形式,有 1 ×1、2 ×2、圆筒(袋编)等多针形式供选择。

(7)罗纹与大身的连接形式:“普通编织”即为平针形式;“双面提花”即为与双面提花连接的形式;“天竺”即为罗纹,根据背床组织可选 1 ×1,1 ×2 等类型进行衔接。

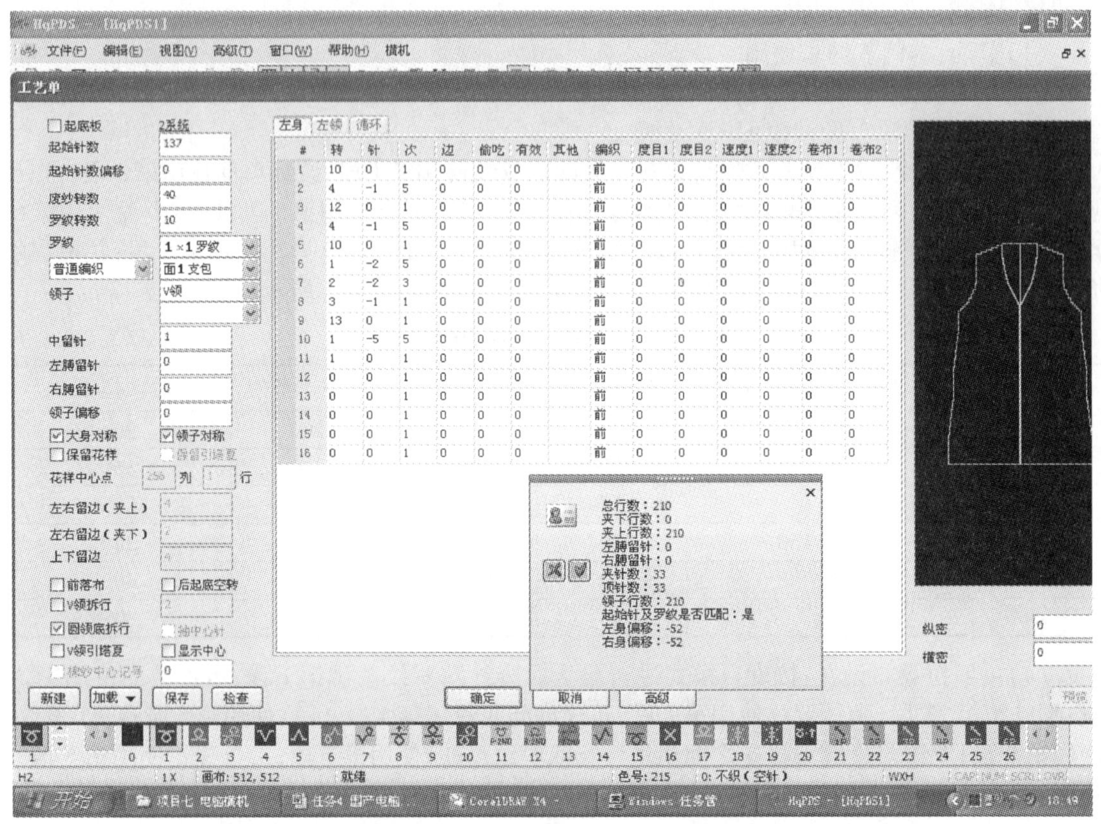

图6-2-92 工艺单输入对话框示意图

(8)罗纹排针形式:“面1支包”表示面针1支包里。其他多种可选。

(9)领子:具有V领、假吊目、假移针、圆领、袖子等选项,开领方式可以对应选择。

(10)中留针:是指在衣片正中开领所留的针数,即为领底针数。V领开领,填入“1”针。

(11)左膊留针:是指左肩部的针数。输入工艺单后,点击“检查“自动生成后针数后按数值填入。

(12)右膊留针:是指右肩部的针数。输入工艺单后,点击“检查“自动生成后针数后按数值填入。

(13)领子偏移:用于特殊的领型领子的开领。

(14)大身、领子对称:当衣片为对称时,在此打勾。

(15)保留花样:是指将花样输入到衣片上。

(16)前落布、后空起:表示选择的废纱部分与大身连接的分离横列的形式。

(17)圆领拆行、V领拆行:开领时使用两把纱嘴分别编织左右片,因此将左右片的同一行自动拆分成错行。一般为二隔二拆行。

(18)显示中心:显示衣片的中心线。

(19)新建:表示新建一个新的工艺单。

(20)保存:将输入完成的工艺单进行保存。

(21)检查:完成输入工艺单后,需要进行点击“检查”,将生成的结果中的左右膊针数填入“左、右膊留针”中,方能点击:“确定”。

(22)工艺单输入：在工艺单输入时，先选定工艺单上的标签，分为左身、左领。左身表示为输入大身的工艺步骤，左领表示为输入开领的工艺步骤。在输入过程中需要注意的是：前片的收针针数输入值是负数，而领收针输入值是正值。

① 工艺步骤顺序：左侧第 1 列黄底红字表示为工艺编织步骤，按工艺单中罗纹翻针之后的工艺步序逐步输入。在左侧可以右击做插入、删除、复制、粘帖等操作。

② 转：将步序中的转数输入此框中。

③ 针：将步序中的针数输入此框中。针数正数表示加针，负数表示减针（收针）。如收 2 针则填入 -2；在输入左领时，领收针输入值是正值，收 2 针即输入 2（按方向设定正负）。

④ 次：表示该编织步骤的重复（循环）次数。

⑤ 边：表示采用的暗收针的收针方式，比如夹 4 支边收 2 针，则填写 6。

⑥ 偷吃：填写偷吃的针数，比如加针或收针均可填写。

⑦ 其他：右键点击，可以有多项选择，如记号点、拉线记号等。

⑧ 编织：选择、显示编织的针床。

⑨ 度目、卷布等：在编织步序上可以直接设置功能线的段号。

输入完成后，经过检查，填写“左、右膊留针、中留针”，点击“确定”自动在主描绘区生成图形。如图 6-2-93 所示。

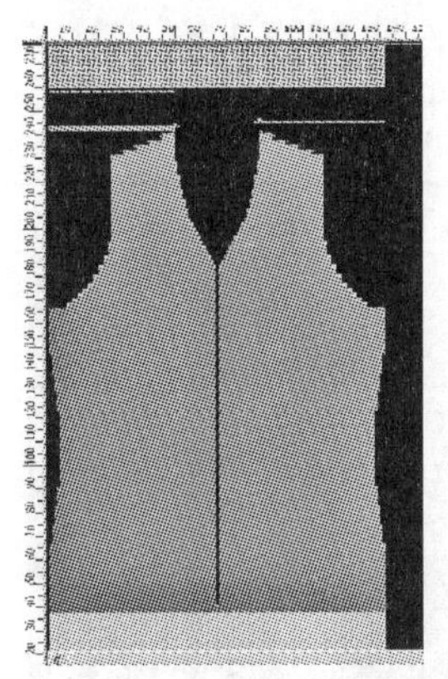

图 6-2-93 生成衣片示意图

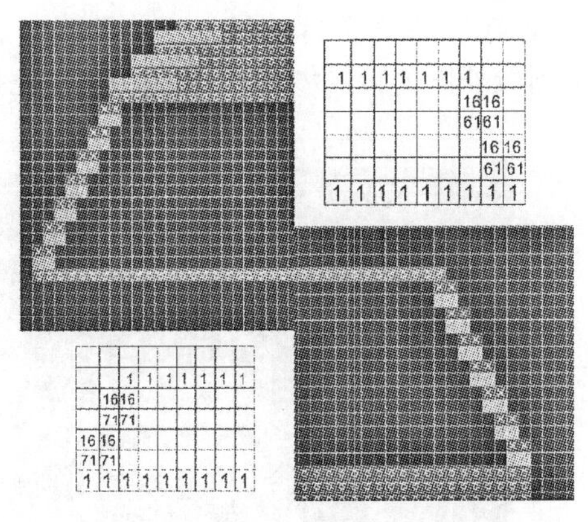

图 6-2-94 袖窿平收针示意图

2. 修图

图形生成后，仍然有许多需要修改之处，需要对图形的局部做适当的修改。

(1)去掉中留针：

本例为套衫，不用中间开缝，用 1 号色码填充，顶端用 61 号色码进行处理。

(2)袖窿平收针处理：

生成的图形中，袖窿未做平收针处理，因此需要用手动方式完成。平收针的处理方法有很多种，主要有单针收针法、二针收针法等。比较常用的是二针收针法，用 61 与 16、71 与 16 组合进行收针。如图 6-2-94 所示。

(3)收领处理：

到开领点后，衣片需要分开分左右片编织。左右两片分别采用两把纱嘴。本例采用 4 号纱嘴编织大身，开领点行 4 号纱嘴停在右侧，编织领子的右侧。3 号纱嘴编织领子的左侧。3、号纱嘴的起始位置都在左侧，制作比较方便。

① 开 V 领编织设计：在开领时，领口很小，左右的纱嘴编织需要平衡，因此设计 3、4 号纱嘴轮流编织，每个纱嘴编织 1 转。两把纱嘴轮换，其中机头会有一次空跑。编织效率低。

② 轮流编织设计：3、4 号纱嘴分别处于衣片的两边，轮流编织时 4 号向内侧编织再回到右侧，然后 3 号纱嘴向内侧编织再回到左侧。将此区域选定→右键点击“插入行”图标→设定“2 隔 2”插入→左键点击需要插入的区域→显示 2 隔 2 行插入→将左或由半边下移 2 行使之相错，同时将纱嘴 3、4 在 215 功能线上对应 2 隔 2 进行描绘填入。如图 6-2-95 所示。

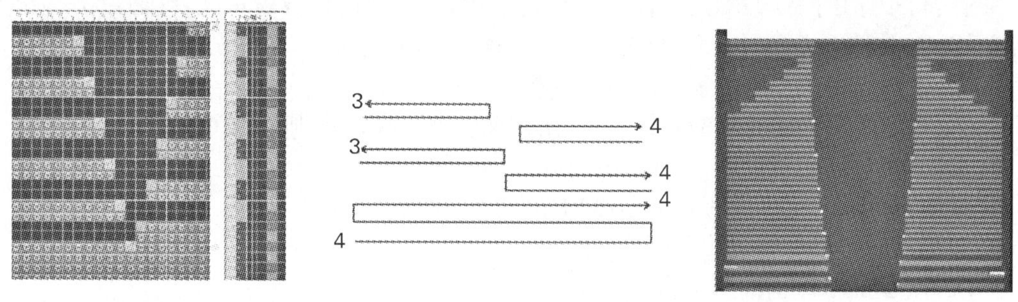

图 6-2-95　V 领开领轮流编织、开领原理、同时编织示意图

(4) 肩部处理：

在原图的基础上，在将肩部的最上方描绘成与肩外侧平齐，编织 2 转：其中齐织 1 转、将 3、4 号纱嘴带出到最外侧 1 转。纱线带出：用 16 号色描绘带出，如图 6-2-96 所示。

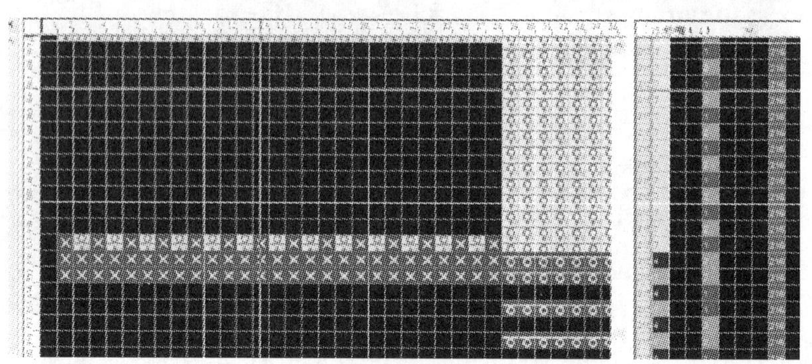

图 6-2-96　肩部纱嘴带出、带进示意图

(5) 废纱处理：

用 7 号色码描绘肩部上方的废纱，按要求 5 转封口。废纱之上按原图自动生成不变。

(6) 填写功能线：

① 度目设置：废纱双罗纹组织用第 1 段、满针罗纹用第 2 段，废纱单面用第 3 段；正式纱起底用第 4 段、元空第 5 段、1×1 罗纹第 6 段、翻针第 7 段、大身平针第 8 段、收袖窿第 9 段；废纱封口第 3 段；最后的双罗纹连接第 1 段。翻针默认为 23 段。

② 卷布设置：段号同度目设置，本机无副卷布，不用填写。

③ 速度填写：将卷布的段号可以直接复制到速度中，根据不同的部位设置不同设置数值。试样编织时可以设置为 1 段，填慢速。

④ 结束描绘：在 220 功能线上的最后一行描绘 1 号色码，表示结束。

⑤ 分别翻针：在 222 功能线上全部描绘分别翻针。

(7)编译文件：描绘完成按路径另存为：U 盘目录下。点击“自动生成动作文件”按钮，系统弹出对话框如图 6-2-97 所示。

编译选项：在编译选项的对话框内进行内容设定，按默认值可以满足本例的要求，在“编译前先检查”勾选，其他默认。点击确定。

(8)典型编译故障处理：

① 检查方向：点击“自动生成动作文件”后会自动在 215 功能线显示纱嘴和机头方向，1 向右行进，2 表示机头向左行进。根据方向进行纱嘴与加减针处理。

图6-2-97　自动编译选项示意图

② 加针检查：在腰下及其他加针处检查加针点，应该为织入方向加针(机头同侧加针)，如有不同行则需要进行调整，可以在上下行进行描绘。

③ 袖窿平收针检查：检查平收针行的机头方向，平收针开始时必须是纱嘴的停放侧。

④ 开领纱嘴检查：开领行依据机头方向、纱嘴停放位置来进行描绘设置。每次设置后可以点击编译来更新机头运动的方向，便于下次调整。

⑤ 肩部检查：肩部采用停针法收针，第一次收针时必须是织入方向，否则会有浮线。如图 6-2-98 所示。

⑥ 纱嘴带进带出检查：检查 3、4 纱嘴必须带出最宽的编织区域以外，采用 16 号色码进行描绘。主要废纱的纱嘴位置。

检查完成后确认无误，将度目及卷布、速度等设定的段号进行详细记录，将出带的文件拷贝到 U 盘上，而后上机编织。

任务 3：将项目五任务 1 中的披肩前片，进行工艺单输入，采用双罗纹起底法(无起底板起底方法)进行编织。工艺单如图 6-2-99 所示。

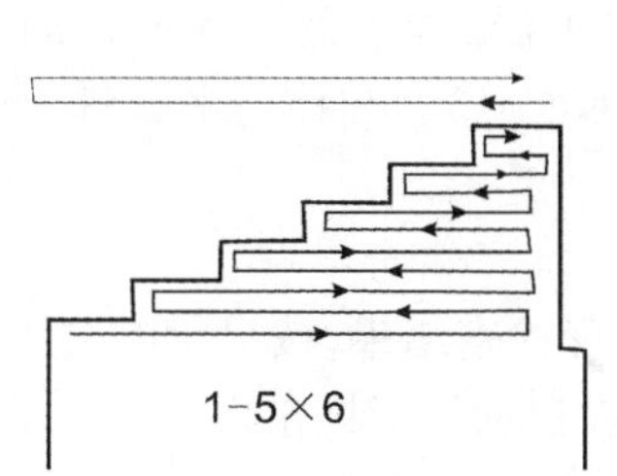

图6-2-98　肩部编织方向示意图

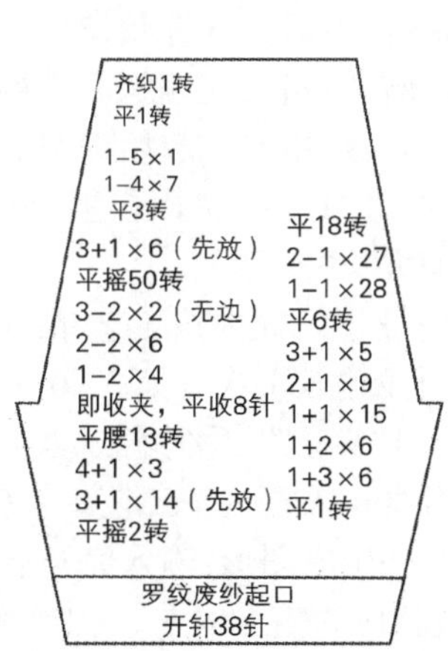

图6-2-99　前片工艺单

2. 描绘步骤

(1)工艺单输入

点击工艺单图标，弹出对话框，如图 6-2-100 所示。

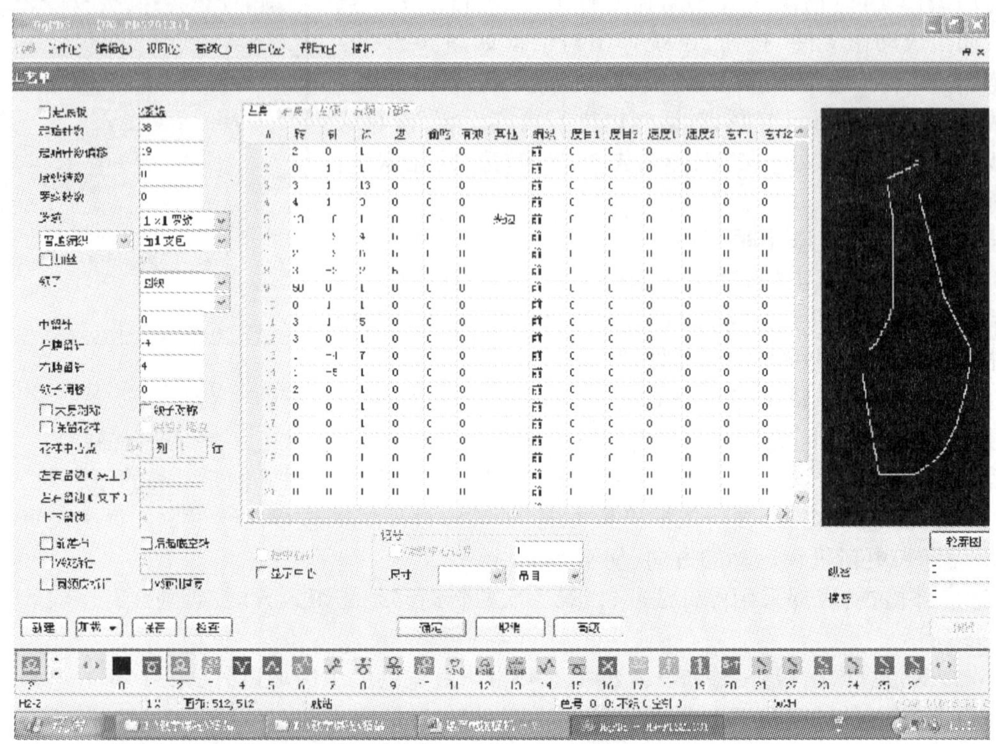

图6-2-100 前片工艺单输入界面

① 起底板：不选，采用无起底板编织方式。

② 系统选择：选择 H2-2，表示无起底板的双系统编织机。

③ 起始针数：即为开针数，输入 38 针。偏移针数填写 19 针。

④ 废纱转数：指衣片编织后连接下一片的部段的废纱转数，本例填“0”。

⑤ 罗纹转数：指衣片起始编织的罗纹转数。本例填“0”，不织罗纹。

⑥ 罗纹：选“1×1”、“面包里”形式。

⑦ 取消大身“对称”。

⑧ 在左身输入框内按工艺单左侧工艺逐步输入，其中需要注意的是先放针的步骤，先 0 转加 1 针，再少输入 1 次。如 3+1×14，改成：0+1×1，3+1×13。在挂肩平收针行的“其他”处用右键叫出“夹边”，系统能自动生成平收针图形。

⑨ 在右身输入框内按工艺单左侧工艺逐步输入。

⑩ 检查并生成图形：输入完毕后点击“检查”按钮，出现检查结果，按显示的“左、右膊留针数输入左边相应的输入框中，点击“确定”按钮，在绘图区内自动生成图形。

(2)描绘组织图：

① 按设计的花样进行描绘最小循环。按挑孔方向分别填写 61、71 色号，0 号表示浮线。

② 利用线形、阵列复制按钮进行充满整个衣片。如图 6-2-101 所示。

③ 边缘留出 4 针便于套口。仔细修改布边，使边缘空出均匀。

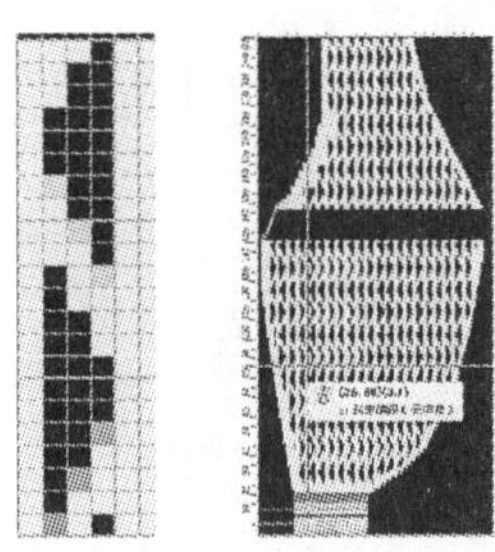
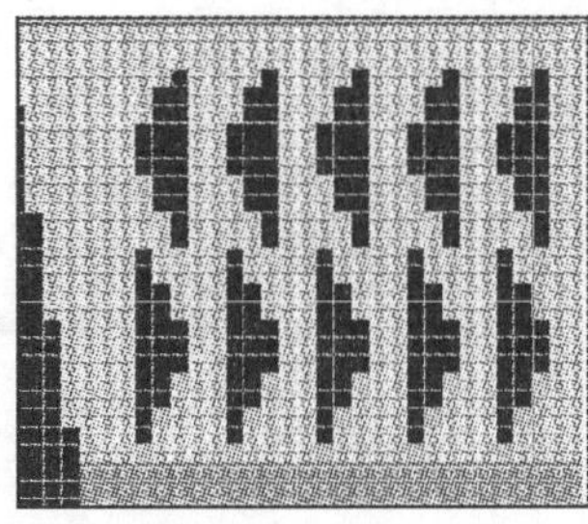

图 6-2-101 前片组织花样描绘示意图

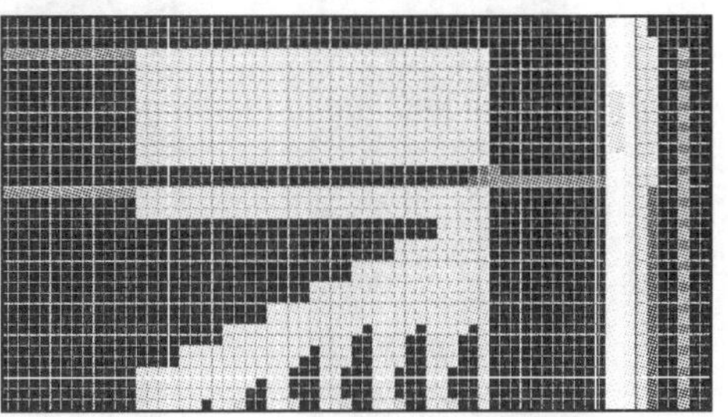

图 6-2-102 肩部描绘示意图

(3)修图

① 肩部修图:肩部按铲针收针,齐织 1 转,废纱封口。如图 6-2-102 所示。

② 下摆修图:将圆摆放针部分采用废纱拉力编织。在放多针的部位进行 2 隔 2 拆行处理,底部加宽,右侧采用废纱编织,直到 2 转放 1 针的规律为止。如图 6-2-103 所示。

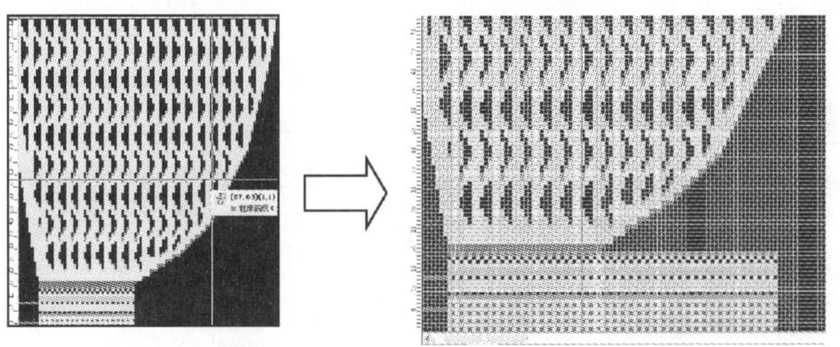

图 6-2-103 起口部分加宽、采用废纱编织描绘示意图

③ 设置纱嘴:将拆开行的部分填上前编织色码,与右边平起,并且相应填上 7 号废纱纱嘴色号。如图 6-2-104 所示。

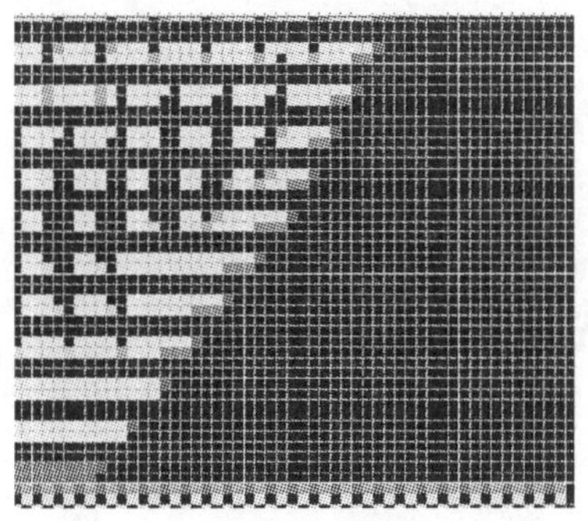
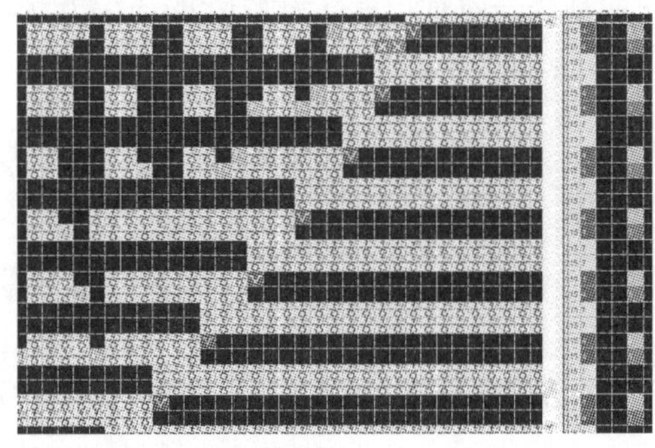

图 6-2-104 2 隔 2 拆行描绘、纱嘴配置示意图

④ 设置参数:设置度目、卷布拉力等段号。全部设置完成点击自动编译生成编织文件。如图 6-2-105 所示。

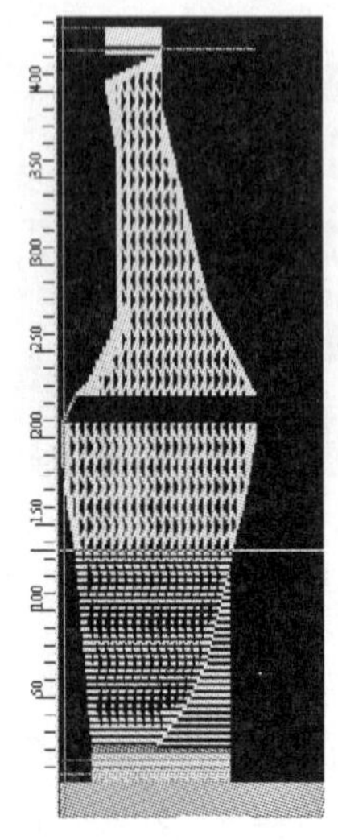

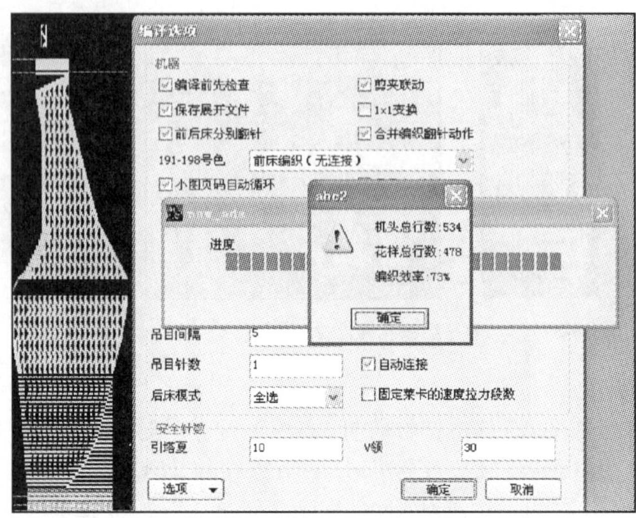

图 6-2-105　完成的左前片全图、出带成功示意图

思考题

1. 慈星电脑横机的上张力装置主要起什么作用？清纱器的缝隙应该怎样调整？
2. 电脑横机的织针系统有哪些主要构件组成？
3. 慈星电脑横机如何进行文件读入？说明操作步骤。
4. 度目值的大小根据什么依据来设定？说明度目值的调整过程。
5. 试比较编织 1×1 罗纹、满针罗纹、纬平针组织的度目设定值的大小，说明理由。
6. 简述恒强制版描绘时 1、2 号色码与 8、9 号色码的含义及使用目的的不同。
7. 编织 3×3 绞花时，易产生断头，分析断头的可能原因，在制版中应该采用哪些方法进行解决？
8. 说明袖窿平收针肩部铲针收针的描绘方法。

参考文献

[1] 全国针织教指委. 针织工程手册. 北京：中国纺织出版社，2012.

[2] 孟家光. 羊毛衫简明手册 . 北京：中国纺织出版社，2009.

[3] 孟家光. 羊毛衫设计与生产工艺. 北京：中国纺织出版社，2006.

[4] 卢华山. 针织毛衫工艺技术. 上海：东华大学出版社，2013.

[5] 杨荣贤. 横机羊毛衫生产工艺设计. 北京：中国纺织出版社，2008.

[6] 贺庆玉. 针织概论. 北京：中国纺织出版社，2004.

[7] 丁钟复. 羊毛衫生产工艺 . 北京：中国纺织出版社，2012.